U0151065

国家出版基金项目
ONAL PUBLICATION FOUNDATION

"十三五"国家重点出版物出版规划项目

高分辨率对地观测前沿技术丛书

主编 王礼恒

空间对地观测光学系统的

设计理论与方法

李林 常军 程德文 黄颖 李博 张晓芳 著

国防工业出版社

·北京·

内 容 简 介

本书详细介绍空间光学系统的设计理论和设计方法；系统介绍了空间光学系统的像质评价方法和光学系统设计的像差理论，以及透射式和反射式空间光学系统的公差分析、计算机辅助装调技术、光学自动设计的理论与方法；阐述自由曲面设计、全链路评价分析与设计、热光学分析计算、杂散光分析计算以及空间自适应光学等空间光学系统设计领域的最新热点问题。

本书对我国的空间光学系统设计和研究具有重要的参考价值。本书可作为从事空间光学系统设计的专业人员及高等院校光学专业教师和研究生的参考书。

图书在版编目(CIP)数据

空间对地观测光学系统的设计理论与方法/李林等
著. —北京:国防工业出版社,2021.7
(高分辨率对地观测前沿技术丛书)
ISBN 978 - 7 - 118 - 12336 - 4

Ⅰ.①空…　Ⅱ.①李…　Ⅲ.①卫星探测—光学系统—
研究　Ⅳ.①P412.27

中国版本图书馆 CIP 数据核字(2021)第 149629 号

※

*国防工业出版社*出版发行
(北京市海淀区紫竹院南路23号　邮政编码100048)
北京龙世杰印刷有限公司印刷
新华书店经售

*

开本710×1000　1/16　印张27　字数416千字
2021 年7月第1版第1次印刷　印数1—2000册　定价148.00元

(本书如有印装错误,我社负责调换)

国防书店:(010)88540777　　书店传真:(010)88540776
发行业务:(010)88540717　　发行传真:(010)88540762

丛书学术委员会

主　　任　王礼恒

副 主 任　李德仁　艾长春　吴炜琦　樊士伟

执行主任　彭守诚　顾逸东　吴一戎　江碧涛　胡　莘

委　　员　（按姓氏拼音排序）

白鹤峰　曹喜滨　陈小前　崔卫平　丁赤飚　段宝岩

樊邦奎　房建成　付　琨　龚惠兴　龚健雅　姜景山

姜卫星　李春升　陆伟宁　罗　俊　宁　辉　宋君强

孙　聪　唐长红　王家骐　王家耀　王任享　王晓军

文江平　吴曼青　相里斌　徐福祥　尤　政　于登云

岳　涛　曾　澜　张　军　赵　斐　周　彬　周志鑫

丛书编审委员会

主　　编　王礼恒

副主编　舟承其　吴一戎　顾逸东　龚健雅　艾长春

　　　　彭守诚　江碧涛　胡　莘

委　　员　（按姓氏拼音排序）

白鹤峰　曹喜滨　邓　泳　丁赤飚　丁亚林　樊邦奎

樊士伟　方　勇　房建成　付　琨　苟玉君　韩　喻

贺仁杰　胡学成　贾　鹏　江碧涛　姜鲁华　李春升

李道京　李劲东　李　林　林幼权　刘　高　刘　华

龙　腾　鲁加国　陆伟宁　邵晓巍　宋笔锋　王光远

王慧林　王跃明　文江平　巫震宇　许西安　颜　军

杨洪涛　杨宇明　原民辉　曾　澜　张庆君　张　伟

张寅生　赵　斐　赵海涛　赵　键　郑　浩

秘　　书　潘　洁　张　萌　王京涛　田秀岩

序　言

　　高分辨率对地观测系统工程是《国家中长期科学和技术发展规划纲要（2006—2020 年)》部署的 16 个重大专项之一,它具有创新引领并形成工程能力的特征,2010 年 5 月开始实施。高分辨率对地观测系统工程实施十年来,成绩斐然,我国已形成全天时、全天候、全球覆盖的对地观测能力,对于引领空间信息与应用技术发展,提升自主创新能力,强化行业应用效能,服务国民经济建设和社会发展,保障国家安全具有重要战略意义。

　　在高分辨率对地观测系统工程全面建成之际,高分辨率对地观测工程管理办公室、中国科学院高分重大专项管理办公室和国防工业出版社联合组织了《高分辨率对地观测前沿技术》丛书的编著出版工作。丛书见证了我国高分辨率对地观测系统建设发展的光辉历程,极大丰富并促进了我国该领域知识的积累与传承,必将有力推动高分辨率对地观测技术的创新发展。

　　丛书具有 3 个特点。一是系统性。丛书整体架构分为系统平台、数据获取、信息处理、运行管控及专项技术 5 大部分,各分册既体现整体性又各有侧重,有助于从各专业方向上准确理解高分辨率对地观测领域相关的理论方法和工程技术,同时又相互衔接,形成完整体系,有助于提高读者对高分辨率对地观测系统的认识,拓展读者的学术视野。二是创新性。丛书涉及国内外高分辨率对地观测领域基础研究、关键技术攻关和工程研制的全新成果及宝贵经验,吸纳了近年来该领域数百项国内外专利、上千篇学术论文成果,对后续理论研究、科研攻关和技术创新具有指导意义。三是实践性。丛书是在已有专项建设实践成果基础上的创新总结,分册作者均有主持或参与高分专项及其他相关国家重大科技项目的经历,科研功底深厚,实践经验丰富。

　　丛书 5 大部分具体内容如下:**系统平台部分**主要介绍了快响卫星、分布式卫星编队与组网、敏捷卫星、高轨微波成像系统、平流层飞艇等新型对地观测平台和系统的工作原理与设计方法,同时从系统总体角度阐述和归纳了我国卫星遥感的现状及其在 6 大典型领域的应用模式和方法。**数据获取部分**主要介绍了新型的星载/机载合成孔径雷达、面阵/线阵测绘相机、低照度可见光相机、成像光谱仪、合成孔径激光成像雷达等载荷的技术体系及发展方向。**信息处理部分**主要介绍了光学、微波等多源遥感数据处理、信息提取等方面的新技术以及地理空间大数据处理、分析与应用的体系架构和应用案例。**运行管控部分**主要介绍了系统需求统筹分析、星地任务协同、接收测控等运控技术及卫星智能化任务规划,并对异构多星多任务综合规划等前沿技术进行了深入探讨和展望。**专项技术部分**主要介绍了平流层飞艇所涉及的能源、囊体结构及材料、推进系统以及位置姿态测量系统等技术,高分辨率光学遥感卫星微振动抑制技术、高分辨率 SAR 有源阵列天线等技术。

丛书的出版作为建党 100 周年的一项献礼工程,凝聚了每一位科研和管理工作者的辛勤付出和劳动,见证了十年来专项建设的每一次进展、技术上的每一次突破、应用上的每一次创新。丛书涉及 30 余个单位,100 多位参编人员,自始至终得到了军委机关、国家部委的关怀和支持。在这里,谨向所有关心和支持丛书出版的领导、专家、作者及相关单位表示衷心的感谢!

高分十年,逐梦十载,在全球变化监测、自然资源调查、生态环境保护、智慧城市建设、灾害应急响应、国防安全建设等方面硕果累累。我相信,随着高分辨率对地观测技术的不断进步,以及与其他学科的交叉融合发展,必将涌现出更广阔的应用前景。高分辨率对地观测系统工程将极大地改变人们的生活,为我们创造更加美好的未来!

王礼恒

2021 年 3 月

前　言

　　空间光学系统是指在高层大气中或大气外层空间对空间和地球进行观测与研究的光学系统。人们从地面对空间观测过渡到从空间对地面观测和从空间对空间天体观测,从而摆脱大气带来的种种限制,是科学上的一大进展。空间光学系统的作用主要是应用各种传感仪器,利用不同波段及不同类型的光学设备,接收来自地球或天体的可见光、红外线、紫外线和软 X 射线等电磁波信息,对所获得的信息进行收集、处理并最后成像,从而对地球上的物体或天体进行探测和识别,探测它们的存在和位置,识别它们的形状和特性,研究它们的结构,探索它们的运动和演化规律。

　　空间光学系统的设计和研制对于设计者来说是一种挑战,因为设计者需要掌握光学、机械、电子、控制、加工、测量以及计算机方面的多种知识,其中,光学设计是一门专业知识领域相对比较狭窄的学科。对于一个现代的光学设计工作者来说,不仅需要牢固地掌握新型光学设计的像差理论知识,以及各种各样新型空间光学系统的像差特性和设计方法,并在设计实践中不断地积累经验,而且还需要具备熟练的计算机操作和光学设计软件使用能力。所有这些要求使得空间光学系统设计比较难以掌握。

　　以前有关空间光学的书籍大多只是针对空间有效载荷的平台、组成、控制、信息的传递以及信息的识别,很少有专门介绍空间光学系统设计的书籍,国内高等院校用于教学的光学设计教材大多只介绍像差理论,进行像差计算,设计实例较少,特别是针对空间光学系统设计的教材和专著尚属空白。本书除了介绍空间光学系统设计的经典设计理论与方法,还重点介绍了自由曲面设计、全链路评价分析与设计、热光学分析计算、杂散光分析计算以及空间自适应光学等空间光学系统设计领域的热点问题,介绍了国内在这些领域所取得的最新研究成果。本书首先介绍空间光学系统的基本概念与组成,然后介绍空间光学系统像质评价方法和光学系统设计的像差理论,讨论空间有限载荷全链路分析设计方法,接着讨论反射式空间光学系统的设计理论与方法,介绍如何引入自由曲面进行空间光学系统设计,还介绍了变焦距空间光学系统设计理论与方法,最后讨论了空间光学系统公差分析、计算机辅助装调技术、热光学分析与计算、杂散光分析与计算、空间自适应光学设计等前沿热点问题。对于本书所涉及的应用光学和光学设计中的有关内容,本书直接引用,不再详细讨论,本书可作为从事空间光学系统设计的专业人员及高等院校光学专业教师和研究生的参考书。

本书共分为11章,其中:第1、2、7、8、9、10章由北京理工大学李林教授负责撰写;第3章由北京机电研究所李博研究员负责撰写;第4章由北京机电研究所黄颖研究员负责撰写;第5章由北京理工大学程德文教授负责撰写;第6章由北京理工大学常军教授和李林教授负责撰写;第11章由北京理工大学张晓芳教授负责撰写。李林教授对全书架构进行了顶层设计,对各章节内容进行了修改、编辑和整理。北京理工大学袁旭沧教授、陈晃明教授、安连生教授、李士贤教授、黄一帆教授等在应用光学和光学设计研究领域成果斐然,在国内外享有盛誉,本书中很多内容都直接或间接地受益于这些前辈及研究人员的研究成果。北京理工大学王涌天教授、清华大学朱均教授、北京理工大学杨通教授在自由曲面研究中开展了深入研究,他们的研究成果体现在第5章中。北京理工大学俞信教授、赵达尊教授、阎吉祥教授、曹根瑞教授、朱秋冬教授、胡新奇教授、王姗姗教授、赵伟瑞教授等在自适应光学研究领域取得了卓越的成就,他们的研究成果集中体现在第11章中。王学良、赵瑜、麦绿波、熊景杰、崔桂华、王煊、张波、曹银花、张颖、刘家国、郜广军、杜保林、宋席发、靳晓瑞、肖思、韩星、李岩、马斌、侯银龙、卢长文、徐博、石濮瑞、贺瑞聪、王翔、费继扬、赵尚男等同志在博士或硕士研究生学位论文中所做的工作对本书的完成发挥了重要作用。本书作者所在单位领导、同事以及高分辨率对地观测重大专项各级领导、专家对本书的撰写与出版给予了大力支持和帮助。在此,一并表示衷心的感谢!

空间光学系统设计是一门新兴的学科,它还将不断发展。本书中存在的不足之处,敬请读者不吝指正。

作　者

2021 年 2 月

目 录

第1章

空间光学系统概述

1.1 空间光学系统的特点

　　光学系统是采用各种光学元件(透镜、反射镜、棱镜、光栅等),按照一定规律组合,满足一定要求,将观测目标发出的或反射的光波改变其行进路径,使其到达系统探测器的靶面,通过光电转换,将所收集的光信号信息转变为电信号信息,通过传输、储存、成像,并分析这些信息,从而获得有关观测目标的各种信息,这些信息包括形状、色度、光谱以及能量强弱等。而对于空间光学系统来说,它的作用主要是应用各种传感仪器,利用不同波段及不同类型的光学设备,接收来自地球或天体的可见光、红外线、紫外线和软 X 射线等电磁波信息,对所获得的信息进行收集、处理并最后成像,从而对地球上的物体或天体进行探测和识别,探测它们的存在和位置,识别它们的形状和特性,研究它们的结构,探索它们的运动和演化规律。空间光学系统就是搭载在卫星上的光学系统,工作在大气层和大气外层空间,对空间和地球进行观测与研究。由于设计方法基本相同,搭载在飞机上的光学系统也可以归为空间光学系统。

　　空间光学系统不管用于何种平台,其作用都是按空间光电仪器工作原理的要求,改变观测目标发出的或反射的光波的传播方向和空间位置,使其到达仪器的探测器,在这个过程中,光波是一个载体,它携带了关于目标的各种信息。在经过探测器的光电转换后,所携带目标信息的光信号转换成电信号,通过分析处理这些电信号,从而获得目标的各种信息,例如目标的几何形状、光谱、能量强弱等。因此,空间光学系统需要满足在改变目标光波的传播方向和空间位置,以及使光波到达探测器靶面的过程中,尽量不改变光波波面原有的球面波形状,如果有改变则应该使改变量尽量得小,使在探测器靶面上所成的像尽量接近理想,以保证所获得的目标信息的真实性。所以,空间光学系统成像性能主要有:①光学特性,包括焦距、物距、像距、放大率、入瞳位置、入瞳距离等;②成像质量,光学系统所成的像应该足够清晰,并且物像相似,变形要小。

通常,对地球观测主要是利用仪器通过可见光和红外大气窗口探测并记录云层、大气、陆地和海洋的一些物理特征,从而研究它们的状况和变化规律,在民用上解决资源勘查(包括矿藏、农业、林业和渔业等)、气象、地理、测绘、地质的科学问题,在军事上为侦察、空间防御等服务。而对空间(天体)观测和研究,主要是利用不同波段及不同类型的光学设备,接收来自天体的可见光、红外线、紫外线和软 X 射线,探测它们的存在,测定它们的位置,研究它们的结构,探索它们的运动和演化规律。例如,对太阳观测主要是研究太阳的结构、动力学过程、化学成分及太阳活动的长期变化和快速变化;而对太阳系内的行星、彗星以及对银河系的恒星等天体的紫外线谱、反照率和散射的观测,则可以确定它们的大气组成,从而建立其大气模型。

空间观测光学系统从空间对天体进行观测,摆脱了在地面进行观测时大气带来的各种影响和限制,是观测技术上的一大进步。众所周知,地球表面包裹着稠密的大气层,恰恰是这层大气,多年来限制着人们从地面和低空间对空间的观测和研究。太阳是强大的辐射体,它的辐射度最大值处于波长为 $0.47\mu m$ 处,而辐射能的 46% 在 $0.4 \sim 0.7\mu m$ 即可见光谱段。当太阳光经过大气层时,由于大气的各种作用,使它的能量衰减,投射到地面的太阳光的短波部分被截止在 $0.3\mu m$ 处,X 射线和 γ 射线就更难到达地面,在红外波段上,波长越长吸收越强。同时,可见光 $0.3 \sim 0.7\mu m$ 和近红外几个波段的太阳光也还要受到大气的折射和湍流的影响,致使光学仪器的空间分辨率大大下降。

空间对空观测超越了大气层这个屏障,可进行全天时的巡天观测,实现了可见光、红外线、紫外线、X 射线和 γ 射线全电磁波段探测,提高了测量精度。例如,美国的空间望远镜只有 2.4m 的口径,但其分辨率比地面 5m 口径的海尔望远镜高 10 倍左右。

目前,在红外波段使用的空间观测光学系统主要是红外望远镜。在紫外波段使用的空间观测设备主要有太阳远紫外掠射望远镜、远紫外太阳单色光照相仪、远紫外分光计——太阳单色光分光计、紫外线谱仪、紫外宽带光度计等。它们所用的探测器与可见光观测仪器类似,有照相乳胶、光电倍增管和像增强器,还可以使用气态电离室和正比计数器。在 X 射线波段上使用的仪器主要有各种 X 射线望远镜、太阳 X 射线分光计、太阳 X 射线单色光照相仪,以及各种类型的 X 射线探制器。

空间对地观测是从空中利用空间观测光学系统对地球进行观测,观测对象包括大气空间及地球体,不仅可以获取地面传输到空间遥感器的波谱反射、辐射能量信息、大气状态的信息以及遥感器定标信息,还可以获得轨道参数、姿态参数、遥感器数据获取方式及其他几何参数信息。我们知道,任何物体都能借助反射太阳光或通过自身辐射来反映自身存在的信息,因此通过遥感技术和地面的信息处理技术能探测和识别的物体种类是相当广泛的,在军用、民用和科学研究方面具有重要作用。例如,军事上,及早发现敌方洲际导弹的发射,可提供足够的战前准备时间;及时预报气象情况,为卫星侦察、战役准备和例行的军事活动服务;识别和发现敌方军事活动与军事目标,提供军事测绘所需要的数据和资料。又如,民用上,包括资源调查;地质结构研究;编制地图、土地利用图、植物分类图、海洋沼泽植被分布图;估测牧草的密度及长势;调查农作物的长势、病虫害、灌溉、产量情况;探测牧场及森林火灾;监视鱼群活动;调查水利资源、洪水情况;监视火山、地震活动情况、环境污染;从事海洋研究,等等。

空间光学系统通常采用多光谱遥感技术。所谓多光谱遥感技术是利用多通道传感器,把地面物体辐射的电磁波分割成若干较窄的谱段带(或波谱)进行同步扫描,取得同一地物不同波段的影像特征,从而获取大量的信息。多光谱遥感技术的特点是每一个波段并不是单一的波长,而是具有一定宽度的波段。多光谱遥感技术不但可以获得丰富的信息特征,而且可以进行多种影像增强手段,在军事侦察、气象预测、地球资源考察等领域具有广泛的应用价值。

对于空间光学系统来说,在无像差光学系统中或者系统的像差足够小时,光学系统口径的衍射决定了系统的最高分辨率。衍射对系统分辨率的影响可以用艾利斑直径来表征,即

$$d = \frac{2.44\lambda f'}{D}$$

式中:λ 为波长;f' 为光学系统焦距;D 为光学系统口径。光学系统的成像质量最好能做到衍射受限,即像斑直径最小为衍射极限。系统焦距 f' 与探测器像元尺寸 dx 有如下的关系,即

$$f'\frac{D_s}{H} = dx$$

式中:H 为卫星轨道高度;D_s 为观测目标线分辨率。地面覆盖宽度为

$$Q = 2 \cdot H \cdot \tan\omega$$

式中:Q 为地面覆盖宽度;ω 为系统的半视场角。由此可知,在波长、卫星高度和探测器像元尺寸 dx 确定后,空间分辨率与光学系统相对孔径有关,当光学系统口径取一个可以实施的值时,在相同的轨道高度条件下,增大焦距可以提高地面分辨率,增大系统的视场角可以扩大对地面的覆盖宽度。电荷耦合器件(CCD)光敏面的尺寸、光学系统的焦距以及视场之间的关系为

$$\begin{cases} 2\alpha = A \times 57.3/f' \\ 2\beta = B \times 57.3/f' \end{cases}$$

其中,CCD 光敏面的尺寸为 $A \times B$,光学系统的焦距为 f',视场为 $\alpha \times \beta$,57.3 是弧度和角度之间的转换常数。

1.2 空间光学系统的典型结构型式

根据焦距、相对孔径、视场以及成像波段的要求,空间光学系统可分为折射式、折反射式和反射式等形式。

1. 折射式光学系统

折射式光学系统由折射元件构成,如图 1-1 所示,适用于视场大、焦距较短及通光口径不大、波段比较窄时的情形。折射式光学系统形式多样,易选择,但是在超宽光谱段的情况下消色差比较难,光学玻璃质量保证难度较大,尤其是在红外波段时,可供选择的透红外的材料比较少,价格昂贵。

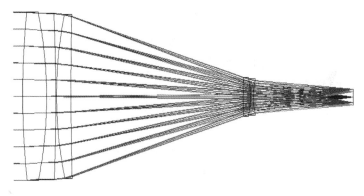

图 1-1 折射式光学系统

2. 折反射式光学系统

折反射式光学系统通常具有反射式主镜和次镜,同时还有少量的折射透

镜,如图 1-2 所示。整个光学系统的光焦度主要由反射镜产生,而用无光焦度的多块折射元件校正像差,扩大视场,因此,不会带来太大的色差。与折射式光学系统相比,折反射式光学系统的超宽光谱段的消色差设计比较容易解决。折反射式光学系统最典型的代表有施密特类和卡塞格林类系统。

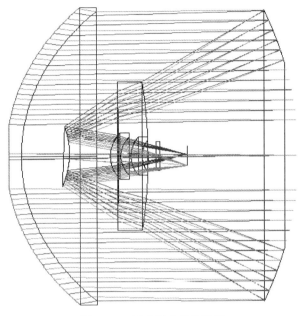

图 1-2　折反射式光学系统

折反射式光学系统的优点是:①因为光焦度几乎都是由反射面产生的,而反射面不产生色差,因此二级光谱很小,一般不存在二级光谱校正问题;②能用低膨胀系数的玻璃做反射镜,同时用低膨胀系数金属做反射镜的支撑材料,因此可使光学系统对环境温度的变化不太敏感;③因光经反射镜面反射前后的介质(通常为空气)相同,因此在气压变化时反射镜对像面位移无影响,而折射元件的光焦度很小,因此折反射系统对环境气压变化亦不敏感;④比较适用于大视场的光学系统设计。

折反射式光学系统的缺点为:①有中心遮拦,不仅会损失光通量,而且会降低中、低频的衍射振幅传递函数(MTF)值,为了保证光通量,必须再加大相对孔径;②反射面面形加工精度比折射面要求高,约为 4 倍;③装调困难,同心度不易保证。

3. 反射式光学系统

空间光学系统多采用反射式形式,反射式光学系统全为反射面,目前反射式光学系统在航天遥感的应用中倍受关注,越来越多地用于地面分辨率为米级和亚米级航天相机上。空间光学系统的物距非常大,而探测器的像元尺寸有限,如果要取得一定的地面分辨率,就需要增大系统的焦距,通常空间光学系统的焦距都会在几百毫米以上,长的可以达到数米甚至数十米。由于焦距长,要保证探测器靶面上有足够的能量就需要达到一定的相对孔径,物镜的口径就必须相应地增大,可以达几百毫米至数米。对于采用玻璃的透射式来说,这样大的口径是非常难以实现的,因此通常空间光学系统都采用反射式。反射式空间光学系统主要的结构形式有两反射镜式系统、三反射镜式系统和多反系统,图1-3是最为常见的两镜反射式系统,图1-4是离轴三反射镜式系统。

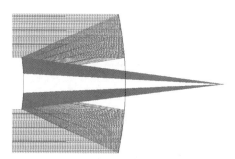 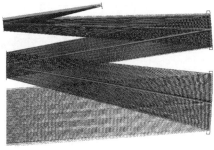

图1-3　两镜反射式系统　　　　图1-4　离轴三反射式系统

反射式光学系统的主要特点有:①不存在任何色差,可用于宽谱段成像,特别适用于长焦距相机和光谱成像相机;②通光口径可以大,光在空间传播,不通过光学玻璃,易于解决由材料引起的问题,一般大尺寸光学系统必须用反射式系统;③结构紧凑,所需光学元件少,便于用反射镜折叠光路,减小系统的外形长度,且可采用超薄镜坯(如SIC)或轻量化技术,大大减小反射镜的质量;④离轴反射系统具有无遮拦、光学传递函数MTF值高等优越性。

20世纪70年代,三反射镜式系统出现,即在卡塞格林系统次镜后再加进一个反射镜。三个反射面采用三个非球面,可以校正球差、彗差和像散等三种像差。对小相对孔径、小视场系统可采用二次曲面,对比较大的相对孔径和比较大的视场,为校正高级像差可采用二次(或四次)加6次方以上的高次曲面。利用非球面方程中6次方以上的高次项,可有效地校正高级像差。与两反射镜卡塞格林系统相比,三反射镜系统一个突出的优点是可以设置能够防止直接射到像面的消杂光光阑,因此不必在主镜上加消杂光筒,这就有利于避免轴外视场因杂光筒而产生的拦光现象。这不仅增加了轴外视场的光通量,使像面照度均匀,更重要的是大大提高了轴外视场的成像质量,有利于设计较大的视场。

三反射镜系统可以设计成一次成像系统,也可以设计成二次成像系统;可以设计成轴对称的同轴系统,也可以设计成离轴使用的共轴系统。如果对畸变无要求,还可以设计成非共轴系统。同轴三反系统虽然可以校正更多的像差,有更多的自由度,但是存在严重的中心遮拦,像面的光照度损失严重,在信噪比要求高的场合下不能满足要求。通过加大离轴视场角,可以将中心遮拦从孔径中消除,这样视场和反射镜的通光孔径就完全离轴了,于是就形成了视场和孔径都离轴的共轴系统。离轴系统的自由度更多,因此可以达到更大的视场,一般离轴三反射镜式系统为条形视场,特别适合于航天系统,因为航天器相对于地面在沿轨方向有运动,在这个方向视场可以相对减小,而在穿轨方向具有较大视场,从而不需要光机扫描系统,实现了系统的轻量化。通过反射镜小量的倾斜和位移,可以获得 $10° \sim 20°$ 的视场。离轴三反射镜式系统的设计一般先设计同轴系统,然后选择适当的离轴量,避免中心遮拦,再采用软件进行优化,从而达到较好的成像质量。

但是,反射式光学系统采用的反射非球面的加工是比较困难的,而且离轴全反射式光学系统结构设计、装校难度也较大。

空间光学系统的特点是焦距长,口径大,有一定的视场,因此像面的尺寸一般较大,但是现有的探测器靶面的尺寸有限,有可能无法满足要求。解决的方法有三种:采用更大靶面尺寸的探测器;采用扫描的方法;采用探测器靶面拼接的方法。下面重点介绍一下后两种方法。

如图 1 -5 所示,采用反射镜扫描,即可获得较大的视场。

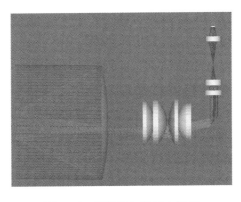

图 1 -5　发射镜扫描扩大视场

探测器靶面拼接主要有两种:机械拼接和光学拼接。图 1 -6 和图 1 -7 是机械拼接示意图和机械拼接的形式。图 1 -8、图 1 -9、图 1 -10 是光学拼接示意图。机械拼接总会有拼接缝,有拼接盲区,而且对拼接技术要求很高。因此人们对光学拼接方法进行了大量的研究,光学拼接可采用平行玻璃板、反射镜板或棱镜作为拼接元件。

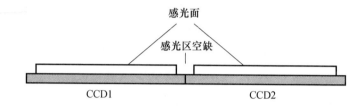

图1-6 机械拼接示意图

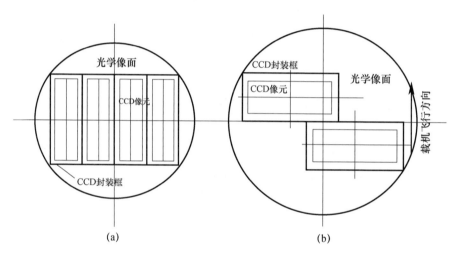

(a)　(b)

图1-7 机械拼接的形式

(a)机械直接拼接;(b)机械交错拼接。

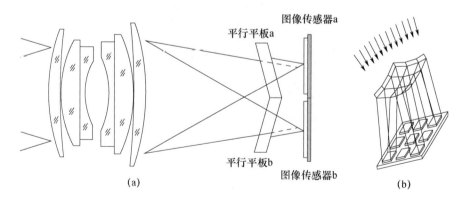

(a)　(b)

图1-8 平行玻璃板拼接示意图

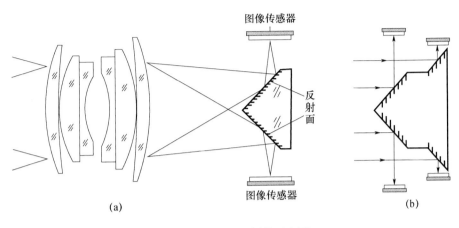

图 1 – 9　反射镜板拼接示意图

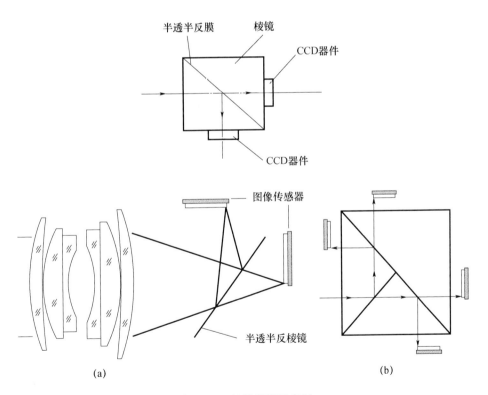

图 1 – 10　棱镜拼接示意图

1.3 空间光学系统的设计流程

通常,设计一个空间光学系统,原则上包括两个环节:初步设计与光学设计。

在初步设计环节,主要解决如下问题:

(1)根据光学特性和外形、体积等要求,拟定光学系统的结构原理图。例如,系统中采用透射式还是反射式? 如果采用透射式,系统包括几个透镜组? 它们之间的成像关系如何? 用什么形式的棱镜系统? 各个光学零件位置大体如何安排?

(2)确定每个透镜组的光学特性,如焦距、相对孔径和视场角等;同时确定各个透镜组的相互间隔。

(3)选择系统的成像光束位置,并计算每个透镜的通光口径。

(4)根据成像质量和光学特性的要求,选定系统中每个透镜组的形式。

在光学设计环节,主要解决如下问题:

(1)在初步设计的基础上,确定所有的参数,包括所有的曲率半径、厚度或空气间隔、玻璃材料等。确定这些参数的原则是要保证系统的成像质量满足要求,同时又要保证初步设计的结果基本不变。

(2)在保证系统成像质量优良的前提下,满足整个系统的外形尺寸和重量的要求。

(3)在保证系统成像质量优良和系统外形重量满足要求的前提下,使系统中每个元件的工艺性尽可能好,也就是使系统的公差尽可能宽松,加工性能好。

(4)考虑后续的装调和检测的便利性。

第2章

空间光学系统像质评价

2.1 概述

　　光学系统不管用于何处,其作用都是按仪器工作原理的要求改变观测目标发出的或反射的光的传播方向和位置,送入仪器的接收器,从而获得目标的各种信息,包括目标的几何形状、能量强弱等。因此,光学系统成像性能主要有:①光学特性,包括焦距、物距、像距、放大率、入瞳位置、入瞳距离等;②成像质量,光学系统所成的像应该足够清晰,并且物像相似,变形要小。有关光学特性方面的要求属于应用光学的讨论范畴,有关成像质量方面的要求则属于光学设计研究的范畴。

　　从物理光学或波动光学的角度出发,光是波长在 400 ~ 760nm 的电磁波,光的传播是一个波动问题。一个理想的光学系统应能使一个点物发出的球面波通过光学系统后仍然是一个球面波,从而理想地聚交于一点。从几何光学的观点出发,人们把光看作是"能够传输能量的几何线——光线",光线是"具有方向的几何线",一个理想光学系统应能使一个点物发出的所有光线通过光学系统后仍然聚交于一点,理想光学系统能同时满足直线成像直线和平面成像平面。但是实际上,任何一个光学系统都不可能理想成像,因此就存在一个光学系统成像质量优劣的评价问题,从不同的角度出发会得出不同的像质评价指标。例如,从物理光学或波动光学的角度出发,人们推导出波像差和传递函数等像质评价指标;从几何光学的观点出发,人们推导出几何像差等像质评价指标。有了像质评价的方法和指标,设计人员在设计阶段(在制造出实际的光学系统之前)就能预先确定其成像质量的优劣,光学设计的任务就是根据对光学系统的光学特性和成像质量两方面的要求来确定系统的结构参数。本章将首先介绍用于检测阶段的像质评价指标——星点检验和分辨率检测,然后介绍用于设计阶段的像质评价指标——几何像差、垂轴像差、波像差、光学传递函数、点列图、点扩散函数、包围圆能量等,最后介绍照度计算方法、图像分析方法、双目分析、高斯光束的概念与计算方法和偏振光线计算方法。

2.2 光学系统的坐标系统、结构参数和特性参数

为了对光学系统进行像质评价,必须明确光学系统的坐标系统、结构参数和特性参数的表示方法。不同的光学书籍中的坐标系统、结构参数和特性参数的表示方法可能是不一样的,在阅读比较时需特别加以注意。在本书中,如不特别加以说明,所讨论的光学系统均为共轴光学系统。

1. 坐标系统及其常用量的符号与符号规则

本书中所采用的坐标系与应用光学中所采用的坐标系完全一样,线段从左向右为正,由下向上为正,反之为负,角度一律以锐角度量,顺时针为正,逆时针为负。表 2 – 1 给出了光学系统中常用量的符号及符号规则,下面将对一些量做必要的解释。

表 2 – 1　光学系统中常用量的符号及符号规则

名称	符号	符号规则
物距	L	由球面顶点算起到光线与光轴的交点
像距	L'	由球面顶点算起到光线与光轴的交点
曲率半径	r	由球面顶点算起到球心
间隔(或厚度)	d	由前一面顶点算起到下一面顶点
入射角	I	由光线起转到法线
出射角	I'	由光线起转到法线
物方孔径角	U	由光轴起转到光线
像方孔径角	U'	由光轴起转到光线
物高	y	由光轴起到轴外物点
像高	y'	由光轴起到轴外像点
光线投射高	h	由光轴起到光线在球面的投射点
像方焦距	f'	由像方主点到像方焦点
物方焦距	f	由物方主点到物方焦点

续表

名称	符号	符号规则
像方焦截距	l_f'	由系统最后一面顶点到像方焦点
物方焦截距	l_f	由系统第一面顶点到物方焦点

表中角度和物/像距,用大写字母代表实际量,用小写字母代表近轴量。

2. 共轴光学系统的结构参数

为了设计出系统的具体结构参数,必须明确系统结构参数的表示方法。共轴光学系统的最大特点是系统具有一条对称轴——光轴,系统中每个曲面都是轴对称旋转曲面,它们的对称轴均与光轴重合,如图 2 - 1 所示。系统中每个曲面的形状用式(2 - 1)表示,所用坐标系如图 2 - 2 所示。

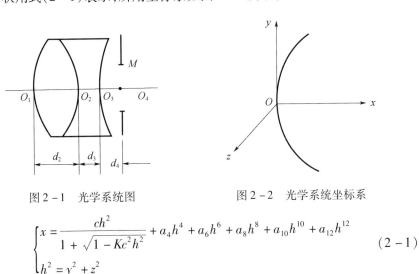

图 2 - 1　光学系统图　　　　　图 2 - 2　光学系统坐标系

$$\begin{cases} x = \dfrac{ch^2}{1 + \sqrt{1 - Kc^2h^2}} + a_4h^4 + a_6h^6 + a_8h^8 + a_{10}h^{10} + a_{12}h^{12} \\ h^2 = y^2 + z^2 \end{cases} \qquad (2 - 1)$$

式中:c 为曲面顶点的曲率;K 为二次曲面系数;$a_4,a_6,a_8,a_{10},a_{12}$ 为面形系数。

式(2 - 1)可以普遍地表示球面、二次曲面和高次非曲面。公式右边第一项代表基准二次曲面,后面各项代表曲面的高次项。基准二次曲面系数 K 值所代表的二次曲面面形如表 2 - 2 所列。不同的面形,对应不同的面形系数。例如,若面形为球面,则 $K = 1,a_4 = a_6 = a_8 = a_{10} = a_{12} = 0$;若面形为二次曲面,则 $K \neq 1$, $a_4 = a_6 = a_8 = a_{10} = a_{12} = 0$。

表 2 - 2　二次曲面面形

K 值	$K < 0$	$K = 0$	$0 < K < 1$	$K = 1$	$K > 1$
面形	双曲面	抛物面	椭球面	球面	扁球面

实际光学系统中绝大多数曲面面形均为球面,在计算机程序中为了简便直观,对球面只给出曲面半径 r ($r=1/c$)一个参数。平面相当于半径等于无限大的球面,在计算机程序中以 $r=0$ 代表,因为实际半径不可能等于零。对于非球面,除给出曲面半径 r 外,还要给出面形系数 $K,a_4,a_6,a_8,a_{10},a_{12}$ 的值。

如果系统中有光阑,则把光阑作为系统中的一个平面来处理。各曲面之间的相对位置,依次用它们顶点之间的距离 d 表示,如图 2-1 所示。

系统中各曲面之间介质的光学性质,用它们对指定波长光线的折射率 n 表示。大多数情况下,进入系统成像的光束,包含一定的波长范围。由于波长范围通常是连续的,无法逐一计算每个波长的像质指标,为了全面评价系统的成像质量,必须从整个波长范围内选出若干个波长,分别给出系统中各介质对这些波长光线的折射率,然后计算每个波长的像质指标,综合判定系统的成像质量。一般应选出 3~5 个波长,当然对单色光成像的光学系统,只需计算一个波长就可以了。波长的选取随仪器所用的光能接收器的不同而改变。例如,用人眼观察的目视光学仪器采用 $C(656.28\text{nm})$, $D(589.30\text{nm})$, $F(486.13\text{nm})$ 3 种波长;用感光底片接收的照相机镜头,则采用 C, D, $g(435.83\text{nm})$ 这 3 种波长。

有了每个曲面的面形参数 $(r,K,a_4,a_6,a_8,a_{10},a_{12})$ 和各面顶点间距 (d) 及每种介质对指定波长的折射率 (n),再给出入射光线的位置和方向,就可以应用几何光学的基本定律,计算出出射光线的位置和方向。确定了系统的结构参数,系统的焦距和主面位置也就相应确定了。

3. 光学特性参数

有了系统的结构参数,还不能对系统进行准确的像质评价,因为成像质量评价必须在给定的光学特性下进行。从光学设计 CAD 的角度出发,应包括如下光学特性参数。

(1)物距 L。

同一个系统对不同位置的物平面成像时,它的成像质量是不一样的。从像差理论上说,我们不可能使一个光学系统对两个不同位置的物平面同时校正像差。一个光学系统只能用于对某一指定的物平面成像。例如,望远镜只能对远距离物平面成像;显微物镜只能用于对指定倍率的共轭面(即指定的物平面)成像。离开这个位置的物平面,成像质量将要下降。因此在设计光学系统时,必须首先明确该系统是用来对哪个位置的物平面成像的。

如图 2-3 所示,物平面位置的参数是物距 L,它代表从系统第一面顶点 O_1

到物平面 A 的距离,符号是从左向右为正,反之为负。当物平面位在无限远时,在计算机程序中一般用 $L=0$ 代表。如果物平面与第一面顶点重合,则用一个很小的数值代替,例如 10^{-5} mm 或更小。

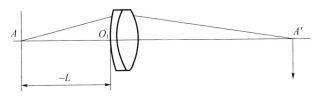

图 2-3 物平面表示方法

(2)物高 y 或视场角 ω。

实际光学系统不可能使整个物平面都清晰成像,只能使光轴周围的一定范围成像清晰。因此在评价系统的成像质量时,只能在要求的成像范围内进行。在设计光学系统时,必须指出它的成像范围。如图 2-4 所示,表示成像范围的方式有两种:当物平面位在有限远时,成像范围用物高 y 表示;当物平面位在无限远时,成像范围用视场角 ω 表示。

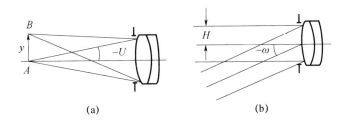

图 2-4 成像范围表示方法

(a)物平面位在有限远;(b)物平面位在无限远。

(3)物方孔径角正弦($\sin U$)或光束孔径高 h。

实际光学系统口径是一定的,只能对指定的物平面上光轴周围一定范围内的物点成像清晰,而且对每个物点进入系统成像的光束孔径大小也有限制。只能保证在一定孔径内的光线成像清晰,孔径外的光线成像就不清晰了,因此必须在指定的孔径内评价系统的像质。在设计光学系统时,必须给出符合要求的光束孔径。

如图 2-4 所示,光束孔径的表示方式有两种:当物平面位在有限远时,光束孔径用轴上点边缘光线和光轴夹角 U 的正弦($\sin U$)表示;当物平面位在无限远时则用轴向平行光束的边缘光束孔径高 h 表示。

(4)孔径光阑或入瞳位置。

对轴上点来说,给定了物平面位置和光束孔径或光束孔径高,则进入系统的光束便可完全确定,就可准确地评价轴上点的成像质量。但对轴外物点来说,还有一个光束位置的问题。如图 2 - 5 所示,两个光学系统的结构、物平面位置和轴上点光束的孔径 U 都是相同的,但是限制光束的孔径光阑 M_1 和 M_2 的位置不同,轴外点 B 进入系统成像的光束改变。当光阑由 M_1 移动到 M_2 时,一部分原来不能进入系统成像的光线能进入系统了;反之,一部分原来能进入系统成像的光线则不能进入系统了。因此对应的成像光束不同了,成像质量当然也就不同。所以在评价轴外物点的成像质量时,必须给定入瞳或孔径光阑的位置。入瞳的位置用从第一面顶点到入瞳面的距离 l_z 表示,符号规则同样是向右为正,向左为负,如图 2 - 5(b)所示。如果给出孔径光阑,则把光阑作为系统中的一个面处理,并指出哪个面是系统的孔径光阑。在系统结构参数确定的条件下给出孔径光阑,就可以计算入瞳位置。在计算机程序中把入瞳到系统第一面顶点的距离作为系统的第一个厚度 d_1,它等于 $- l_z$。实际透镜的第一个厚度为 d_2,如图 2 - 1 所示。

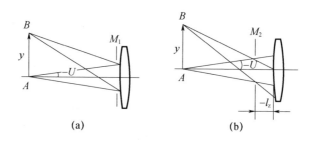

图 2 - 5　孔径光阑位置

(a)给定孔径光阑;(b)给定入瞳距离。

(5)渐晕系数或系统中每个面的通光半径。

实际光学系统视场边缘的像面照度一般允许比轴上点适当降低,即轴外子午光束的宽度比轴上点光束的宽度小,这种现象称为"渐晕"。之所以允许系统存在渐晕,一方面是因为要把轴外光束的像差校正得和轴上点一样好,往往是不可能的,为了保证轴外点的成像质量,把轴外子午光束的宽度适当减小;另一方面,从系统外形尺寸上考虑,为了减小某些光学零件的直径,也需要把轴外子午光束的宽度减小。为了使光学系统的像质评价更符合系统的实际使用情况,必须考虑轴外像点的渐晕。表示系统渐晕状况有两种方式：一种是渐晕系数法；另一种是给出系统中每个通光孔的实际通光半径。
下面分别介绍。

渐晕系数法是给出指定视场轴外点成像光束的上下光的渐晕系数。如
图 2-6 所示，孔径光阑在物空间的共轭像为入瞳，轴上点 A 的光束充满了入瞳，
轴外点 B 的成像光束由于孔径光阑前后两个透镜通光直径的限制，使子午面内
的上光和下光不能充满入瞳，因此存在渐晕。

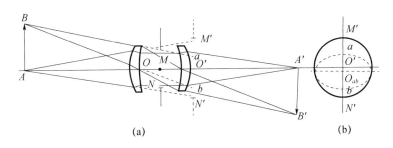

图 2-6　光学系统的渐晕

(a)成像光束限制情况；(b)成像光束截面。

从侧视图中可以看到实际通光情况，图 2-6(b)中直径为 $M'N'$ 的圆为轴上
点的光束截面，子午面内上光的宽度为 $O'a$，下光的宽度为 $O'b$，对应上、下光的
渐晕系数为

$$K^+ = \frac{O'a}{O'M} \qquad K^- = \frac{-O'b}{O'M}$$

这时实际子午光束的中心为 O_{ab}，一般我们把有渐晕的成像光束截面近似用一
个椭圆代表，如图 2-6(b)中虚线所示。椭圆的中心为 a,b 的中点 O_{ab}，它的短
轴为

$$O_{ab}a = O_{ab}b = \frac{K^+ - K^-}{2}O'M'$$

椭圆的长轴为弧矢光束的宽度，一般近似等于 $O'M'$。用这样的椭圆近似代表
轴外点的实际通光面积来进行系统的像质评价。

用渐晕系数来描述轴外像点的实际通光状况，显然有一定误差，如果需要
对系统进行更精确的评价，则需要给出系统中每个曲面的通光半径 h，计算机通
过计算大量光线确定出能够通过系统成像的实际光束截面。如图 2-6(a)所
示的系统，直接给出每个面(包括光阑面)的通光半径 $h_1 \sim h_5$，程序能自动把轴
外点对应的实际光阑截面计算出来。这种方式主要是用于最终设计结果的精
确评价。例如，在光学传递函数计算中经常使用。而在设计过程中，如在几何

像差计算和光学自动设计程序中,则多用渐晕系数法。

有了系统结构参数和光学特性参数,利用近轴光线和实际光线的公式,用光路计算的方法即可计算出系统的焦距、主面、像面和像高等近轴参数,也能对系统在指定的工作条件下进行成像质量评价。这些参数就是我们在设计光学系统过程中进行像质评价所必须输入的参数。

<h2>▶▶▶ 2.3　检测阶段的像质评价指标——星点检验</h2>

由于一个光学系统不可能理想成像,因此就存在一个光学系统成像质量优劣的评价问题。成像质量评价的方法分为两大类,第一类方法用于在光学系统实际制造完成以后对其进行实际测量,第二类方法用于在光学系统设计阶段通过计算来评定系统成像的质量。对于第一类像质评价方法,主要有"分辨率检验"和"星点检验"。本节主要介绍星点检验方法。

根据近代物理光学知识,利用满足线性与空间不变性条件的系统的线性叠加特性,可以将任何物方图样分解为许多基元图样,这些基元对应的像方图样是容易知道的,然后由这些基元的像方图样线性叠加得出总的像方图样。从这一理论出发,当光学系统对非相干照明物体或自发光物体成像时,可以把任意的物分布看成是无数个具有不同强度的、独立的发光点的集合,我们称点状物为物方图样的基元,即点基元。这里,也可以理解为一个无限小的点光源物,例如小星点,故可采用单位脉冲 δ 函数作为点基元,有

$$O(u,v) = \iint\limits_{-\infty}^{\infty} O(u_1,v_1)\delta(u - u_1, v - v_1)\mathrm{d}u_1\mathrm{d}v_1 \qquad (2-2)$$

因为系统具有线性和空间不变性,有如下物像关系式,即

$$i(u',v') = \iint\limits_{-\infty}^{\infty} O(u,v)h(u' - M_u u, v' - M_v v)\mathrm{d}u\mathrm{d}v \qquad (2-3)$$

式中:$O(u,v)$ 为物方图样;$i(u',v')$ 为像方图样;u,v 和 u',v' 分别为对应物面和像面的笛卡尔坐标;M_u、M_v 为物像的横向放大率;$h(u' - M_u u, v' - M_v v)$ 为系统的点基元像分布,即 (u,v) 处的一个点基元物 $\delta(u,v)$ 的像。式(2-3)表示了线性空间不变系统的一个成像过程,即将任意物强度分布与该系统的点像分布卷积就可得到像强度分布,点物基元像分布完全决定了系统的成像特性。只有当点物基元像分布仍为 δ 函数时,物像之间才严格保证点对应点的关系。

　　实际上每一个发光点物基元通过光学系统后,由于衍射和像差以及其他工艺疵病的影响,绝对的点对应点的成像关系是不存在的,卷积的结果是对原物强度分布起了平滑作用,从而造成点物基元经系统成像后的失真,因此采用点物基元描述成像的过程,实质是一个卷积成像过程。通过考察光学系统对一个点物基元的成像质量,就可以了解和评定光学系统对任意物分布的成像质量,这就是星点检验的基本思想。

　　对一个无像差衍射受限系统来说,其光瞳函数是一个实函数,而且在光瞳范围内是一个常数。因此衍射像的光强分布仅仅取决于光瞳的形状。在一般圆形光瞳的情况下,衍射受限系统的星点像(艾里斑)的光强分布函数就是圆孔函数的傅里叶变换的模的平方,即

$$\frac{I}{I_0} = \left[\frac{2J_1(\varphi)}{\varphi}\right]^2 \qquad (2-4)$$

$$\varphi = (2\pi/\lambda)h\theta = (\pi D/\lambda f')r$$

　　式(2-4)所代表的几何图形及各个量的物理意义如图2-7所示。图2-8给出了艾里斑的三维光强分布图及其局部放大图。表2-3给出了艾里斑各极值点的数据。至于焦面附近前后不同截面上的光强分布,也可通过类似的计算求出。

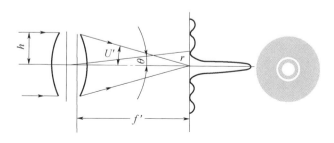

图 2-7　夫朗和斐圆孔衍射图

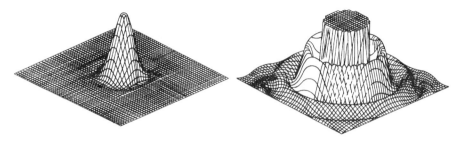

图 2-8　艾里斑的三维光强分布图及其局部放大图(在相对强度 0.03 处截断)

图 2-9 所示为子午面内的等强度线。图 2-10 所示为焦点前后不同截面上的星点图。由图 2-9 和图 2-10 可以看出，一个具有圆形光瞳的衍射受限系统，不仅在焦面内应具有图 2-7 和图 2-8 所示的艾里斑分布规律，而且在焦点前后应具有对称的光强分布。

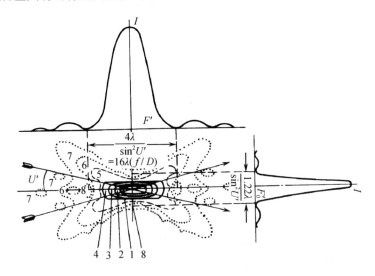

图 2-9　子午面内的等强度线

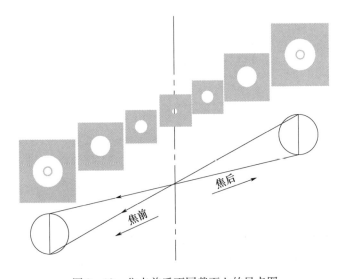

图 2-10　焦点前后不同截面上的星点图

表 2 - 3　艾里斑各极值点数据

$\psi = (2\pi/\lambda)h\theta$	θ/rad	I/I_0	能量分配	备注
0	0	1	83.78%	中央亮斑
1.220π	0.610 × λ/h	0	0	第一暗环
1.635π	0.818 × λ/h	0.0175	7.22%	第一亮环
2.233π	1.116 × λ/h	0	0	第二暗环
2.679π	1.339 × λ/h	0.0042	2.77%	第二亮环
3.238π	1.619 × λ/h	0	0	第三暗环
3.699π	1.849 × λ/h	0.0010	1.46%	第三亮环

　　显然,当光学系统的光瞳形状改变时,其理想星点像也应随之改变。例如折反射光学系统的光瞳通常是圆环形的,其焦面上理想像的光强分布式为

$$\frac{I}{I_0} = \frac{1}{(1-\varepsilon^2)^2}\left[\frac{2J_1(\varphi)}{\varphi} - \varepsilon^2\frac{2J_1(\varepsilon\varphi)}{\varepsilon\varphi}\right]^2 \qquad (2-5)$$

式中:ε 为环形孔的内外两个同心圆的半径之比。图 2 - 11 所示为具有不同开孔比 ε 时焦平面内的光强分布曲线;图 2 - 12 为其三维光强分布图。在光学仪器中偶尔也遇到方形或矩形光瞳的情况,图 2 - 13 所示为方形光瞳理想星点像

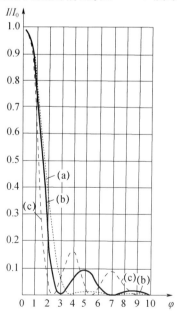

图 2 - 11　环形孔理想星点像的光强分布曲线

(a)$\varepsilon = 0$;(b)$\varepsilon = 0.5$;(c)$\varepsilon \rightarrow 1$。

的三维光强分布图,这时焦平面内的理想星点像光强分布公式为

$$\frac{I}{I_0} = \left[\frac{\sin(\varphi/2)}{(\varphi/2)}\right]^2 \left[\frac{\sin(\phi/2)}{(\phi/2)}\right]^2 \tag{2-6}$$

$$\varphi = (2\pi/\lambda)a\sin\theta_x$$

$$\phi = (2\pi/\lambda)b\sin\theta_y$$

式中:a,b 分别为矩形光瞳长宽方向的宽度。

根据星点像判断光学系统的像质好坏,尤其是进一步"诊断"光学系统存在的主要像差性质和疵病种类,以及造成这些缺陷的原因,这在光学仪器生产实践中具有重要意义。但要能对星点检验结果做出准确可靠的分析、判断,不仅要掌握星点检验的基本原理,还要有丰富的实践经验,所以有关星点像的分析和像差判断必须在实践中不断地总结和积累。

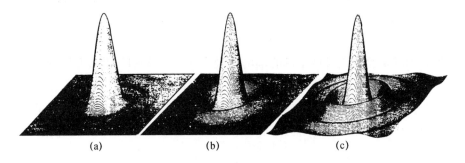

图 2-12　环形孔理想星点像的三维光强分布图

(a)$\varepsilon=0$;(b)$\varepsilon=0.5$;(c)$\varepsilon=0.8$。

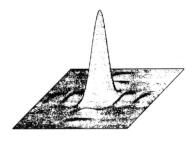

图 2-13　方形光瞳理想星点像的三维光强分布图

▷▷▷ 2.4　检测阶段的像质评价指标——分辨率测量

光学系统成像的变形大小,可以通过测量像的几何尺寸得到,比较简单。

对成像清晰度的评价问题,则要复杂得多。最早用来评价光学系统成像清晰度的指标是分辨率。所谓分辨率就是光学系统成像时,所能分辨的最小间隔。分辨率测量所获得的有关被测系统像质的信息量虽然不及星点检验多,发现像差和误差的灵敏度也不如星点检验高,但分辨率能以确定的数值作为评价被测系统的像质的综合性指标,并且很容易就能获得正确的分辨率值。对于有较大像差的光学系统,分辨率会随像差变化而有较明显的变化,因而能用分辨率值区分大像差系统间的像质差异,这是星点检验法所不如的。测量设备几乎和星点检验一样简单,因此分辨率测量仍然是目前生产中检验一般成像光学系统质量的主要手段之一。

在光学系统(即无像差理想光学系统)中,由于光的衍射,一个发光点通过光学系统成像后得到一个衍射光斑。两个独立的发光点通过光学系统成像得到两个衍射光斑,考察不同间距的两发光点在像面上两衍射像可被分辨与否,就能定量地反映光学系统的成像质量。作为实际测量值的参照数据,应了解衍射受限系统所能分辨的最小间距,即理想系统的理论分辨率数值。两个衍射斑重叠部分的光强度是两光斑强度之和。随着两衍射斑中心距的变化,可能出现如图 2 – 14 所示的 3 种情况。当两发光物点之间的距离较远,两个衍射斑的中心距较大时,中间有明显暗区隔开,亮暗之间的光强对比度 $k \approx 1$,如图 2 – 14(a)所示;当两物点逐渐靠近时,两衍射斑之间有较多的重叠,但重叠部分中心的合光强仍小于两侧的最大光强,即对比度 $1 > k > 0$,如图 2 – 14(b)所示;当两物点靠近到某一限度时,两衍射斑之间的合光强将大于或等于每个衍射斑中心的最大光强,两衍射斑之间无明暗差别,即对比度 $k = 0$,两者"合二为一",如图 2 – 14(c)所示。

人眼观察相邻两物点所成的像时,要能判断出是两个像点而不是一个像点,则两衍射斑重叠区的中间与两侧最大光强处必须有一定量的明暗差别,即对比度 $k > 0$。k 值究竟为多大时人眼才能分辨出是两个像点而不是一个像点?这通常因人而异。为了有一个统一的判断标准,瑞利认为,当两衍射斑中心距正好等于第一暗环的半径时,人眼刚能分辨开这两个像点,如图 2 – 15 所示。根据理想光学系统衍射分辨率公式,可求出这时两衍射斑的中心距为

$$\sigma_0 = 1.22\lambda \frac{f'}{D} = 1.22\lambda F \qquad (2-7)$$

这就是通常所说的瑞利判据。按照瑞利判据,两衍射斑之间光强的最小值

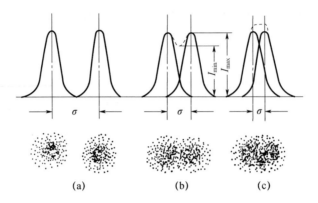

图 2 - 14　两衍射斑中心距不同时的光强分布曲线和光强对比度($k_a = 1, k_b = 0.15, k_c = 0$)

　(a)中心距 σ 等于中央亮斑直径 $d(k = 1)$;(b)σ 等于 $0.5d(k_b = 0.15)$;(c)σ 等于 $0.39d(k = 0)$。

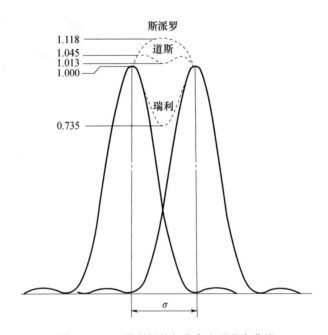

图 2 - 15　三种判据的部分合光强分布曲线

为最大值的 73.5% ,人眼很容易察觉,因此有人认为该判据过于严格,于是提出了另一个判据——道斯判据,如图 2 - 15 所示。根据道斯判据,人眼刚能分辨两个衍射像点的最小中心距为

$$\sigma_0 = 1.02\lambda F \tag{2-8}$$

按照道斯判据,两衍射斑之间的合光强的最小值为 1.013,两衍射中心附近

的光强最大值为 1.045(设单个衍射斑中心最大光强为 1)。还有人认为,当两个衍射班之间的合光强刚好不出现下凹时是刚可分辨的极限情况。如图 2 - 15 所示,这个判据称为斯派罗判据。根据这一判据,两衍射斑之间的最小中心距为

$$\sigma_0 = 0.947\lambda F \qquad (2-9)$$

两衍射斑之间的合光强为 1.118。图 2 - 16 给出了上述三种判据的三维合光强分布。

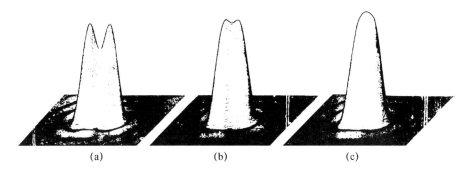

$$(a) \qquad\qquad (b) \qquad\qquad (c)$$

图 2 - 16　瑞利、道斯和斯派罗判据的三维合光强分布

(a)瑞利判据;(b)道斯判据;(c)斯派罗判据。

实际工作中,由于光学系统的种类不同,用途不同,分辨率的具体表示形式也不同。例如望远系统,由于物体位于无限远,所以用角距离表示刚能分辨的两点间的最小距离,以望远物镜后焦面上两衍射斑的中心距 σ_0 对物镜后主点的张角 α 表示分辨率,即

$$\alpha = \frac{\sigma_0}{f} \qquad (2-10)$$

照相系统以像面上刚能分辨的两衍射斑中心距的倒数表示分辨率,即

$$N = \frac{1}{\sigma_0} \qquad (2-11)$$

在显微系统中则直接以刚能分辨开的两物点间的距离表示分辨率,即

$$\varepsilon = \frac{\sigma_0}{\beta} \qquad (2-12)$$

式中:β 为显微物镜的垂轴放大率。

表 2 - 4 列出了不同类型的光学系统按不同判据计算出的理论分辨率。表中:D 为入瞳直径(mm);NA 为数值孔径;应用于白光照明时,取光波长 $\lambda = 0.55 \times 10^{-3}$ mm。

表 2 – 4　三类光学系统的理论分辨率

系统类型	判据		
	瑞利	道斯	斯派罗
望远/rad	$\dfrac{1.22\lambda}{D}$	$\dfrac{1.02\lambda}{D}$	$\dfrac{0.947\lambda}{D}$
照相/mm^{-1}	$\dfrac{1}{1.22\lambda F}$	$\dfrac{1}{1.02\lambda F}$	$\dfrac{1}{0.947\lambda F}$
显微/mm	$\dfrac{0.61\lambda}{NA}$	$\dfrac{0.51\lambda}{NA}$	$\dfrac{0.47\lambda}{NA}$

　　以上讨论的各类光学系统的分辨率公式都只适用于视场中心的情况。对望远系统和显微系统而言，由于视场很小，因此只需考虑视场中心的分辨率。对于照相系统，由于视场通常较大，除考虑视场中心的分辨率外还应考虑中心以外视场的分辨率。

　　随着光学仪器的现代化，其光学系统对成像质量和使用性能的要求都越来越高，我国对不同光学系统（如摄影镜头、缩微摄影系统、空间侦察系统等）均颁布了不同的分辨率标准，而且随着对外科学技术交流的深入发展，这些标准也在不断地修订和完善。因此，掌握分辨率测量的基本概念和方法只是对分辨率测量有了初步了解，在实践中要针对具体被测量光学系统的要求严格地按有关标准进行检测。

2.5　几何像差的定义及其计算

　　用于设计阶段的像质评价指标主要有几何像差、垂轴像差、波像差、光学传递函数、点列图、点扩散函数、包围圆能量等。目前国内外常用的光学设计 CAD 软件中，主要使用几何像差和波像差这两种像质评价方法。为了评价一个已知光学系统的成像质量，首先需要根据系统结构参数和光学特性的要求计算出它的成像指标，本节介绍几何像差的概念和计算方法。

1. 光学系统的色差

　　前面曾经指出，光实际上是波长为 400 ~ 760nm 的电磁波。不同波长的光具有不同的颜色，不同波长的光线在真空中传播的速度 c 都是一样的，但在透明介质（如水、玻璃等）中传播的速度 v 随波长而改变。波长长的光线，其传播

速度 v 大,波长短的光线,其传播速度 v 小。因为折射率 $n = c/v$,所以光学系统中介质对不同波长光线的折射率是不同的。如图 2 - 17 所示,薄透镜的焦距公式为

$$\frac{1}{f'} = (n-1)\left(\frac{1}{r_1} - \frac{1}{r_2}\right) \qquad (2-13)$$

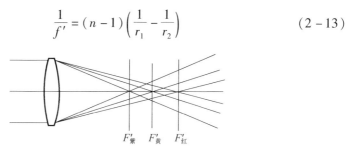

图 2 - 17　单透镜对无限远轴上物点白光成像

因为折射率 n 随波长的不同而改变,因此焦距 f' 也要随着波长的不同而改变。这样,当对无限远的物体成像时,不同颜色光线所成像的位置也就不同。我们把不同颜色光线理想像点位置之差称为近轴位置色差,通常用 C 和 F 两种波长光线的理想像平面间的距离来表示近轴位置色差,也称为近轴轴向色差。若 l'_F 和 l'_C 分别表示 F 与 C 两种波长光线的近轴像距,则近轴轴向色差 $\Delta l'_{FC}$ 为

$$\Delta l'_{FC} = l'_F - l'_C \qquad (2-14)$$

同样,如图 2 - 18 所示,根据无限远物体像高 y' 的计算公式,当 $n' = n = 1$ 时,有

$$y' = -f'\tan\omega \qquad (2-15)$$

式中:ω 为物方视场角。

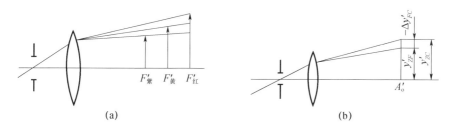

(a)　　　　　　　　　　　(b)

图 2 - 18　单透镜对无限远轴外物点白光成像

(a)不同颜色光线像高差异;(b)垂轴色差表示方法。

当焦距 f' 随波长改变时,像高 y' 也就随之改变,不同颜色光线所成的像高也不一样。这种像的大小的差异称为垂轴色差,它代表不同颜色光线的主光线和同一基准像面交点高度(即实际像高)之差。通常这个基准像面选定为中心

波长的理想像平面,例如 D 光的理想像平面。若 y'_{ZF} 和 y'_{ZC} 分别表示 F 和 C 两种波长光线的主光线在 D 光理想像平面上的交点高度,则垂轴色差 $\Delta y'_{FC}$ 为

$$\Delta y'_{FC} = y'_{ZF} - y'_{ZC} \qquad (2-16)$$

2. 轴上像点的单色像差

单色像差是单一波长的像差。首先讨论轴上点的单色像差。在第 1.2 节中指出,本书所讨论的是共轴光学系统,面形是旋转曲面。对于共轴系统的轴上点来说,由于系统对光轴对称,进入系统成像的入射光束和出射光束均对称于光轴,如图 2-19 所示。轴上有限远物点发出的以光轴为中心的、与光轴夹角相等的同一锥面上的光线(对轴上无限远物点来说,对应以光轴为中心的同一柱面上的光线),经过系统以后,其出射光线位在一个锥面上,锥面顶点就是这些光线的聚交点,而且必然位在光轴上,因此这些光线成像为一点。但是,由于球面系统成像不理想,不同高度的锥面(柱面)光线(它们与透镜的交点高度不同,即孔径不同)的出射光线与光轴夹角是不同的,其聚交点的位置也就不同。虽然同一高度锥面(柱面)的光线成像聚交为一点,但不同高度锥面(柱面)的光线却不聚交于一点,这样成像就不理想。最大孔径的光束聚交于 $A'_{1.0}$,0.85 孔径的光线聚交于 $A'_{0.85}$,依次类推。

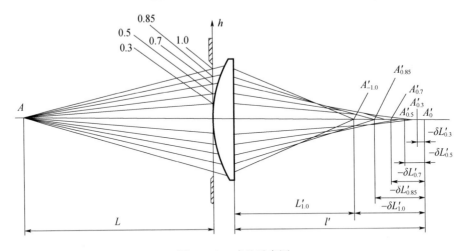

图 2-19 球差示意图

从图 2-19 可见,轴上有限远同一物点发出的不同孔径的光线通过系统以后不再交于一点,成像不理想。为了表示这些对称光线在光轴方向的离散程度,我们用不同孔径光线对理想像点 A'_0 的距离 $A'_0 A'_{1.0}$,$A'_0 A'_{0.85}$…表示,称为球差,用符号 $\delta L'$ 表示,即

$$\delta L' = L' - l' \qquad\qquad (2-17)$$

式中: L' 为某一宽孔径高度光线的聚交点的像距; l' 为近轴像点的像距。 $\delta L'$ 的符号规则是: 光线聚交点位在 A'_0 的右方为正, 左方为负。为了全面而又概括地表示出不同孔径的球差, 我们一般从整个公式中取出 $1.0, 0.85, 0.7071, 0.5,$ 0.3 这 5 个孔径光束的球差值 $\delta L'_{1.0}, \delta L'_{0.85}, \delta L'_{0.7071}, \delta L'_{0.5}, \delta L'_{0.3}$ 来描述整个光束的结构。如果系统理想成像, 则所有出射光线均交于理想像点 A'_0, 球差 $\delta L'_{1.0} = \delta L'_{0.85} = \delta L'_{0.7071} = \delta L'_{0.5} = \delta L'_{0.3} = 0$; 反之, 球差值越大, 成像质量越差。

对于轴上点来说, 轴向色差 $\delta L'_{FC}$ 和球差 $\delta L'$ 这两种像差就可以表示一个光学系统轴上点成像质量的优劣。

3. 轴外像点的单色像差

对于轴外点来说, 情况就比轴上点要复杂得多。对于轴上点, 光轴就是整个光束的对称轴线, 通过光轴的任意截面内光束的结构都是相同的, 因此只需考察一个截面即可。而由轴外物点进入共轴系统成像的光束, 经过系统以后不再像轴上点的光束那样具有一条对称轴线, 只存在一个对称平面, 这个对称平面就是由物点和光轴构成的平面, 如图 2-20 中的 ABO 平面所示。轴外物点发出的通过系统的所有光线在像空间的聚交情况就要比轴上点复杂得多。为了能够简化问题, 同时又能够定量地描述这些光线的弥散程度, 我们从整个入射光束中取两个互相垂直的平面光束, 用这两个平面光束的结构来近似地代表整个光束的结构。这两个平面中, 一个是光束的对称面 BM^+M^-, 称为子午面; 另一个是过主光线 BP 与 BM^+M^- 垂直的 BD^+D^- 平面, 称为弧矢面。用来描述这两个平面光束结构的几何参数分别称为子午像差和弧矢像差。

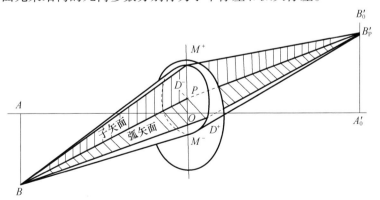

图 2-20 子午面与弧矢面示意图

（1）子午像差。

由于子午面既是光束的对称面，又是系统的对称面，位于该平面内的子午光束通过系统后永远位于同一平面内，因此计算子午面内光线的光路是一个平面的三角几何问题。可以在一个平面图形内表示出光束的结构，如图 2 – 21 所示。

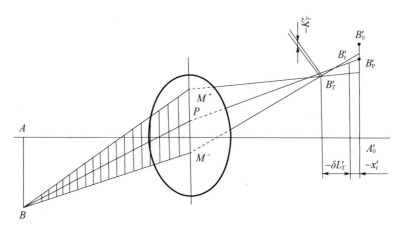

图 2 – 21　子午面光线像差

图 2 –21 为轴外无限远物点发来的斜光束的光路图。与轴上点的情形一样，为了表示子午光束的结构，我们取出主光线两侧具有相同孔径高的两条成对的光线 BM^+ 和 BM^-，称为子午光线对。该子午光线对通过系统以后当然也位于子午面内，如果光学系统没有像差，则所有光线对都应交在理想像平面上的同一点。由于有像差存在，BM^+ 和 BM^- 光线对的交点 B_T' 既不在主光线上，也不在理想像平面上。为了表示这种差异，我们用子午光线对的交点 B_T' 离理想像平面的轴向距离 X_T' 表示此光线对交点与理想像平面的偏离程度，称为"子午场曲"。用光线对交点 B_T' 离开主光线的垂直距离 K_T' 表示此光线对交点偏离主光线的程度，称为"子午彗差"。当光线对对称地逐渐向主光线靠近，宽度趋于零时，它们的交点 B_T' 趋近于一点 B_t'，B_t' 点显然应该位于主光线上，它离开理想像平面的距离称为"细光束子午场曲"，用 x_t' 表示。不同宽度子午光线对的子午场曲 X_T' 和细光束子午场曲 x_t' 之差（$X_T' - x_t'$），代表了细光束和宽光束交点前后位置的差。此差值和轴上点的球差具有类似的意义，因此也称为"轴外子午球差"，用 $\delta L_T'$ 表示，即

$$\delta L_T' = X_T' - x_t' \qquad\qquad (2-18)$$

它描述了光束宽度改变时交点前后位置的变化情况。X_T'，K_T'和$\delta L_T'$这 3 个量可用于表示子午光线对 BM^+ 和 BM^- 的聚交情况。为了全面了解整个子午光束的结构，一般取出不同孔径高的若干个子午光线对，每一个子午光线对都有它们自己相应的 X_T'，K_T' 和 $\delta L_T'$ 值。孔径高的选取和轴上点相似，取（± 1，± 0.85，± 0.7071，± 0.5，± 0.3）h_m，其中 h_m 为最大孔径高。同时，为了了解整个像平面的成像质量，还需要知道不同像高轴外点的像差，一般取 $1,0.85,0.7071,0.5$，0.3 这 5 个视场来分别计算出不同孔径高子午像差 X_T'，K_T'和$\delta L_T'$的值。

（2）弧矢像差。

弧矢像差定义和子午像差定义类似，只不过是在弧矢面内。如图 2 - 22 所示，阴影部分所在平面就是弧矢面。处在主光线两侧与主光线距离相等的弧矢光线对 BD^+ 和 BD^- 相对于子午面显然是对称的，它们的交点必然位在子午面内。与子午光线对的情形相对应，我们把弧矢光线对的交点 B_S' 到理想像平面的距离用 X_S' 表示，称为"弧矢场曲"；B_S' 到主光线的距离用 K_S' 表示，称为"弧矢彗差"。主光线附近的弧矢细光束的交点 B_s' 到理想像平面的距离用 x_s' 表示，称为"细光束弧矢场曲"；$X_S' - x_s'$ 称为"轴外弧矢球差"，用 $\delta L_S'$ 表示，即

$$\delta L_S' = X_S' - x_s' \qquad (2-19)$$

由于弧矢像差和子午像差比较，变化比较缓慢，所以一般比子午光束少取一些弧矢光线对。另外，与子午光线一样，为了了解整个像平面的成像质量，还需要知道不同像高轴外点的像差，一般取 $1,0.85,0.7071,0.5,0.3$ 这 5 个视场计算出不同孔径高的弧矢像差 X_S'，K_S'和$\delta L_S'$的值。

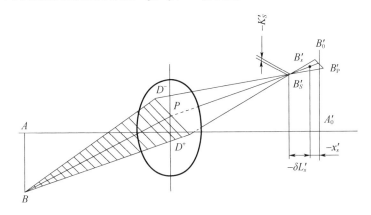

图 2 - 22　弧矢面光线像差

对于某些小视场、大孔径的光学系统来说，由于像高本身较小，彗差的实际

数值更小,因此用彗差的绝对数量不足以说明系统的彗差特性。一般改用彗差与像高的比值来代替系统的彗差,用符号 SC' 表示,即

$$SC' = \lim_{y \to 0} \frac{K'_s}{y'} \qquad (2-20)$$

SC' 的计算公式为

$$SC' = \frac{\sin U_1 u'}{\sin U' u_1} \cdot \frac{l' - l'_z}{l' - l'_z} - 1 \qquad (2-21)$$

对于用小孔径光束成像的光学系统,它的子午和弧矢宽光束像差 $\delta L'_T, K'_T$ 和 $\delta L'_S, K'_S$ 不起显著作用。它在理想像平面上的成像质量由细光束子午和弧矢场曲 x'_t, x'_s 决定。x'_t 和 x'_s 之差反映了主光线周围的细光束偏离同心光束的程度,我们把它称为"像散",用符号 x'_{ts} 表示,即

$$x'_{ts} = x'_t - x'_s \qquad (2-22)$$

像散 $x'_{ts} = 0$ 说明该细光束为同心光束,否则为像散光束。$x'_{ts} = 0$ 但是 x'_t, x'_s 不一定为零,也就是光束的聚交点与理想像点不重合,因此仍不能认为成像符合理想。

对于一个理想的光学系统来说,不仅要求成像清晰,而且要求物像要相似。上面介绍的轴外子午和弧矢像差,只能用来表示轴外光束的结构或轴外像点的成像清晰度。实际光学系统所成的像即使子午像差和弧矢像差都等于零,但对应的像高并不一定和理想像高一致。从整个像面来看,物和像的几何形状就不相似。我们把成像光束的主光线和理想像平面交点 B'_p 的高度 $y'_z (A'_o B'_p)$ 作为光束的实际像高。y'_z 和理想像高 $y'_o (A'_o B'_o)$ 之差为 $\delta y'_z (B'_o B'_p)$,如图 2-22 所示,有

$$\delta y'_z = y'_z - y'_o \qquad (2-23)$$

用它作为衡量成像变形的指标,称为畸变。

4. 高级像差

在像差理论研究中,把像差与 y, h 的关系用幂级数形式表示,最低次幂对应的像差称为初级像差,而较高次幂对应的像差称为高级像差。上面所讨论的都是实际像差,实际像差包含初级像差和高级像差。为了比较系统成像质量的好坏,以及便于像差的校正,下面给出一些在光学设计 CAD 软件中常用的高级像差的定义。在下面的定义中,角标 h 代表孔径,y 代表视场。

(1)剩余球差 $\delta L'_{sn}$ 等于 0.7071 孔径球差与 1/2 全孔径球差之差,即

$$\delta L'_{sn} = \delta l'_{0.7071h} - \frac{1}{2} \delta L'_{1h} \qquad (2-24)$$

(2)子午视场高级球差 $\delta L'_{Ty}$ 等于全视场全孔径的子午轴外球差与轴上点全

孔径球差之差，即

$$\delta L'_{Ty} = \delta L'_{Tm} - \delta L'_m \qquad (2-25)$$

（3）弧矢视场高级球差 $\delta L'_{Sy}$ 等于全视场全孔径的弧矢轴外球差与轴上点全孔径球差之差，即

$$\delta L'_{Sy} = \delta L'_{Sm} - \delta L'_m \qquad (2-26)$$

（4）全视场 0.7071 孔径剩余子午彗差 K'_{Tsnh} 等于全视场 0.7071 孔径的子午彗差减去 1/2 全视场全孔径子午彗差，即

$$K'_{Tsnh} = K'_{T0.7071h} - \frac{1}{2}K'_{T.hm} \qquad (2-27)$$

（5）全孔径 0.7071 视场剩余子午彗差 K'_{Tsny} 等于全孔径 0.7071 视场的子午彗差减去 0.7071 乘以全视场全孔径子午彗差，即

$$K'_{Tsny} = K'_{T0.7071y} - 0.7071K'_{Ymy} \qquad (2-28)$$

（6）剩余细光束子午场曲 x'_{Tsn} 等于 0.7071 视场的细光束子午场曲与 1/2 全视场的细光束子午场曲之差，即

$$x'_{Tsn} = x'_{T0.7071y} - \frac{1}{2}x'_{Tm} \qquad (2-29)$$

（7）剩余细光束弧矢场曲 x'_{Ssn} 等于 0.7071 视场的细光束弧矢场曲与 1/2 全视场的细光束弧矢场曲之差，即

$$x'_{Ssn} = x'_{S0.7071y} - \frac{1}{2}x'_{Sm} \qquad (2-30)$$

（8）色球差 $\Delta\delta L'_{FC}$ 等于两种色光的边缘色差与近轴色差之差，即

$$\Delta\delta L'_{FC} = \Delta L'_{FCm} - \Delta l'_{FC} \qquad (2-31)$$

（9）剩余垂轴色差 $\Delta\delta y'_{FC}$ 等于 0.7071 视场垂轴色差与 0.7071 乘以全视场垂轴色差之差，即

$$\Delta\delta y'_{FC} = \Delta y'_{FC0.7071y} - 0.7071\Delta y'_{FCm} \qquad (2-32)$$

一个系统在像差校正完成以后，成像质量的好坏就在于其高级像差的大小。通常对于一定的结构形式，其高级像差的数值基本上是一定的。如果在像差校正完成以后，高级像差很大而导致成像质量不好，就必须更换结构形式。另外，像差校正完成以后，如果各种高级像差能够合理地平衡或匹配，则成像质量会有所提高。因此，在像差校正的后期，初级像差已经校正的情况下，为了使系统的成像质量更好，就要求对高级像差进行平衡。高级像差的平衡是一个比较复杂的问题，读者可参考有关书籍。

▶▶▶ 2.6 垂轴像差的概念及其计算

第2.5节所介绍的几何像差的特点是用一些独立的几何参数来表示像点的成像质量,即用单项独立几何像差来表示出射光线的空间复杂结构。用这种方式来表示像差的优点是便于了解光束的结构,分析它们和光学系统结构参数之间的关系,以便进一步校正像差。但是应用这种方法的缺点是几何像差的数据繁多,很难从整体上获得系统综合成像质量的概念。这时我们用像面上子午光束和弧矢光束的弥散范围来评价系统的成像质量有时更加方便,它直接用不同孔径子午、弧矢光线在理想像平面上的交点和主光线在理想像平面上的交点之间的距离来表示,称为垂轴几何像差。由于它直接给出了光束在像平面上的弥散情况,反映了像点的大小,所以更加直观、全面地显示了系统的成像质量。

如图2-23所示,为了表示子午光束的成像质量,我们在整个子午光束截面内取若干对光线,一般取 $\pm 1.0h$,$\pm 0.85h$,$\pm 0.7071h$,$\pm 0.5h$,$\pm 0.3h$,$0h$ 这11条不同孔径的光线,计算出它们和理想像平面交点的坐标,由于子午光线永远位于子午面内,因此在理想像平面上交点高度之差就是这些交点之间的距离。前10条光线和主光线(0孔径光线)高度之差就是子午光束的垂轴像差,即

$$\delta y' = y' - y'_z \qquad\qquad (2-33)$$

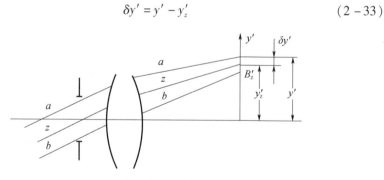

图 2 - 23　子午垂轴像差

对称于子午面的弧矢光线通过光学系统时永远与子午面对称,如图2-24所示。只需要计算子午面前或子午面后一侧的弧矢光线,另一侧的弧矢光线就很容易根据对称关系确定。弧矢光线 BD^+ 经系统后与理想像平面的交点 B'_+ 不再位于子午面上,因此 B'_+ 相对主光线和理想像平面交点 B'_p 的位置用两个垂直

分量 $\delta y'$ 和 $\delta z'$ 表示，$\delta y'$ 和 $\delta z'$ 即为弧矢光线的垂轴像差。和 BD^+ 成对的弧矢光线 BD^- 与理想像平面的交点 B'_z 的坐标为 $(\delta y', -\delta z')$，所以只要计算出了 BD^+ 的垂轴像差，BD^- 的垂轴像差也就知道了。

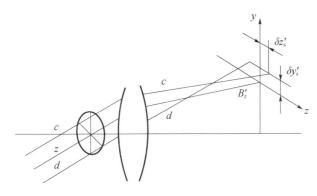

图 2-24　弧矢垂轴像差

为了用垂轴像差表示色差，可以将不同颜色光线的垂轴像差用同一基准像面和同一基准主光线作为基准点计算各色光线的垂轴像差。与前面计算垂轴色差时一样，我们一般采用平均波长光线的理想像平面和主光线作为基准计算各色光光线的垂轴色差。为了解整个像面的成像质量，同样需要计算轴上点和若干不同像高轴外点的垂轴像差。对轴上点来说，子午和弧矢垂轴像差是完全一样的，因此弧矢垂轴像差没有必要计算零视场的垂轴像差。

在计算垂轴像差 $\delta y'$ 时以主光线为计算基准，这样做的好处是把畸变和其他像差分离开来。畸变只影响像的变形，而不影响像的清晰度。垂轴像差 $\delta y'$ 以主光线为计算基准，它表示光线在主光线周围的弥散范围，$\delta y'$ 越小，光线越集中，成像越清晰，所以 $\delta y'$ 表示成像的清晰度。而如果以理想像点作计算基准，畸变和清晰度混淆在一起，不利于分析和校正像差。

2.7　用波像差评价光学系统的成像质量

用几何像差和垂直像差作为评价光学系统成像质量的指标，优点是计算简单，意义直观。现在介绍另一种用于评价光学系统质量的指标——波像差。

如果光学系统成像质量理想，则各种几何像差都等于零，由同一物点发出的全部光线均聚交于理想像点。根据光线和波面之间的对应关系，光线是波面的法线，波面是垂直于光线的曲面。因此在理想成像的情况下，对应的波面应该是一个以理想像点为中心的球面。如果光学系统成像不符合理想,存在几何像差,则对应的实际波面也不再是以理想像点为中心的球面,而是一个一定形状的曲面。我们把实际波面和理想波面之间的光程差作为衡量该像点质量的指标,称为波像差,如图 2 – 25 所示。

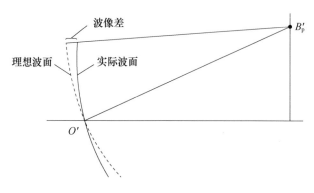

图 2 – 25　波像差示意图

由于波面和光线存在互相垂直的关系,因此几何像差和波像差之间也存在着一定的对应关系。我们可以由波像差求出几何像差,也可以由几何像差求出波像差。在一般光学设计软件中都具有计算波像差的功能,可以方便地计算出已知光学系统的波像差。对像差比较小的光学系统,波像差比几何像差更能反映系统的成像质量。一般认为,如果最大波像差小于 1/4 波长,则实际光学系统的质量与理想光学系统没有显著差别,这是长期以来评价高质量光学系统的一个经验标准,称为瑞利标准。

在实际应用中,一般把主光线和像平面的交点作为理想球面波的球心,并使实际波面和理想波面在出瞳坐标原点重合,即出瞳坐标原点的波像差为零。

为了更确切地评价系统的质量,只知道整个波面上的最大波像差值是不够的,还必须知道瞳面内的波差分布,了解不同波差对应的波面面积。因此在有些光学设计软件中,需要输出波面的等高线图,或者整个波面的三维立体图,或打印出整个瞳面内的波差分布值。

上述波差显然只反映单色像点的成像清晰度,它不能反映成像的变形——畸变。如果要校正像的变形,仍利用前面的几何像差畸变进行校正。

对色差则采用不同颜色光的波面之间的光程差表示,称为波色差,用符号 W_c 表示。显然轴上点的 W_c 代表几何像差中的轴向色差,而轴外点的 W_c 则既有轴向色差也有垂轴色差。

2.8　光学传递函数

在现代光学设计中,光学传递函数是目前已被公认的最能充分反映系统实际成像质量的评价指标。它不仅能全面、定量地反映光学系统的衍射和像差所引起的综合效应,而且可以根据光学系统的结构参数直接计算出来。这就意味着在设计阶段就可以准确地预计到制造出来的光学系统的成像质量,如果成像质量不好就可以反复修改甚至重新设计,直到满足成像质量为止,这无疑会极大地提高成像质量、缩短研制设计周期、降低寿命周期成本和减少人力物力的浪费。

一个光学系统成像,就是把物平面上的光强度分布图形转换成像平面上的光强度分布图形。利用傅里叶分析的方法可以对这种转换关系进行研究,它把光学系统的作用看作是一个空间频率的滤波器,进而引出了光学传递函数的概念。这种分析方法是建立在光学系统成像符合线性和空间不变性这两个基本观念上的,所以首先引入线性和空间不变性的概念。

1. 线性和空间不变性

设光学系统的物平面上的强度分布函数是 $\delta_i(x)$,相应地在像平面上就会产生一个强度分布 $\delta'_i(x')$,则有

$$\delta_i(x) \rightarrow \delta'_i(x')$$

如果此系统成像符合

$$\sum a_i \delta_i(x) \rightarrow \sum a_i \delta'_i(x')$$

其中 a_i 为任意常数,这样的系统就称为线性系统。如果将物和像分别作为光学系统的输入和输出,则一般来说,在非相干光照明条件下,光学系统对光强分布而言是一个线性系统。

所谓空间不变性,就是系统的成像性质不随物平面上物点的位置不同而改变,物平面上图形移动一个距离,像平面上的图形也只是相应地移动一个距离,而图形本身不变。设

$$\delta_i(x) \rightarrow \delta'_i(x')$$

如果系统满足空间不变性,则以下关系成立,即

$$\delta_i(x - x_0) \rightarrow \delta'_i(x' - x'_0)$$

其中 $x'_0 = \beta x_0$,β 为系统的垂轴放大率,通常把 β 规划为 1,这个假定不会影响讨

论的实质。

同时满足上面两个条件的系统称为空间不变线性系统。实际上,只有理想光学系统才能满足线性空间不变性的要求。而实际的成像系统,由于像差的大小与物点的位置有关,一般不具有严格的空间不变性。但是,对于大多数光学系统来说,成像质量即像差随物高的变化比较缓慢,在一定的范围内可以看作是空间不变的。如果系统使用非相干光照明,则系统也近似为一线性系统。因此,假定光学系统都符合线性空间不变性,是光学传递函数理论的基础。

空间不变线性系统的成像性质是:如果系统符合线性,就可以把物平面上的任意的复杂强度分布分解成简单的强度分布,把这些简单的强度分布图形分别通过系统成像。因为系统符合线性,把它们在像平面上产生的强度分布合成以后就可以得到复杂图形所成的像。也就是说,系统的线性保证了物像的可分解性和可合成性。在傅里叶光学中,把任意的强度分布函数,分解为无数个不同频率、不同振幅、不同初位相的余弦函数,这些余弦函数称为余弦基元。这种分解的运算就是傅里叶变换。

设物平面图形的强度分布函数为 $I(y,z)$,则 $\tilde{I}(\mu,\nu)$ 为把 $I(y,z)$ 分解成余弦基元后,不同空间频率的余弦基元的振幅和初位相,即

$$\tilde{I}(\mu,\nu) = \iint I(y,z)\,\mathrm{e}^{-\mathrm{i}2\pi(\mu y+\nu z)}\,\mathrm{d}y\mathrm{d}z \qquad (2-34)$$

在数学上 $\tilde{I}(\mu,\nu)$ 称为 $I(y,z)$ 的傅里叶变换,在信息理论中,$\tilde{I}(\mu,\nu)$ 称为 $I(y,z)$ 的频谱函数。原则上,只要知道了 $I(y,z)$,就可以求出它的频谱函数 $\tilde{I}(\mu,\nu)$。反过来,如果我们知道了一个图形的频谱函数,就可以把那些由频谱函数确定的余弦基元合成,得出物平面的强度分布 $I(y,z)$,即

$$I(y,z) = \iint \tilde{I}(\mu,\nu)\,\mathrm{e}^{\mathrm{i}2\pi(\mu y+\nu z)}\,\mathrm{d}\mu\mathrm{d}\nu \qquad (2-35)$$

这就是根据线性导出的系统的成像性质。

若把 $\mathrm{e}^{\mathrm{i}2\pi(\mu y+\nu z)}$ 称为一个频率为 (μ,ν) 的余弦基元,则物分布可以看作是大量余弦基元的线性组合,相应地对于像的光强分布 $I'(y',z')$ 同样有

$$\tilde{I}'(\mu,\nu) = \iint I'(y',z')\,\mathrm{e}^{-\mathrm{i}2\pi(\mu y'+\nu z')}\,\mathrm{d}y'\mathrm{d}z' \qquad (2-36)$$

$$I'(y',z') = \iint \tilde{I}'(\mu,\nu)\,\mathrm{e}^{\mathrm{i}2\pi(\mu y'+\nu z')}\,\mathrm{d}\mu\mathrm{d}\nu \qquad (2-37)$$

从上面的分析知道,如果系统满足空间不变性,则一个物平面上的余弦分布,通过系统以后在像平面上仍然是一个余弦分布,只是它的空间频率、振幅和初位

相会发生变化。空间频率的变化,实际上就代表物、像平面之间的垂轴放大率,关系比较简单。前面已经假定把它规划为 1,这样物像平面之间的空间频率不变,而只是振幅和位相发生变化。

2. 光学传递函数

(1)光学传递函数定义。现在假设余弦基元 $\delta(y) = e^{i2\pi\mu y}$ 对应的像分布为 $\delta'(y')$,即

$$\delta(y) = e^{i2\pi\mu y} \rightarrow \delta'(y')$$

可以推导出

$$\delta'(y') = \frac{1}{i2\pi\mu} \cdot \frac{d\delta'(y')}{dy'} \qquad (2-38)$$

并可解出

$$\delta'(y') = OTF(\mu) e^{i2\pi\mu y'} \qquad (2-39)$$

式中:$OTF(\mu)$ 为与 y' 无关的复常数,由光学系统的成像性质决定。式(2-39)是按一维形式得出的,对于二维形式,有

$$\delta'(y',z') = OTF(\mu,\nu) e^{i2\pi(\mu y' + \nu z')} \qquad (2-40)$$

空间不变线性系统的成像性质,可以用物、像平面上不同频率对应的余弦基元的振幅比和位相差来表示。前者称为振幅传递函数,用 $MTF(\mu,\nu)$ 表示;后者称为位相传递函数,用 $PTF(\mu,\nu)$ 表示。二者统称为光学传递函数,用 $OTF(\mu,\nu)$ 表示,它们之间的关系可以用复数的形式表示为

$$OTF(\mu,\nu) = MTF(\mu,\nu) e^{iPTF(\mu,\nu)} \qquad (2-41)$$

这样,根据系统的叠加性质,物分布中任一频率成分 $\tilde{I}(\mu,\nu)$ 的像 $\tilde{I}'(\mu,\nu)$ 应该为

$$\tilde{I}'(\mu,\nu) = OTF(\mu,\nu) \tilde{I}(\mu,\nu) \qquad (2-42)$$

进而有

$$OTF(\mu,\nu) = \frac{\tilde{I}'(\mu,\nu)}{\tilde{I}(\mu,\nu)} \qquad (2-43)$$

可见 $OTF(\mu,\nu)$ 表示了系统对任意频率成分 $\tilde{I}(\mu,\nu)$ 的传递性质,因此如果一个光学系统的光学传递函数已知,就可以根据式(2-42)由物平面的频率函数 $\tilde{I}(\mu,\nu)$ 求出像平面的频率函数 $\tilde{I}'(\mu,\nu)$,也就可以求出像平面的强度分布函数 $I'(y',z')$。

显然,一个理想的光学系统应该满足 $OTF(\mu,\nu) \equiv 1$。所以根据 $OTF(\mu,\nu)$ 的值就可以知道光学系统成像质量的优劣。

(2)两次傅里叶变换法。假设某一理想发光点所对应的像分布为 $P(y,z)$,$P(y,z)$ 也称为点扩散函数,若系统符合线性空间不变性质,则余弦基元

$\delta(y,z) = \mathrm{e}^{\mathrm{i}2\pi(\mu y+\nu z)}$ 所对应的像分布为

$$
\begin{aligned}
\delta'(y',z') &= \iint \mathrm{e}^{\mathrm{i}2\pi(\mu y+\nu z)} P(y'-y,z'-z)\,\mathrm{d}y\mathrm{d}z \\
&= \iint \mathrm{e}^{\mathrm{i}2\pi[\mu(y'-y)+\nu(z'-z)]} P(y,z)\,\mathrm{d}y\mathrm{d}z \\
&= \mathrm{e}^{\mathrm{i}2\pi(\mu y'+\nu z')} \iint P(y,z)\,\mathrm{e}^{-\mathrm{i}2\pi(\mu y+\nu z)}\,\mathrm{d}y\mathrm{d}z
\end{aligned}
\tag{2-44}
$$

对比式(2-40),有

$$
\mathrm{OTF}(\mu,\nu) = \iint P(y,z)\,\mathrm{e}^{-\mathrm{i}2\pi(\mu y+\nu z)}\,\mathrm{d}y\mathrm{d}z
\tag{2-45}
$$

因此,光学传递函数 $\mathrm{OTF}(\mu,\nu)$ 也可以定义为点扩散函数的傅里叶变换。为了计算光学传递函数就必须根据光学系统的结构参数计算出点扩散函数,为此首先引出光瞳函数的概念。由单色点光源发出的球面波经光学系统后在出瞳处的复振幅分布称为光学系统的光瞳函数,可表示为

$$
g(Y,Z) = \begin{cases} A(Y,Z)\,\mathrm{e}^{\mathrm{i}\frac{2\pi}{\lambda}W(Y,Z)} & \text{在出瞳处} \\ 0 & \text{在出瞳外} \end{cases}
\tag{2-46}
$$

式中:(Y,Z) 为出瞳面坐标;$A(Y,Z)$ 为点光源发出的光波在出瞳面的振幅分布;$W(Y,Z)$ 为系统对此单色光波引入的波像差。假设出瞳面光能分布均匀,则 $A(Y,Z) \equiv$ 常数,为了方便规定 $A(Y,Z) \equiv 1$。可以推导出,在一定的近似条件下,点扩散函数可由光瞳函数的傅里叶变换的模平方求得,即

$$
P(y',z') = \left| \iint g(Y,Z)\,\mathrm{e}^{-\mathrm{i}\frac{2\pi}{\lambda R}(Y\cdot y'+Z\cdot z')}\,\mathrm{d}Y\mathrm{d}Z \right|^{2}
\tag{2-47}
$$

式中:R 为参考球面的半径。这样,光学传递函数的计算只需首先计算出光瞳函数,然后根据式(2-45)和式(2-47)进行两次傅里叶变换,就可以得到各频率 (μ,ν) 下的光学传递函数值,这就是计算光学传递函数的两次傅里叶变换法。

(3)自相关法。将式(2-45)代入式(2-47),可直接由光瞳函数求得光学传递函数,即

$$
\mathrm{OTF}(\mu,\nu) = \iint\limits_{YZ} g(Y,Z)\cdot g^{*}(Y+\lambda R\mu, Z+\lambda R\nu)\,\mathrm{d}Y\mathrm{d}Z
\tag{2-48}
$$

式中:$g^{*}(Y,Z)$ 为 $g(Y,Z)$ 的共轭。由式(2-48),对光瞳函数直接进行自相关积分,也可得光学传递函数,这种计算方法就是计算光学传递函数的自相关法。

3. 光学传递函数的计算

(1)两次傅里叶变换光学传递函数的计算。由前所述,子午传递函数 $\mathrm{OTF}_t(\mu)$ 和弧矢传递函数 $\mathrm{OTF}_s(\nu)$ 分别为

$$\text{OTF}_t(\mu) = \text{OTF}(\mu, 0) \tag{2-49}$$

$$\text{OTF}_s(\nu) = \text{OTF}(0, \nu) \tag{2-50}$$

则由式(2-42)有

$$\begin{aligned}
\text{OTF}_t(\mu) &= \int \left[\int I(y', z') \mathrm{d}z' \right] \mathrm{e}^{-\mathrm{i}2\pi\mu y'} \mathrm{d}y' \\
&= \int I_t(y') \mathrm{e}^{-\mathrm{i}2\pi\mu y'} \mathrm{d}y'
\end{aligned} \tag{2-51}$$

同理,有

$$\begin{aligned}
\text{OTF}_s(\nu) &= \int \left[\int I(y', z') \mathrm{d}y' \right] \mathrm{e}^{-\mathrm{i}2\pi\nu z'} \mathrm{d}z' \\
&= \int I_s(z') \mathrm{e}^{-\mathrm{i}2\pi\nu z'} \mathrm{d}z'
\end{aligned} \tag{2-52}$$

$$I_t(y') = \int I(y', z') \mathrm{d}z' \tag{2-53}$$

$$I_s(z') = \int I(y', z') \mathrm{d}y' \tag{2-54}$$

$I_t(y')$ 和 $I_s(z')$ 分别称为子午线扩散函数和弧矢线扩散函数。在实际计算中,它们可以直接由光瞳函数求出。线扩散函数与光瞳函数的关系为

$$I_t(y') = \lambda R \int \left| \int g(Y, Z) \mathrm{e}^{-\mathrm{i}\frac{2\pi}{\lambda R}Yy'} \mathrm{d}Y \right|^2 \mathrm{d}Z \tag{2-55}$$

$$I_s(z') = \lambda R \int \left| \int g(Y, Z) \mathrm{e}^{-\mathrm{i}\frac{2\pi}{\lambda R}Zz'} \mathrm{d}Z \right|^2 \mathrm{d}Y \tag{2-56}$$

这样,用两次傅里叶变换法计算光学传递函数的基本步骤为:计算光学系统的波像差 $W(Y, Z)$,并确定光瞳函数的有效范围,即确定所选定的出瞳的形状,构造光瞳函数 $g(Y, Z)$,这里假定 $A(Y, Z) \equiv 1$;对光瞳函数 $g(Y, Z)$ 按式(2-22)和式(2-23)进行傅里叶变换及积分运算,分别得到子午线扩散函数 $I_t(y')$ 及弧矢线扩散函数 $I_s(z')$;分别对 $I_t(y')$ 和 $I_s(z')$ 作傅里叶变换,即可得到子午和弧矢光学传递函数 $\text{OTF}_t(\mu)$ 和 $\text{OTF}_s(\nu)$。实际上,整个计算过程可以归结为:求波像差;确定光束截面内通光域;确定傅里叶变换算法。

①利用样条函数插值计算波像差。前面已经讨论过,无论是采用自相关法来还是采用两次傅里叶变换法来计算光学传递函数,都要首先计算光学系统的光瞳函数式(2-46)。假定光束的通光面内振幅均匀分布,即 $A(Y, Z) \equiv 1$。这样,光瞳函数 $g(Y, Z)$ 的计算实际上变为波差函数 $W(Y, Z)$ 的计算及对实际光瞳函数的积分域(即所谓的光瞳边界)的确定。要提高光学传递函数的计算精度,首先要提高波差的计算精度,并精确地确定光束的通光区域。

通过在积分域内逐点计算均匀分布的各点对应的波差值,可以计算出整个系统的波像差,但计算量太大。通常采用的方法是在光瞳函数积分面内计算若干条抽样光线的波差,然后用一个波差逼近函数去吻合,再利用此逼近函数计算出积分面内所需求解点的波差值。在波像差插值计算中,幂级数多项式是比较早且常用的波差插值函数。为了提高波差的插值精度,应该增加抽样光线的数量并提高多项式的次数,但高次多项式插值具有数值不稳定性,且插值过程不一定收敛。一般可以采用最小二乘法来确定用于波差插值的幂级数多项式,但当次数增大时,用于求解其系数的法方程组的系数矩阵往往趋于病态,而且即使在插值节点处也仍然存在误差。为此,人们尝试进行改进,例如利用切比雪夫多项式和泽尼克多项式等。由于它们基底的正交性,使得多项式求解的法方程组的条件得到改善,从而提高了波差插值的精度。利用样条函数插值计算波像差也是一种很好的方法,通常采用的是三次样条函数来作为波像差插值函数。有关利用样条函数计算波像差的具体问题请参考有关书籍。

　　②确定光束截面内通光域。由于光阑彗差及拦光的影响,使得轴外视场的光束截面形状变得非常复杂。而通光域边界的计算精确与否,将直接影响到传递函数值的计算精度。为了提高光学传递函数的计算精度,有必要精确地确定出射光束截面内的通光域,也就是光瞳函数的积分域。对此,人们做过大量的工作,提出的很多方法大多是确定少量边界点,然后用近似曲线来拟合积分域的边界,例如 W. B. King 提出的椭圆近似法及投影光瞳法。另外,还有分段二次插值法,最小二乘曲线拟合法等。在国内的计算机程序中,采用确定较多的通光域的边界点,然后直接用折线拟合边界。

　　③利用快速傅里叶变换法计算光学传递函数。利用常规的数值积分技术,用自相关法比用两次傅里叶变换法要快得多。Cooley – Tukey 提出的傅里叶变换的快速计算方法(简称为快速傅里叶变换,即 F. F. T)改变了这种状况。将快速傅里叶变换用于两次傅里叶变换法,通常只需自相关法所用时间的 1/5,使得两次傅里叶变换法计算光学传递函数变得实用化。根据前面的讨论,两次傅里叶变换法计算光学传递函数时,第一次傅里叶变换首先由瞳函数求出子午和弧矢的线扩散函数,第二次傅里叶变换由线扩散函数求出子午和弧矢的光学传递函数。在计算机上进行傅里叶变换的过程请参考有关书籍。

　　(2)自相关法光学传递函数的计算。由前面的讨论可知,子午传递函数 $OTFt(\mu)$ 和弧矢传递函数 $OTFs(\nu)$ 分别为

$$\mathrm{OTF}_t(\mu) = \frac{1}{S}\iint_A e^{i\frac{2\pi}{\lambda}\left[W\left(Y+\frac{1}{2}\lambda\mu R,Z\right)-W\left(Y-\frac{1}{2}\lambda\mu R,Z\right)\right]}\mathrm{d}Y\mathrm{d}Z \qquad (2-57)$$

$$\mathrm{OTF}_s(\mu) = \frac{1}{S}\iint_A e^{i\frac{2\pi}{\lambda}\left[W\left(Y,Z+\frac{1}{2}\lambda\mu R\right)-W\left(Y,Z-\frac{1}{2}\lambda\mu R\right)\right]}\mathrm{d}Y\mathrm{d}Z \qquad (2-58)$$

式(2-57)的积分域 A 如图 2-26(a)所示,式(2-58)的积分域如图 2-26(b)所示。

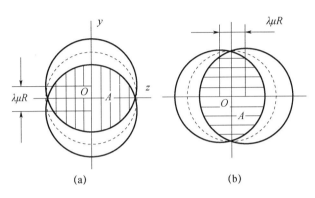

图 2-26　光学传递函数的积分域

自相关法光学传递函数的计算程序大体上可以分为三个步骤:

①计算实际出瞳的形状。实际光学系统中,轴外点的出瞳形状是比较复杂的,一般由两个或三个圆弧相交而成。光瞳形状可以用椭圆近似,也可以用阵列或者其他方法表示,但这些方法都比椭圆近似复杂得多,使用较少。

②计算波像差函数。波像差通常采用多项式的形式,由于共轴系统的对称性,波像差的幂级数展开式中应不出现 Z 的奇次项,级数中的各项应由 (Y^2+Z^2) 和 Y 来构成,我们取初级、二级和三级共 14 个像差,加上常数项共有 15 种,它们的具体形式为

$$\begin{aligned}
W = & A_{00} + A_{10}(Y^2+Z^2) + A_{01}Y + A_{20}(Y^2+Z^2)^2 + A_{11}(Y^2+Z^2)Y + A_{02}(Y^2+Z^2)Y^2 + \\
& A_{30}(Y^2+Z^2)^3 + A_{21}(Y^2+Z^2)^2Y + A_{12}(Y^2+Z^2)^2Y^2 + A_{03}Y^3 + A_{40}(Y^2+Z^2)^4 + \\
& A_{31}(Y^2+Z^2)^3Y + A_{22}(Y^2+Z^2)^3Y^2 + A_{13}(Y^2+Z^2)Y^3 + A_{04}Y^4 \qquad (2-59)
\end{aligned}$$

实际光瞳的中心光线和像面的交点作为参考球面波的球心,参考球面波的半径等于像距 L'。为了确定上面的多项式中的 15 个系数,可采用计算抽样光线的方法,再利用最小二乘法求解,就可以确定波差多项式中的 15 个系数。有了 15 个系数,波差函数 $W(Y,Z)$ 就完全确定了。

③出瞳规划成单位圆时的传递函数计算公式。在计算波差函数时,把出瞳

面上的坐标规划为单位圆,相当于前面传递函数计算公式中的瞳面坐标都除以实际出瞳半径 h_m,同时为了书写简化,设

$$f = \frac{\lambda \mu R}{h_m}, k = \frac{2\pi}{\lambda}$$

代入式(2-24)和式(2-25)以后,得到出瞳规划成单位圆的公式,即

$$\mathrm{OTF}_t(f) = \frac{1}{s} \iint_A e^{ik\left[W\left(Y+\frac{f}{2},Z\right) - W\left(Y-\frac{f}{2},Z\right)\right]} \mathrm{d}Y\mathrm{d}Z \qquad (2-60)$$

$$\mathrm{OTF}_s(f) = \frac{1}{s} \iint_A e^{ik\left[W\left(Y,Z+\frac{f}{2}\right) - W\left(Y,Z-\frac{f}{2}\right)\right]} \mathrm{d}Y\mathrm{d}Z \qquad (2-61)$$

由于采用了椭圆近似,并把椭圆规化成为单位圆,因此无论是轴上或轴外点,积分区域永远为两个圆的相交部分。

对于弧矢传递函数来说,计算公式为

$$\mathrm{OTF}_s(f) = \frac{2}{s} \iint_{\frac{A}{2}} \cos K\left[W\left(Y,Z+\frac{f}{2}\right) - W\left(Y,Z-\frac{f}{2}\right)\right] \mathrm{d}Y\mathrm{d}Z \qquad (2-62)$$

同样,也有

$$\mathrm{OTF}_t(f) = \frac{2}{s} \iint_{\frac{A}{2}} e^{iK\left[W\left(Y+\frac{f}{2},Z\right) - W\left(Y-\frac{f}{2},Z\right)\right]} \mathrm{d}Y\mathrm{d}Z \qquad (2-63)$$

2.9 其他像质评价指标

2.9.1 点列图

按照几何光学的观点,由一个物点发出的所有光线通过一个理想光学系统以后,将会聚在像面上一点,这就是这个物点的像点。而对于实际的光学系统,由于存在像差,一个物点发出的所有光线通过这个光学系统以后,其与像面交点不再是一个点,而是一弥散的散斑,称为点列图。点列图中点的分布可以近似地代表像点的能量分布,利用这些点的密集程度能够衡量系统成像质量的好坏,如图2-27所示。

点列图是一个物点发出的所有光线通过这个光学系统以后与像面交点的弥散图形,因此,计算多少抽样光线以及计算哪些抽样光线是需要首先确定的问题。通常可以以参考光线作为中心,在径向方向等间距的圆周上均匀抽取光线。参考光线就是以此光线作为起始点,即零像差点。参考光线可以选取主光

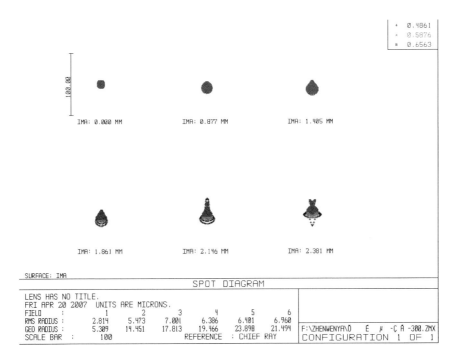

图 2 - 27 点列图示意图

线,也可以选取抽样光线分布的中心,或者取 x 和 y 方向最大像差的平均点。

点列图原则上适用于大像差系统范围,显然追迹光线越多,越能精确反映像面上的光强分布,结果越接近实际情况,点列图的计算就越精确,当然计算的时间就越多。

点列图的分布密集状态可以用两个量来表示:几何最大半径值和均方根半径值。几何最大半径值是参考光线点到最远光线交点的距离,换句话说,几何最大半径就是以参考光线点为中心,包含所有光线的最大圆的半径。显然,几何最大半径值只是反映像差的最大值,并不能真实反映光能的集中程度。均方根则是每条光线交点与参考光线点的距离的平方,除以光线条数后再开方。均方根半径值反映了光能的集中程度,与几何最大半径值相比,更能反映系统的成像质量。

点列图适合用于大像差系统时的像质评价。光学设计软件例如 ZEMAX 中,可以同时显示出艾里斑的大小,艾里斑的半径等于 $1.22\lambda F$,其中字母 F 为系统的 F 数。如果点列图的半径接近或小于艾里斑半径,则系统接近衍射极限。此时应该采用波像差或光学传递函数来表示系统成像质量更为合适。

2.9.2　包围圆能量

包围圆能量以像面上主光线或中心光线为中心,以离开此点的距离为半径作圆,以落入此圆的能量和总能量的比值来表示,如图2-28所示。

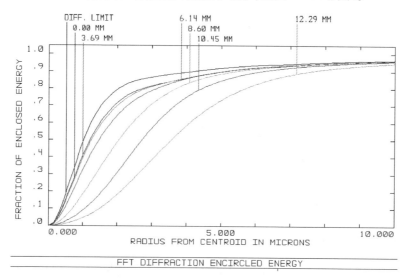

图2-28　包围圆能量示意图

与点列图计算一样,追迹的光线越多,越能精确反映像面上的包围圆的能量分布,结果越接近实际情况,包围圆的计算就越精确。

第3章

空间有限载荷全链路分析设计

随着对遥感认识的不断提高，人们更加注重把遥感作为一个系统来研究，利用系统论的思想和方法来研究和优化遥感的各个环节。本章介绍空间有效载荷光学成像全链路概念与组成，成像链路建模与仿真，遥感像质评价、像质预估与链路优化设计等内容。

3.1 空间有效载荷光学遥感成像链路概念与组成

空间有效载荷光学遥感的原理是：电磁波与实体相互作用，使其载有实体的信息，通过空间有效载荷获取载有实体信息的电磁波并进行处理，得到含有实体信息的遥感数据，最后通过遥感信息模型反演出实体所包含的信息。

光学遥感的目的是远距离获取用户所需要的信息，这一过程通常包含遥感数据获取、处理和信息提取（或分析、解译）等部分。有些信息可以比较容易从遥感数据中提取出来，而有些信息则先要对遥感数据进行比较复杂的处理和分析计算才能得到。因此，遥感的过程包括正演过程和反演过程，其中：正演过程指的是遥感数据的获取、测量和处理过程；而反演过程指的是遥感数据的解译过程，主要是应用遥感信息模型分析遥感数据，从而获得信息。

从系统分析和优化设计角度出发，把对用户最终得到的遥感信息有影响的各个环节作为一个整体来研究，称为遥感系统。遥感的任务是由遥感系统实现的。遥感系统由遥感数据获取系统和遥感数据反演系统组成，输入是载有实体信息的电磁波，输出是实体所含的有关信息。就空间光学遥感而言，遥感系统涉及的主要环节包括照明源或能量源、大气、目标、卫星平台、遥感器、数据传输、数据处理、数据分析或解译、数据显示以及用户或观察者等。目前，对于目标(景物)、大气和光源等是否应该作为遥感系统或成像系统的组成部分,学术界尚有争议。

在光学遥感领域,通常把用于获取目标图像的遥感系统称为成像系统。航天器平台承载光学遥感器以实现空间光学遥感系统,空间光学遥感任务由空间光学遥感系统来完成。

成像链路是指对从遥感图像中提取的信息有影响的一系列作用和现象,它包含了整个成像过程的各个环节。成像链路由景物(目标与背景)开始,直到提取信息的认知阶段。成像链路始于景物中感兴趣的物体就是目标,目标的特性(大小、形状、光谱特征)都会对从图像中提取信息产生影响,目标环境的特征影响目标的对比度或目标与背景的可分离性。在成像链路中,一些因素与成像过程有关而与遥感器无关。这些因素包括大气的影响、成像几何的影响以及"与能量有关"的因素。大气的影响包括由传输损失造成的能量衰减、大气湍流和气溶胶散射引起的图像模糊以及与大气有关的畸变。成像几何的影响包括距离和角度,如增加目标到遥感器的距离而导致的信息提取能力降低。"与能量有关"的因素用来描述除大气以外的那些能够影响目标与背景能量关系进而影响对比度的因素,如太阳照射角度对可见光成像的影响。

图3-1给出了空间光学成像遥感链路较为详细的组成及各组成部分的作用和影响。图中,MTF为调制传递函数,τ为光学透过率,ρ和R分别为探测器的响应度和探测器间距,n为噪声,als为混叠,BD为量化位数等。从"景物"到"图像复原"组成了空间光学遥感成像链路,始端是景物,终端是图像。从"光学系统"到"图像重构"组成了空间光学成像系统,输入是来自成像条件下景物的辐射,即表征景物的幅亮度空间分布,输出是图像,其中成像条件指的是大气和照明。对于成像遥感而言,遥感系统由成像系统和信息提取部分共同组成。信息提取部分的作用是从遥感图像数据中提取景物中的有关信息,这就是遥感中的"反演"。从"光学系统"到"信息提取"组成了空间光学成像遥感系统,输入与空间光学成像系统的输入相同,输出是从中提取的信息。

表征景物的是景物的目标特性,如形状、大小和反射率等。对于可见光成像,照明源是太阳,对其描述的是太阳常数、光谱特性以及成像的几何关系等。大气由于其吸收和散射特性,对成像的影响主要表现为目标光的衰减,背景光和天空光的引入,以及成像的底电平的抬高,可以使用MTF表征大气的部分影响。光学系统对成像的影响主要表现为透过率和MTF。探测器的作用是完成光电转换,对成像的影响表现为采样、MTF和引入噪声。成像链路的主要影响

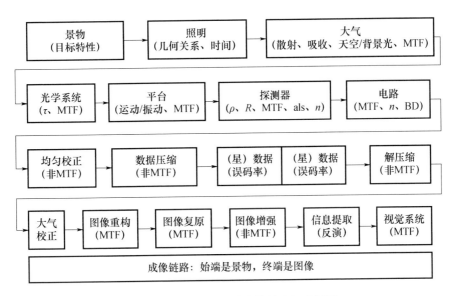

图 3-1　空间光学遥感成像链路组成框图

表现为 MTF 和引入噪声。航天器平台运动的影响,包括振动的影响也表现为 MTF。均匀校正的作用是对光学系统、探测器和成像链路在成像中引入的幅亮度空间分布不均匀性和非线性进行校正,可以在卫星上进行,也可以在地面进行。遥感数据的压缩和解压缩,以及数据传输中的调制、解调制和编译码都会影响成像性能,但这种影响不是 MTF 表征的。图像重构和图像复原是成像链路的重要组成部分,从卫星上传下来的只是"0""1"数据,通过图像重构可以获得图像,通过图像复原使图像得以改善。大气校正对于像质提高和遥感数据定量化有重要意义。人的视觉系统,由于在实际上参与了图像观测,也是成像链路的组成部分。

▶▶▶ 3.2　空间光学遥感成像链路建模与仿真

3.2.1　成像链路建模与仿真的意义

空间光学遥感的目的是为用户提供高质量的图像,从而获取用户所需的信息。因此,像质的预估与评价是贯穿于整个空间光学成像遥感任务始终的一项重要任务,不同阶段的像质预估和评价的目的和作用有所不同。成像链路建模与仿真是实现像质预估与评价的主要手段和工具,在空间光学遥感成像任务确定和具体实施过程中发挥着重要作用。

在方案论证阶段,利用成像链路建模与仿真方法可以对空间光学遥感成像系统特别是空间光学遥感器的像质进行评价和预测,预估其可能达到的性能(特别是像质),以确定图像质量是否满足要求、系统是否优化到最优,力求在能够满足各种条件的情况下提供相对较好的图像质量。成像仿真对于减少昂贵的设计反复和加工制造装调、确保系统研制一次成功都具有非常重要的意义。

在制造阶段,通过实际测量结合成像链路仿真可以确定空间光学遥感器的像质是否满足技术要求。而在在轨运行阶段,通过实测和成像链路仿真分析可以判定空间光学遥感器是否按照所期望的状态进行工作,满足任务要求的程度如何,与其他空间光学遥感器相比工作状态和性能指标是否超越或者不足。

3.2.2　国外光学遥感成像链路建模与仿真研究概况

美国和欧洲一些重要国家始终把光学遥感系统成像链路仿真、优化设计方法和平台建设列为国家航天技术发展的关键项目,已经形成了规范化、标准化的研究基础,形成了日益完备的优化设计方法和平台以及相关系列化产品,在多个遥感成像系统中得到了应用。例如,美国结合其军用、民用、商用遥感卫星的发展,提出了一系列的运营理念(Concept Operation,CONOP)、空间系统分析与设计(Space System Analyses and Design,SSAD)以及总体性能仿真、应用仿真系统,促进了遥感卫星系统的设计、制造、应用水平提高。

目前典型的光学遥感成像链路建模与仿真软件包括美国 Ball 航空技术集团研制的 TRADES 软件(Toolkit for Remote – Sensing Analysis,Design,Evaluation and Simulation)、美国 Multigen – Paradigm 公司推出的 Vega 系列商业化遥感成像仿真工具包、法国 OKTAL 公司开发的 SE – WORKBENCH 多传感器仿真软件、美国 NGST(Northrop Grumman Aerospace Systems)公司研制的用于仿真从紫外到长波红外(0.2 ~ 25um)的地球观测辐射计和成像遥感器的 EVEREST(环境产品验证与遥感测试平台)、美国 ITT 公司(原柯达公司)研发的系统仿真软件 Physique、法国 Alcatel 公司研制的系统级仿真预估软件 AS3I – O(Alcatel Space System Simulator for Image – Optical)等。

下面简要介绍 Physique 软件和 AS3I – O 软件。

3.2.2.1　Physique 软件

美国 ITT 公司公布了针对胶片型相机仿真设计中的少量资料。从开始应用到目前为止,该软件模型经过了超过 20000 幅(次)照片的验证,通过对 CCD 等采样式系统的升级开发,已经在多颗高分辨率光学遥感系统中得到了广泛应用。图 3 - 2 为该软件的界面。

图 3 - 2　Physique 软件

ITT 公司的系统仿真软件 Physique 考虑了成像过程中的 15 个环节,能够综合分析各种因素对图像质量的影响。

(1)目标特征:目标类型、方向、高度、反射率等。

(2)成像几何关系:太阳高度角、遥感器 - 目标 - 太阳高度角、目标天顶距等。

(3)三维景物模型:计算 5 种类型照射条件下,景物照射能量的百分比。

(4)照射类型:垂直日光、水平日光、水平阴影、垂直前照阴影、垂直背照阴影。

(5)系统成像参数:焦距、孔径、大气透过率、卫星轨道高度。

(6)大气模型:计算大气散射、大气吸收、目标辐照度、天空辐照度等。

(7)曝光量:计算曝光量的均值和方差。

(8)MTF 模型:计算系统的 MTF。

(9)光子和系统噪声:计算信号中的光子噪声和系统中的各种噪声。

(10)数传系统模型:计算量化噪声、误码率等。

（11）硬拷贝影响模型：制成硬拷贝带来的所有影响（需要进行 MTF 补偿、动态范围调整等）。

（12）胶片 MTF：胶片 MTF 参数。

（13）胶片平均密度：与 5 种照射类型有关。

（14）胶片噪声：胶片颗粒度影响。

（15）信息预测：给出成像质量。

图 3 - 3 给出了 Physique 软件进行成像链路仿真的流程图。

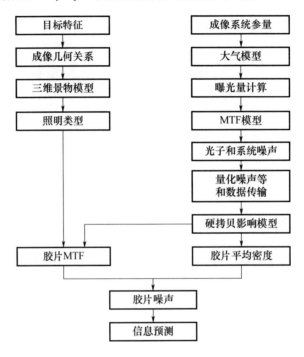

图 3 - 3   美国 ITT 公司开发的 Physique 软件进行成像链路仿真的流程图

图 3 - 4 给出了该软件的部分功能，能够对仿真图像进行不同颤振、不同 GSD（地面像元分辨率）、图像压缩、图像增强等方面的仿真，还可以进行像质的预估。

该软件指导了多颗商业卫星（Ikonos - 2、QuickBird - 2、OrbView - 3、GeoEye - 1、WorldView - 1、WorldView - 2 等）遥感器的优化设计，通过星地一体化的匹配设计，使得上述卫星以经济可行的手段获得了高质量的图像。图 3 - 5 是美国多个商业高分辨率卫星成像系统的图片，图 3 - 6 和图 3 - 7 分别是 GeoEye - 1 和 WorldView - 2 拍摄的照片，分辨率高、图像质量好。

不同颤振　　　　　　不同GSD　　　　　　多光谱的仿真分析

图像压缩　　　　　图像增强　　　　　　NIIRS等级预估

图 3 - 4　不同因素影响的仿真分析与成像质量预估能力

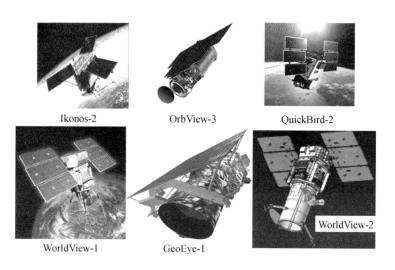

Ikonos-2　　　　　OrbView-3　　　　　QuickBird-2

WorldView-1　　　　GeoEye-1　　　　　WorldView-2

图 3 - 5　美国多个商业高分辨率卫星成像系统图片

3.2.2.2　AS3I - O 仿真预估软件

1. 软件简介

AS3I - O 是法国 Alcatel 公司于 2005 年研制的系统级仿真预估软件,如图 3 -8所示。其目的是对遥感成像大系统进行系统级的仿真分析,对影响最终

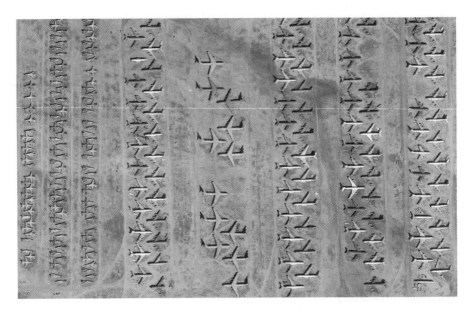

图 3-6 GeoEye-1 卫星拍摄到的照片(GSD 为 0.31m)

图 3-7 WorldView-2 卫星拍摄到的照片(GSD 为 0.41m)

图像质量的重要成像环节指标参数 MTF、SNR、压缩比、图像解卷积、去噪声等
进行综合权衡、折中处理,从而达到星地一体化优化设计,为系统设计提供强有
力的支持。

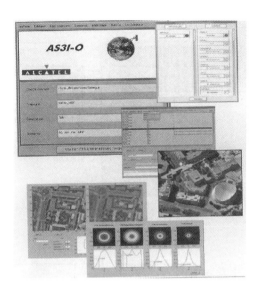

图 3 – 8　AS3I – O 软件

软件的输入是高质量图像数据,一般是航空数据或者场景建模数据,通过对遥感图像整个获取链路(包括在轨和地面处理环节)进行建模,最终得到代表性的输出图像或产品。

在竞标、可行性论证和设计阶段(0/A/B),软件能够帮助理解用户需求,确定设计的指标和结构,包括在轨和地面处理部分,进行技术折中,对成像质量进行预估。在开发阶段(C/D),软件能够帮助指出和预估硬件差异/异常怎样最终影响成像性能,利用参考图像仿真进行图像处理算法验证(Image Processing Qualification),在发射前进行图像质量评估(Image Quality Performance Qualification)。在在轨测试和运行阶段(E),软件能够帮助量化和理解其进展(Ageing),研究潜在限制因素对成像质量的影响。

2. 功能模块

软件模型分为场景建模、在轨建模、地面处理三部分,如图 3 – 9 所示。其中,几何建模考虑的因素如图 3 – 10 所示。

3. 软件功能

(1)软件能够对全谱段进行仿真(包括可见光和红外线),还可以实现多光谱和高光谱的仿真,如图 3 – 11 所示。

(2)软件能够实现不同观测方式(如推扫、步进凝视、摆扫等)的仿真,如图 3 – 12 所示。

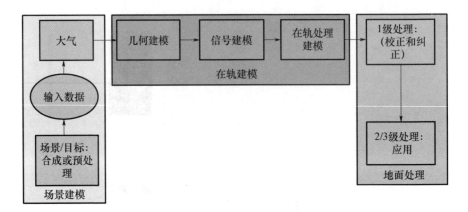

图 3-9 AS3I-O 仿真模型

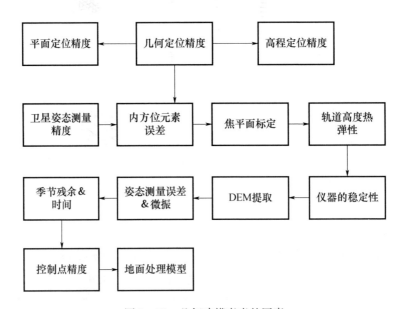

图 3-10 几何建模考虑的因素

（3）软件能够实现不同形式的几何畸变的仿真，包括轨道畸变、由于姿轨控制定律和扰动引起的光轴动态畸变、由于光学系统等引起的静态畸变、地球曲率引起的畸变、非星下点观测引起的变形。

（4）软件能够仿真 3D 效应，利用自然地理（如湖泊、丘陵、平原）的数字高程模型（DTM）和人造建筑物（建筑、公路、桥梁等）的数字 3D 模型作为输入数据源，能够评估不同的非星下点观测、季节或观测时间引起的阴影效应，如图 3-13 所示。

可见光空间系统

红外空间系统

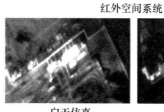

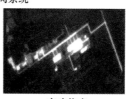

高分辨率仿真

白天仿真

夜晚仿真

图 3 – 11　全谱段仿真

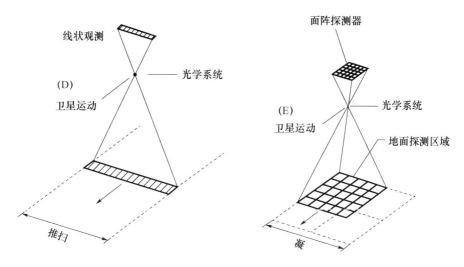

图 3 – 12　不同观测方式(左图为推扫、右图为步进凝视)的仿真

低阴影近地点观测

高阴影远离近观点观测

图 3 – 13　不同观测方向的仿真结果

（5）软件中包含了一系列在轨和地面处理算法，包括在轨压缩、地面解压缩以及一级地面处理算法，如图 3 – 14 所示。

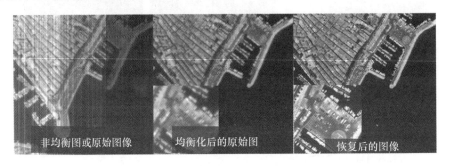

非均衡图或原始图像　　　均衡化后的原始图　　　恢复后的图像

图 3 – 14　数据处理仿真结果

4. 软件应用

对已有的地球观测光学遥感系统（包括可见光、NIR、SWIR、TIR）在不同的分辨率（亚米级到百米级）下进行仿真，成功地在 MERIS（ENVISAT）、SEVIRI（MSG）、HRG（SPOT）、HR（Pleiades）、太阳神等军民两用遥感卫星上得到了广泛的应用。

图 3 – 15 给出了 SPOT 系列卫星在发展的过程中，经过系统优化设计前后卫星质量和分辨率的变化过程，可以明显看出遥感器系统优化设计带来的极大优越性。这种遥感成像系统仿真分析值得深入研究与借鉴，将极大地更新优化设计思想，促进设计、研制和应用水平的跨越式提高。

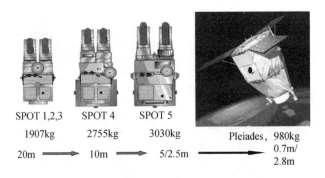

SPOT 1,2,3　　SPOT 4　　SPOT 5

1907kg　　　2755kg　　　3030kg　　　　Pleiades，980kg

20m　→　10m　→　5/2.5m　　→　0.7m/2.8m

图 3 – 15　系统优化实现成像能力跨越式提高

3.2.3　空间光学遥感成像链路建模

从建模方法的角度看，航天光学遥感系统建模与仿真方法包括基于成像质量的建模方法、基于成像环节的建模方法、基于仿真功能的建模方法和基于成像因素的建模方法。基于成像质量的建模方法是基于空间响应、时间响应、光谱响应等建立各种成像质量的仿真模型,并依此划分仿真模块。基于成像环节的建模方法是基于成像链路的各个环节对成像质量的影响进行建模并依此划分仿真模块。基于仿真功能的建模方法是基于不同的成像功能(如实现成像、实现光线追迹、实现格式变换等类似功能)来进行建模并划分仿真模块,功能的划分主要是依据遥感物理成像机理。基于成像因素的建模方法是基于各个影响成像质量的物理因素进行建模,如目标特性、噪声等,并依此进行仿真模块的划分。

本节主要讨论基于成像环节的建模方法,并对成像链路的各个环节的模型进行阐述。成像链路建模是指对成像链路中的各个环节根据其对成像的影响机理建立数学模型。成像仿真结果与实际情况的符合程度取决于仿真模型,如果模型不合适,则仿真效果就不好。因此,模型必须能够比较准确地描述它所代表的对象。为了提高仿真精度,一方面要设法提高模型的精度;另一方面要尽可能多地利用相关系统的实测数据或经验数据。

空间光学遥感成像链路的不同组成部分具有不同的特性和功能,对遥感图像的影响也有所不同。下面分析各组成部分对成像质量的影响机理和数学模型。

3.2.3.1　场景目标与成像条件环节

1. 影响机理

太阳辐射经过大气层时,与大气互相作用,产生散射、吸收、反射、折射等作用。大气散射的强度与微粒的大小、微粒的含量、辐射波长和大气厚度等有关。散射结果能改变辐射方向,产生天空散射光,其中一部分上行被遥感器接收,形成干扰信息,一部分下行到达地面。大气吸收能使辐射能量衰减,臭氧、二氧化碳、云量以及水汽对太阳辐射能的吸收最明显。大气以特定的波长范围吸收电磁能,大气的选择吸收能使气温升高,而且使太阳发射的连续光谱中的某些波段不能传播到地球表面。大气反射中,气体反射作用很小,云层顶部反射作用最大,大气的反射率与波长、云量等有关,云雾多的地方将严重影响图像质量。大气折射会改变太阳辐射传播方向,但不影响太阳辐射强度,折射率与辐射波长、大气密度相关。此外,大气自身也发射一些能量,对热红外波段有一定影响。

场景目标与到达地面的太阳辐射能互相作用后,向天空中反射和发射一定能量,此时的能量已不同于进入大气层时较为均一的能量,而是包含着不同目标特征波谱的能量。这部分辐射能通过大气时,又与大气发生作用,经大气的再次反射、吸收和散射等作用后,能量衰减。这时,大气效应对遥感成像影响较大,它不仅使目标辐射强度减弱,而且由于散射产生天空散射光使遥感影像反差降低,并引起遥感数据的辐射、几何畸变、图像模糊,直接影响到图像清晰度、质量和解译精度。

经以上分析,场景目标与成像条件影响成像质量的主要因素为光照条件、大气条件、观测条件和场景目标,如图3-16所示。这些因素交叉耦合在一起,共同影响 GSD、入瞳能量和图像清晰度。

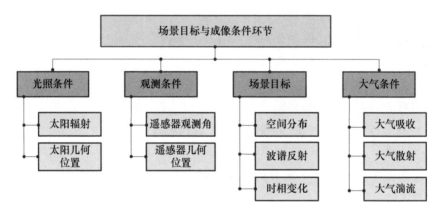

图3-16　场景目标与成像条件环节影响因素

1)场景目标

场景目标是遥感的对象,是不受遥感系统控制的,包括陆地、海洋、山川、平原、河流、湖泊、裸地、植被等自然目标,以及城镇、建筑物和其他各种人工目标。目标景物是实体,包含的信息非常丰富,对于目标景物的特性可以从不同层面、不同方面来表征。一般表征目标景物特性的有几何特性、物理特性和化学特性等,这些特性之间既有区别又有关联。其中,目标景物的光谱反射率是最重要的表征量,一方面,目标景物光谱反射率在很大程度上反映了目标景物的特性;另一方面,目标景物特性的其他表征量,如目标的形状、大小、色调、纹理、对比度、地物辐亮度方差和地物平均空间细节等,又是由目标景物光谱反射率决定的。此外,目标景物特性还与四季变化和温度变化等环境条件有关。

场景内各种地物的空间分布特征、波谱反射和辐射特征、时相变化影响地物的反射率和分布比例,进而直接影响场景目标的动态范围。场景目标的动态范围可能差别较大,如图3-17～图3-20所示。草原场景的地物主要为草,平均反射率较低,使得其灰度DN值偏向低端;而海岸线场景包括水体和陆地两个主要部分,水体反射率很低,陆地地物反射率偏大,所以形成了多数DN值趋于0,而陆地图像灰度值偏向高端;丘陵场景内分布地物的比例比较均匀,灰度直方图分布类似正态分布;而对于城市这类地物反射率和比例差异都较大的场景,则形成了一个不规则的灰度直方图分布。

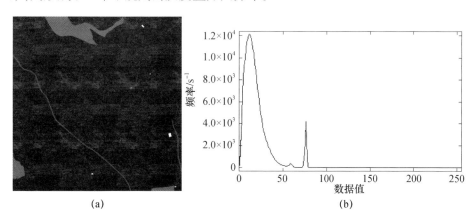

(a)　　　　　　　　　　　　　　　(b)

图3-17　草原场景及其直方图

(a)草原场景;(b)草原场景灰度直方图。

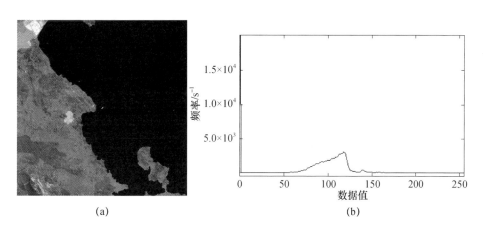

(a)　　　　　　　　　　　　　　　(b)

图3-18　海岸线场景及其直方图

(a)海岸线场景;(b)海岸线场景灰度直方图。

另外,场景内地物反射率还影响了SNR,地形的高低起伏影响了地面分辨率和定位精度。

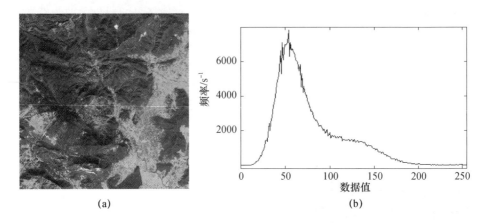

(a)　　　　　　　　　　　　(b)

图 3-19　丘陵场景及其直方图
(a)丘陵场景;(b)丘陵场景灰度直方图。

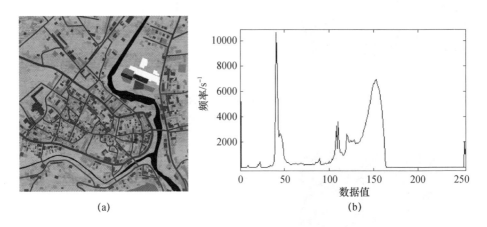

(a)　　　　　　　　　　　　(b)

图 3-20　城市场景及其直方图
(a)城市场景;(b)城市场景灰度直方图。

2)光照条件

太阳是一个电磁辐射源,其辐射特性与5800K黑体辐射特性基本一致,是遥感的主要辐射能源。太阳的辐射波谱从X射线一直延伸到无线电波。太阳辐射是连续辐射谱,但在高分辨率光谱仪下观察,会发现有约26000条离散的暗谱线,这种暗谱线称为夫琅和费吸收线,是由太阳光球层中原子的共振吸收所致。太阳辐射透过大气层时,通过的光程越长,则大气对太阳辐射的吸收、反射和散射越多,即太阳辐射衰减的程度也越大,到达地面的辐射通量便越小。地面接收的太阳辐照度与太阳天顶角 θ 有关。在忽略大气损失的情况下,可近

似认为地面辐照度与 $\cos\theta$ 成正比,即

$$E = \cos\theta \times E_0 / D^2 \qquad (3-1)$$

式中:E_0 为太阳常数,是一个描述太阳辐射能流的物理量;θ 为太阳光线入射方向与天顶方向的夹角;D 为以日地平均距离为单位的日地之间的距离。

经过计算,太阳辐射在地面上产生的辐射照度分别为 1390W/m² (日地平均距离)、1438W/m² (近日点距离) 和 1345W/m² (远日点距离);天气晴朗时,太阳对地面产生的光照度为 1.24×10^5 lx。

卫星观测和太阳照射地物的几何关系如图 3 - 21 所示。太阳高度角直接影响太阳到地表的辐照度,也就影响反射到遥感相机前端的入瞳辐亮度,最终影响遥感图像的灰度分布,因此太阳高度角是影响图像动态范围的重要因素。

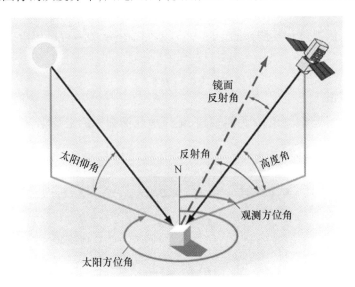

图 3 - 21　光照和观测条件几何关系示意图

对于地面上任何位置,太阳的照射方位用高度角和方位角来表示。太阳的高度角、方位角在不同地方、不同经度和纬度时都各不相同。给定某地区的经纬度以及年、月、日和地方时,就可以求出当地在那一时刻的太阳高度角及方位角。

用 H_s 来表示太阳高度角,它在数值上等于太阳在地平坐标系中的地平高度,并随着地方时和太阳的赤纬的变化而变化。太阳赤纬以 δ 表示,观测地区地理纬度用 φ 表示,地方时以 t 表示,则有太阳高度角的计算公式为

$$\sin H_s = \sin\varphi \cdot \sin\delta + \sin\varphi \cdot \cos\delta \cdot \cos t \qquad (3-2)$$

太阳方位角的计算公式为

$$\cos A_s = \frac{\sin H_s \cdot \sin\varphi - \sin\delta}{\cos H_s \cdot \cos\varphi} \qquad (3-3)$$

式中：A_s 为太阳方位角；H_s 为太阳高度角；φ 为地理纬度；δ 为太阳赤纬。

3）观测条件

卫星的观测方向的变化影响了地面分辨率、定位精度和对目标的识别。以往研究很少关注观测角度与目标识别的关系，随着探测系统分辨率越来越高，可观测的目标也越来越精细，目标也呈现出越来越多的时间和空间上的特征，这样观测角度就直接影响了对目标的识别。遥感器的观测方位可以用两个角度来表示：高度角和方位角。

遥感器的观测角由遥感器的侧视角决定，如图 3-22 所示，O 为地球球心，遥感器 S 以侧视角 α 观测地面上的 L 点，从图中所示关系可以得出遥感器观测角 β，即

$$\beta = \frac{\pi}{2} + \arcsin\left[\frac{R+h}{R} \times \sin\alpha\right] \qquad (3-4)$$

式中：β 为遥感器观测角；α 为侧视角；R 为地球椭圆体的平均半轴长度；h 为卫星轨道高度。

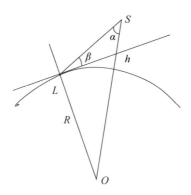

图 3-22　观测角与侧视角关系

遥感器的方位角可以通过计算卫星的观测矢量在观测点所在平面内的投影求得。在图 3-23 中，S 为卫星，O 为地球球心，L 为卫星在地面的观测点，OS 与观测点 L 所在的水平面交于 B。由图 3-23 可知，SL 为卫星的观测方向，OL 为观测点所在水平面的法线方向。由于法线方向与观测点水平面垂直，可得向量 BL 为卫星观测方向 SL 在水平面上的投影方向。观测点所在的水平面交 z

轴于 D,延长 DL 交赤道面于 C,CD 为观测点所在水平面上的正北方向(即当地水平子午线方向),BL 与 CL 的夹角即为所求的卫星方位角。根据卫星 $S(x,y,z)$ 的空间坐标和卫星的观测角,可以得到 SL 直线方程,求出二者交点 L 的坐标,即 $L(a,b,c)$。

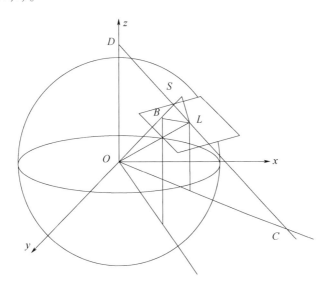

图 3 - 23　遥感器方位角示意图

4)大气条件

如图 3 - 24 所示,在太阳光谱中,航空航天传感器所测量的辐射主要是地 - 气系统中地表反射的太阳辐射。所测量的反射值主要依赖于地表反射,但是也受到大气吸收和分子及气溶胶散射的影响。在不考虑大气影响的理想情况下,太阳辐射照射在地面上,其中一部分光子被地表物体吸收,而其余光子则被反射回太空中。因此,传感器所测量的辐射值与目标地物的特性有直接的联系,辐射值可以表征出真实地物地表反射的特征。但是在实际情况中,传感器所测得的辐射值受到大气的影响,只有一部分来自于目标地物反射后的光子能够到达卫星传感器。典型的情况下,在 $0.85\mu m$ 为 85% ,而在 $0.45\mu m$ 为 50% ,目标地物的反射似乎变弱了,这是因为其余的光子由于吸收和散射的作用被衰减了。一些光子被气溶胶或者大气分子吸收,这些分子包括臭氧、水、氧气、甲烷、氧化二氮和二氧化碳等。一般情况下,气溶胶的吸收比较微弱,而卫星传感器使用的波谱频道选择也避开了其吸收严重的波段。因此,分子吸收因素是一个相对重要的影响因素。

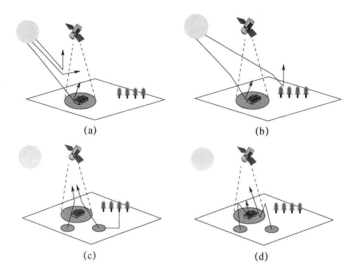

图 3-24　大气对辐射信号的影响种类

(a)大气对太阳辐射的消减;(b)大气上界直接辐射;(c)邻近效应;(d)地表放射后的散射辐射。

大气吸收常常用 10^{-1} cm 分辨率的统计波段模型来计算。当一些光子被吸收时,其他光子被散射。分子吸收和非吸收的气溶胶散射之间的交叉作用是变化的。光子经过大气向某一个特定的方向散射,而不是一个随机的方向,这样经过了单次或多次的散射过程后,一些光子最终离开大气,到达卫星传感器,然而这个路径要比直接路径复杂得多。

(1)考虑从太阳到地表路径上的来自太阳和大气散射的光子。这些光子的一部分没有达到地表而直接被散射回太空,它们可能会成为传感器所接收辐射能量的一部分,显然这一部分辐射能量是杂散辐射,它没有携带任何目标地物的信息。其余的光子到达地表补偿了直接太阳路径上辐射能量的削弱,这一部分辐射能量最终到达太空而成为有用的信息。

(2)分析在地表至卫星路径上被地表反射和被大气散射的光子。这些光子中的一部分将被散射至传感器,因此必须仔细考虑。如果地表是均一的,这部分光子是有用的信息,但是如果地表具有碎片结构,则这一部分光子将由于引进了环境影响而成为干扰因素。

(3)被地表反射的光子的一部分被大气散射回地表,这部分光子将构成地表的第三部分辐射能量。同时,这部分光子将继续与地表和大气作用,但是一般来说,这个相互作用过程是比较微弱的,因此这部分辐射能量可以忽略,但为了提高研究的精度,仍然需要对它进行计算。

从以上的分析中可以看出,一个精确的大气影响模型将包括一个精确的大气吸收模型、一个复杂的散射模型和一个较为近似的大气吸收过程与散射过程的交互作用的模拟模型。

2. 数学模型

场景目标与成像条件的建模包括入瞳幅亮度的建模与大气 MTF 的建模。

1) 入瞳幅亮度模型

光学遥感器入瞳处观测到的光谱辐亮度由太阳直射、大气散射、地气耦合辐射、周围地物反射、背景地物散射和程辐射组成,需要建立光照条件、观测条件、太阳 – 地表路径的辐射传输、地表 – 传感器路径的辐射传输等的模型。

总的入瞳幅亮度模型可表示为

$$L(z,\lambda) = \frac{\rho_t(z,\lambda)}{\pi} \cdot T^\uparrow(z,\lambda) \cdot \left[E_{\text{dir}}^*(z,\lambda) + E_{\text{dif}}^*(z,\lambda) + E_{\text{coup}}^*(z,\lambda) + \right.$$

$$\left. E_{\text{ref}}^*(z,\lambda) \right] + L_{\text{a\_adj}}(z,\lambda) + L_{\text{p\_atm}}(z,\lambda) \tag{3-5}$$

式中:$E_{\text{dir}}^*(z,\lambda)$ 为太阳直射辐照度;$E_{\text{dif}}^*(z,\lambda)$ 为大气散射辐照度;$E_{\text{coup}}^*(z,\lambda)$ 为地气耦合辐照度;$E_{\text{ref}}^*(z,\lambda)$ 为周围地物反射辐照度;$L_{\text{a\_adj}}(z,\lambda)$ 为背景地物散射;$L_{\text{p\_atm}}(z,\lambda)$ 为大气程辐射。

$$\begin{cases} E_{\text{dir}}^*(z,\lambda) = E_{\text{dir}}(z,\lambda) \cdot \Theta \cdot \cos\theta \\[2mm] E_{\text{dif}}^*(z,\lambda) = \int L_d(\sigma,\varphi,z,\lambda) \cdot \cos\sigma \mathrm{d}\omega \\[2mm] E_{\text{coup}}^*(z,\lambda) = \int \frac{1}{\pi} \frac{\overline{E}_{\text{coup}}(z,\lambda) \cdot s}{1 - \rho \cdot s} \cdot <\boldsymbol{n},\boldsymbol{N}> \mathrm{d}\omega \\[2mm] E_{\text{ref}}^*(z,\lambda) = \iint\limits_{(x,y)} \rho(x,y,z,\lambda) \cdot \frac{E(x,y,z,\lambda)}{\pi} \cdot \tau \cdot \frac{\cos\alpha \cdot \cos\eta}{R^2 \cos\gamma} \cdot V \cdot \mathrm{d}x\mathrm{d}y \\[2mm] L_{\text{a\_adj}}(z,\lambda) = \iint\limits_{(x,y)} \frac{E_g(x,y,z,\lambda)}{\pi} \rho(x,y,z,\lambda) \cdot G(x,y,z,\lambda) \mathrm{d}x\mathrm{d}y \end{cases}$$

$$\tag{3-6}$$

上述方程中,各参量的含义如表 3 – 1 所列。

表 3 – 1　参量与含义的对应关系

参量	含义
L	入瞳辐亮度
ρ	地物反射率
$T^\uparrow$	大气上行透过率

续表

参量	含义
E_{dir}	平坦地表直射辐照度
Θ	阴影系数
θ	太阳入射角
L_d	大气散射辐亮度
$\sigma \, 、\varphi$	大气下行散射辐亮度的方向(天顶角和方位角)
$\bar{E}_{\text{coup}}$	耦合等效辐照度
s	大气半球反照率
$\Omega(P)$	目标像元的天空可视立体角
E	起伏地表(直射 + 散射 + 耦合)辐照度
τ	"周围地物 – 目标地物"路径的大气透过率
$\alpha \, 、\eta$	周围地物、目标地物法线与反射光线的夹角
γ	坡度
R	周围地物与目标地物之间的距离
V	可视因子(若周围地物被目标地物可见,值为1,反之为0)
E_g	起伏地表接收的总辐照度(直射 + 散射 + 耦合 + 周围反射)
G	大气影响函数

2)大气 MTF 模型

光在大气中传播分别受湍流影响和气溶胶影响,从而使图像质量下降,通常用大气调制传递函数 MTF 来描述这一特性。假设这两个影响是相互独立的,那么大气调制传递函数可写为

$$\text{MTF}_{\text{atm}}(v) = \text{MTF}_{\text{turb}} \times \text{MTF}_{\text{aero}} \qquad (3-7)$$

式中:MTF_{aero} 是气溶胶吸收和散射引起的;MTF_{turb} 是大气湍流引起的。

大气湍流 MTF 模型由 Fried 创立,有关湍流理论和 Fried 理论及其应用的文献很多。对于大多数工程应用,用折射率结构参数 C_n^2 足以预测光学湍流。对于空间光学遥感应用,大气湍流 MTF 用式(3 – 8)表示(long 为长曝光情况,short 为短曝光情况),短曝光可以定义为 $t < 10\text{ms}$,多数成像系统工作在短曝光区域。

$$\text{MTF}_{\text{turb}}(f) = \begin{cases} \exp\left[-3.44 \left(\dfrac{\lambda F f}{r_0} \right)^{5/3} \right] & (\text{长曝光}) \\[3mm] \exp\left[-3.44 \left(\dfrac{\lambda f}{r_0} \right)^{5/3} \times \left\{ 1 - b \left(\dfrac{\lambda f}{D} \right)^{1/3} \right\} \right] & (\text{短曝光}) \end{cases} \qquad (3-8)$$

$$r_0 = \left[0.423(2\pi/\lambda)^2 \int_0^L C_n^2(z)(z/L)^{5/3} dz \right]^{-3/5} \qquad (3-9)$$

C_n^2 为大气折射率结构常数,反映了大气湍流的强弱状况。弱湍流情况下,有

$$C_n^2(z) = 8.16 \times 10^{-54} z^{10} e^{-\frac{z}{1000}} + 3.02 \times 10^{-17} e^{-\frac{z}{1500}} + 1.9 \times 10^{-15} e^{-\frac{z}{100}}$$
$$(3-10)$$

强湍流情况下,有

$$C_n^2(z) = 5.94 \times 10^{-53}(21/27)^2 z^{10} e^{-\frac{z}{1000}} + 2.7 \times 10^{-16} e^{-\frac{z}{1500}} + 1.7 \times 10^{-14} e^{-\frac{z}{100}}$$
$$(3-11)$$

各参数的含义如表 3-2 所列。

表 3-2　大气湍流 MTF 模型各参数含义

参数	含义
r_0	大气相干长度
λ	中心波长
F	相机 F 数
D	遥感器入瞳直径
f	空间频率
L	大气经湍流介质传输的路径长度
b	空间遥感器工作在远场状态时($D < [\lambda L]^{1/2}$),$b = 0.5$; 空间遥感器工作在近场状态时($D > [\lambda L]^{1/2}$),$b = 1$
C_n^2	折射率结构参数($\mathrm{m}^{-2/3}$)
r_0	大气相干长度(m)

气溶胶 MTF 公式可表示为

$$\mathrm{MTF}_{\mathrm{aero}} = \begin{cases} \exp\left\{ -S_a L\left[\left(\dfrac{f}{f_c}\right)^2 \right] \right\} \times \\ \exp\left\{ \left[\exp\left\{ -S_a L\left[1 - \left(\dfrac{f}{f_c}\right)^2 \right] \right\} \right] - \exp(-S_a L) \right\}(-A_a L) & (f \leqslant f_c) \\ \exp(-S_a L)\exp\{ [1 - \exp(-S_a L)] - A_a L \} & (f > f_c) \end{cases}$$
$$(3-12)$$

$$f_c = a/\lambda \qquad (3-13)$$

各参数含义如表 3-3 所列。

表 3-3　气溶胶 MTF 模型各参数定义

参数	含义
S_a	气溶胶散射系数
A_a	气溶胶吸收系数
f	空间频率
f_C	气溶胶截止频率
L	气溶胶路径长度
a	气溶胶粒子的半径
λ	中心波长

3.2.3.2　遥感器与卫星平台环节机理研究

1. 影响机理

遥感器与卫星平台环节的主要影响因素如图 3-25 所示。

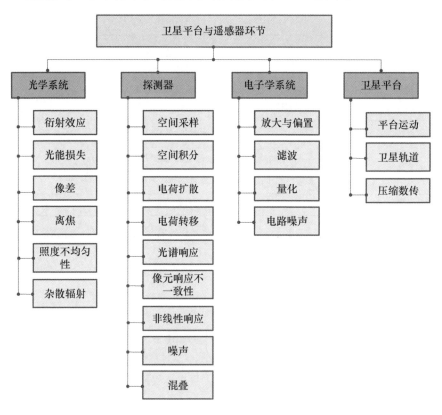

图 3-25　遥感器与卫星平台环节影响因素

1）遥感器

空间光学遥感器一般由光学系统、相机结构、探测器、成像电路和温控系统等部分构成。光学系统用于将来自目标的辐射汇聚到探测器上。对于常用的 CCD 探测器，探测器将接收到的光信号转换成电荷包，经电荷耦合形式的模拟寄存移位在输出电容处转变成电压形式的电信号。CCD 成像电路的主要功能包括时钟产生、CCD 驱动、信号采样保持以及信号放大和增益匹配，并经模数转换将模拟信号转变成数字信号。而相机结构用于使各零部件连接和固定，形成相机整体，并与卫星实现机械接口。温控系统用于控制相机的温度环境。

（1）光学系统。

光学系统是光学遥感器的主要组成部分，通常由防护玻璃、透镜、反射镜、棱镜、光阑、滤光片等各种光学零部件组合而成，用来收集地物目标反射的太阳辐射光，并将光束会聚到探测器上成像，由于空间光学遥感器类型之间的差异及其不同的用途，必然使光学系统的光学特性参数、波段范围、波段数目、光学系统形式（折射式、折反射式以及同轴或离轴全反射式光学系统等）等也随之变化。

光学系统的衍射效应、像差、制造缺陷、装配误差等因素会影响其成像质量，进而对遥感图像产生影响。此外，由于光学系统的透过率总是小于 1，所以光学系统会使辐射能量衰减，从而导致光学遥感器的辐射灵敏度下降。对于多数光学系统，由于几何像差、制造缺陷、装配误差等可以通过光学系统的最优设计以及严格控制制造和装调误差等措施降到最低，因此，衍射效应有可能成为限制光学系统分辨能力或成像质量的主要因素。

（2）探测器。

探测器是采样型航天光学遥感器的关键组成部分之一，它是一种辐射能转换器，其主要功能是把接收到的电磁辐射能量转换成电信号，因此，探测器对于采样成像型光学遥感器的性能如灵敏度和分辨率等具有重要影响。探测器的光谱响应主要由其材料的特性来决定。探测器的灵敏度与其材料特性（如能带宽度）、入射辐射波长、光敏元尺寸和频带宽度等因素有关。

到达探测器焦面的信号是连续的，由于 CCD 像元尺寸不可能无穷小，相邻像元之间存在一定的采样间距 p_x 和 p_y，采用数学公式表示空间离散采样效应为

$$g(m,n) = f(x,y) \cdot \frac{1}{p_x p_y} \mathrm{comb}\left(\frac{x}{p_x}\right) \mathrm{comb}\left(\frac{y}{p_y}\right) \qquad (3-14)$$

空间离散采样点的效果是使得连续的场景变成离散的。

由于大多数探测器都是矩形的,所以用矩形函数作为探测器的空间模型,空间积分可以表示为

$$\mathrm{PSF}_{\mathrm{space}} = \frac{1}{p_x p_y} \mathrm{rect}\left(\frac{x}{p_x}, \frac{y}{p_y}\right) = \frac{1}{p_x} \mathrm{rect}\left(\frac{x}{p_x}\right) \frac{1}{p_y} \mathrm{rect}\left(\frac{y}{p_y}\right) \qquad (3-15)$$

经过傅里叶变换得到探测器空间积分的传递函数为

$$\mathrm{MTF}_{\mathrm{space}} = \mathrm{sinc}(p_x f_x, p_y f_y) = \mathrm{sinc}(p_x f_x)\,\mathrm{sinc}(p_y f_y) \qquad (3-16)$$

对于推扫型或摆扫型探测器,在积分时间内,探测器沿着一定方向运动对场景进行持续光积分,设运动方向为水平方向或 x 方向,采样间距为像元间距 p_x 的 $1/s$ 倍。则对应的采样保持函数可以视为 x 方向上的矩形函数,矩形边长为相邻采样点的间距,在空间域的 y 方向上,该函数是一个冲激函数,因此采样保持函数可以表示为

$$\mathrm{PSF}_{\mathrm{time}} = \frac{s}{p_x} \mathrm{rect}\left(\frac{xs}{p_x}\right) \delta(y) \qquad (3-17)$$

采样保持函数的傅里叶变换就是它的传递函数,即

$$\mathrm{MTF}_{\mathrm{time}} = \mathrm{sinc}(p_x f_x / s) \qquad (3-18)$$

在 CCD 积分过程中,光生电荷的随机运动使得电荷有可能扩散到相邻像元,特别是对于波长较长的入射光,其在 CCD 器件中产生的电荷偏向于底层,在低层电极产生的电势较低,对电荷的束缚能力也较低,扩散线性尤其明显,这会造成调制传递函数下降,导致图像模糊。电荷扩散长度 $L(f)$ 可表示为

$$L(f) = \frac{L_{\mathrm{DIFF}}}{\sqrt{1 + (2\pi \cdot L_{\mathrm{DIFF}} \cdot f)^2}} \qquad (3-19)$$

式中:L_{DIFF} 为光生电荷扩散长度;$L(f)$ 为扩散长度,是与光谱频率 f 相关的分量。

CCD 工作时,电荷包从光敏区向存储区转移,又从存储区逐个转移到输出区,这一系列的转移都有电荷损失。电荷每次转移后,到达下一个势阱中的电荷与原势阱中的电荷之比为转移效率。电荷转移效率定义为

$$\mathrm{CTE} = \varepsilon = \frac{Q_{n+1}}{Q_n} \qquad (3-20)$$

电荷转移效率和转移次数影响 CCD 探测器的性能。当电荷出现不完全转移时,一些载流子被留下与下一个电荷包结合,这会使电荷"模糊",如同电荷来源于几个探测器。

响应度是 CCD 应用中最直接影响相机性能的参数之一,表示每个像元上输入的光能量(曝光量)产生的输出信号电压。响应度反映了 CCD 像元的灵敏

度和输出级的电荷/电压转换能力,它主要与光电转换效率有关,由器件的材料、结构、工艺等因素决定。CCD 光谱响应随波长而变化,一般 CCD 的光谱响应范围由光敏材料特性决定。在一个光谱范围内探测器的一个像元产生的电子数可表示为

$$S_e(\lambda) = \int_{\lambda_2}^{\lambda_1} \frac{\pi A_d}{4F^2} \cdot \frac{\lambda}{hc} \cdot \eta(\lambda) \cdot \tau_0(\lambda) \cdot T_{int} \cdot L(\lambda) \cdot \mathrm{d}\lambda \qquad (3-21)$$

式中:A_d 为探测器像元面积;F 为光学系统的 F 数;$\tau_0(\lambda)$ 为光学系统的透过率(包括滤光片的透过率);T_{int} 为探测器积分时间;h 为普朗克常数(6.624×10^{-34});c 为光速;$\eta(\lambda)$ 为器件的量子效率;λ 为窄带中心波长;$\Delta\lambda$ 为($\lambda_2 - \lambda_1$)带宽;λ/hc 为波长为 λ 的窄带内单位能量中的光子数;$L(\lambda)$ 为光学系统入瞳处的光谱辐亮度。

探测器芯片内噪声大致有散粒噪声、暗电流噪声、模式噪声、复位噪声、1/f 噪声、白噪声等。其中,模式噪声分为固定模式噪声和像元响应不均匀性噪声 2 种;1/f 噪声和白噪声均属于放大电路引入的噪声,放大电路若在 CCD 内部,则为片内放大器噪声。

采样会引起频谱复制,当输入信号的频率高于采样频率的一半(即奈奎斯特频率)时,采样复制频谱的第一边带与基带以及采样复制频谱的相邻边带会产生重叠,图像重构后落在重构带宽内的重叠区域会在重构信号中产生畸变,这一畸变称为混叠。混叠一旦发生就不能消除,原始信号就永远不会被真实再现。在理想情况下,与基带信号不重叠的混叠成分可以通过滤波去除,剩下的就是复制频谱与基带的重叠部分。

(3)电子学系统。

电子学系统是各种电路的总成,用于实现有关的功能和性能。对于采样成像型航天光学遥感器,其电子学系统的主要功能包括信号处理、机构控制以及管理控制等,与最终成像结果最直接相关的是信号处理电路。

信号处理电路用于对来自探测器的信号进行放大、箝位、降噪,然后进行采样和数字化。信号处理电路的主要特性参数包括增益、带宽、噪声、输出阻抗、动态范围和线性度等。信号处理电路放大级的主要作用是为信号量化提供足够的幅度,滤波级的作用是降低噪声。信号量化后被格式化编排成数字数据流。信号处理电路的响应近似为一个低通滤波器,高频信号经过它后被衰减。低通滤波器的设计应该确保噪声得到衰减,而不对信号产生显著影响。对于物理上可实现的电路,要在信号保真度与噪声带宽之间进行折中考虑。与探测器

形状和光学系统导致的模糊相比,信号处理电路导致的模糊量通常比较小。但对于设计不佳的模拟信号处理电路,可能会引入较大的噪声。此外,模数转换器也会产生噪声,这是由于一定范围的模拟信号输入产生相同的离散信号输出,这种不确定性是产生量化噪声的根源。在对 CCD 信号处理中,也会引入相应的噪声。常见的噪声有前置放大器噪声、相关双采样(CDS)开关噪声、A/D 转换电路的量化噪声等。

2)卫星平台

卫星平台通常由一些分系统组成,以实现不同的星务功能和支持特定有效载荷工作。主要分系统包括遥测、跟踪和控制分系统(TTC)、星上数据管理分系统(OBDH)、轨道和姿态控制分系统(AOCS)、电源分系统等。对于目前多数光学遥感卫星而言,卫星平台不仅要为光学遥感器提供服务,还常用于实现遥感数据获取的一些功能。也就是说,有些卫星光学遥感的功能不单是靠有效载荷来实现,还要通过卫星平台实现。例如,对于采用线阵 CCD 相机获取遥感图像的光学遥感卫星,通常要借助卫星平台运动来实现推扫成像功能。

(1)姿态角指向误差对像质的影响。

姿态角的指向精度直接影响着像元的视线方向,引起图像的定位误差,同时还会在一定程度上干扰像的运动。具体又包括俯仰角指向误差、滚转角指向误差、偏航角指向误差等对像质的影响。

(2)姿态稳定度对像质的影响。

姿态的运动导致积分时间内产生非正常的像移,引起图像模糊,同时引起行间的错位、像元间距的变化等,引起几何变形。具体又包括俯仰角速度误差、滚转姿态角速度误差、偏航姿态角速度误差等对像质的影响。

(3)遥感器与卫星平台形成的像移对像质的影响。

像移是影响星载 TDICCD 成像质量的关键因素,它使一系列的图像发生重叠,它的存在使得图像的分辨力明显下降。像移模糊图像的模糊程度随着像移的增大而增大,当像移达到一定程度时就会导致相邻目标的成像相互交叠以致不能分辨。调制传递函数是描述辐射质量的重要指标,不同的像点振动形式的调制传递函数表达式是不一样的。通常可以分为线性、高频、低频、高频随机等,此外还有一些无法用解析式表达的非规律性振动。

2. 数学模型

1)信号电子数模型

遥感器平台(这里简称为在轨系统)环节包括光学系统、探测器、电路及卫星平台。其中入瞳处辐亮度经过光学系统衍射、聚焦、透射等会聚到焦面上,经过探测器的采样、空间积分、时间积分、光电转换、噪声效应后传递给电路,电路将电信号进一步进行放大、偏置、量化后得到数字信号。在探测器的时间积分中,还需要考虑卫星平台运动引起的像移。因此需要建立入瞳前辐亮度到最终图像 DN 值之间的数学关系,在建模时探测器与平台环节并非孤立,需要一体化建模,如图 3-26 所示。

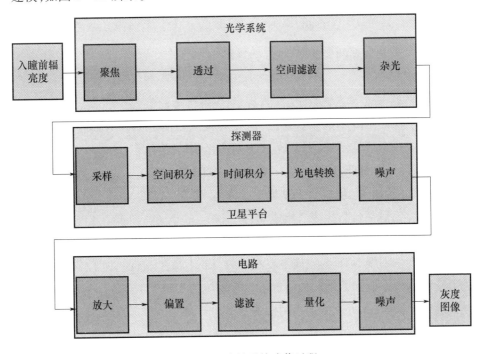

图 3-26　在轨系统成像过程

根据成像机理的研究,影响最终信号的因素主要表现在光学系统的吸收、遮拦、空间聚焦,探测器的光电转换效率、像元尺寸、积分时间,电路的放大等。将各种因素综合起来,得到信号传输转换模型为

$$\text{Se}(x,y) = GS(x,y) = G \cdot N \cdot T \int_{\lambda_{\min}}^{\lambda_{\max}} \frac{\pi \tau_o(\lambda)}{4F^2}(1-\varepsilon) \cdot \quad (3-22)$$

$$L(x,y,\lambda) \cdot \text{QE}(\lambda) \cdot p\text{d}\lambda + \text{bias/CCE}$$

将积分利用矩形公式求解,有

$$S(x,y) = G \cdot L(x,y)\frac{\pi \tau_o}{4F^2}(1-\varepsilon) \cdot p \cdot T \cdot N \cdot \text{QE}\frac{\lambda_m}{hc} + \text{bias/CCE}$$

$$(3-23)$$

式中:$L(x,y)$ 为辐亮度;τ_o 为平均透过率;F 为 F 数;ε 为面遮拦因子;T 为积分时间;QE 为平均量子效率;N 为积分级数;c 为光速;p 为像元尺寸;h 为普朗克常数;λ_m 为中心波长;CCE 为光电转换效率。

考虑到杂光、照度不一致性,修正信号模型为

$$\mathrm{Se}(x,y) = G\Big[L(x,y)\frac{\pi\tau_o}{4F^2}(1-\varepsilon)\cdot t\cdot\cos^4\omega + E_{\mathrm{internal}}(x,y)\Big]A_D\cdot$$

$$T\cdot N\cdot\mathrm{QE}\frac{\lambda_m}{hc} + \mathrm{bias/CCE} \tag{3-24}$$

式中:E_{internal} 为杂散光的像面照度;ω 为视场角。

2)MTF 模型

MTF 链路包含了光学系统、探测器、卫星平台运动等各个环节,卫星平台的像移产生的像质下降不能孤立建模,需要与探测器的时间积分效应结合起来,将系统看成一个线性系统,则系统 MTF 可表示为

$$\mathrm{MTF}_{\mathrm{sys}} = \mathrm{MTF}_{\mathrm{opt}}\cdot\mathrm{MTF}_{\mathrm{ccd}}\cdot\mathrm{MTF}_{\mathrm{cir}}\cdot\mathrm{MTF}_{\mathrm{sat-ccd}} \tag{3-25}$$

式中:$\mathrm{MTF}_{\mathrm{opt}}$ 为光学系统 MTF;$\mathrm{MTF}_{\mathrm{ccd}}$ 为探测器 MTF;$\mathrm{MTF}_{\mathrm{cir}}$ 为电路 MTF;$\mathrm{MTF}_{\mathrm{sat-ccd}}$ 为卫星平台与探测器集成 MTF。

(1)光学系统 MTF。

影响光学系统 MTF 的效应主要有衍射、像差、离焦、装调、加工误差等。

① 具有中心遮拦的圆孔径衍射限光学系统的 MTF:对于具有中心遮拦的光学系统圆孔,它在 x 方向上的衍射限 MTF 为

$$\mathrm{MTF}_{\mathrm{diff}} = \frac{A+B+C}{1-R^2} \tag{3-26}$$

$$R = d_{\mathrm{obs}}/D$$

式中:R 为遮拦比;D 为光学系统直径;d_{obs} 为遮拦部分的直径。令

$$X = \frac{f_x}{f_c} = \frac{1/2P}{D/\lambda f}, Y = \frac{X}{R}, \alpha = \arccos\left(\frac{1+R^2-4X^2}{2R}\right) \tag{3-27}$$

变量 A、B 和 C 分别为

$$A = \begin{cases} \dfrac{2}{\pi}\big[\arccos(X) - X\sqrt{1-X^2}\big] & (0<X<1) \\ 0 & (X \text{ 为其他值}) \end{cases} \tag{3-28a}$$

$$B = \begin{cases} \dfrac{2R^2}{\pi}\big[\arccos(Y) - Y\sqrt{1-Y^2}\big] & (0<Y<1) \\ 0 & (Y \text{ 为其他值}) \end{cases} \tag{3-28b}$$

$$C = \begin{cases} -2R^2 & (0 < X < (1-R)/2) \\ \dfrac{2R}{\pi}\sin\alpha + \dfrac{1+R^2}{\pi}\alpha - & \\ \quad \dfrac{2(1-R^2)}{\pi}\arctan\left[\left(\dfrac{1+R}{1-R}\right)\tan\left(\dfrac{\alpha}{2}\right)\right] - 2R^2 & ((1-R)/2 < X < (1+R)/2) \\ 0 & (X > (1-R)/2) \end{cases}$$

$$(3-28c)$$

②无中心遮拦的光学系统的 MTF：对于无中心遮拦的圆孔光学系统，其衍射限光学 MTF（OTF）为圆对称函数，它在 x 方向上的表达式为

$$\mathrm{MTF}_{\mathrm{diff}}(f_x) = \begin{cases} \dfrac{2}{\pi}\left[\arccos\left(\dfrac{f_x}{f_{oc}}\right) - \dfrac{f_x}{f_{oc}}\sqrt{\left(1-\left(\dfrac{f_x}{f_{oc}}\right)^2\right)}\right] & (f_x \leqslant f_{oc}) \\ 0 & (f_x > f_{oc}) \end{cases} \quad (3-29)$$

式中：f_x 为像空间频率；f_{oc} 为镜头空间截止频率；$f_{oc} = 1/\lambda F$，其中 F 为系统的 F 数。

③像差 MTF：对于像差 MTF，当 $f_x \leqslant f_{oc}$ 时，有

$$\mathrm{MTF}_{\mathrm{aberration}}(f_x) = 1 - \left(\dfrac{W_{\mathrm{rms}}}{A}\right)^2\left[1 - 4\left(\dfrac{f_x}{f_{oc}} - \dfrac{1}{2}\right)^2\right] \quad (3-30)$$

式中：W_{rms} 为均方根（rms）波前差；均方根波前差 W_{rms} 与峰值波前差（W_{pp}）的关系为 $W_{\mathrm{rms}} = W_{pp}/3.5$；$A = 0.18$。该 MTF 经验公式适用于小波前差，即 $W_{pp} < 0.5$ 的情况。

④离焦：离焦引起的调制 MTF 可表示为

$$\mathrm{MTF}_{\mathrm{defocus}} = \dfrac{2J_1(\pi\kappa f_N/F)}{\pi\kappa f_N/F} \quad (3-31)$$

式中：J_1 为一阶贝赛尔函数；F 为光学系统的 F 数；κ 为离焦量（mm）；f_N 为奈奎斯特频率。

⑤其他因素：装调和加工也会引起 MTF 的退化，装调和加工引起的调制 MTF 退化满足高斯函数，即

$$\mathrm{MTF}_{\text{装调}} = \exp\left[4\lg(0.5ab)\left(\dfrac{f_x}{f_{oc}}\right)^2\right] \quad (3-32)$$

式中：a,b 分别为装调因子和加工因子。

（2）探测器 MTF。

①空间积分：造成的点扩散函数和调制 MTF 可表示为

$$\mathrm{MTF}_x = \mathrm{sinc}(f_x \cdot p_x) \qquad (3-33)$$

$$\mathrm{MTF}_y = \mathrm{sinc}(f_y \cdot p_y) \qquad (3-34)$$

②光电子扩散效应引起的模糊:根据方向的定义,x 和 y 方向都存在光电子扩散,其光电子扩散 MTF 可表示为

$$\mathrm{MTF}_{\mathrm{diffusion}}(f_y) = \frac{1 - \dfrac{\exp(-\alpha_{\mathrm{abs}} L_D)}{1 + \alpha_{\mathrm{abs}} L(f_x)}}{1 - \dfrac{\exp(-\alpha_{\mathrm{abs}} L_D)}{1 + \alpha_{\mathrm{abs}} L_{\mathrm{diff}}}} \qquad (3-35)$$

$$\mathrm{MTF}_{\mathrm{diffusion}}(f_y) = \frac{1 - \dfrac{\exp(-\alpha_{\mathrm{abs}} L_D)}{1 + \alpha_{\mathrm{abs}} L(f_y)}}{1 - \dfrac{\exp(-\alpha_{\mathrm{abs}} L_D)}{1 + \alpha_{\mathrm{abs}} L_{\mathrm{diff}}}} \qquad (3-36)$$

式中:α_{abs} 为光谱吸收系数;L_D 为耗尽层宽度;L_{diff} 为扩散长度。

③电荷转移损失引起的模糊:电荷转移效率和转移次数影响 CCD 探测器的性能。x 和 y 方向由于电荷转移损失造成的 MTF 下降表示为

$$\mathrm{MTF}_{\mathrm{trans}}(f_x) = \exp\left\{ -N_{\mathrm{trans}}(1 - \varepsilon_e)\left[1 - \cos\left(\frac{2\pi f_x}{f_N}\right) \right] \right\} \qquad (3-37)$$

$$\mathrm{MTF}_{\mathrm{trans}}(f_y) = \exp\left\{ -N_{\mathrm{trans}}(1 - \varepsilon_e)\left[1 - \cos\left(\frac{2\pi f_y}{f_N}\right) \right] \right\} \qquad (3-38)$$

式中:N_{trans} 为从探测器到输出放大器的总的转移次数,等于每个端口的像元数乘以器件的相数;ε_e 为每次转移的电荷转移效率;f_N 为奈奎斯特处频率。

(3)电路 MTF。

电路 MTF 影响的因素主要为相关双采样电路,相关双采样电路近似于带通滤波器。N 级巴特沃斯滤波器的 MTF 为

$$\mathrm{MTF}_{\mathrm{filter}}(f_x) = \frac{1}{\sqrt{1 + \left[\dfrac{f_{\mathrm{signal}}}{f_{3\mathrm{dB}}}\right]^{2N}}} \qquad (3-39)$$

(4)平台与探测器像移 MTF。

对于垂直 TDI 方向上的像移引起的像质下降,不同形式的像移是不一致的,下面给出典型形式的像移下的 MTF。

①线性运动:线性运动的 MTF 与积分时间内由运动引起的相对位移 d 有关,d 越大,造成的 MTF 的下降越明显,其中相对位移 d 又与积分时间 t_e 和像移速度 v 有关,即

$$x = \nu t\,(0 \leqslant t \leqslant t_e, 0 \leqslant x \leqslant d) \qquad (3-40)$$

线扩散函数为

$$\mathrm{LSF}_L(x) = \frac{1}{d} \quad (0 \leqslant x \leqslant d) \qquad (3-41)$$

对其做傅里叶变换得到调制 MTF 为

$$\mathrm{MTF} = \mathrm{sinc}(f \cdot d) \qquad (3-42)$$

式中:f 为焦距。

对于 TDICCD 而言,积分时间取决于积分级数 N,设每一级的像移量为 Δ,则它的 MTF 为

$$\mathrm{MTF} = \mathrm{sinc}(N \cdot f \cdot \Delta) \qquad (3-43)$$

②高频周期振动($t_e/T_0 \geqslant 1$):如图 3-27 所示,t_e 为曝光时间(积分时间),T_0 为像点振动的周期,高频振动一般定义为积分时间内含有至少一个或多个振动周期。积分过程中非周期部分的影响可以忽略不计,在不同积分时刻,像的模糊大小均表现为峰-谷之间的最大位移 $2D$。其运动形式、LSF 及 MTF 可表示为

$$x = D\cos\frac{2\pi \cdot t}{T_0} \qquad (3-44)$$

$$\mathrm{MTF} = \left| J_0(2\pi \cdot f \cdot D) \right| \qquad (3-45)$$

式中:J_0 为 0 阶贝塞尔函数。对 LSF 做傅里叶变换得到其 MTF,可见高频周期振动的 MTF 仅与振动振幅有关。

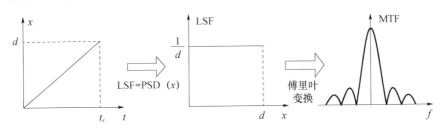

图 3-27 线性运动的 LSF 及 MTF

若像点振动是多个频率的高频振动的叠加时,造成的 MTF 下降为

$$\mathrm{MTF}_{mh} = \prod_i J_0(2\pi \cdot f \cdot D_i) \qquad (3-46)$$

③低频周期振动:当积分时间小于振动周期时,可以把此振动看成是低频振动。因为振动周期 T_0 大于积分时间 t_e。像点的低频周期振动对像质的影响是一个随机的过程,在积分时间确定的情况下,随着初始积分时刻及振幅、频率

的变化而变化。不同时刻开始积分,在积分时间内对应的弥散斑直径不一样,弥散斑直径不一样,导致 MTF 不一致,初始积分时刻在 1/4 个周期或 3/4 个周期附近时,弥散斑最小,MTF 最大。可采用数值分析法计算低频振动的 MTF。

④高频随机振动:高频随机振动的 MTF 为高斯形式,即

$$MTF = \exp(-2\pi^2 \sigma^2 f^2) \tag{3-47}$$

式中:σ 为振动位移的均方根。

3)采样模型

离散采样是所有光电成像系统的固有特性。由于探测元分布的离散性决定了场景在空间的两个方向上被采样,采样模型可表示为

$$E(m,n) = \sum_{m=1}^{M} \sum_{n=1}^{N} \delta(x - mp_x, y - np_y) \cdot S(x,y) \tag{3-48}$$

式中:p_x 为 x 方向相邻探测元之间的间距;p_y 为 y 方向相邻探测元之间的间距。

4)噪声模型

探测器噪声包括暗电流噪声、散粒噪声、读出噪声、量化噪声和模式噪声。其中前四者为加性噪声,最后一项为乘性噪声,加性噪声和乘性噪声的模型分别可表示为

$$S(m,n) = Se(m,n) + N(m,n) \tag{3-49}$$

$$S(m,n) = Se(m,n)(1 + r(m,n)) \tag{3-50}$$

①暗电流噪声与温度有关,独立于信号,服从泊松分布,其噪声标准差为暗电荷的开方,即

$$n_{\text{DARK}} = \frac{J_D A_D t_{\text{int}}}{q} \tag{3-51}$$

式中:A_D 为耗尽层的有效面积;J_D 为暗电流密度;t_{int} 为曝光时间。暗电流噪声标准差可表示为

$$\sigma_{\text{dark}} = \sqrt{n_{\text{dark}}} \tag{3-52}$$

式中:n_{dark} 为暗电流电子数,通常由探测器手册给出;σ_{dark} 为暗电流噪声标准差。

②散粒噪声与入射到感光像元的光子的随机波动有关,依赖于信号,也服从泊松,其噪声标准差为信号电荷的开方,即

$$\sigma_{\text{shot}} = \sqrt{n_{\text{shot}}} \tag{3-53}$$

式中:n_{shot} 为光子数,通常由信号模型给出;σ_{shot} 为散粒噪声标准差。暗电流和散粒噪声均在 CCD 积分过程中产生,大小均与积分时间、探测元尺寸有关。

③读出噪声在电荷转移过程中产生,独立于信号,按白噪声的模型进行分

析。其值通常由探测器手册给出。

④量化噪声在 AD 转换时产生,其噪声标准差与量化位数有关,量化位数越多,其噪声标准差越低。此类噪声按白噪声处理,其标准差可表示为

$$\sigma_{quan}^2 = \frac{S_{saturation}}{2^n \cdot 12} \tag{3-54}$$

式中:$S_{saturation}$ 为满阱电子数;n 为量化位数。

⑤模式噪声的产生原因在于像元之间的响应不一致性,在 CCD 感光过程中存在,与信号是乘性关系。

3.2.4　空间光学遥感成像链路仿真

成像链路的仿真是指根据成像链路中各环节的模型,对整个成像过程及成像效果进行模拟。通过成像链路仿真,可以将成像链路中各环节对图像的影响用比较直观的方式展现出来。常用的成像仿真方法包括物理仿真、混合仿真(半物理仿真)和数学仿真等。

在 20 世纪 40 年代至 50 年代,由于计算机技术的限制,只能依靠物理仿真,美国在亚利桑那大学光学中心建立了世界上第一个航空航天遥感器物理仿真系统。在地面实验室里利用人造光源提供各种辐亮度和各个光谱谱段的照明条件,布置了不同背景下的各种大小尺寸靶标和军用目标模型(包括飞机、坦克、火炮),可以模拟卫星在轨飞行情况下的环境条件以及目标的运动等,采用可控制位置和运动模式的相机对目标按照预定的程序进行照相,以验证相机的设计参数和成像质量。

20 世纪 60 年代至 90 年代,混合仿真方法得到了快速发展。60 年代,美国发射多颗地球环境探测卫星,获得了大量地表、大气和地球环境的数据,这些数据为仿真实验室提供了接近真实的模型数据。60 年代到 90 年代,美国又陆续发射了多颗地球地理环境探测、校验和测绘卫星,用于监视和补充数据资料,修正数学模型。

20 世纪 90 年代后期,常用的成像仿真方法主要是数学仿真。这一时期,随着计算技术的迅猛发展,国外在航天光学遥感系统软件仿真技术研究方面开始飞速发展,开发了多款系统仿真软件,并在相应的光学遥感卫星设计、研制等方面得到广泛应用。从仿真技术的实现方法看,成像仿真用到了诸多数学方法,比如光线追迹法、蒙特卡洛法、坐标变换法、傅里叶变换法、数值积分法、插值法、随机生成法等。

航天光学遥感系统必然需要场景源,从场景源的获取方法上,有基于图像的仿真方法和基于库的仿真方法。基于图像的仿真方法主要是利用高分辨率的航空机载图像和航天遥感图像,利用高精度反演技术获得地面场景源,如图 3 - 28所示。基于库的仿真方法是利用测量到的或其他手段获取的高精度的地面反射率、发射率、纹理等数据,利用三维场景建模技术、纹理映射技术等构建高精度的地面场景源。根据场景辐射、反射特性的计算方法,基于库的仿真方法又包括三种:第一种是根据理论模型,建立辐射反射方程,通过求解方程得到场景辐射和反射分布;第二种是以实测数据为依据,采用特征匹配、粘贴等方法得到景物特征分布;第三种是理论与实验相结合的方法,建立半经验模型。比如 SE – WORKBENCH 就属于第一种类型,JRM 属于第三种。

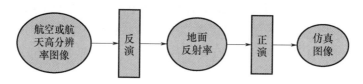

图 3 - 28　基于图像的仿真流程

随着对地观测事业的蓬勃发展以及近十年来遥感卫星的商业化,航天光学遥感成像系统成像链路建模与仿真技术已经得到人们的普遍认可,人们已经开始重视仿真技术在设计、制造、组装、集成和整个系统的运行和维护中的作用。特别是在提高遥感产品品质、分析成像的各个环节对数据获取的影响方面,系统仿真技术起着至关重要的技术支撑。

成像链路建模与仿真技术的发展趋势包括以下几个方面:

(1)仿真技术与图像预估评价技术一体化。仿真与预估评价相辅相成,仿真是图像预估评价的源头,预估评价是仿真结果的一个检验方法。二者最终都将为遥感器的指标论证、优化设计、图像算法验证等服务。前期的仿真软件通常将二者分离,然而随着光学遥感技术需求的推动,二者一体化是该技术领域的发展趋势。

(2)航天光学遥感系统各个环节考虑因素越来越全面。目前国外遥感系统建模与仿真已经将地面处理纳入其中,目前已经包含整个遥感成像链路的所有环节,而且每个环节的模型越来越精细,涵盖的因素越来越多,模型越来越全面。

(3)航天光学遥感系统建模与仿真精度越来越高。场景、大气、遥感器平台、光学系统、探测器、电子学系统、热控系统、数传系统的建模精度不断提高，结合大气传输的成型理论和软件，能够更加精确地构建出传感器获取图像的整个成像过程。

（4）仿真软件功能一体化趋势明显。能够建立辐射质量、几何质量、光谱质量一体化的仿真模型，能够实现同时进行辐射质量退化、几何质量退化和光谱质量退化的建模及仿真分析。此外，还开发数学理论和工程实际相结合的高精度仿真分析软件，在工程应用中更加有效地发挥实质性的作用。

（5）航天光学遥感系统仿真技术向着分布式仿真方向发展。航天光学遥感技术是个多学科交叉的综合技术，未来面向此领域的仿真需要将分布在各个应用领域的人员和资源集成为一个大型仿真环境。它将打破各个领域的界限，使人们在仿真环境里对拟定的设想和任务进行研究、分析，以支持航天遥感复杂大系统的设计、运行、评估、研制、开发等工作。现代建模技术、计算机技术、网络技术、虚拟现实技术等的发展，为建立这种跨学科具有虚拟环境的仿真系统提供了强有力的技术支撑。

3.3　空间光学遥感系统像质评价、像质预估与全链路优化设计

航天光学成像链路建模与仿真的主要目的之一是航天光学遥感系统的优化设计。而航天光学遥感系统优化设计的最基本的原则是系统的整体优化，这主要体现在系统各组成部分之间技术指标的科学合理分配上面。

由第 3.1 节可知，遥感的目的是向用户提供信息，包含了正演和反演的过程，因此航天光学遥感系统的优化设计应该以向用户提供高质量有价值的信息为最终目的，针对整个成像链路，并综合考虑图像复原、图像增强等来进行全链路的优化。

本节介绍航天光学遥感系统像质评价指标、成像性能预估模型，并提出开展全链路优化设计的思路。

3.3.1　像质评价

图像质量是指图像以适合图像分析人员观测的形式，再现信息所包含的程度。一幅图像表示的是一个场景或一个目标。

航天光学遥感图像质量评价是借助于一些指标或标准来进行的。由于胶片式相机出现较早，因此，很多像质评价标准最初是针对胶片相机开发的。采

样成像型光学遥感器出现后,又引入了新的评价指标,如地面采样距离等。两者结合,形成了现有的像质评价指标。

目前,航天光学遥感图像质量评价方法大致可以分为三类,即基于成像系统性能的图像质量评价方法、基于任务的图像质量评价方法和基于图像统计特性的图像质量评价方法,其中最后一种侧重于定性评价。下面重点介绍前两种像质评价方法。

3.3.1.1 基于成像系统性能的图像质量评价方法

基于成像系统性能的图像质量评价方法涉及的性能参数很多,成像系统的分辨率是决定其图像质量和目标获取能力的重要性能参数之一。分辨率被认为是最基本的、能够决定成像系统性能的一种度量,它暗含着能分辨的最小细节,主要包括空间分辨率和辐射分辨率(辐射灵敏度)。常用的空间分辨率指标包括 GR、GRD、GSD、IFOV、MTF 等,常用的辐射分辨率指标包括 SNR、NEΔρ 和 NEΔT 等。近年来国外提出了一些综合性性能指标,如 MTF × SNR、信息密度等来评价图像质量。下面对部分重要的图像质量评价指标进行简介。

(1)地面像元分辨率(GSD)。

目前一般采用 GSD 来表征空间分辨率。GSD 描述了由采样引起的分辨率极限。像素间距除以遥感器焦距就是遥感器采样的角距离,如果将该角距离投影到地面,就是 GSD 的定义,即

$$GSD = \frac{p}{f}H \tag{3-55}$$

式中:p 为探测像元间距;f 为焦距;H 为轨道高度。

GSD 仅仅是探测器像元尺寸在地面上的投影,忽略了成像系统中其他因素的影响,通常不能完整地表征成像系统的有效分辨率,更有效的系统分辨率度量应该综合整个系统的调制传递函数 MTF 的影响。遥感器的有效分辨率(Effective Resolution,ER)是决定遥感器获取目标能力的重要参数之一,考虑整个测量系统变差时数据分级大小称为有效分辨率。ER 通常被认为是基本的、能够决定成像系统性能的一种量度,它暗含着遥感器分辨目标的最小细节。对于采样式成像系统,一般认为 ER 近似为 GSD 的 1.4 ~ 2.4 倍。有效分辨率是成像质量表征方法的一个重要研究方向。

(2)调制传递函数(MTF)。

MTF 是系统输出信号的调制度与输入信号调制度之比随频率变化的函数,它主要考虑系统的幅频特性,反映了系统的幅频响应情况。系统的 MTF 是整个

成像系统的最主要性能指标之一,其大小直接影响航天光学遥感图像的清晰度和对比度。

MTF 是一种综合性度量,它将对比度和空间分辨率紧密联系了起来,构成了定义边沿响应的基础。它实际上表示了空间遥感器在不同空间频率下对目标对比度的传输能力,该传输过程是能量通过介质或显示的过程,主要影响遥感器图像的清晰度。目标景物经过系统 MTF 退化后的图像变得模糊,影响图像的分辨能力。

从 MTF 对图像质量的影响来看,用户最终得到的图像不仅受航天光学遥感器 MTF 的影响,同时还受整个航天光学遥感成像链路中各环节 MTF 的影响。整个航天光学遥感成像链路的 MTF 包含遥感器、卫星运动、大气和图像处理(如 MTF 补偿)等环节的 MTF。因此,就需要对影响整个航天光学遥感成像链路 MTF 的各种因素进行系统分析和优化研究,使系统设计得到最优。

由于当 MTF 低到一定程度时会使信号小于系统噪声,从而很难将信号与噪声区分开来,因此,系统的实际空间分辨率与噪声(灵敏度)有关,这就需要对空间分辨率和灵敏度进行折中考虑。

(3)信噪比(SNR)。

信噪比一般定义为在一定光照条件下(如规定的入瞳辐亮度),相机输出信号 V_s 和随机噪声均方根电压 V_n 的比值,可以用比值表示,也可用分贝表示,即

$$SNR = V_s/V_n$$
$$SNR = 20\lg(V_s/V_n) \tag{3-56}$$

由于在不同应用中,信号和噪声都有多种定义方法,所以,信噪比也有多种不同的具体定义,如:目标最大信号与噪声标准差之比;目标评价信号与噪声标准差之比;两个目标反射率差产生的信号差与噪声标准差之比等。

信噪比是表征相机辐射、噪声特性的重要参数,与光学遥感相机的辐射分辨率有着密切的关系。信噪比的大小能够反映相机对于辐射的探测灵敏度。

在辐射传输和光电转换过程中不可避免地受到各种随机因素的干扰,这些干扰表现为各种类型的噪声,主要包括 CCD 芯片噪声、电子线路噪声和量化噪声,其中 CCD 芯片噪声又由电流噪声、注入噪声、散粒噪声、产生 - 复合噪声、1/f 噪声、放大器噪声等构成。这些噪声成为限制辐射探测精度的主要原因,所以人们习惯采用信噪比作为衡量光学遥感相机辐射探测能力的重要指标。除了放大器噪声和量化噪声外,其他噪声都属于探测器噪声,而探测器噪声是噪声的主要来源。

噪声对成像质量的影响如图 3 – 29 所示,加入一部分系统噪声后,对比度低的目标被噪声淹没。噪声造成的图像质量下降主要表现为信号被噪声淹没,进而造成图像清晰度下降,以及图像极限分辨率的下降。

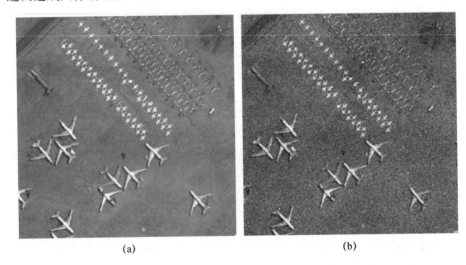

(a)   (b)

图 3 – 29　加噪声前后图像对比

(a)加噪声前图像;(b)加噪声后图像。

(4)动态范围。

在很多领域,动态范围为某个变量最大值与最小值的比率。真实情况下的动态范围可能非常巨大,在阳光直射的情况下,场景亮度可达到$10^5 \mathrm{cd/m}^2$,而场景的阴暗处亮度值约$10^{-3} \mathrm{cd/m}^2$。通常来说,在同一场景下能达到的亮度动态范围为 10000 : 1。传统数字图像所能表示的动态范围非常有限。若用 8bit/channel 来存储数据,那么其动态范围为 255 : 1。

成像系统的输入动态范围通常用入射的最大、最小光谱辐亮度范围表示,而成像系统的输出动态范围通常用系统相应线性或单调变化的电压范围表示,即用最小饱和信号电压与噪声电压的比值或分贝表示。在成像链路中,与动态范围有关的几种形式如图 3 – 30 所示。

动态范围以电压形式表示,即

$$DR = \frac{V_{\mathrm{sat}}}{V_n} \tag{3-57}$$

式中:V_{sat} 为最小饱和信号电压;V_n 为噪声等效电压。最小饱和信号电压与探测器的最大饱和电子数相对应,因此系统的动态范围不会超过探测器的动态范

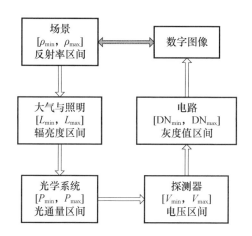

图 3 - 30　动态范围在成像链路中的几种形式变化

围,探测器的动态范围与探测器的选择密切相关。

　　探测器的噪声主要来源于两方面:一是光电器件本身所固有的噪声;二是器件工作过程中产生的电路噪声。其中,起主要作用的是散粒噪声、量化噪声和暗噪声。散粒噪声是由光子到电子跃迁的不连续性引起,在产生光电子及暗电子时会出现散粒噪声。在一定的入射光照下,光敏面在任意相同的、瞬时间隔内产生的光电子数不尽相同,而是在某一平均值上下起伏,该光电子数的起伏形成光电子散粒噪声。它可以近似用泊松分布函数表示,散粒噪声与信号是相关的,它与饱和势阱总电荷数的平方根成正比,是 CCD 器件所固有的噪声,不能被后续电路所抑制或抵消。暗噪声是半导体的热激发引起的,器件在无光输入情况下的输出信号称为暗电流。量化噪声是由于 A/D 转换的量化误差形成的噪声。一般来讲,CCD 器件探测目标信号较亮时,噪声主要是由散粒噪声决定的,散粒噪声服从泊松分布。探测的目标信号较暗时,散粒噪声要小于其他噪声项。

　　值得注意的是,当光电转换器件适应较宽的输入光谱辐亮度范围,在量化位数一定时,宽的动态范围会使每分层代表的辐亮度增大,即系统的辐射分辨率降低。因此,在设计遥感器时,单独考虑输入或输出动态范围是不对的,应根据任务需要明确输入动态范围,再结合对辐射分辨率的要求,设计和确定遥感器的最佳输出动态范围,确保得到理想的成像质量。

　　(5)混叠。

　　当被采样目标的最高频率高于系统的奈奎斯特频率,就会发生欠采样,产生混叠。如图 3 - 31 所示,对周期性目标欠采样时,可观察到典型的混叠图像——莫尔条纹。

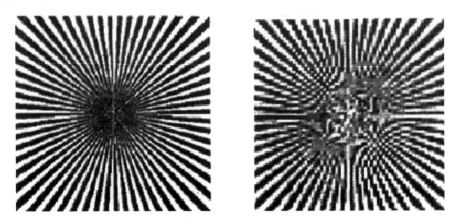

图 3 - 31　原始图像(左)与混叠图像(右)

实际中,遥感器光学系统的截止频率一般高于探测器的奈奎斯特频率。因此,可以用光学系统的截止频率表征可探测的连续信号的最高频率,系统的奈奎斯特频率可用探测器奈奎斯特频率表示。如图 3 - 32 所示,由光学系统采集的高于奈奎斯特频率的空间频谱在实际图像中会出现混叠现象。

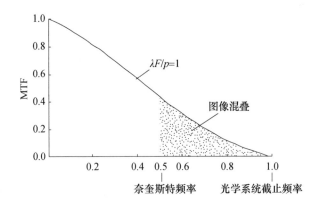

图 3 - 32　混叠现象

在对复杂的自然景物成像时,混叠通常不会太明显。而对于靶标或铁轨枕木等周期性目标,混叠的现象可能比较显著。

混叠现象在遥感成像系统中普遍存在,根据 Legault 准则,利用遥感器传递响应 MTF 曲线在奈奎斯特频率 ν_{ny} 内所占的面积与整个面积的比值作为混叠的度量,即

$$H(x) = \frac{\int_0^{v_{ny}} \mathrm{MTF}_{\mathrm{camera}}(v,x)\,\mathrm{d}v}{\int_0^{\infty} \mathrm{MTF}_{\mathrm{camera}}(v,x)\,\mathrm{d}v} \tag{3-58}$$

式中:x 为成像系统设计参量。$H(x)$ 值越大,表示混叠程度越不严重。

(6)MTF $\times$ SNR。

对于实际的航天光学遥感成像系统,它要对不同空间频率的目标成像。与某一空间频率目标对应的信噪比,不仅与目标的辐射强度有关,还与该航天光学遥感成像系统的噪声以及该空间频率下的 MTF 有关。某一空间频率目标能够被探测到的前提条件是,目标信号受成像系统 MTF 衰减后未被噪声淹没,能够从噪声中辨别出目标信号,这要求目标的图像信噪比大于某一个阈值。有的文献称一定空间频率目标图像的信噪比为动态信噪比($\mathrm{SNR_d}$),它表示为

$$\mathrm{SNR_d} = \mathrm{SNR_0} \times \mathrm{MTF} \tag{3-59}$$

当航天光学遥感器 SNR 很低时,即使 MTF 高也难以从噪声中分辨出较弱的信号;而当 MTF 很低时,即使 SNR 很高也难以分辨信号。这样用 MTF $\times$ SNR 表征航天光学遥感器性能,就存在一定的局限性。为此,一些文献提出用 MTF、SNR 和 MTF $\times$ SNR 三个指标共同表征航天光学遥感器的成像质量。对于某一应用,它们在给定条件下要分别大于某一阈值。

如法国研制的 0.7m 分辨率 Pleiades – HR 光学遥感器全色谱段的指标要求为:$\mathrm{MTF} \geqslant 0.07$,$\mathrm{SNR} \geqslant 90$,$\mathrm{MTF} \times \mathrm{SNR} \geqslant 7$。

(7)信息密度。

基于信息论的模型建立在 Shannon 和 Weaver 在通信理论方面的工作基础上,提出了信息密度的概念。

将成像系统视为通信信道,景物的光强分布是信源,图像形成过程中的退化代表着信息在信道中的丢失,最后获取的图像是信宿。图像采集的过程可以被看作是信源在信道中的有损传输。系统设计目标可以归结为设计最好的信道,使景物和图像之间的互信息量最大。

然而,图像的大小是有限的,图像的空间范围称为图像空间支持域。互信息量依存于图像空间支持域,相同空间支持域上的信息量使不同成像系统的性能具有可比性。因此,引入单位空域面积上的信息量,即信息密度,作为目标函数,有

$$h_i = \frac{I}{|A|} \tag{3-60}$$

式中:I 为平均互信息量;$|A| = XYMN$,X 和 Y 为采样间隔;M 和 N 为采样次数。

它表征了单位空间面积上成像图像中所保留原始景物的信息量大小。

对航天光学遥感成像系统的信息密度进行公式推导,可得

$$h_i = \frac{1}{2} \int_{\frac{1}{-2X}}^{\frac{1}{2X}} \int_{\frac{1}{-2Y}}^{\frac{1}{2Y}} \log_2$$

$$\left[1 + \frac{\hat{\varPhi}'_L(\nu,\omega) \mid \hat{\tau}(\nu,\omega) \mid^2}{\hat{\varPhi}'_L(\nu,\omega) \mid \hat{\tau}(\nu,\omega) \mid^2 * \mathrm{comb}_a(\nu,\omega) + (K\sigma_L/\sigma_p)^{-2} + (K\sigma_L/\sigma_q)^{-2}} \right] \mathrm{d}\nu\mathrm{d}\omega$$

$$(3-61)$$

式中:$\hat{\varPhi}'_L(\nu,\omega)$ 为归一化辐射场景功率谱密度;$\hat{\tau}(\nu,\omega)$ 为系统 MTF;$\hat{\varPhi}'_L(\nu,\omega)$ $\mid\hat{\tau}(\nu,\omega)\mid^2 * \mathrm{comb}_a(\nu,\omega)$ 为采样边带效应,表征混叠;σ_L/σ_p 为 SNR;σ_L/σ_q 为量化 SNR。

由式(3-61)所示,信息密度函数是融合了 MTF、信噪比、边带混叠等多种成像质量表征参数的综合性成像质量表征参量,它涵盖了在轨成像链路中场景、大气、遥感器、卫星平台等各个环节对像质的影响过程。

3.3.1.2 基于任务的图像质量评价方法

目前,基于任务的图像质量评价方法主要是美国开发的一种图像质量评价标准,称为国家图像解译度分级标准(National Imagery Interpretability Rating Scale,NIIRS),是一种综合性的图像质量评价标准。

(1)NIIRS 开发背景。

基于分辨率或 MTF 测量的像质评价方法具有很多局限性,不足以预测图像的解译度或可用性。特别是随着成像系统光学遥感器的出现和不断发展,导致分辨率测量存在两个问题。一是针对这些系统出现一个新的评价参数 GSD,GSD 未包含雾霾、湍流以及未补偿的像移运动和光学遥感器 MTF 等的影响。二是采样成像系统存在采样相位问题,在空间分辨率测量时会产生误差。

为了克服空间分辨率等像质评价方法的缺陷,美国开发了 NIIRS,由于 NIIRS 不仅能描述图像的解译度和可用性,还便于图像分析人员之间进行交流,因此,越来越多的国家开始使用 NIIRS。

(2)NIIRS 概况。

在美国政府图像分辨率与报告标注(IRARS)委员会赞助下,由政府和承包商组成的团队于 20 世纪 70 年代早期开发了 NIIRS。此后,NIIRS 就被情报界用来表示图像的解译度。

开发 NIIRS 的最初目的是建立一个量表,来表示一幅特定的图像中可以提

取的信息以及不可以提取的信息。最终的标准是根据分辨率变化确定的。该标准每个级别代表分辨率增加或减小一半。对于 10 个级别的任何一个,分别选择一组任务或判据(基于图像分析人员对能够完成什么任务的判断),将标准定义为 0 ~ 9 级。每个级别的任务都针对 5 个军兵种(空、陆、海、导弹、电子)进行了规定。这些任务或判据规定了具体目标和解译度等级(发现、识别、确认)。

　　显然,在最初的 NIIRS 开始使用后,当标准中的参考目标没有在场景中出现时,图像解译人员很难确定它的等级。另外,随着时间推移,很多参考目标已经不再使用,因此,图像分析人员对它们不熟悉。正是由于这些原因,对原始的可见光标准进行了修订,并开发了红外和雷达系统的标准。可见光标准最新版本是 1994 年发布的,红外标准最新版本是 1996 年发布的,雷达标准最新版本是 1999 年发布的。这些 NIIRS 标准由美国国家图像和测绘局(NIMA)维护。

　　商用遥感卫星的出现和不断增长,促进了另外两个 NIIRS 的开发。第一个是民用 NIIRS,目前只用于可见光图像,有 10 个等级;第二个是多光谱版本的 NIIRS,它只有 7 个等级。

　　表 3 - 4 所列为现行的可见光美国国家图像解译度分级标准(1994 年 3 月)。

表 3 - 4　可见光美国国家图像解译度分级标准(1994 年 3 月)

级别	解译度判据
0 级	由于图像模糊、像质恶化或空间分辨率极差使得无法进行解译的不可用图像
1 级	发现中等规模的港口设施与/或辨别一个大型机场的滑行道或飞机跑道
2 级	发现机场的大型飞机修理库; 发现大型固定雷达(例如陆军—海军用的"PS - 85"相控阵雷达、丹麦"眼镜蛇"雷达、"伯朝拉"雷达、"鸡笼"雷达等); 发现军事训练场; 确认萨姆 - 5 地空导弹发射阵地及其总体轮廓; 发现海军的大型建筑(例如仓库,结构大厅); 发现大型建筑(例如医院、工厂)
3 级	确认所有大型飞机(例如波音 - 707,协和,图 - 20,图 - 160)的机翼轮廓(水平翼、后掠翼、三角翼); 通过阵地布局、警戒防护设施、混凝土掩体,辨别萨姆地空导弹发射装置的雷达和导航区域; 通过外形和标志发现直升机起落场; 发现机动导弹发射基地附近是否有保障车辆; 确认港口内的大型水面舰艇的类型(例如巡洋舰、补给舰、非战斗用舰/商船); 发现在铁道线上的火车或一串标准的移动台座(非独立的车辆)

续表

级别	解译度判据
4级	确认所有大型战斗机的类型(例如苏-24、米格-25、F-15、F14); 发现大型独立的雷达天线(例如"高王"雷达)的存在; 根据一般类型确认履带式车辆、野战火炮、大型渡河装备、轮式车辆等装备; 发现打开的导弹发射井口; 判定中型潜水艇(如苏联的R级、汉级、209型常规动力潜艇、C II级、E II级、V II/III级核潜艇)的舰艇形状(梭形、棒槌形、圆形); 确认个体轨道、成对铁轨、控制塔、铁路交会点
5级	通过有无加油装置(机身加油和机翼加油装置)辨别伊尔-76加油机和伊尔-76TD运输机; 确认是车载雷达还是牵引雷达(安装在拖车上的雷达); 确认展开的战术(地对地)导弹系统(例如苏联的蛙、SS-21、飞毛腿地对地导弹); 在没有伪装覆盖的情况下,在一个已知的补给基地内,辨别SS-25机动导弹的运输-竖立-发射装置和保障车辆; 确认安装在"基洛夫"级巡洋舰、"光荣"级巡洋舰、"卡拉"导弹巡洋舰、"克列斯塔"导弹巡洋舰、"莫斯科"级直升机巡洋舰和"基辅"级航空母舰上的对空监视雷达; 确认个体机动轨道车的类型(例如敞车、棚车、平板车)以及/或者机车头的类型(如蒸汽机车、内燃机车等)
6级	区分小√中型直升机型别(如米-24D型和E型;卡-27A、B、C型;米-8反潜直升机A、B、C型); 确认早期预警雷达/地面指挥拦截雷达/目标搜索雷达上的天线形状(如圆抛面、梯形抛面、矩形抛面等); 确认中型卡车上的备用轮胎; 区分萨姆-6、萨姆-11与萨姆-17导弹弹体构架; 确认"光荣"级巡洋舰上单个的"萨姆-N-6"垂直发射舰对空导弹发射装置; 确认汽车为私家轿车或是工具车/旅行车
7级	确认"米格-29"、"米格-31"类型战斗机的流线型外壳; 确认电动车的窗门、梯子、通风口; 发现是否装配有反坦克制导导弹(例如BMP-1上的AT-3反坦克导弹); 发现在III-F、III-G、II-H发射竖井和III-X型发射控制井上面的发射井盖铰合装置; 确认"基洛夫"级、"卡拉"级、"克里瓦克"级舰船上的RBU导弹的发射管; 确认单独的铁路枕轨
8级	确认轰炸机上的铆钉线; 确认"背陷阱"和"背网"雷达上"犄角"形和"W"形天线; 确认便携式"萨姆"导弹发射器(如"萨姆-7"、"红眼"和"萨姆-14""毒刺"); 确认TEL和TELAR上的连接和焊接点; 发现安装在平台上的起重机的绞车钢丝绳; 确认车辆的挡风玻璃擦拭器

续表

级别	解译度判据
9 级	区分飞机蒙皮上一字或是十字的螺栓帽； 确认阵列式雷达天线间相连的小的轻质陶瓷绝缘材料； 确认卡车上的车辆登记号码（VRN）； 确认导弹部件上的螺钉和螺栓； 确认直径为 1～3inch(2.5～7.6cm)的绳索编制物； 发现铁路枕轨上单独的道钉

3.3.2　像质预估

航天光学遥感图像质量的预估方法很多,有些是基于成像系统性能参数来预估,而有些是基于任务(图像应用)来预估。最简单的预估方法是根据其辐射分辨率和空间分辨率对成像性能或像质进行预估。在可见光谱段,通常用 SNR 来表示辐射分辨率;用 GSD 和奈奎斯特频率下的 MTF 表示空间分辨率。GSD、MTF 和 SNR 模型见第 3.2.3 节建模部分。而通用图像质量方程(GIQE)是为了预测 NIIRS 而专门开发的。

3.3.2.1　基于参数的预估模型

基于参数的预估模型主要供系统的设计者使用。如果可以确定必要的输入参数,利用基于参数的模型,在制造开始前就能预估出系统的性能。同样,给定一个性能指标,系统设计者可以用它来进行参数间的折中。

通用图像质量方程(GIQE)是一个基于参数的模型。GIQE 的开发始于 20 世纪 80 年代,情报界用 NIIRS 等级对"觅食者"和"全球鹰"的光电成像系统的性能做了规定,无人机研制者需要一个由系统设计参数预测图像 NIIRS 等级的工具。

最早发布的 GIQE(3.0 版)由 GSD(比例和分辨率)、锐度(边沿锐度)和信号噪声比预测可见光系统的 NIIRS 等级。但 3.0 版 GIQE 不具备红外系统 NIIRS 等级的预测能力,尽管提供了一些修改的建议,在设计选择时可以做相对比较。该版本用硬拷贝可见光光电图像进行了验证。

在 NIIRS 标准改版以后,对 3.0 版 GIQE 进行了广泛的更新和验证,使用了359 幅可见光图像和 372 幅红外图像,分别开发了可见光系统和红外系统的GIQE,对方程的原始形式也作了修改。

GIQE 概念模型如图 3-33 所示。

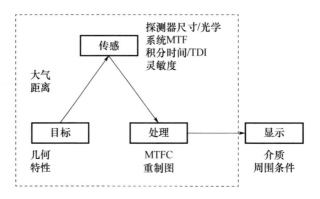

图 3 – 33 GIEQ 概念模型

用于可见光图像的 4.0 版 GIQE 为

$$\text{NIIRS} = 10.251 - a\log_{10}\text{GSD}_{\text{GM}} + b\log_{10}\text{RER}_{\text{GM}} -$$
$$0.656 \cdot H_{\text{GM}} - 0.344 \cdot (G/\text{SNR}) \tag{3-62}$$

用于红外图像的 4.0 版 GIQE 为

$$\text{NIIRS} = 10.751 - a\log_{10}\text{GSD}_{\text{GM}} + b\log_{10}\text{RER}_{\text{GM}} -$$
$$0.656 \cdot H_{\text{GM}} - 0.344 \cdot (G/\text{SNR}) \tag{3-63}$$

式中:GSD_{GM} 为地面采样距离的几何平均(inch);RER_{GM} 为归一化相对边沿响应(RER)的几何平均;H_{GM} 为调制传递函数补偿(MTFC)引起过冲的几何平均;G 为 MTFC 的噪声增益;SNR 为信号噪声比;a 和 b 是常数,其中 RER ≥ 0.9 时 $a = 3.32$,$b = 1.559$,RER < 0.9 时 $a = 3.16$,$b = 2.817$。

目标的影响(朝向、大小和对比度)体现在 GSD 中且隐含在 SNR 中。通常为大多数的应用假设了一个标准的目标对比度。大气的影响体现在 SNR 项中,尽管路径对 GSD 同样有影响。传感器的影响在 GSD 和与 MTF 有关的项中(RER 和程度较低的 G 和 H)作了处理。有影响的图像处理包括 MTFC 和二次映射(动态范围调整和灰度转移补偿)。GIQE 模型假设二次映射是最优的,显示形式是硬拷贝,并且没有考虑带宽压缩的影响。

GIQE 每一项的定义如下:

(1)RER 是归一化边沿响应(ER)的斜率。如图 3 – 34 所示,可以用边沿两侧半个像素处的响应测量。边沿响应归一化到 0 ~ 1 之间,分别测量 x 方向和 y 方向上的归一化边沿响应,然后计算其几何平均值。

归一化边沿响应可以表示为

$$\text{ER}_x(d) = 0.5 + \frac{1}{\pi} \cdot \int_0^{(n_{\text{Optcutx}})} \left[\frac{\text{System}X(\zeta)}{\zeta} \times \sin(2\pi\zeta d) \right] d\zeta \tag{3-64}$$

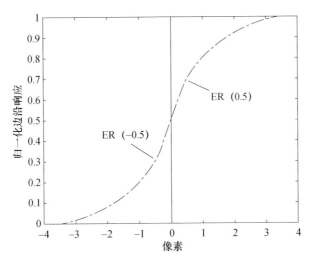

图 3 - 34　RER 测量

$$\mathrm{ER}_y(d) = 0.5 + \frac{1}{\pi} \cdot \int_0^{(n_{\mathrm{Optcuty}})} \left[\frac{\mathrm{System}Y(\zeta)}{\zeta} \times \sin(2\pi\zeta d) \right] \mathrm{d}\zeta \qquad (3-65)$$

式中：n_{Optcutx}，n_{Optcuty} 为在 X 和 Y 方向上光学系统的归一化截止频率（相对于等效采样间距）；$\mathrm{System}X$ 和 $\mathrm{System}Y$ 为系统在 X 方向和 Y 方向的 MTF；d 为距离像素水平中心的响应位置；ζ 为空间频率，其量纲为周/采样间距，是系统 MTF 归一化到抽样和合并后的等效像素间距。

确定了 ER 以后，RER 是距离边沿 +0.5 和 -0.5 像素处 ER 的差异，即

$$\begin{cases} \mathrm{RER}_x = \mathrm{ER}_x(0.5) - \mathrm{ER}_x(-0.5) \\ \mathrm{RER}_y = \mathrm{ER}_y(0.5) - \mathrm{ER}_y(-0.5) \end{cases} \qquad (3-66)$$

定义几何平均为

$$\mathrm{RER}_{\mathrm{GM}} = \sqrt{\mathrm{RER}_x \cdot \mathrm{RER}_y} \qquad (3-67)$$

（2）GSD 是探测器像素间距在地面的投影。GSD 在探测器阵列上的 X 轴和 Y 轴上进行测量。如果有必要，像素间距可以根据抽样和合并的情况进行调整。GSD 定义为

$$\mathrm{GSD} = \{(\text{像素间距}/\text{焦距}) \times \text{斜距}\} \cdot \cos(\text{视角}) \qquad (3-68)$$

这里长度的量纲是英寸，角度的量纲是度，视角是由地面到探测器的张角。为了在模型中使用，计算几何平均为

$$\mathrm{GSD}_{\mathrm{GM}} = \sqrt{\mathrm{GSD}_X \times \mathrm{GSD}_Y} \qquad (3-69)$$

若线阵方向和飞行方向不垂直，必须使用两个方向间夹角 α 的正弦，有

$$\mathrm{GSD_{GM}} = \sqrt{\mathrm{GSD}_X \times \mathrm{GSD}_Y \times \sin\alpha} \qquad (3-70)$$

(3)边沿过冲 H 是由 MTFC 导致的穿过边沿的过冲高度。若归一化边沿响应在距离边沿 $1.0 \sim 3.0$ 个像素的范围内单调增加,H 定义为距离边沿 1.25 像素处归一化边沿响应的值,否则定义为在此范围内归一化边沿响应的峰值。图 $3-35$ 是计算方法的示意,模型中使用了在 X 方向和 Y 方向的几何平均。

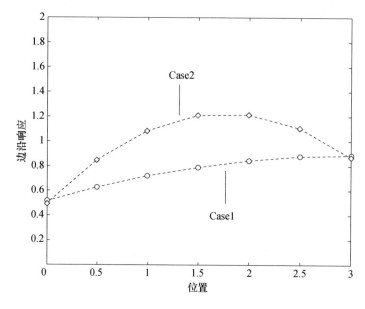

图 3 – 35 边沿响应过冲 H 的计算

(4)噪声增益是由 MTFC 引起的噪声的放大系数,等于 MTFC 滤波器核各元素平方和的平方根,即

$$G = \sqrt{\left(\sum_{i=1}^{M} \sum_{j=1}^{N} (\mathrm{Kernel}_{ij})^2 \right)} \qquad (3-71)$$

(5)信噪比 SNR 为景物幅亮度差对应的电子数与 MTFC 之前、定标之后的均方根噪声电子数之比。景物幅亮度差对应的电子数为反射率不同的两个扩展朗伯表面再探测器输出的电子数差,目前 GIQE 假设反射率为 7% 和 15%。为了计算景物幅亮度及路径幅亮度和透过率,需要利用大气模型或进行实际测量。此外,还要知道光学系统参数(相对孔径和透过率)和探测器参数(量子效率、尺寸、积分时间和 TDI 级数)。噪声项包含与信号有关的(光子)噪声、暗电流噪声、读出噪声、量化噪声和非均匀噪声。

3.3.2.2 基于图像的预估模型

基于图像的模型利用的是图像本身。IQM 是一个基于信息的模型,可以预测一幅图像的 NIIRS 水平。萨诺夫(Sarnoff)最小可觉差(JND)模型的原意是预测两幅图像间的质量差异,以 JND 数量(JNDs)表示的质量差异又可以和 NIIRS 或主观视觉质量等级(DSCQS)联系在一起。除 IQM 模型和萨诺夫模型外,还有几个预测 DSCQS 等级的相似的方法。

IQM 模型由数字图像的功率谱计算图像的信息量,而图像的信息量可以同 NIIRS 等级联系在一起。IQM 在图像功率谱的基础上,加入了比例系数和人类视觉系统的 MTF,以及对噪声的滤波处理。IQM 定义为

$$\text{IQM} = \frac{1}{M^2} \sum_{\theta = -180°}^{180°} \sum_{\rho = 0.01}^{0.5} S(\theta_1) W(\rho) A^2(T\rho) P(\rho, \theta) \qquad (3-72)$$

式中:M^2 为图像中的像素数(图像大小为 $M \times M$ 像素);$S(\theta_1)$ 为输入图像的比例系数;$W(\rho)$ 为修正维纳滤波器;$A^2(T\rho)$ 为人类视觉系统(HVS)MTF 的平方;$P(\rho, \theta)$ 为二维的功率谱。比例系数定义为

$$S(\theta_1) = \frac{f}{2Dq} \qquad (3-73)$$

式中:f 为焦距;D 为传感器到地面的距离;q 为像素宽度;$S(\theta_1)$ 的单位是 cycle/m。

修正维纳滤波器为

$$W(\rho) = \left[\frac{2\pi a \sigma_s^2 \exp(-\rho^2/\sigma_g^2)}{2\pi a \sigma_s^2 \exp(-\rho^2/\sigma_g^2) + k_1 (a^2 + \rho^2)^{1.5} |N(\rho)|} \right]^{k_2} \qquad (3-74)$$

式中:a 为平均脉冲宽度的倒数;σ_s^2 为景物方差(bit/cycle);ρ 为角空间频率(cycle/pixel);σ_g^2 为在奈奎斯特频率处调制度为 20% 的高斯 MTF 的方差;$N(\rho)$ 为噪声功率谱;k_1 和 k_2 为两个经验常数,对于嘈杂图像则 k_1 和 k_2 分别为 51.2 和 1.5,对于一个滤除了噪声的图像则 k_1 和 k_2 分别为 19.2 和 1.5。

人类视觉系统的 MTF 定义为

$$A(T\rho) = (0.2 + 0.45T\rho) \exp(-0.18T\rho) \qquad (3-75)$$

式中:T 为人类视觉系统 MTF 的归一化峰值空间频率(归一化到图像奈奎斯特频率);ρ 的量纲是周/像素宽度;$T\rho$ 的量纲是 cycle/(°);$A(T\rho)$ 的峰值发生在 5.11 cycle/(°)。为了联系图像的显示,我们将 HVS MTF 的峰值设定在显示奈奎斯特频率(0.5 cycle/pixel)的 20%,因此,T 的值为 51.1。

归一化二维功率谱定义为

$$P(\rho,\theta) = \frac{|H(\rho,\theta)^2|}{\mu^2 M^2}, \theta = \arctan\frac{\nu}{u} \qquad (3-76)$$

式中:$P(\rho,\theta)$为极坐标形式的二维功率谱;μ^2为图像平均灰度水平的平方(直流功率);M_2为图像中的像素数;u、ν为输入图像的空间频率分量。由于二维功率谱是圆对称的,将对应径向频带内的能量进行平均,就可以产生一个一维的功率谱。将能量汇集到 64 个通带中,每个通带宽 1/64(周/像素宽度)。图 3 - 36 是一个一维功率谱的计算实例,使用的是一幅 NIIRS 为 5 级的图像。

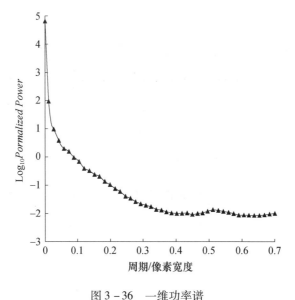

图 3 - 36　一维功率谱

由于输入 IQM 的是数字图像,所以 IQM 中不存在显示的问题,但这并不是说硬拷贝图片经过恰当的数字化后不能作为 IQM 的输入。用 1 台 2×10^6 像素的数码相机,很容易抓拍监视与侦察图像图片。换句话说,IQM 和 NIIRS 等级的关系可以建立在一个确定的且经过很好描述的显示和显示环境上,硬拷贝图像很容易被数字化。

图像功率谱尽管在理论上独立于景物内容,但是,在一个空旷区域(如水体)上的测量值会比较低,因此,功率谱的计算应当选择那些拥有丰富人造目标的区域上进行,在判定图像 NIIRS 等级时也存在同样的要求。

在对数字化硬拷贝图像的研究中,定义了 IQM 和 NIIRS 的关系。4 名分析人员提供了显示在显像管上的数字化航空图片的 NIIRS 等级。原始关系为

$$\text{NIIRS} = 1.93\ \lg\text{IQM} + 8.77 \tag{3-77}$$

相关指数 R^2 为 0.81。

针对适应动态范围调整的需要,对 NIIRS 的系数做了修改,修改后的方程有两种形式。在有"薄雾"或动态范围调整前,有

$$\text{NIIRS} = 1.6092\ \lg\text{IQM} + 8.6849 \tag{3-78}$$

去除"薄雾"或动态范围调整后,有

$$\text{NIIRS} = 2.2933\ \lg\text{IQM} + 8.0 \tag{3-79}$$

目前的模型测量了一维模糊的方向和幅度,计算了径向楔形区域内的能量(180°范围内的楔形宽为 0.5°),定义了具有最高能量的楔形。在接近最高能量楔形的角度上,计算各楔形中的能量与最小能量楔形的比,同设定的阈值进行比较,若超过了阈值,则可以断定出现了模糊。

IQM 模型目前仅能预测可见光图像的 NIIRS。从概念上讲,同带宽压缩的影响一样,估计也可以预测红外图像的 NIIRS,但是应用到 SAR 系统却需要另行开发。

3.3.3 空间光学遥感系统成像链路优化设计

在传统的光学遥感器设计中,用户、卫星总体和遥感器研制方互相独立,没有从全链路优化的角度进行设计,导致遥感器的总体性能和图像品质不高。由于没有充分考虑地面图像处理的作用(图像复原、图像增强等),整个成像系统的性能主要由光学遥感器来保证,从而认为遥感器的 MTF 越高越好。

对于采样式成像系统,图像品质是由链路中各个环节综合保证的,片面追求高 MTF 成为高分辨率遥感器发展的瓶颈,制约我国高分辨率对地遥感光学卫星成像系统的发展。需要创新设计理念,通过航天光学遥感系统成像链路的优化设计,保证以最小的成本实现最优的像质,满足用户的需求。

3.3.3.1 传统设计方法

传统设计方法是将用户需求的技术指标通过分析转换成图像质量技术指标,继而转换成成像质量技术指标,在工程设计的基础上分配到大气、遥感器和卫星平台等分系统中。

根据以往的经验,传统的遥感器系统设计首先从用户需求地面像元分辨率(GSD)开始,确定好轨道高度,选择已有性能好的器件,计算焦距大小,按照国军标规定的 MTF 和信噪比(SNR)指标值,确定满足要求的光学系统口径,再根

据幅宽大小,得到光学系统视角范围,进行光学系统和遥感器设计,如图 3 – 37 所示。

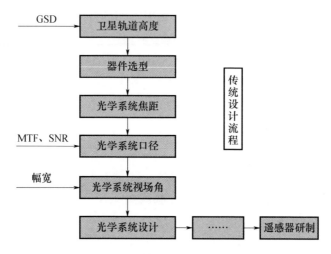

图 3 – 37　传统遥感器设计方法

传统设计方法首先在环节上是单一和孤立的,遥感器设计时只考虑遥感器本身对成像质量的影响而忽略了平台、大气等其他因素的影响。然后,在指标分析时,以 MTF 和 SNR 作为指标依据设计遥感器。最后,遥感器优化流程是星地分离的,在满足指标要求时按照设计值开展遥感器的设计与工程研制。由于在环节、指标和流程等诸多方面的不足和弊端直接导致光学遥感器的研制难度急剧加大,给后续的加工、制备、装调、运输以及整星的研制和发射带来困难。

3.3.3.2　全链路成像系统优化设计方法

航天任务需求对遥感器的要求越来越高,为获得高品质的遥感图像,必须提出一个综合全链路各个环节因素的设计方法,以满足优化的目的和要求。光学遥感全链路优化设计方法和传统设计方法的比较如表 3 – 5 所列。

表 3 – 5　传统设计方法和全链路优化设计方法综合比较

方法	传统设计方法	全链路设计方法
考虑环节	单一、孤立	综合考虑全链路
涉及指标	GSD、幅宽、MTF 和 S/N	GSD、幅宽、MTF 和 SNR、混叠
优化流程	星地分离	星地一体化

传统设计方法只考虑了 GSD、幅宽、MTF 和 SNR,而且 MTF 和 S/N 只考虑星上环节,忽略了图像混叠的产生,影响图像品质,因此在设计指标时需要围绕

用户需求,通过星地一体化设计,综合遥感器研制水平和最终成像质量效果,进行优化设计。

如前所述,不同的用户需求对像质评价的评价方法和指标要求不同,基于成像系统性能的图像质量评价表征方法既包含了单一核心指标如 GSD、MTF、SNR、混叠等,也包含了 MTF × SNR 和信息密度等综合评价指标。基于任务的图像质量评价方法则通过国家图像解译度分级标准(NIIRS)来评价,而通用图像质量方程(GIQE)建立了上述成像系统性能单一核心指标与 NIIRS 的关系,并考虑了 MTFC 的影响,因此也可以根据用户对 NIIRS 的要求进行系统优化设计。

全链路指标设计与各环节的关系包括:

(1)GSD 由卫星轨道高度、遥感器探测器像元尺寸、光学系统口径和光学系统焦距决定,可分解到遥感器和卫星平台环节。

(2)系统 MTF 由大气、遥感器、卫星平台、地面图像处理和压缩算法等决定,这些参数可分解到光学遥感链路多个环节,包括大气、遥感器、卫星平台、数传和地面处理等。

(3)S/N 与目标特性、大气传输、遥感器综合性能、卫星轨道运行、成像时刻、数据传输、地面图像处理过程等有密切联系,参数与光学遥感器每个环节密不可分。

(4)图像混叠的产生是受遥感器的光学系统和探测器的匹配所影响,地面图像处理也会在一定程度影响图像混叠,图像混叠与遥感器和地面图像处理环节有关。

因此在开展指标分析设计时,必须结合全链路成像各环节进行,然后通过光学遥感全链路优化流程设计得出最优指标。结合星地一体的全链路设计思想,最大限度地发挥系统优势,针对单一指标分别优化的全链路优化方法如图 3 - 38 所示。

(1)针对高分辨率成像要求,优选高性能器件。

(2)确定器件像元尺寸后,根据分辨率和轨道高度的要求,得到光学系统焦距。

(3)由系统 S/N 要求,结合探测器水平和光学系统水平,分析卫星不同时刻不同成像目标位置、入瞳前光谱幅亮度的范围,初步确定光学系统口径。

(4)结合 MTFC 等地面处理手段判断当前系统 MTF 是否满足要求,MTF 指标满足要求后将进一步判断图像混叠是否在可允许范围内,整个过程需要折中

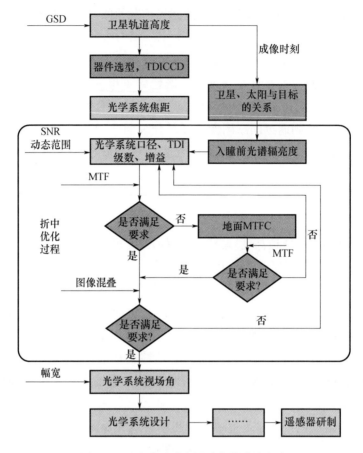

图 3-38　光学遥感全链路优化设计方法

和优化。

　　(5)综合图像混叠、MTF、SNR 和 GSD 等要求,优化得到最佳光学系统口径。

　　(6)通过仿真分析与指标评价来验证全链路优化设计的效果。

　　针对综合性评价指标,通过建立多变量多约束条件的在轨成像系统优化设计数学模型,并根据约束条件对变量进行优化,对目标函数进行求解。基于全链路成像机理与模型,综合考虑各种退化要素的影响,在基于任务和工程研制的多个约束条件下,优化成像系统的参数匹配关系,使得像质最优(体现为综合评价指标最优)。优化的对象是光学系统、探测器、电子学系统、卫星平台等系统关键参数,优化的目标是在多个约束条件下成像系统的信息含量获取最大化。多变量是指成像系统的焦距、口径、像元尺寸、量化位数、卫星平台允许的像移等关键参数;多约束是指面向任务需求的成像质量要求以及基于工程研制的要求,如为满足某一项任务需求,信噪比需大于某一阈值。多变量多约束优化设计方法研究思路是:首先根据成像质量表征参量研究得到目标函数和约束条件的表征模型,进而得到优化设计数学模型,然后通过多环节优化匹配得到各环节参数之间的定性分析,多变量一体化求解可得到多变量的最终最优值。

3.3.3.3   全链路成像系统优化设计实例

法国 Pleiades - HR 遥感卫星充分利用全链路优化设计,合理地确定了系统各个环节的技术指标要求,结合地面 MTFC 处理,利用 0.65m 口径的光学系统实现了相当于传统设计的口径 1.3m 光学系统的图像质量,并以遥感器的口径优化为牵引,采用多种提高成像质量的方法,实现遥感器的轻小型化,直接带动遥感卫星的发展,促进整个遥感成像系统的跨越式发展。

该遥感卫星的成像质量设计包括以下几个方面:

(1)系统成像质量要素。

当任务需求确定后,系统面临的问题是怎样使设计满足用户提出的要求。为了描述这种满足需求的符合程度,定义了用于评估系统性能的图像质量的几个术语。

辐射质量,是辨别图像中反射率变化的能力,包括信噪比、绝对定标能力(用于测量图像中的辐亮度)、相对多幅图像定标能力(用于量化几幅图像辐亮度的变化)、谱段间相对定标能力。

几何质量,是确定地面点定位的能力,包括图像中的几何相关性、不同谱段间的重叠、平面精度(制图能力)和高度精度(地形测量的能力)。

分辨率,是再现景物细节的能力,也是再现最高空间频率的能力。其中,地面采样间距是影响系统空间分辨率的重要因素之一。此外,系统再现景物细节的能力还取决于系统的传函和系统的信噪比。因此,分辨率的大小与几何质量和辐射质量相关联。

研究满足用户需求的图像质量等级,使得能够在系统资金投入和任务需求之间实现最佳的折中设计。基于最基本的成像系统得到图像,要连续经历以下两个过程:用特定性能仪器在星上进行图像采集;地面处理(把可测量的图像缺陷进行一定程度的校正)。

如果通过适当的地面处理能够在可接受的水平实现某些性能指标,一些作为星上部分特别昂贵的技术需求可以得到降低。Pleiades - HR 项目对多个可能昂贵的问题获得最佳可能的星上/地面折中设计进行了演示,从而提出了一种适合于用户精确需求的全新的解决方案。

（2）采样图像。

图像是一种采样信号，由香农采样定理可知，采样频率f_s必须大于或等于连续信号截止频率f_c的两倍，这就是所谓的香农采样条件，这个定理在信号处理领域已经被普遍接受。香农采样条件定义了从采样信号中实现连续信号最佳复原的最大的比特率。因此，根据香农采样定理，经过空间采样的图像必须能够在频率域观察到频率分量$f_c = f_s/2$，根据这个等式，我们可以得出采样之前连续图像包含的最高空间频率。由于系统 MTF 对仪器采集的所有图像进行了滤波，因此 MTF 所包含的频率集合必须限制在采样所能再现的频率范围内。满足这个条件就够了吗？实际上，图像还会受到辐射白噪声的干扰，通过 MTF 滤波后的最高空间频率被这种噪声所淹没，对于复原的信息必须能够从经过 MTF 滤波后噪声中辨别出来。因此，我们不能够仅仅考虑 MTF 滤波作用，而是要在频率域考虑以下等式成立，即

$$\text{MTF}(F_x, F_y) \times E(F_x, F_y) \geqslant k. \text{Noise} \qquad (3-80)$$

因子 k 取决于具体应用。通过这个分析，可以定义有用 MTF 的频率集合为 $\text{MTF} \geqslant k/\text{SNR}$，有用的截止频率是这个集合的极限。

通过综合考虑，可以得出结论，如果 MTF 在频率$f_s/2$处接近 0，那么采样图像的质量将会是好的，这就是说在采样图像中可看到的最精细的图像细节是模糊的。这个结论对于那些不熟悉采样的用户来说可能会产生混淆，这些用户也许希望图像要尽可能地锐化。实际上，提供给用户正确采样图像的信息是可以得到保证的，用户可以进行插值处理而不会带来任何不需要的虚假信息。另外，非常锐化的原始图像往往有采样频率不充分带来的缺陷，比如轮廓失真或明显的目标校准旋转。然而，最为重要的是对系统能力进行优化（如果采样太弱，这就意味着我们设计了一台高质量的仪器，由于采样不够其能力没有得到充分利用）。

总之，基于信息的满意的成像质量要求 MTF 有用的截止频率在$f_s/2$区域以内，这个条件对成像系统来说是优化的，并且可以通过地面处理进行所有的插值运算而不会带来任何虚假信息。

（3）图像复原。

遥感相机采集的图像是被模糊过的，为了使图像变得更为锐化，必须提升图像中的高频成分。在频率域，这个处理过程对应于图像频谱乘上系统 MTF 的逆，目的是在频率范围$[-f_s/2, f_s/2]$使系统的频率响应等于 1。但是，这种运算

实际上是不可能实现的,因为系统 MTF 在 $f_s/2$ 处近似等于 0,它的逆发散非常严重。因此,我们定义一个比相机 MTF 更高的 $\text{MTF}_{\text{target}}$,其变化是实际存在的,即根据空间频率减少。滤波器 $D = \text{MTF}_{\text{target}}/\text{MTF}$ 为解卷积滤波器,用于图像对比度的复原。这个运算过程称为线性滤波,由于图像采样是正确的,因此这种运算是合理的。这样复原的图像不存在混叠。

(4)辐射质量要求。

考虑仪器 MTF 和 SNR 的所有技术指标,对于给定的频率,有

$$\forall \, |f| \leqslant f_0, \begin{cases} \text{MTF}(f) \geqslant 阈值 \text{ MTF} \\ \text{SNR} \geqslant 阈值信噪比 \\ \text{MTF} \times \text{SNR} \geqslant 阈值 \text{ MTF} \times \text{SNR} \end{cases} \qquad (3-81)$$

为了确定这些阈值,咨询了大量的用户,其中有地图制作者、军队领导、城市规划人员、森林管理人员、地质学者和环境机构的工作人员,呈送了一些经过仪器和地面处理的具有代表性的仿真图像。在 $[0.06, 0.15] \times [70, 130]$ 范围内变化(MTF, SNR),同时满足对应仪器配置的实际可行性。然后根据每一幅图像的 MTF 和噪声水平,利用相同的方法进行复原。每一个用户把图像分成 4 类:非常好、好、可以接受和差,其中,差图像对应于用户不能使用的图像。这个实验的结论确定了最低的 SNR 阈值(大约 70),当信噪比足够(超过 90)时,MTF 阈值处于 0.07 ~ 0.08。结果,全色谱段的技术指标为

$$\forall \, |f| \leqslant f_0, \begin{cases} \text{MTF}(f) \geqslant 0.07 \\ \text{SNR} \geqslant 90 \\ \text{MTF} \times \text{SNR} \geqslant 7 \end{cases} \qquad (3-82)$$

(5)设计结果。

Pleiades 全色图像所能获取的信息容量比一台口径大得多、费用高得多的相机获得的原始图像要多。这主要是因为口径大的相机由于光学系统的 MTF 很大,因此图像被 CCD 采样过程中带来的大量混叠所污染。

图 3 – 39 所示的仿真图像表明,全色图像的复原能够改善原始图像的质量。

航天光学遥感成像链路建模、仿真与优化设计在航天遥感系统的设计研制中具有重要的作用。本节首先概述了航天光学遥感成像链路的基本概念,然后介绍了成像链路各环节的成像机理和数学模型,概述了成像链路仿真方法,介绍了像质评价的主要指标和标准,介绍了成像质量的预估模型,最后概述了航天光学遥感成像链路的优化设计。其中,建模是基础,像质评价是目标,优化和

仿真是手段,满足用户的使用需求是最终目的。

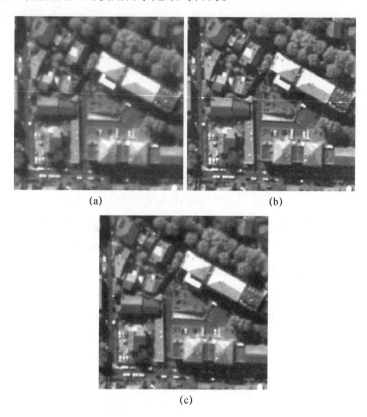

(a)

(b)

(c)

图 3 - 39　Pleiades 图像仿真

(a)0.65m 口径原始图像;(b)0.65m 口径复原图像;(c)1.3m 口径原始图像。

第 4 章

反射式空间光学系统设计

4.1 概述

随着空间相机技术的发展,宽谱段、高分辨率的需求日益增大。折射式光学系统由于受到光学材料的品种、透过率及尺寸的限制,具有一定的局限性。反射式光学系统由于没有色差,适用于宽谱段、多光谱、长焦距及大口径的光学系统,因此在空间光学系统中得到广泛应用。常用的反射式空间光学系统通常包括两反射镜式光学系统、三反射镜式光学系统及多反射镜系统等。

4.2 两反射镜式光学系统设计

两反射镜式光学系统由两个反射镜组成,通常将入射光线到达的第一个反射镜称为主镜,另一反射镜称为次镜。孔径光栏通常位于主镜。两反射镜式光学系统结构形式相对简单,体积较小,与校正镜配合使用,可以很好地校正轴外像差,在一定程度上增大了有效视场范围,是空间相机中常用的光学系统型式之一。

4.2.1 两反射镜式光学系统的结构形式

两反射镜式光学系统通常分为同轴两反射镜式光学系统和离轴两反射镜式光学系统。由于同轴两反射镜式光学系统主镜存在中心孔,所以杂散光抑制是此类系统需要特别注意的问题。

同轴两反射镜式光学系统根据消像差情况可以构造出多种结构形式,其中常用的主要有以下几种形式：

（1）牛顿系统，次镜为平面镜；

（2）经典卡塞格林系统，次镜为凸面反射镜；

（3）格里高利系统，次镜为凹面反射镜；

（4）R－C系统，次镜为凸面反射镜，主次镜均为双曲面。

离轴两反射镜式光学系统是把次镜移出入射光路，避免遮拦，提高光学系统成像质量。

4.2.1.1 牛顿系统

牛顿系统成像质量较好，但视场有限，体积较大，常用作中短焦距的平行光管，如图4－1所示。

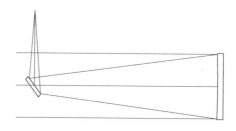

图4－1 牛顿系统

4.2.1.2 经典卡塞格林系统

图4－2是经典卡塞格林系统，只消除球差，主镜为凹的抛物面，次镜是凸的双曲面。由于这种系统有严重的彗差与场曲，限制了它的视场范围。但是该系统没有中间像，筒长短，结构紧凑。

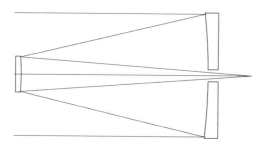

图4－2 经典卡塞格林系统

4.2.1.3 格里高利系统

图4－3为格里高利系统，其主镜为凹的抛物面，次镜为凹的椭球面。同经典卡塞格林系统类似，它也有严重的彗差与场曲，同样限制了视场的大小。由

于主次镜之间形成了中间像,从而使系统结构加大,限制了此种结构在空间光学系统中的应用。

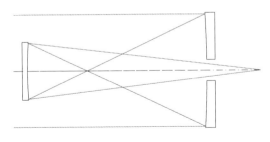

图 4 – 3　格里高利系统

4.2.1.4　R – C 系统

Ritchey – Chretien 系统,简称 R – C 系统,是经典卡塞格林型的等晕系统,球差和彗差均为零。R – C 系统的两个非球面反射镜都是双曲面镜。

4.2.1.5　离轴两反射镜式系统

为了扩大视场,提高像质,避免中心遮拦,可以将次镜避开入射光线,形成离轴两反射镜式系统,如图 4 – 4 所示。此类系统也常被用作平行光管。

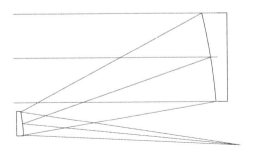

图 4 – 4　离轴两反射镜式系统

4.2.1.6　两反射镜加校正镜系统

两反射镜式光学系统的视场角通常很小,为了扩大视场,提高轴外视场的像质,一种常用的方法是在两反射镜式光学系统后面增加透镜组,如图 4 – 5 所示,透镜组镜片数量通常为 2 ~ 4 片。为了适应空间环境,第一片透镜通常采用具有耐辐照性能的光学材料。

4.2.1.7　两反射镜光学加摆镜系统

为扩大两反射镜式光学系统的观测范围,可以在系统前端增加摆镜,通过摆镜的扫描,扩大系统对地观测幅宽。图 4 – 6 所示为两反射镜加摆镜系统。

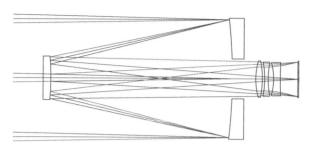

图 4 – 5　两反射镜加校正镜系统

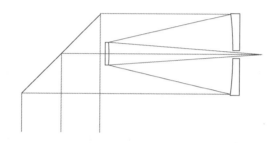

图 4 – 6　两反射镜加摆镜系统

4.2.2　两反射镜式光学系统的设计及步骤

4.2.2.1　参数定义

主镜和次镜都是二次曲面,其表达式可写为

$$y^2 = 2Rx - (1 - e^2)x^2 \qquad (4-1)$$

式中:e^2 为二次曲面系数;R 为顶点曲率半径。作为望远镜系统,假定如下:

(1)物体位于无穷远,即 $l_1 = \infty$,$u_1 = 0$;

(2)光栏位于主镜,即 $x_1 = y_1 = 0$。

定义 α 和 β 为

$$\alpha = \frac{l_2}{f_1'} = \frac{2l_2}{R_1} \qquad (4-2)$$

$$\beta = \frac{l_2'}{l_2} \qquad (4-3)$$

利用高斯光学公式可以导出

$$R_2 = \frac{\alpha\beta}{1+\beta}R_1 \qquad (4-4)$$

$$d = f_1'(1-\alpha) \qquad (4-5)$$

$$l_2 = \frac{-f_1' + \Delta}{\beta - 1} \qquad (4-6)$$

4.2.2.2　设计步骤

以 R - C 系统为例,两反射镜式光学系统的设计步骤如下:

(1)根据空间相机总体指标,确定光学系统的焦距和相对口径。

(2)选择主镜的相对口径。由于光学系统的入瞳在主镜,因此主镜的口径已经确定,主要是选择主镜的焦距,即确定相对口径。主镜的相对口径越大,筒长越短,对减小相机尺寸越有利,但加工难度增加,加工难度和相对口径的立方成正比,所以主镜的相对口径要综合上述几个方面考虑。通常大口径的望远镜主镜相对口径为 1/2 甚至更大。相对口径确定后,主镜的焦距 f_1' 即可确定。

(3)确定焦点的伸出量 Δ。根据实际系统的使用要求,初步确定 Δ。Δ 值影响 α 和 β,从而和主镜的相对口径也有关。当 Δ 值较大,而 β 值维持在不太大时,则必须增大 α 值,从而使中心遮拦增大。如果不想增大中心遮拦,只能增大主镜的相对口径,或者允许增大 β 值。

(4)确定 β 值。β 等于系统焦距与主镜焦距之比。在 R - C 系统中,β 是负值。

(5)确定 α 值。β 和 Δ 确定后,如图 4 - 7 所示,次镜的位置已确定,见式(4 - 6)。

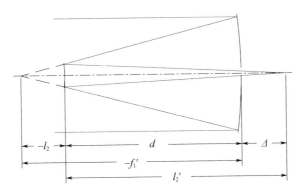

图 4 - 7　两反射镜式系统结构参数示意图

(6)计算次镜的顶点曲率半径 R_2 及两镜间距 d,见式(4 - 4)、式(4 - 5)。主镜的顶点曲率半径 R_1 由主镜的焦距决定,即

$$R_1 = 2f_1' \qquad (4-7)$$

(7)算出主镜及次镜的二次曲面面形系数 e_1^2 和 e_2^2。因为 R - C 系统要求消

球差和彗差,所以三级像差系数 $S_I = S_{II} = 0$,将 α 及 β 值代入三级像差公式,可算出 e_1^2 和 e_2^2,即

$$e_1^2 = 1 + \frac{2\alpha}{(1-\alpha)\beta^2} \qquad (4-8)$$

$$e_2^2 = \frac{\dfrac{2\beta}{1-\alpha} + (1+\beta)(1-\beta)^2}{(1+\beta)^3} \qquad (4-9)$$

(8)优化设计。将上述用高斯光学和三级像差理论解出的初始结构代入光学设计软件,对系统进行优化设计,直至得到满足指标要求的光学系统结构参数。

4.2.2.3 设计实例

由于两反射镜式系统的视场角通常不大,为了增大视场,在空间相机实际使用过程中,通常会在像面前增加透镜校正组达到校正轴外像差的目的。

1. 光学系统性能参数

焦距:2240mm

F 数:8

视场角:2.0°

谱段:0.45 ~ 0.90μm

2. 设计过程

(1)按照上节设计步骤解出两反射镜式系统的初始结构参数。

假定 $\Delta = 60$,取主镜焦比为 $1:2$,则主镜焦距为 -560,顶点曲率半径为 -1120mm,则有 $\beta = 2240/-560 = -4$

$$l_2 = \frac{-f_1' + \Delta}{\beta - 1} = \frac{560 + 60}{-4 - 1} = -124$$

$$\alpha = \frac{l_2}{f_1'} = \frac{-124}{-560} = 0.221$$

$$d = f_1'(1 - \alpha) = -436$$

$$e_1^2 = 1.03555 \qquad e_2^2 = 3.158342$$

现在 $\alpha = 0.221$,中心遮拦比较大,镜间距比较长。考虑到改善的可能性,将主镜焦比提高到 $1:1.2$,即主镜焦距取 -336mm,按照同样过程可以求得

$$\alpha = 0.154 \qquad \beta = -4.67$$

$$d = -284.35$$

$$R_1 = -672 \qquad R_2 = -121.53$$

$$e_1^2 = 1.00817 \qquad e_2^2 = 1.917035$$

（2）将上述参数代入光学设计软件，作为光学系统的初始结构参数。由于光学系统视场角较大，为了提高轴外视场的像质，可以在像面前合适位置加入透镜组。

（3）优化光学系统。由于视场角较大，根据像质优化需求，加入了4个透镜，使优化后的传递函数设计值接近衍射极限。考虑到光学系统在空间的应用，第一片透镜材料需选用耐辐照光学材料。

3. 设计结果

经过优化后，系统图如图4-8所示，光学系统主要结构参数如下：

$$d = -274.9$$

$$R_1 = -691.95 \qquad R_2 = -172.47$$

$$e_1^2 = 1.0587 \qquad e_2^2 = 2.5631$$

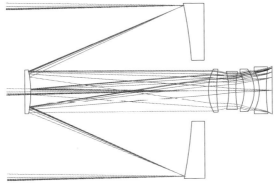

图 4 - 8　两镜加校正镜光学系统示意图

4.3　同轴三反射镜式光学系统设计

　　同轴三反射镜式光学系统是空间光学系统中常用的光学系统形式之一，适用于长焦距、视场角不大、体积紧凑的空间相机系统。

　　同轴三反射镜式光学系统通常是指系统由物理同轴的三个非球面反射镜组成，为了减小系统体积，常加入平面折转镜折转光路。这种形式的光学系统通常为具有中间实像的二次成像系统。由于系统存在中心遮拦，使光学系统传递函数下降，视场角越大，遮拦越大，传递函数下降越严重。因此，同轴三反射镜光学系统的视场角一般在3°左右。随着焦距加长，视场角会随之变小。另外,主次镜之间的镜间距变化对光学系统的后截距和焦距影响比较大,因此,此类光学系统在空间相机应用时,尤其要考虑温度适应性和结构材料的匹配性。

4.3.1 同轴三反射镜式光学系统的结构形式

同轴三反射镜式光学系统根据一次像面位置的不同以及后截距的长短不同,可以有多种结构布局,常用的结构形式如图4-9和图4-10所示。对于条带视场的系统,当系统偏场使用时,在相对于光轴对称的位置(附近)摆放另一个条带视场,如图4-11所示,在光学系统的一次像面位置附近加入一块中心开孔的折转镜,形成双通道成像系统。也可在共用主次镜后,在一次像面附近将其中一个通道折转到不同方向并复杂化,实现不同的功能需求。为了实现低畸变或满足其他任务需求,有时也使用没有偏场的光学系统形式。

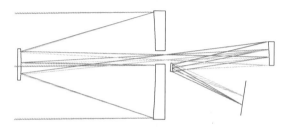

图4-9　同轴三反射镜式光学系统形式Ⅰ

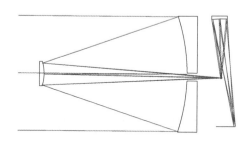

图4-10　同轴三反射镜式光学系统形式Ⅱ

4.3.2 同轴三反射镜式光学系统的设计

4.3.2.1 系统参数的定义

作为望远镜系统,假定如下:

(1)物体位于无穷远,即$l_1 = \infty$,$u_1 = 0$。

(2)孔径光阑位于主镜。

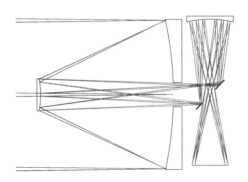

图 4 – 11　同轴三反射镜式双通道光学系统

如图 4 – 12 所示,假设主镜、次镜、三镜的顶点曲率半径分别为 R_1、R_2、R_3;二次曲面系数分别为 e_1^2、e_2^2、e_3^2,引入参数如下。

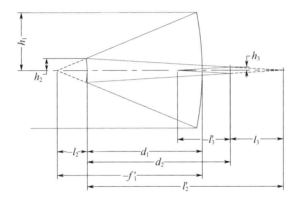

图 4 – 12　同轴三反射镜式光学系统参数示意图

(1)次镜对主镜的遮拦比为 $\alpha_1 = \dfrac{l_2}{f_1'} \approx \dfrac{h_2}{h_1}$;

(2)三镜对次镜的遮拦比为 $\alpha_2 = \dfrac{l_3}{l_2'} \approx \dfrac{h_3}{h_2}$;

(3)次镜的放大率为 $\beta_1 = \dfrac{l_2'}{l_2}$;

(4)三镜的放大率为 $\beta_2 = \dfrac{l_3'}{l_3}$。

令 $h_1 = 1$,光学系统焦距 $f' = 1$,主次镜间距为 d_1,次三镜间距为 d_2,归一化条件下,利用高斯光学公式可得

$$R_1 = \frac{2}{\beta_1 \beta_2}, R_2 = \frac{2\alpha_1}{\beta_2(1 + \beta_1)}, R_3 = \frac{2\alpha_1 \alpha_2}{1 + \beta_2}$$

$$d_1 = \frac{R_1}{2}(1 - \alpha_1) = \frac{1 - \alpha_1}{\beta_1 \beta_2}$$

$$d_2 = \frac{R_1}{2}\alpha_1\beta_1(1 - \alpha_2) = \frac{\alpha_1(1 - \alpha_2)}{\beta_2}$$

$$l'_3 = \alpha_1 \alpha_2$$

α_1、α_2、β_1、β_2是与轮廓尺寸有关的变量,如果只要求系统消除球差、彗差和像散,则轮廓尺寸可以自由安排;若同时要求像面是平场的,则四个变量中只有三个是自由的。此时,三个顶点曲率半径满足如下关系,即

$$\frac{1}{R_1} - \frac{1}{R_2} + \frac{1}{R_3} = 0$$

从轮廓尺寸系数计算相关结构参数的公式为

$$R_1 = \frac{2}{\beta_1 \beta_2}f', \quad R_2 = \frac{2\alpha_1}{\beta_2(1 + \beta_1)}f', \quad R_3 = \frac{2\alpha_1\alpha_2}{1 + \beta_2}f'$$

$$d_1 = \frac{1 - \alpha_1}{\beta_1 \beta_2}f', \quad d_2 = \frac{\alpha_1(1 - \alpha_2)}{\beta_2}f'$$

4.3.2.2　设计步骤

(1)根据空间相机总体指标,确定光学系统的焦距和相对口径。

(2)选择光学系统形式。根据相机总体对结构尺寸的要求,选取合适的光学系统形式。如果轴向尺寸限制严格,选取如图 4 – 12 所示形式。

(3)初步解出合理的轮廓尺寸。根据 4.3.2.1 的定义可知,α_1、α_2、β_1、β_2是与轮廓尺寸有关的变量。通过编制简单的程序,可以不断调整试算不同的 α_1、α_2、β_1、β_2数值,解出合适的顶点曲率半径 R_1、R_2、R_3 和镜间距 d_1、d_2,使解出的系统结构合理,便于实现。

(4)通过光学设计软件,解出二次曲面面形系数 e_1^2、e_2^2、e_3^2。将顶点曲率半径和镜间距代入光学设计软件,将三个反射镜的非球面系数设置为变量,在保证光学系统焦距的同时,通过校正球差、彗差、像散和场曲,即可得到非球面系数值。

(5)详细优化光学系统。根据光学系统的指标要求,设置优化边界条件,详细优化光学系统,使之满足像质及轮廓尺寸等全部要求。

(6)优化光学系统结构布局。根据相机整体结构,在成像质量不下降的前提下,微量调整反射镜参数和位置,优化光学系统结构布局。

4.3.2.3　设计实例

1. 光学系统性能参数

(1)焦距:1140mm;

（2）F 数：8；

（3）视场角：2.95°；

（4）谱段：0.45 ~ 0.90μm。

2. 设计过程

（1）光学系统选型。为了减小轴向尺寸，选取如图 4 - 10 所示结构形式。结构构型主要考虑以下因素：三镜放在两镜合成焦点之后，α_2 取负值，β_2 取正值。为了减小平面折转镜的尺寸，使之位于一次像面附近；一次像面位于主镜背后，同时考虑到留出主镜厚度；为减小径向尺寸，三镜和焦面位置尽量不超出主镜口径外边缘，同时要求像面平像场。

（2）按照 4.2 节设计步骤求解系统的结构参数，得到镜间距、顶点曲率半径及非球面系数，即

$$d_1 \approx 111.5 \qquad d_2 \approx 221$$

$$R_1 = -283.75 \qquad R_2 = -77.86 \qquad R_3 = -105.7$$

$$e_1^2 = 0.973 \qquad e_2^2 = 2.1848 \qquad e_3^2 = 0.5356$$

设计结果如图 4 - 13 所示。

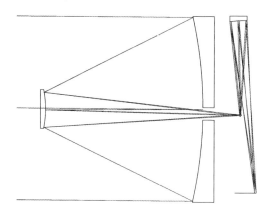

图 4 - 13　同轴三反射镜光学系统设计实例光路图

4.4　离轴三反射镜式系统设计

离轴三反射镜式系统由于没有中心遮拦，可以实现接近衍射极限的像质，视场相比同轴三反射镜式系统大，因此在大幅宽的空间相机中得到广泛应用。但是在同种指标下，离轴系统的体积通常比同轴系统大。

4.4.1 离轴三反射镜式光学系统的结构形式

离轴三反射镜式光学系统可以分为有中间像形式和无中间像形式,分别如图 4-14 和图 4-15 所示。有中间像的离轴三反射镜光学系统的视场角比无中间像的系统视场角小,光学系统特性与同轴三反射镜近似。这种形式系统的孔径光阑通常放在主镜或者根据使用需要放在主镜之前,三镜的尺寸会比较大。无中间像的离轴三反射镜光学系统孔径光栏通常放在次镜,这种形式的系统视场角可以做到比较大,系统为像方准远心光路,镜间距变化对系统的后截距和焦距的影响不敏感,温度适应性强,因此无中间像的离轴系统除了适用于大幅宽的空间相机,也适用于空间测绘相机。

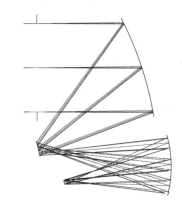

图 4-14 有中间像的离轴三反射镜式光学系统

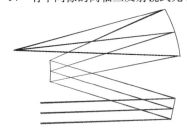

图 4-15 无中间像的离轴三反射镜式光学系统

4.4.2 离轴三反射镜式光学系统的设计

离轴三反射镜式光学系统的初始结构和同轴三反射镜式光学系统一样,可以利用同轴三反射镜式光学系统的求解公式,解出初始结构,然后将同轴系统转换为离轴系统。

4.4.2.1 设计步骤

(1)根据空间相机总体指标,确定光学系统的焦距和相对口径。

(2)选择光学系统形式。根据相机视场角以及性能要求,选取离轴光学系统形式。如果视场角不大,或者要与红外探测器冷屏匹配,一般选取有中间像的系统形式。对于视场角比较大的系统,选取无中间像的形式,这时如果仍有与红外探测器冷屏匹配的需求,可以在一次像面后加中继系统实现。

(3)初步解出合理的轮廓尺寸。根据第4.3节的定义可知,α_1、α_2、β_1、β_2是与轮廓尺寸有关的变量。如图 4 – 14 和图 4 – 15 所示,三个反射镜的顶点曲率半径都是负值,d_1 都是负值,d_2 都是正值,l' 都是负值。对于无中间像系统,α_1、α_2、β_1、β_2 都是正值;对于有中间像系统,α_1、β_2 是正值,α_2、β_1 是负值。通过编制简单的程序,可以不断调整试算不同的 α_1、α_2、β_1、β_2 数值,解出合适的顶点曲率半径 R_1、R_2、R_3 和镜间距 d_1、d_2,使解出的系统结构合理,便于工程实现。对于图 4 – 15 所示系统,α_1 在 0.394 左右,α_2 在 1.17 左右,d_1 取 0.442 左右,有比较合理的解;对于图 4 – 14 所示系统,当 $\alpha_1 = 0.14$,$\alpha_2 = -1.9$ 时,$|d_1|$ 和 d_2 几乎相等。

(4)将同轴系统转换为离轴系统。将顶点曲率半径和镜间距代入光学设计软件,对于有中间像的形式,可以把孔径光阑沿垂直于光轴的方向移动,直到次镜不再受到遮挡。对于无中间像的形式,可用偏视场或者使反射镜倾斜的方式得到离轴系统。

(5)通过光学设计软件,解出二次曲面面形系数 e_1^2、e_2^2、e_3^2。将三个反射镜的二次曲面面形系数设置为变量,在保证光学系统焦距的同时,通过校正球差、彗差、像散和场曲,即可得到二次曲面面形系数值。

(6)详细优化光学系统。根据光学系统的指标要求,设置优化边界条件,详细优化光学系统,使之满足像质及轮廓尺寸等全部要求。

(7)优化光学系统结构布局。根据相机整体结构,在成像质量不下降的前提下,微量调整反射镜参数和位置,优化光学系统结构布局。

4.4.2.2 设计实例

1. 光学系统性能参数

(1)焦距:742mm;

(2)F 数:10;

(3)视场角:13°×1.4°;

(4)谱段:0.45 ~ 0.90μm。

2. 设计结果

由于视场角比较大,选择无中间像系统形式,孔径光阑位于主镜。光学系统图如图 4 – 16 所示,主要结构参数为

$$\begin{cases} d_1 = -308.3 & d_2 = 308.3 \\ R_1 = -1254.6 & R_2 = -453.9 & R_3 = -709.9 \\ e_1^2 = 2.1911 & e_2^2 = 0.9841 & e_3^2 = 0.0121 \end{cases}$$

图 4 – 16　离轴三反射镜光学系统设计实例光路图

若离轴三反射镜光学系统焦距比较长或视场角比较大,可以把孔径光阑放在次镜,使主镜和三镜的尺寸比较均衡,避免三镜结构尺寸过大。

若离轴三反射镜光学系统后截距比较长,可以利用平面折转镜把系统焦面放置到比较合理的位置,更有利于空间相机的整体布局和杂散辐射的抑制,如资源三号卫星多光谱相机光学系统,其焦面位于主镜下方,如图 4 – 17 所示。光学系统性能参数如下:

(1)焦距:1750mm;

(2)视场角:4.0° ×0.3°;

(3)相对孔径:1/9。

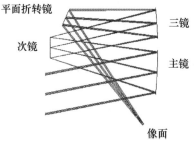

图 4 – 17　资源三号卫星多光谱相机光学系统

4.5　多反射镜光学系统

当同轴三反射镜或者离轴三反射镜式光学系统已经不能满足系统指标要求,或者系统需要实现更复杂的功能时,可以在三反射镜光学系统的基础上对系统复杂化,比如将平面镜优化为球面镜或非球面镜;也可利用视场分光,将系统分为多个通道,每个通道各自完成某个指标要求,光学系统即转变为复杂的多反射镜光学系统。这些复杂系统的设计通常以同轴三反射镜或离轴三反射镜作为基本结构,在此基础上实现更多的功能需求。图 4 - 18 ~ 图 4 - 20 以及图 4 - 21 给出了几种复杂化的多反射镜光学系统例子。

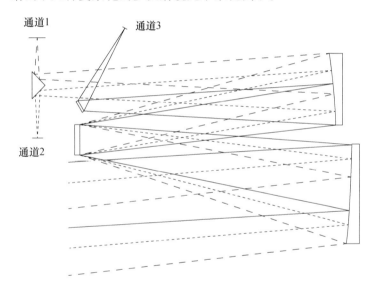

图 4 - 18　一种空间三通道多光谱集成光学系统

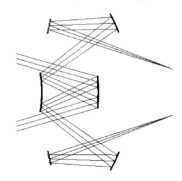

图 4 - 19　共用主次镜的双视场离轴三反射镜集成式光学系统

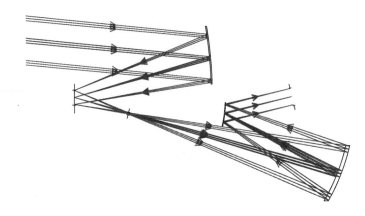

图 4-20 一种二维大视场压缩口径光学系统

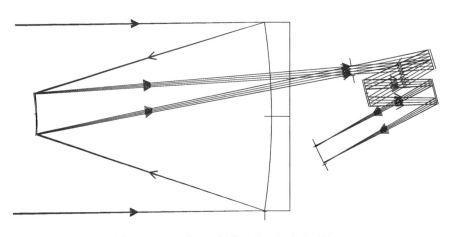

图 4-21 一种五反射镜压缩口径光学系统

4.6 反射镜材料

反射镜是反射式系统中的光学元件,其主要技术问题是自重引起的镜面变形和镜体温度梯度产生的热膨胀变形。对镜坯的具体要求通常包括:热综合性质好;密度小,质量轻;强度大,不因力学应力而变形;容易进行光学加工,且可加工成光学表面;材料本身及内部无缺陷;易镀膜,且膜层牢固;不因环境作用而发生性能变化,无毒安全。

反射镜材料的选择主要考虑比刚度及热变形系数,比刚度越大、热变形系数越小则材料越好。几种常用反射镜材料的性能如表 4-1 所列。

表 4 – 1　几种常用反射镜材料的性能

性能	SiC	ULE	ZERODUR	熔石英
密度 $\rho/(\text{g/cm}^3)$	3.05	2.2	2.5	2.2
弹性模量 E/GPa	390	67.6	92	72
比刚度 $E/\rho/(\times 10^6\,\text{N·m/g})$	130	31	37	32
导热率 $\lambda/(\text{w}/(\text{m·K}))$	185	1.31	1.67	1.4
线膨胀系数 $\alpha/(\times 10^{-6}/\text{K})$	2.5	0.03	0.05	0.55
热变形系数 $\alpha/\lambda/(\times 10^{-8}\text{m/W})$	1.4	2.3	3.0	40
热扩散系数 $D/(\times 10^{-4}\,\text{m}^2/\text{s})$	0.86	0.0077	0.0078	0.0085

　　反射式光学系统因其特有的优势,在空间相机中得到广泛应用。随着空间探测需求的发展,反射式光学系统向着多谱段、复杂化、集成化等方向发展。随着非球面光学加工和检测技术的发展,反射镜的面型也变得多样化,由二次非球面发展到高次非球面,甚至有些系统已经采用了自由曲面。

第5章
自由曲面反射式空间光学系统设计

与透射式光学系统相比,反射式光学系统有许多优点:反射式光学系统没有色差,在很宽的波段范围内都可以保持良好的像质;光学系统中的光路可以折叠,系统透过率高,热稳定性强,不易受到辐射的影响;反射式光学系统的曲面相对于透射式光学系统可以做得很大且容易实现轻量化。相对于传统的共轴反射式光学系统,离轴式光学系统在空间光学中的应用优势主要在于:离轴放置的反射镜组能够有效避免光束遮拦、减少光能损失,提升系统整体的光能透过率,从而提高信噪比,增大目标探测与识别距离。然而,非旋转对称的离轴反射式成像系统存在非对称离轴像差,而这些像差通常无法由传统的球面或非球面来校正。因此,采用球面或非球面来设计这些离轴反射式光学系统是十分困难的,尤其是性能要求较高、结构约束复杂的空间光学系统。

相比于旋转对称的球面和非球面,自由曲面给光学系统提供了更多的设计自由度,有利于实现像质优异、指标先进、结构紧凑、体积小巧的高性能系统设计。同时,作为一种非旋转对称曲面,自由曲面还具有优良的校正离轴式光学系统非对称像差能力。因此,自由曲面充分具备了设计离轴反射式成像系统的能力,并且有潜力达到较高的性能指标,实现复杂的结构约束,满足空间光学领域中多种高端或特殊的设计需求。自由曲面离轴反射式成像系统在空间光学领域具有多方面的应用优势,逐渐成为了研发热点。此类系统一般包含 3~4 片离轴反射镜,光学表面自身不再具有旋转对称性,且系统整体没有统一的光轴。

本章首先介绍自由曲面离轴反射式成像系统的系统构成、性能指标,以及在空间光学中的应用优势,接着介绍自由曲面数学描述方法、自由曲面光学系统像差分析和优化设计方法,然后说明自由曲面设计相对于传统非球面设计在成像质量上的优势,最后结合光学设计软件 CODEV 给出离轴二反、三反以及四反系统的优化设计实例。

5.1　自由曲面空间光学系统概述

空间遥感光学系统向着大视场、长焦距、小体积和轻量化方向的发展。轴对称反射光学系统的视场角有限且不可避免地存在中心遮拦问题,为此人们提出了离轴反射光学系统,通过视场离轴、孔径离轴、光学元件倾斜等方法实现大视场、无遮拦的设计。但是离轴量、倾斜量的引入破坏了光学系统的对称性,使得离轴光学系统相比于轴对称系统引入了大量非对称像差。而在空间光学系统中引入自由曲面,可以使系统的成像质量实现很大的改善,一些成功的例子如下。

(1)哈勃望远镜。

国外光学研究机构一直致力于将自由曲面应用于空间光学的研究,例如哈勃望远镜(Hubble Space Telescope,HST)在其修复光学系统(Corrective Optics Space Telescope Axial Replacement,COSTAR)中采用了一块自由曲面反射镜,成功治好了“近视眼”。HST 主镜为双曲面,直径为 2.4m,二次曲面系数设计值为 -1.0023,实际加工值为 -1.0139,考虑到 1 个 σ 的不确定度误差 0.0002。实际加工出的主镜边缘与设计值差别 $2.2\mu m$。这个细微差别造成了灾难性的球差,导致弥散斑增大到 0.43mm,来自镜面边缘的反射光不能聚集在与中央区域的反射光相同的焦点上,633nm 波长处的波像差也由 0.07 个波长增大到 0.41 个波长。补偿系统的光路图如图 5-1 所示。反射镜 M_2 采用自由曲面,描述方程为 $z = D_1(D_2x^2 + y^2) + D_3(D_4x^2 + y^2)^2$。COSTAR 于 1993 年随第一次维护改进任务(First Servicing Mission)被安装到了 HST 中,并显著地改善了其像质。加入 COSTAR 前后 HST 的成像效果对比如图 5-2 所示。

(2)小 F 数离轴反射式成像系统。

在空间光学领域,红外探测有着重要的军事应用,与国防安全密切相关。由于红外探测目标一般距离较远,辐射能量较弱,成像系统通常需要较大的相对孔径,即较小的 F 数,以收集较多的红外辐射,获取较高的信噪比。因此,小 F 数成像系统有利于增大红外目标探测距离,增强目标识别能力,提升红外探测与识别的效率与成功率,有着重大的军事需求。

清华大学与天津大学的研究人员合作研制了一款自由曲面离轴三反红外

空间对地观测光学系统的设计理论与方法

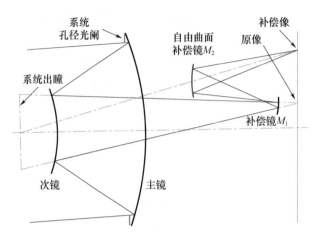

图 5-1　COSTAR 补偿系统示意图

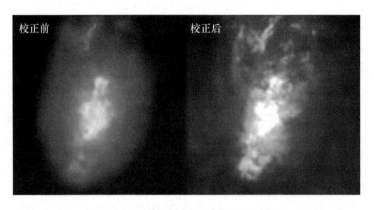

图 5-2　加入 COSTAR 前后 HST 的成像效果对比

成像系统,如图 5-3 所示。其 F 数为 1.38,在同类型系统中处于国际领先水平,体现了自由曲面的设计优势。该系统的焦距为 138mm,视场角为 5°×4°,工作在长波红外波段(7.5~13.5μm),成像质量接近衍射极限。在该系统中,次镜为非球面,且充当系统的孔径光阑,主镜和三镜均为自由曲面,它们被一体加工为一个实体元件,以此大幅降低系统的装调难度。

加工装调完毕后,经实验测定,该小 F 数红外成像系统的噪声等效温差 (NETD) 为 41mK,最小可分辨温差(MRTD)在 0.5 周/mrad 空间频率处为 95mK,在 1 周/mrad 空间频率处为 229mK。该系统所拍摄的红外靶标图像如图 5-4所示,其中"四联靶"的空间频率为 0.4 周/mrad,"十字靶"的线宽为 0.5mrad×14.76mrad,靶标与背景的温差为 3K。此外,在 3K 温差下,该系统能分辨的"四联靶"的最高空间频率为 1.5 周/mrad。由此可见,该系统具有较强的红外探测与识别能力。

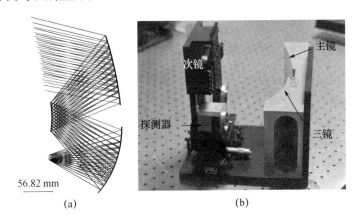

56.82 mm

(a)　　　　　　　　　　(b)

图 5 - 3　小 F 数自由曲面离轴三反射镜红外成像系统

(a)光路图;(b)实际加工出的系统。

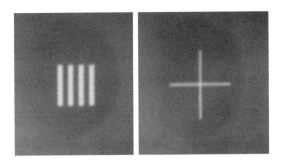

图 5 - 4　小 F 数红外成像系统拍摄的红外靶标图像

(3)大视场角离轴反射式成像系统。

在测绘、遥感等空间光学领域,由于成本和技术的多重限制,经常采用线视场成像系统搭载线阵图像传感器或探测器,采用推扫方式完成地面目标的二维图像获取。在这种方式下,线阵传感器或探测器(即成像系统)的大视场方向与飞行器的飞行方向相垂直,能够瞬时获取地面目标的"一行"图像,同时随着飞行器的运动,"逐行"拼接出地面目标的二维图像。

成像系统视场角的大小直接决定了观测范围的大小,因此,拥有大视场角无疑是该应用领域成像系统的一项现实需求。中国科学院长春光学精密机械与物理研究所的研究人员成功研制了一款大视场角自由曲面离轴四反射镜成像系统。它在弧矢方向上拥有 76°的视场角,如图 5 - 5 所示。这样的性能指标在同类型系统中处于领先水平,如不采用自由曲面是难以实现的。该系统的焦距为550mm,F数为6.5,工作在可见光和近红外波段($0.45\sim0.95\mu m$)。在该系统中,主镜为球面,其他三片反射镜均为自由曲面,其中三镜为系统的孔径光阑,次镜和四镜被一体加工为一个实体元件,降低了系统的装配难度。

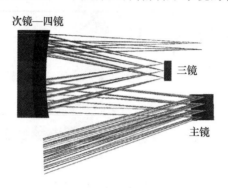

图5-5 大视场角自由曲面离轴四反射镜系统

清华大学的研究人员设计了一款在子午方向上拥有70°线视场角的自由曲面离轴三反射镜成像系统,如图5-6(a)所示,其焦距为75mm,F数为5.8,工作在可见光波段,成像质量达到衍射极限,如图5-6(b)所示。在该系统中,次镜为球面,且充当系统的孔径光阑,主镜和三镜为自由曲面,它们在空间上近似相切、平滑过渡,有利于加工在一块工件上,从而降低系统的装调难度。由于大视场角分布在子午方向上,反射镜元件的加工面积相对较小,同时整个系统在空间中成"薄片"状,结构紧凑、体积小巧,容易满足航空器或航天器的载荷要求。

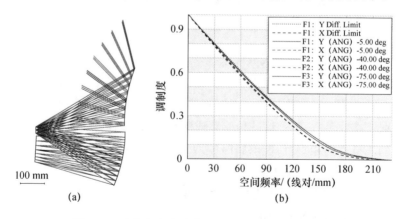

图5-6 大视场角自由曲面离轴三反射镜成像系统

(a)光路图;(b)MTF曲线。

（4）带有实出瞳的离轴反射式成像系统。

在空间光学领域中，红外热成像系统是一类有着重大应用价值的光学系统。为减少杂散光，提高信噪比，改善探测性能与识别能力，红外热成像系统大多采用制冷型红外探测器。这类探测器一般封装于真空杜瓦瓶中。杜瓦瓶前端配有一个限制热辐射孔径角的光阑，称为冷光阑，如图 5 - 7 所示。为有效屏蔽背景辐射，实现尽可能高的冷光阑效率，冷光阑最好与热成像系统的出瞳相重合，这就要求热成像系统在其末端（最末表面与像面之间）带有一个实出瞳，用于安置冷光阑。由此可见，在红外热成像系统中，实出瞳的作用十分关键。不带实出瞳的系统难以与冷光阑相匹配，无法达到预期的制冷效果。

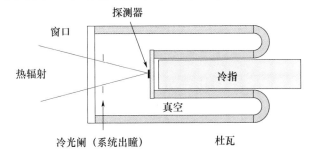

图 5 - 7　红外热成像系统的实出瞳与冷光阑

清华大学的研究人员面向红外空间成像系统，从"实出瞳"这一现实需求出发，完成了一款带有实出瞳的自由曲面离轴三反射镜成像系统设计，如图 5 - 8 所示。基于不同视场与孔径位置的特征光线，采用一种逐点求解的方式与分步求解的策略完成自由曲面面形求解，并在求解过程中综合考虑系统的预期结构、物像关系、实出瞳的位置与大小等制约因素。该系统关于 YOZ 平面对称，三片反射镜均为自由曲面，其 F 数为 1.667，视场角为 $4° \times 0.1°$（水平方向大视场），工作于长波红外波段（8 ~ 12μm），成像质量接近衍射极限。该系统的实出瞳位于系统末端、像面之前，直径为 12mm，距离像面为 20mm。在该实出瞳位置安装相匹配的冷光阑与制冷型探测器，理论上能够实现 100% 的冷光阑效率。

（5）离轴反射式无焦系统。

在空间光学成像领域，无焦系统常被用作后续成像系统或光谱分析系统的前置望远系统，有着重要的应用价值。Leica 公司为欧洲航天局研制的 TMA 空间相机，采用自由曲面进行像差平衡，全视场波像差由 $\lambda/7$ 提高到 $\lambda/20$（$\lambda = 1064nm$），如图 5 - 9 所示。

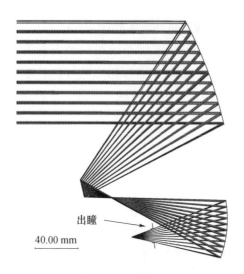

图 5 - 8 带有实出瞳的自
由曲面离轴三反射镜系统

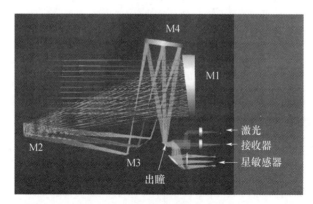

图 5 - 9 Leica 公司研制的自由曲面 TMA 相机光路图及实物图

德国耶拿大学的研究人员成功研制了自由曲面离轴四反射镜无焦系统,如图 5-10 所示。该系统是欧洲航天局红外临边探测器(Infrared Limb Sounder, IRLS)仪器中的一部分,作为傅里叶变换红外光谱仪的前置望远系统。该系统的物方视场角为(±0.47°)×(±3.22°),像方视场角为(±1.61°)×(±1.41°),将 150mm×25mm 矩形入瞳变换为 50mm×50mm 方形出瞳,它工作于长波红外波段(6~13μm),成像质量达到衍射极限。该系统中的四个反射面均为自由曲面,其中主镜与三镜被一体加工为一个实体元件,次镜与四镜被一体加工为另一个实体元件,系统的装调难度得到大幅降低。此外,该自由曲面望远系统在水平和竖直方向拥有不同的放大(缩小)倍率,这是传统球面、非球面系统难以实现的一种特殊功能。

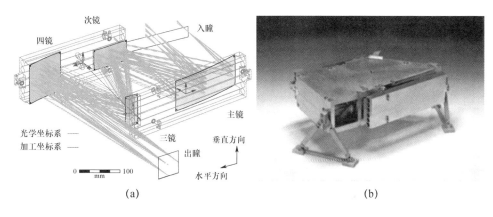

图 5-10　IRLS 自由曲面离轴四反射镜无焦系统

(6)结构高度紧凑的离轴反射式成像系统。

在空间光学领域,航空器或航天器等平台通常希望实现载荷的小型化和轻量化,因而,结构紧凑、体积小巧成为了空间光学系统设计的一项刚性需求。来自美国罗切斯特大学的研究人员采用一种十分新颖巧妙的"球形轮廓"系统布局,成功研制了一款结构高度紧凑的自由曲面离轴三反射镜成像系统,如图 5-11 所示。在该三反射镜系统中,成像光束在系统内部多次重叠,三片反射镜与像面共同组成一个"球形轮廓",适合吊舱,高度压缩了系统的封装体积,充分体现了自由曲面在特殊结构以及紧凑型系统设计方面的优势。该系统的 F 数为 1.9,视场角为 8°×6°,工作于长波红外波段(8~12μm)。在加工、装调完毕后,经实验测定,系统的成像质量可以达到衍射极限。图 5-12 展示了该系统的自由曲面反射镜和整体实物。

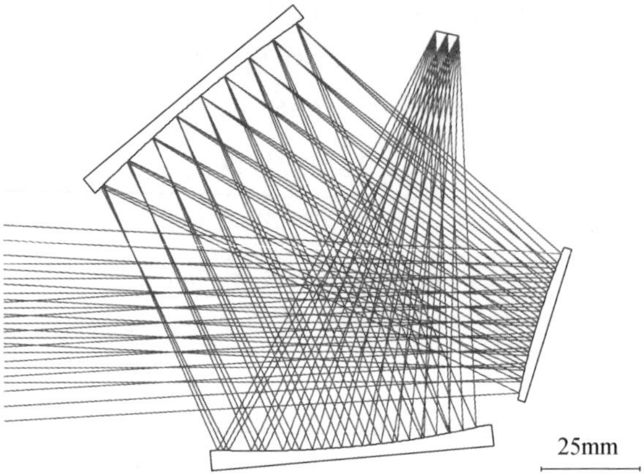

图 5 - 11　结构高度紧凑的自由曲面离轴三反射镜成像系统

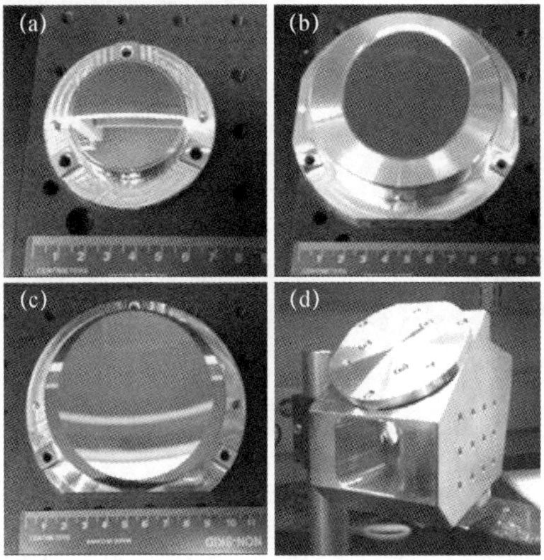

图 5 - 12　系统组件和整体

(a)主镜;(b)次镜;(c)三镜;(d)系统整体。

除了将自由曲面用于独立的空间光学系统外,还可以通过在已有光学系统或常规光学结构类型后面添加自由曲面系统,实现整个系统的紧凑化。例如,像面尺寸限制了低轨飞行的地球空间探测系统的整体尺寸。对于在可见光波段或红外波段采用 TDI 推扫的系统来说,由于对视场大小以及分辨率的要求越来越高,系统像面也越来越大。例如为了实现 25cm 的地面分辨率,法国 Pleiades 卫星上的视场为 1.1°的望远镜需要长为 700mm 的像面。对于红外探测通道来说,由于需要使用笨重的制冷探测器等,不适于和过大的像面相匹配。法国马赛大学的研究组设计了两套推扫成像型 TMA 系统,在每套系统末端加入了像面分割模块(Image – Segmentation Module),将像面的长度有效缩短。基本原理如图 5 – 13 所示,在 Korsch 焦面后放置一组自由曲面反射镜,将视场分割后偏转到后续的一组自由曲面反射镜上面,从而将各个视场的光线会聚到二维阵列 TDI 探测器或者若干线阵 TDI 探测器上。如此将狭长形的像面转化为面形像面。两套系统均有较高的像质。

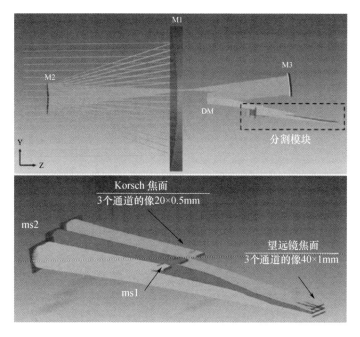

图 5 – 13　包含像面分割模块的 TMA 系统示意图

(7)光谱分析系统。

成像光谱仪是一类重要的空间光学系统。它以高光谱分辨率获取景物或目标的高光谱图像,用来分析光谱组成、分析物质成分等。推扫型成像光谱仪将狭缝成像到面阵图像传感器或探测器上。狭缝方向为探测的大视场方向,占用面阵传感器或探测器的一个维度;而色散方向则沿着狭缝窄边方向,也就是垂直于狭缝方向,充满传感器或探测器的另一维度。如此可以得到整个条形(线形)观测视场范围内的光谱信息。目前成像光谱仪结构朝着更加紧凑,观测范围更大、光谱分辨率更高、像质更优的方向发展。美国罗切斯特大学的研究组给出了基于自由曲面和类似 Offner – Chrisp 结构的离轴反射式成像光谱仪设计实例。设计过程使用了光谱视场图(Spectral Full – Field Display,SFFD)来观察全视场全波段范围内的像差,从而进行像质分析并且指导系统设计过程。采用自由曲面进行设计,可以获得 3 倍于采用全球面设计的光谱宽度,或者 2 倍于采用全球面设计的视场范围。此外也可以实现体积仅为采用全球面设计 1/5 的系统,如图 5 – 14(a)所示,其 SFFD 如图 5 – 14(b)所示。由于在自由曲面基底上制造光栅困难,该研究组还提出了一种折反混合的衍射器件,命名为 Mangin 光栅(Mangin grating)。透射自由曲面在 Mangin 光栅一侧,反射光栅在元件另一侧(不一定加工在自由曲面基底上),如此可以大大降低系统加工难度。采用 Mangin 光栅的成像光谱仪设计以及 SFFD 分别如图 5 – 14(c)和图 5 – 14(d)所示。

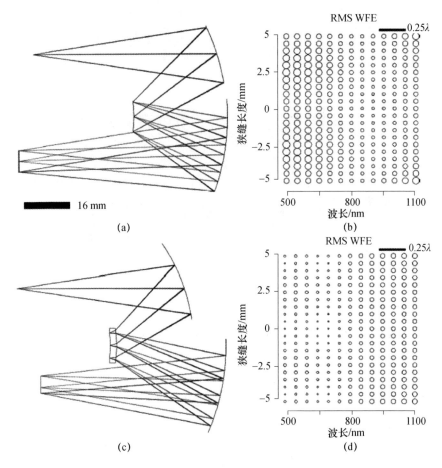

图 5 – 14　反射式自由曲面成像光谱仪

(a) Offner – Chrisp 型自由曲面系统设计;(b)系统 SFFD;

(c)采用 Mangin 光栅的 Offner – Chrisp 型自由曲面系统设计;(d)系统 SFFD。

5.2　自由曲面数学描述方法

曲面的数学描述方法在很大程度上决定了系统的像差和成像性能,决定了光线追迹速度和优化收敛速度,影响曲面加工、检测的难易程度,从而影响光学产品的设计研发周期和成本。

按照曲面函数的定义方式,可以将光学曲面分为两类:显式定义曲面和隐式定义曲面。根据面形的控制方式,可以将曲面分为全局控制曲面和局部控制曲面。目前绝大部分曲面的描述方法是通过显式函数和全局控制方式定义的,即只要调整曲面方程的任何一个结构参数,曲面上所有位置的矢高和偏导数都会改变,如变曲面、XY 多项式曲面、泽尼克多项式曲面等。而局部控制方式定义的曲面则拥有局部面形的调节能力,每个参数对曲面面形变化的作用范围有限,因此能够改变曲面的局部曲率半径,而不影响其作用区域以外曲面的面形,如经向基函数复合曲面、NURBS 曲面等。

(1)复曲面(Anamorphic Aspherical Surface)。

复曲面在弧矢、子午面内分别具有独立的曲率半径、二次曲面系数,因而它不具有旋转对称性,但有两个对称面,分别为 $Y - Z$ 平面和 $X - Z$ 平面。其数学描述方程为

$$z = \frac{c_x x^2 + c_y y^2}{1 + (1 - (1 + k_x) c_x^2 x^2 - (1 + k_y) c_y^2 y^2)^{1/2}} +$$

$$\sum_{i=1}^{p} A_i ((1 - B_i) x^2 + (1 + B_i) y^2)^{i+1} \qquad (5-1)$$

式中:c_x 为曲面在 $X - Z$ 平面内的曲率半径;c_y 为曲面在 $Y - Z$ 平面内的曲率半径;k_x 为曲面在弧矢方向的二次曲面系数;k_y 为曲面在子午方向的二次曲面系数;A_i 为关于 Z 轴旋转对称的 $4,6,8,10,\cdots$ 阶非球面系数;B_i 为 $4,6,8,10,\cdots$ 阶非旋转对称系数。

(2)XY 多项式曲面。

p 阶 XY 多项式曲面是在二次曲面的基础上增加了最高幂数不大于 p 的多个 $x^m y^n$ 单项式,其描述方程为

$$z = \frac{c(x^2 + y^2)}{1 + (1 - (1 + k) c^2 (x^2 + y^2))^{1/2}} + \sum_{m=0}^{p} \sum_{n=0}^{p} C_{(m,n)} x^m y^n \quad (1 \leqslant m + n \leqslant p)$$

$$(5-2)$$

式中: c 为曲率; k 为二次曲面系数; $C_{(m,n)}$ 为单项式 $x^m y^n$ 的系数。 $p = 10$ 时,方程为 10 阶 XY 多项式曲面。

(3)复曲面基底 XY 多项式曲面。

复曲面基底 XY 多项式曲面是作者针对实际设计过程中存在的难题,以及现有光学设计软件中曲面描述方式的不足,为简化光学设计流程以及提高优化设计的效率而提出的。该面型有效结合复曲面和 XY 多项式曲面各自的优势,能够为光学设计提供更多的设计自由度,提高曲面间的转换效率和精度。将该曲面命名为复曲面基底 XY 多项式曲面,简称为 AXYP 曲面,描述方程为

$$z = \frac{c_x x^2 + c_y y^2}{1 + (1 - (1 + k_x) c_x^2 x^2 - (1 + k_y) c_y^2 y^2)^{1/2}} +$$

$$\sum_{m=0}^{p} \sum_{n=0}^{p} C_{(m,n)} x^m y^n \quad (1 \leqslant m + n \leqslant p) \tag{5-3}$$

式中: c_x、 c_y 分别为曲面在子午方向和弧矢方向的顶点曲率半径; k_x、 k_y 分别为子午方向和弧矢方向的二次曲面系数; $C_{(m,n)}$ 为多项式 $x^m y^n$ 的系数; p 为多项式的最高幂数。

考虑到很多实际系统中只有一个对称面的情形,可将 AXYP 曲面进一步改造成关于 $Y - Z$ 平面对称的 $X - AXYP$ 曲面和关于 $X - Z$ 平面对称的 $Y - AXYP$ 曲面。

$X - AXYP$ 曲面对应的 p 阶曲面方程可以描述为

$$z = \frac{c_x x^2 + c_y y^2}{1 + (1 - (1 + k_x) c_x^2 x^2 - (1 + k_y) c_y^2 y^2)^{1/2}} +$$

$$\sum_{m=0}^{p/2} \sum_{n=0}^{p} C_{(m,n)} x^{2m} y^n \quad (1 \leqslant 2m + n \leqslant p) \tag{5-4}$$

即在原有 AXYP 曲面方程的基础上去掉了所有关于 x 的奇次幂项式。

在最高幂数均为 10 的情况下, AXYP 曲面比复曲面多 57 个变量,比 XY 多项式曲面多 2 个变量,光线追迹速度与 XY 多项式曲面大致相同。更为重要的是,它能够从复曲面和 XY 多项式曲面无误差演变而成。同时, $Y - AXYP$ 和 $X - AXYP$ 曲面也能够向 XY 多项式曲面高精度转换,能够协助将复曲面高精度转换成 XY 多项式曲面。

(4)泽尼克多项式曲面。

标准泽尼克多项式是诺贝尔物理学奖获得者 F. Zernike 于 1934 年提出的

一种曲面,20 世纪 70 年代又发展成为扩展泽尼克多项式,它们的区别在于各项的排列顺序是不同的。同样在 20 世纪 70 年代,亚利桑那光学中心的 JohnLoomis 改进形成了边缘泽尼克多项式,并被广泛使用。

式(5-5)描述了一个 10 阶的泽尼克多项式曲面,它是在二次曲面的基础上增加了最高幂数为 10 阶的标准泽尼克多项式,即

$$z = \frac{c(x^2 + y^2)}{1 + (1 - (1 + k)c^2(x^2 + y^2))^{1/2}} + \sum_{j=1}^{66} C_{j+1} Z_j \qquad (5-5)$$

式中:c 为曲面的顶点曲率;k 为二次曲面系数;Z_j 为第 j 项泽尼克多项式;C_{j+1} 为第 j 项泽尼克多项式的系数。

标准泽尼克多项式由一系列在圆域内正交的基函数组成,这意味着定义在圆域内的函数,用泽尼克多项式进行拟合后的系数是唯一的,且无论在拟合时使用的项数是多少,各项系数都不会发生改变。在实际的使用中,通常使用泽尼克多项式的前 36 项(7 阶)。此外,泽尼克多项式的每一项都与经典的塞德尔像差理论具有直接的联系,这在光学应用中是非常有用的一个特性,也是它得到普遍应用的主要原因。

(5)径向基函数复合曲面。

径向基函数复合曲面(Radial Basis Function Surface)是一种局部面型可控的自由曲面描述方法,可适用于旋转对称和非旋转对称曲面。它的描述方程为

$$z = \frac{c(x^2 + y^2)}{1 + (1 - (1 + k)c^2(x^2 + y^2))^{1/2}} + \sum_{i=1}^{m} \sum_{j=1}^{n} \phi_{i,j}(x,y) w_{i,j} \qquad (5-6)$$

式中:$\phi_{i,j}(x,y)$ 为径向基函数;$w_{i,j}$ 为每个基函数的权重系数。

径向基函数的函数值大小仅取决于与中心的距离(通常为欧式距离),即 $\phi(r) = \phi(\parallel r \parallel)$,且连续可导,所以基函数的线性组合也是连续可导的,这保证了该曲面具有严格的连续性。常用的径向基函数的类型如下。

(1)基函数为 $\phi(r) = \mathrm{e}^{-(\varepsilon r)^2}$;

(2)多元二次基函数为 $\phi(r) = \sqrt{1 + (\varepsilon r)^2}$;

(3)逆二次基函数为 $\phi(r) = \dfrac{1}{1 + (\varepsilon r)^2}$;

(4)逆多元二次基函数为 $\phi(r) = \dfrac{1}{\sqrt{1 + (\varepsilon r)^2}}$;

(5)多样条基函数为 $\phi(r) = \begin{cases} r^k, k = 1,3,5,\cdots \\ r^k\ln(r), k = 2,4,6,\cdots \end{cases}$;

(6)薄板样条基函数为 $\phi(r) = r^k\ln(r), r = \| (x - x_i)^2 + (y - y_i)^2 \|$ 。

径向基函数复合曲面容易实现面形的局部控制,然而目前对基函数复合曲面的研究还不完善,基函数的类型和密度的选取对该类型自由曲面的设计有着至关重要的作用。对于不同形状、尺寸的曲面,需要的基函数分布的密度各不相同,而且不能保证精度。目前有关基函数及其分布密度的选取没有合适的结论,使它的推广应用受到了一定的限制。

(7)NURBS 曲面。

NURBS 曲面是局部定义的曲面,拥有局部面形调节能力,每个参数对曲面面形变化作用范围有限,因此能够改变曲面的局部曲率半径,而不影响作用范围以外曲面的面形。NURBS 曲面是参数空间的双变量向量值分段有理函数,它的形式为

$$S(u,v) = \frac{\sum_{i=0}^{n}\sum_{j=0}^{m}N_{i,p}(u)N_{j,q}(v)\omega_{i,j}P_{i,j}}{\sum_{i=0}^{n}\sum_{j=0}^{m}N_{i,p}(u)N_{j,q}(v)\omega_{i,j}} \tag{5-7}$$

$$\begin{cases} N_{i,0}(u) = \begin{cases} 1 & u_i \leqslant u \leqslant u_{i+1} \\ 0 & 其他 \end{cases} \\ N_{i,k}(u) = \dfrac{u - u_i}{u_{i+k} - u_i}N_{i,k-1}(u) + \dfrac{u_{i+k+1} - u}{u_{i+k+1} - u_{i+1}}N_{i+1,k-1}(u) \\ \text{assume } \dfrac{0}{0} = 0 \end{cases}$$

式中:$P_{i,j}$ 为 u 和 v 两个方向上 $(m+1) \times (n+1)$ 个控制顶点组成的矩形控制网格;$\omega_{i,j}$ 为每个控制节点的权重;$N_{i,k}(u)(i = 0,1,\cdots,n)$ 为 k 阶 B 样条基函数;u_i,v_i 为节点向量 U,V 中的数值,且有 $u_i \in U = \{\underbrace{0,\cdots,0}_{pu+1},u_{pu+1},\cdots,u_{r-pu-1},\underbrace{1,\cdots,1}_{pu+1}\}$,$v_i \in V = \{\underbrace{0,\cdots,0}_{pv+1},v_{pv+1},\cdots,v_{s-pv-1},\underbrace{1,\cdots,1}_{pv+1}\}$,$r = n + pu + 1, r = m + pv + 1$;$pu$ 和 pv 分别为 u 和 v 两个方向上基函数的幂数。

▶▶▶ 5.3　离轴自由曲面光学系统像差及分析方法

在自由曲面离轴像差分析理论方面,1976 年 K. Thompson 深入研究了离轴

非对称光学系统的矢量(节点)像差理论。J. Sasian 对像差理论尤其是平面对称光学系统像差方面进行了深入的研究,提出了光学系统的六阶像差理论,其指导的博士生 S. Yuan 对平面对称像差理论进行了深入分析与研究,推导了平面对称光学系统的像差计算方法。

　　由于自由曲面离轴光学系统为非对称结构,视场抽样一般不具有圆对称性,需要采样整个视场的一半甚至于整个视场。评估系统像质时仅评估几个有限的抽样视场点已经不能描述系统整体的成像性能。为此,可以通过视场来对系统整体进行抽样。

　　以离轴三反射镜系统为例(图 5 - 15),分别采用旋转对称曲面和自由曲面进行设计,两个系统的波像差别如图 5 - 16所示,采用旋转对称曲面的系统平均波像差为 0.072 个波长,而自由曲面系统的平均波像差为 0.039 个波长。全视场像散和畸变图分别如图 5 - 17 和图 15 - 18 所示,采用旋转对称曲面的系统有一个零点,自由曲面系统有两个零点。其他分别采用旋转对称曲面和自由曲面设计的结果也都具有相似的特性。

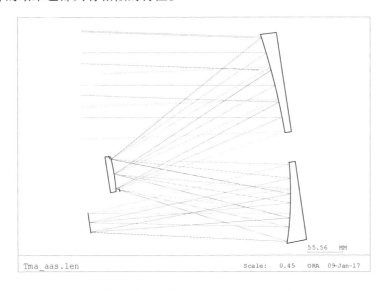

图 5 - 15　离轴三反射镜光学系统结构

　　对于如图 5 - 19 所示的离轴四反射镜光学结构,两个系统的设计结果由图 5 - 20、图 5 - 21 和图 5 - 22 给出。系统的平均波像差分别为 0.037 个波长和 0.018 个波长,全视场像散分别具有两个零点和三个零点,全视场畸变分别具有一个零点和两个零点。

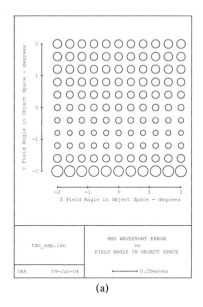

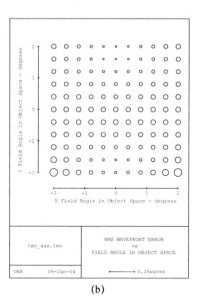

(a)　　　　　　　　　　　　　(b)

图 5-16　离轴三反射镜光学系统的波像差图

(a)采用旋转对称曲面的系统波像差;(b)采用自由曲面的系统波像差。

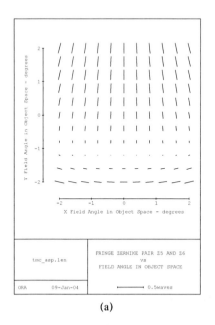

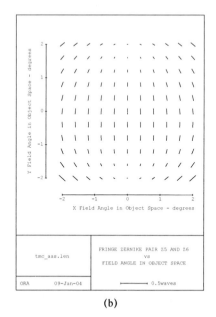

(a)　　　　　　　　　　　　　(b)

图 5-17　离轴三反射镜光学系统的全视场像散图

(a)采用旋转对称曲面的系统像散;(b)采用自由曲面的系统像散。

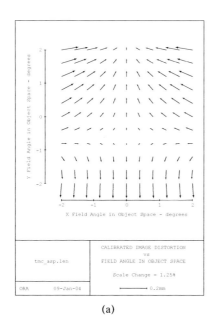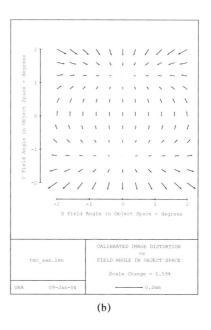

(a)　　　　　　　　　　　　　　(b)

图 5 – 18　离轴三反射镜光学系统的全视场畸变图

(a)采用旋转对称曲面的系统畸变;(b)采用自由曲面的系统畸变。

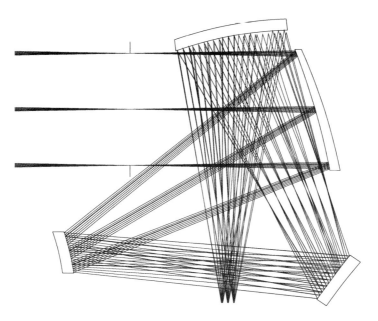

图 5 – 19　离轴四反射镜光学系统结构

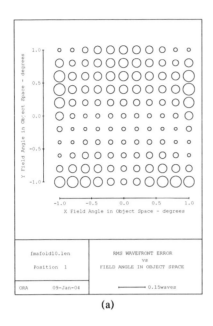

(a)

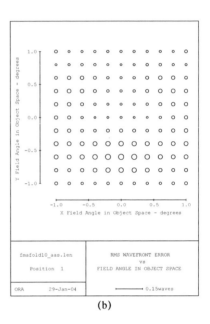

(b)

图 5-20　离轴四反射镜光学系统的波像差图

（a）采用旋转对称曲面的系统波像差；（b）采用自由曲面的系统波像差。

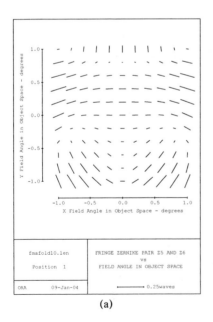

(a)

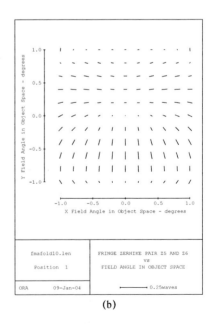

(b)

图 5-21　离轴四反射镜光学系统的全视场像散图

（a）采用旋转对称曲面的系统像散；（b）采用自由曲面的系统像散。

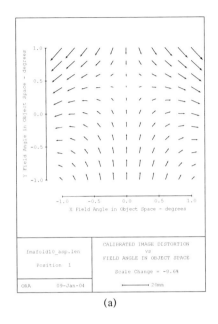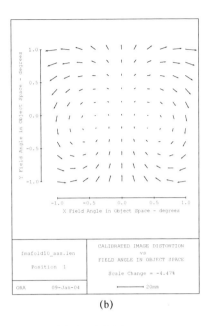

(a)　　　　　　　　　　　　　　　(b)

图 5 - 22　离轴四反射镜光学系统的全视场畸变图

(a)采用旋转对称曲面的系统畸变;(b)采用自由曲面的系统畸变。

通过上面的对比分析,可以看出采用自由曲面的离轴反射式光学系统在校正像差的能力上具有很大的优势,由于具有更多的像差零点,以及对零点位置的可控性,可以大大减小边缘视场的像差,在全视场内实现更均匀、更优质的成像效果。

5.4　自由曲面空间光学系统优化设计方法

5.4.1　初始结构建立原理与方法

光学系统的优化设计需要有良好的初始结构,初始结构形式的选取对设计周期的长短和最终设计结果的优劣有很大的影响。然而目前可供参考的自由曲面成像系统很少,增加了初始结构建模的难度。高级光学曲面参数增加,光线追迹的速度也会变慢,而对称性的缺失要求在优化过程中抽样更多的视场和光线,这些因素导致优化耗时显著增加,优化周期大幅延长。如果选择不合适的初始结构会导致优化失败,浪费光学设计人员大量宝贵的时间。在此过程中,系统的离轴消遮拦化十分重要。大体上有 5 种方法:孔径离轴、视场离轴、曲面倾斜、焦点传递以及离轴式光学系统的直接逐点构建。

(1)孔径离轴和视场离轴。

系统孔径离轴后,曲面原点不在有效工作区域,入射光束的主光线将逐步远离光轴。同轴系统的偏轴化过程如图 5 - 23 所示。类似的,也可以采用离轴视场(非零视场)消除光线遮拦。孔径离轴与视场离轴两种方法可以同时使用来消除光线遮拦,得到符合一定要求的离轴非对称系统。

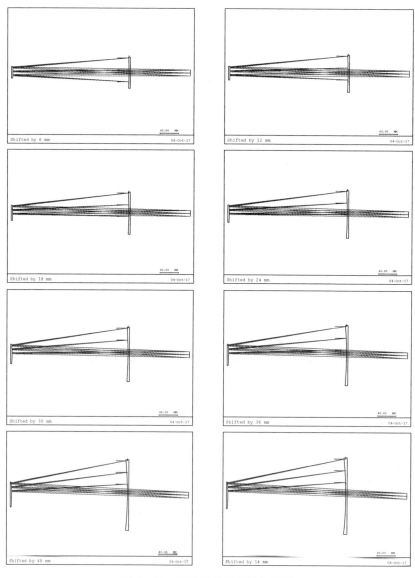

图 5 - 23　同轴系统的偏轴化过程

（2）使用倾斜曲面。

可以通过建立回转对称光学系统，通过直接将系统中的曲面倾斜，实现系统离轴化，并且消除光线遮拦，如图 5 - 24 和图 5 - 25 所示。

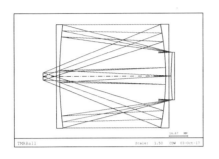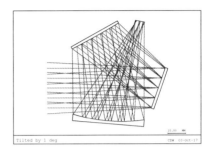

图 5 - 24　轴对称初始结构最终倾斜离轴化结构

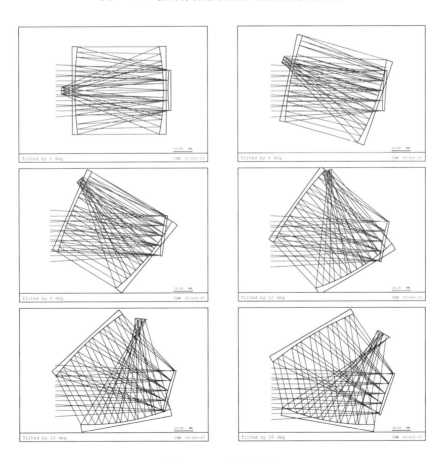

图 5 - 25　离轴化过程

（3）二次曲面焦点传递。

以上两种情形都是基于初步完成设计的同轴系统进行，此外还可以仅考虑一个视场点进行初始系统的搭建，利用二次曲面的焦点传递的方式进行初始系统的搭建。

如图 5-26 所示，图中虚线光轴以上的反射镜和光线代表同轴旋转对称系统的偏轴使用，主镜和次镜的焦点重合，光线经过次镜汇聚后聚焦在次镜的另一焦点上。如果主镜和次镜都倾斜一定的角度，只要保证它们的焦点重合，平行光束也能很好地汇聚在次镜的焦点上，如图中虚线光轴以下部分光线所示。离轴倾斜前后两个系统的面形没有变化。

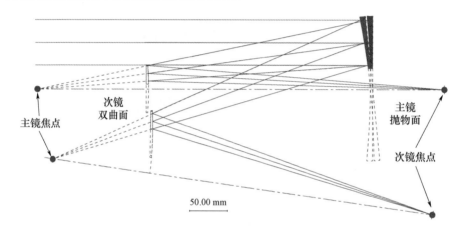

图 5-26　离轴光学系统初始结构搭建方法

二次曲面具有独特的光学特性，如果它的一个焦点处于某光线或者光线的延长线上，则反射后的光线或者光线延长线必经过另一个焦点。椭球面的两个焦点在该面的同侧，双曲面的两个焦点位于该表面的两侧，而抛物面的一个焦点可以视为处于无限远。利用这个特性，利用二次曲面可以对某个特定物点理想成像，如图 5-27 所示。

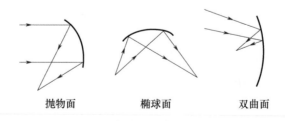

图 5-27　二次曲面的光学特性

对于视场角较小的系统,可以通过采用二次曲面系统使得中心视场成像理想以获得初始结构。为了满足中心视场的理想成像,各个二次曲面需要满足顺次焦点条件:每一个二次曲面按照光路的方向将两个焦点区分为物方焦点和像方焦点,每一个光学面的像方焦点与下一个面的物方焦点重合。于是,当物体处于第一个二次曲面的物方焦点时,它将会理想地顺次成像在各个光学面的像方焦点上,而最后一个光学面的像方焦点就是整个系统的像面位置。对于抛物面而言,其物方焦点与像方焦点中的一个位于无限远处。因而,根据顺次焦点条件,对于无限远成像的系统,其第一个光学面应该选用抛物面。利用二次曲面焦点传递方法的优点是口径的大小并不影响中心视场的像质,缺点是非中心视场往往像质迅速退化,因而这种方法通常只作为初始结构建立使用,适用于大孔径小视场光学系统。

(4) 直接构建离轴消遮拦结构。

还可以通过逐点直接构建的方法得到离轴消遮拦系统结构,例如可采用基于逐点构建与迭代的自由曲面成像系统设计方法(CI 方法)进行系统设计。该方法考虑了来自不同视场与不同孔径位置处的光线,首先根据系统的结构要求,建立仅由最简单平面组成的离轴结构,如图 5 - 28 所示。随后根据系统成像要求,逐步求解自由曲面上的点并且通过拟合得到相应的自由曲面。该系统可以作为供后续优化的良好初始结构,可通过简单优化得到最终系统。

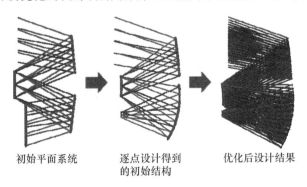

初始平面系统　　　逐点设计得到　　　优化后设计结果
　　　　　　　　的初始结构

图 5 - 28　CI 方法基本设计过程

5.4.2　逐步逼近优化算法原理

自由曲面成像系统设计的逐步逼近优化算法,是利用球面或者二次曲面搭建光学系统的初始结构,使其满足基本的结构和初阶光学特性要求,在此基础上逐步升级曲面的面型描述方式,并结合更为严格的优化控制条件进行设计,最终得到满足要求的设计结果。

可以将自由曲面成像系统的逐步逼近优化算法分解成几个关键步骤。在设计的开始阶段,使用低阶曲面,使用球面来建立初始结构,使它满足基本的光学特性参数和结构要求,对像差和成像质量不做严格的要求。完成初步优化后,逐渐将光学表面升级为非球面和更为灵活的自由曲面,并进行下一轮优化,在此过程中逐步加入像差约束和更为严格的结构控制条件。如此优化循环,逐步将球面替换成高级自由曲面(如 XYP 或 AXYP 曲面)并满足设计要求。这样在自由曲面成像系统的初始阶段就可以借鉴众多的旋转对称系统,有效地解决初始结构少的问题,同时也保证进一步优化都有较好的初始结构,大幅缩短优化设计周期,提高前期优化的设计效率。

自由曲面成像系统失去了回转对称性,故此在优化时需要抽样更多的视场,抽样视场的增多必然增加像面整体成像质量平衡的复杂程度和所需的优化调整时间。自由曲面系统像面、像质的自动平衡优化,目的在于提升自由曲面光学设计后期的优化效率,确保设计结果达到最优化。提出像面整体成像质量的自动化平衡优化算法。

5.4.3 像面整体成像质量的平衡

像差平衡是光学设计后期非常重要的一项任务,整体像面各视场成像质量的平衡同样也非常关键。后者可以通过在优化过程中不断调整和控制各参与优化视场的子午和弧矢方位的权重值来实现。这也是光学设计人员必须承担的一个主要任务,因为现有光学设计软件还存在这方面的局限性,即不会自动改变视场、方位的权重值。在光学设计的初期阶段,光学设计人员对各抽样视场可能采用软件提供的默认权重值,或者根据自身的经验为当前系统设置一组更为合理的权重值。在重新优化设计后,设计人员需要根据计算出的成像质量和最终的设计要求,重新计算并手动设置所有视场在两个方向上的权重值。然后再次利用与此前相同的优化控制约束条件进行下一轮优化,如此循环若干次,系统各视场间的成像质量可能会得到一定的平衡和提高,但是这一过程枯燥乏味而且非常耗时。

对于单重结构的旋转对称球面光学系统而言,在子午方向上抽样 3~7 个视场就能满足像质分析和优化的要求,因此它的平衡优化不会特别复杂。然而对于含有多重结构/变焦的光学系统,抽样视场的数目在原来单重结构的基础上增加数倍。自由曲面成像系统更是需要增加抽样视场来描述系统整体的像差和成像质量。抽样视场往往覆盖像面的大部分区域甚至是整个像面范围,同时由于此类系统的单轮优化时间增长,因此通过手动方法实现此类系统的平衡优化将极其复杂和耗时,并且很大程度上依赖于设计人员的经验知识。如果设计过程中能够实现各视场方位权重值的自动计算和设置,将大幅减少人工干预,最后阶段优化设计的工作负担也大为减轻,设计效率也将得到很大的提高。

基于像面整体成像质量的自动平衡算法,在普通光学设计流程外围添加了一个循环控制层,用于分析系统的成像质量、权重的自动计算和设置。它能促使光学系统在若干次平衡优化后在全视场范围内达到均衡的成像质量,甚至能够提高系统整体的成像性能。在进行离轴光学系统设计时,除了控制光学系统的像差以外,还要避免光学系统中的光线和光学表面之间的遮挡,为此需要构建相关的约束条件进行合理有效的结构控制。

5.4.4　特殊物理结构边界条件的约束控制

为了保证光机系统物理结构合理可行,且保证各光学表面之间不会发生干涉冲突,需要定义一些特殊的结构控制约束条件。通过抽取特征视场的特征光线与光学表面的交点坐标位置来构建合理物理结构的控制条件,确保各光线在相邻光学表面间的光程为正,保证各光学面不会与光线出现干涉。

优化过程中,如果将离轴量和倾斜角度作为优化变量而不加以约束,容易发生图 5 - 29 中所示情况,而且整个光学系统会向着同轴方向改进以降低系统的离轴像差,不可避免地产生光线遮挡,因此,需要进行约束控制。

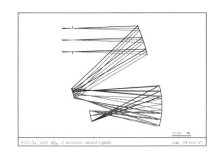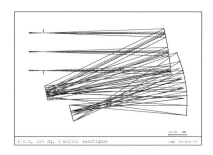

图 5 - 29　不带结构约束条件进行优化前后的系统光路图

光学设计软件 CODEV 从 10.6 版开始加入@JMRCC 宏函数,可计算离轴反射式光学系统中点到光线的距离,这一强大的功能可以实现绝大部分系统的物理边界条件控制。

5.5 自由曲面公差分析

公差分析是光学设计的关键步骤之一,其直接关系到光学加工、装调与制造成本。通过全面详细地考虑参数变化和像质影响,合理地设置公差的取值范围,可以避免过度设计并节省成本。

自由曲面光学系统的公差分析可分为两个阶段。首先,分析各个公差参数的公差灵敏度,这个阶段可对每个公差参数进行单独的公差分析和灵敏度评价并进行汇总分析。然后,针对每个公差参数的公差灵敏度,经过适当的调整后,对整个自由曲面光学系统进行总体公差分析。

(1)独立公差的敏感度分析。

对每个公差进行公差灵敏度分析,采取的分析方法为:对每种公差参数进行一次公差分析,然后通过评价 MTF 的变化作为判断公差灵敏度的标准。图 5-30 给出单项公差的对光学系统所有视场的灵敏度分析结果,图中横坐标代表不同的公差参数,像 DLT、DLS 等,纵坐标代表 MTF 的值。分析结果表明,F4 视场是所有视场中更公差敏感度最高的视场,同时,表面矢径公差 DLS 是公差类型中敏感度最高的公差类型。

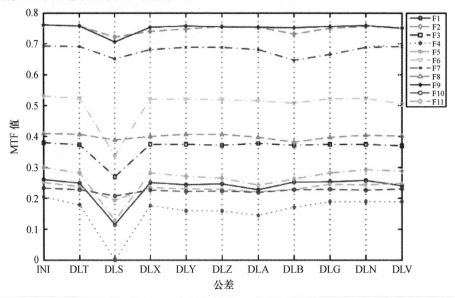

图 5-30 不同公差类型的单项公差灵敏度分析结果
(INI 代表的是未进行公差设置前的 MTF 值)

对于表面粗糙度公差分析,可以利用随机数生成法模拟表面的粗糙度分布情况,然后将粗糙度分布引起的光学表面微小形变附加到光学表面,进行蒙特卡洛公差分析,评价成像质量。第一,干涉文件 INT 通过随机的方式生成一个 64×64 的方格,图 5 - 31 给出了一幅 INT 文件的模拟结果图像;第二,将 INT 文件添加到所要分析的光学表面上;第三,进行蒙特卡洛公差分析。表面粗糙度可以认为是按照符合某种统计分析存在的一种表面特性,分析中采用均匀分布的随机数分布。实际操作中首先生成两组独立的随机数 ρ 和 θ,两数在 $(0,1)$ 上均匀分布,然后用 ρ 和 θ 生成两组独立的均匀随机变量 x 和 y,即

$$\begin{cases} x = \rho\cos(2\pi\theta) \\ y = \rho\sin(2\pi\theta) \end{cases} \quad (5-8)$$

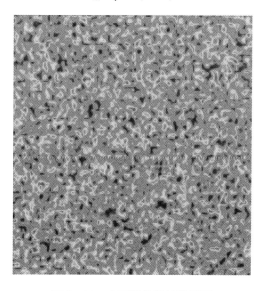

图 5 - 31　表面粗糙度的模拟图

在表面粗糙度公差分析中,进行了 3000 次蒙特卡洛分析。其 MTF 变化图如图 5 - 32 所示,其中最大的 MTF 变化为 -0.035。

(2)公差的总体分析。

使用表 5 - 1 给出的公差范围进行蒙特卡洛公差分析。图 5 - 33 给出总体公差分析的结果。在最坏的情况下,MTF 在 3σ 的情况下下降 -0.15,这个结果很差,不能满足公差分析的要求,必须进行公差的加严。经过交互的公差分析循环,将其中公差敏感度比较大的公差项进行加严处理,以便达到一个比较好的平衡结果。

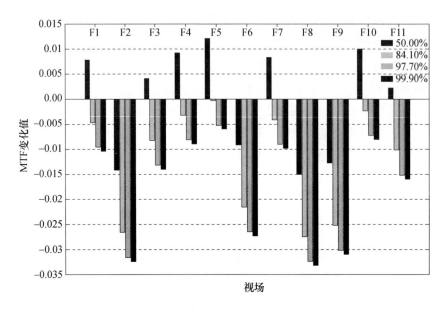

图 5 – 32　粗糙度公差分析的 MTF 变化图

表 5 – 1　公差分析结果

公差类型	位置	数值	单位
DLT – Thickness Delta	S1	500	μm
DLT – Thickness Delta	S3	20	μm
DLT – Thickness Delta	S2	20	μm
DLT – Thickness Delta	S4	10	μm
DLN – Refractive Index Delta	L1	0.0015	
DLV – V – Number Delta	L1	0.0008	
DLX – Surface X – Displacement	S2	5	μm
DLX – Surface X – Displacement	S3	5	μm
DLX – Surface X – Displacement	S4	5	μm
DLY – Surface Y – Displacement	S2	5	μm
DLY – Surface Y – Displacement	S3	5	μm
DLY – Surface Y – Displacement	S4	5	μm
DLZ – Surface Z – Displacement	S2	5	μm
DLZ – Surface Z – Displacement	S3	5	μm
DLZ – Surface Z – Displacement	S4	2	μm

续表

公差类型	位置	数值	单位
DLA – Surface Alpha Tilt	S2	0.1	mrad
DLA – Surface Alpha Tilt	S3	0.1	mrad
DLA – Surface Alpha Tilt	S4	0.1	mrad
DLB – Surface Beta Tilt	S2	0.1	mrad
DLB – Surface Beta Tilt	S3	0.1	mrad
DLB – Surface Beta Tilt	S4	0.1	mrad
DLG – Surface Gamma Tilt	S2	0.5	mrad
DLG – Surface Gamma Tilt	S3	0.1	mrad
DLG – Surface Gamma Tilt	S4	0.2	mrad
DLS – Sag Delta at Clear Aperture	S2,S3,S4	20	μm
DSR – Surface Roughness Error	S2,S3,S4	5	μm

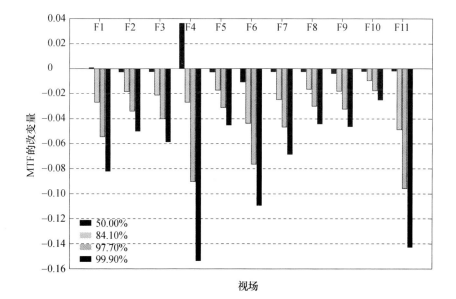

图 5 – 33　用默认公差值的初始公差分析结果图

经过反复的公差调整后,其相应的公差分析结果如图 5 – 34 所示。最大的 MTF 变化为 – 0.1,MTF 在 16lps/mm 处的值为 0.35,下降 0.1 后,MTF 值为 0.25,可以满足要求。

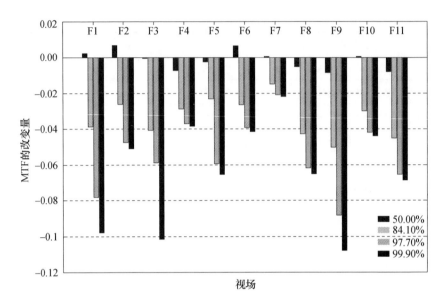

图 5 - 34   经过公差优化和加严后的公差分析结果图

需要注意的是,DLS 的公差敏感度是比较高的,但是,在公差优化的过程中并没有给予很严的公差,因为矢径误差公差和表面随机误差需要相互协调与照应。

一般来说,公差分析是一个综合多种因素的相互妥协过程,而加工成本和系统性能是两个最重要的考虑因素。

5.6   自由曲面系统设计实例

1. 大视场离轴三反射镜系统设计

光学系统的主要参数包括焦距(m)、视场角 FOV(°)、相对孔径 D/f 等。当探测器像元尺寸确定后,上述参数在很大程度上决定了系统设计的传递函数(MTF)、地面像元分辨力(GSD)、成像带宽(SW)、信噪比(SNR)等重要性能指标。如某空间遥感器要求光学系统焦距为 4500 mm,成像视场角为 11°,相对孔径 $D/f = 1/9$。且根据系统总体尺寸和体积的大小,要求光学系统设计总长与焦距的比值不超过 1/3。为了实现大视场和小尺寸设计,选用 COOK - TMA 离轴三反射镜构型,如图 5 - 35 所示,次镜为系统孔径光阑,光学系统基本对称,形成了一次成像的离轴三反射镜系统。基于该初始结构,针对表 5 - 2 所列的参数指标,完成了基于传统非球面的离轴三反射镜系统光学系统设计,系统图和 MTF 曲线见图 5 - 36。

表 5 - 2　自由曲面离轴式光学系统的技术参数

特性参数	参数值
有效焦距/mm	4500
入瞳直径/mm	500
F 数	9
非球面总数	3
波长/nm	656. 3 ~ 486. 1
视场角	11°H × 0. 7°V
成像质量	70lps/mm 处 MTF > 50%
长度/mm	≤1500

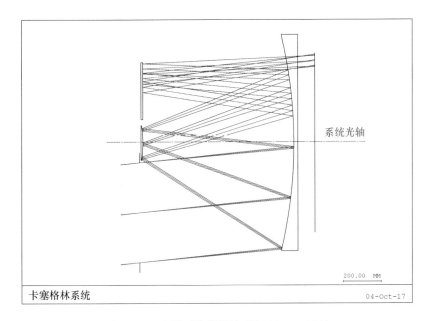

图 5 - 35　光学系统设计构型(COOK - TMA)

　　以上设计结果表明,在结构尺寸约束条件下,为了满足系统长度的任务指标要求,采用常规离轴三反射镜光学系统的长焦距大视场系统设计,轴外像差相对较大,系统优化平衡能力有待提升,这对仅使用常规非球面的传统光学系统提出了巨大挑战。因此引入自由曲面来增加优化自由度,提升光学系统的像差平衡能力,系统图和 MTF 曲线如图 5 - 37 所示。设计结果表明,利用自由曲面设计出的离轴三反射镜光学系统,比非球面系统更具优势,能实现更好的成像质量。

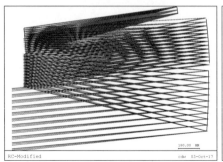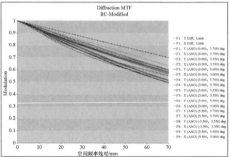

图 5 - 36　优化设计结果

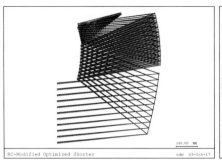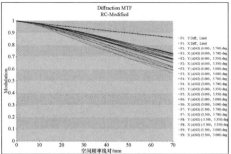

图 5 - 37　自由曲面系统的结果

2. 小 F 数离轴三反射镜光学系统设计

F 数为 1.3 的离轴三反射镜光学系统的技术参数如表 5 - 3 所列,初始系统如图 5 - 38 所示,设计结果如图 5 - 39 所示。

表 5 - 3　自由曲面离轴式光学系统的技术参数

特性参数	参数值
有效焦距/mm	80
入瞳直径/mm	61.5
F 数	1.3
非球面总数	3
波长/nm	656.3 - 486.1
视场角	5°H × 4°V
成像质量	70lps/mm 处 MTF > 50%
长度/mm	≤100

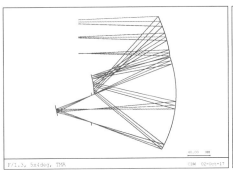
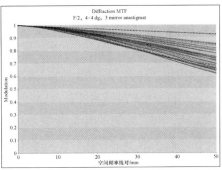

图 5 - 38　初始系统

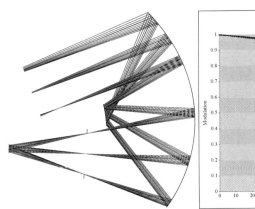
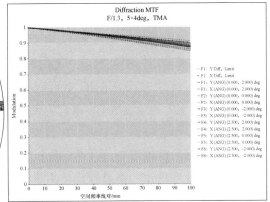

图 5 - 39　基于二次曲面特性的自由曲面设计结果

3. 空间卫星对地观测用自由曲面双视场反射式光学系统的设计

对于远距离观测系统,无论是地基还是卫星平台,视场角和分辨率是两个极为重要的技术指标。为了能获得较大视场角和高分辨率,在观察的时候可以采用两幅图像的方法,其中:大视场角画面分辨率较低,用于搜索和定位目标;小视场角画面分辨率高,能够清晰地对目标细节进行成像。如果单个光学系统能够同时具有两个(或者两个以上)像面,并且两个像面分别为短焦和长焦,就可以在不需要控制和运动部件的情况下在全视场中搜索和精瞄目标。普通的球面和非球面系统无法实现多个焦面,而通过引入自由曲面可以巧妙地实现这一功能,也验证了自由曲面的优越性。

为了满足系统的实际使用要求,两重光路的视场中心应该重合。如果光阑的位置处在第一片反射镜上或者位于第一片反射镜之前并且两重光路具有共用的光阑,那么以相同角度入射到第一片上相同位置的光线必然反射到达后续所有光学面的相同位置,结果是两重结构无法分开,双焦距不能实现。因此,共用的光阑面应该位于第一片反射镜之后,并且光阑的作用之一在于使得两重光路在光阑以外的各光学面上的入射位置分开。

从普通球面四反系统开始,将光阑放置在第三片上,建立双重结构,控制两重结构的焦距,使第一片的位置和曲率半径以及第三片的曲率半径为变焦参量,在球面基础上进行优化。在优化过程中,逐步控制第三片的曲率变化范围越来越小,使得系统两重结构的焦距差异主要取决于第一片反射镜的曲率。在这组优化中,为了保证成像,系统的视场角很小。同时,需要控制第二片和第四片的相对位置以及第一片两重结构的相对位置以保证在后面的优化中能够合并成为一个自由曲面以减小装调的难度。

为了进一步提高像质,扩大视场,在第一、二、四片引入自由曲面XYP,并固定第三片的曲率半径为定焦参量。优化系统,扩大视场角,尤其是 X 方向的视场角。在优化过程中需要限制第二片两重结构下最为接近的光线(精瞄端下边缘光线和搜索端上边缘光线)的相对位置,第二片下边缘和第四片上边缘光线的相对位置,以便于曲面的连接。在引入自由曲面以后,近轴焦距与系统实际的焦距差别明显,所以需要通过视场角和像高的关系定义系统 Y 和 X 方向的焦距,保证系统的变倍比。通过优化使得设计满足成像质量要求,并且约束系统实际光线在像面上的入射位置以控制 T 形畸变。系统可能为歪像,在控制畸变中应该考虑这个因素,通过线性度来评价畸变。

(1)可见光波段的自由曲面双像面反射搜索系统设计。

可见光波段的自由曲面双像面反射搜索系统的技术参数如表5-4所列。

表5-4　可见光波段的自由曲面双像面反射搜索系统技术参数

参数	精瞄端	搜索端
焦距/mm	≥350	80~130
全视场角	Y 方向≥1°, X 方向≥2.4°	Y 方向≥3°, X 方向≥12°
最大口径/mm	200	
变倍比	2.5	
畸变/%	≤1	

设计二维光路图如图5-40所示,MTF曲线图如图5-41所示,畸变图如图5-42所示。

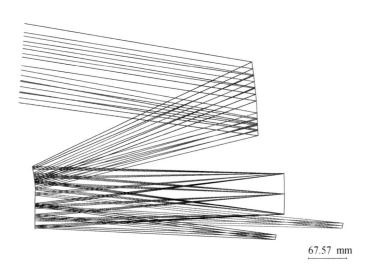

图 5 - 40　系统二维光路图

（2）中波红外的自由曲面双像面反射搜索系统设计。

上述系统已经满足远距观测的要求，但是由于用于可见光波段自由曲面反射镜的加工误差对于成像质量的影响较大，实际加工出的系统光学性能难以保证，所以考虑将该系统的工作波段变更为红外波段，设计一款用于中波红外的自由曲面双像面反射搜索系统。由于红外非制冷探测器对于入射辐射照度的要求较高，相对于可见光系统，用于红外的系统其入瞳直径更大（F 数更小）。

对于旋转对称系统而言，一般可以通过各个面的放大倍率以及光阑的大小计算出入瞳的直径，再通过入瞳直径与系统有效焦距的比值得到 F 数。但是对于自由曲面系统而言，系统的近轴焦距不能表示系统的实际焦距，而且自由曲面系统也不能保证有严格意义上的入瞳。所以在设计过程中，需要规定系统的名义焦距和 F 数，而且需要同时考虑 Y 和 X 两个方向。名义焦距根据投影关系获得，由 $y = f \cdot \tan\theta$，得到 $f_y = y/\tan\theta$，同理有 $f_x = x/\tan\theta$。然后，再通过第一个面上入射光口径 Y 和 X 方向的入瞳直径 D_y 和 D_x，定义系统 Y 和 X 方向的 F 数为 f_y/D_y 和 f_x/D_x。在该定义下，原用于可见光的系统其 Y 和 X 方向的 F 数约为 10。

在进一步的优化中，主要需要减小系统的 F 数。同时，工作波段从可见光转换到红外也使得系统的几何像差影响减小，系统成像质量的要求减弱。由于系统的视场角与焦距需要同红外探测器靶面的尺寸（10.88mm × 8.7mm）相匹

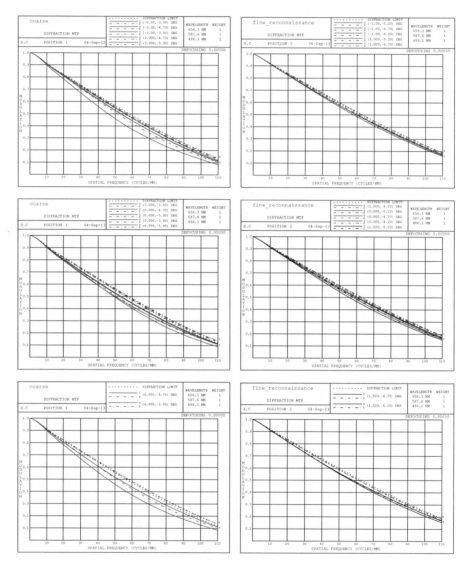

图 5 - 41 可见光双焦系统的 MTF 曲线图

配,故减小 F 数的途径只能是增加入瞳口径。通过约束光线在第一个面上入射位置的方法并不能有效地优化系统的结构以减小 F 数,对入瞳直径进行间接约束,即约束光线在光阑面的入射高度是减小系统 F 数的有效方法。原有用于可见光的系统光阑口径为 80mm,经过不断优化迭代后,将光阑通光口径增加到 125mm。系统两重结构的 F 数从原来的 10 提升为 6.3 和 6.0。

　　用于中波红外的自由曲面反射式双像面搜索系统如图 5 - 43 所示。

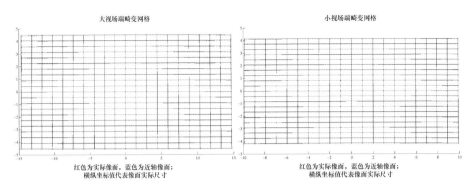

图 5 – 42　系统的畸变网格

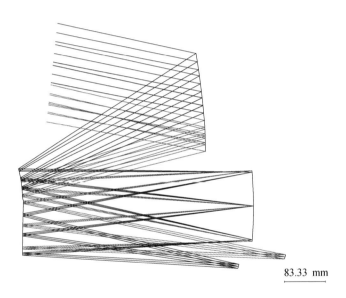

图 5 – 43　用于中波红外的自由曲面反射式双像面搜索系统

第 6 章
变焦距空间光学系统设计

▶▶▶ 6.1　变焦距光学系统分类与特点

6.1.1　概述

定焦距系统是焦距固定不变的系统,而变焦距系统则是焦距可在一定范围内连续改变而保持像面不动的光学系统。它能在拍摄点不变的情况下获得不同比例的像,因此它在新闻采访、影片摄制和电视转播等场合,使用特别方便。特别是在电影和电视拍摄的连续变焦过程中,随着物像之间倍率的连续变化,以及像面景物大小的连续改变,可以使观众产生一种由近及远或由远及近的感觉,更是定焦距物镜难以达到的。目前变焦距物镜的应用日益广泛,从电影和电视摄影逐步扩大到照相机和小型电影放映机上。变焦距物镜的高斯光学是在像面稳定和焦距在一定范围内可变的条件下来确定变焦距物镜中各组元的焦距、间隔、移动量等参数的问题。高斯光学是变焦距物镜的基础,高斯光学参数的求解在变焦距物镜设计中至关重要,直接影响成像质量。若要求全部范围内成像质量都好,就需要在所有可能解中挑选出尽量少产生高级像差的解。这相当于在系统总长一定的条件下,挑选各组焦距尽可能长的解,使各组元无论对轴上还是轴外光线产生尽量小的偏角。

早在 1930 年前后,就出现了采用变焦距物镜的电影放映镜头,当时为了避免凸轮加工制造误差引起的像面位移等缺陷,一般采用光学补偿法,但由于其成像质量较差,应用并不广泛。在 1940—1960 年,机械补偿法变焦距物镜开始得到发展和应用,这一时期的机械补偿法变焦距物镜镜片数目较少,变倍比较小,质量较差,所以应用并不是特别普遍。与此同时,在 20 世纪 40 年代末 50 年代初,出现了真正意义上的光学补偿法的变焦距物镜,由于它的机械加工工艺比较简单,所以曾风靡一时。1960 年以后,电子计算机在光学设计中应用增加,机床加工水平大大提高,光学补偿法的变焦距物镜就越来越少了,取而代之的是较高质量的机械补偿法的变焦距物镜。1960 年至 1970 年这一时期的机械补偿法变焦距物镜一般只有两个移动组元,但所用镜片数目比以前明显增加了,大大提高了镜头的像质,这个阶段的变焦镜头虽然变倍比不高,但已在电影电视中普遍使用。1970 年以后,随着计算机自动设计技术的普及,以及多层镀膜技术的开发和使用,人们利用高精度数控技术、新型材料技术和非球面技术,不但大大改进了二移动组元变焦距物镜,还促使开发了多移动组元变焦距物镜,即通常所说的光学补偿法和机械补偿法相结合的变焦距物镜。1980 年,小西六公司展出了 5 组同时移动的 F4.6/28 – 135mm 高倍广角变焦镜物镜,1983 年推出正式产品,从而揭开了全动型高倍率镜头的序幕,这种镜头采用新的变焦和调焦方式,体积小,性能优越,质量较高。从变焦镜头的发展来看,人们为了解决二移动组元变倍比较小的问题,从 1970 年到现在,一直致力于开发多移动组元的变焦镜头,现在,由于新材料的使用和新技术的进步,有的变焦镜头已赶上了定焦镜头的成像质量。但是变焦镜头与定焦镜头相比,在某些方面还是存在着差距,例如相对孔径不够大、体积不够小等。随着光学工业的发展,将会出现一批更新型、更高质量的变焦镜头。

6.1.2 变焦距系统的分类及其特点

对于变焦距系统来说,由于系统焦距的改变,必然使物像之间的倍率发生变化,所以变焦距系统也称为变倍系统。多数变焦距系统除了要求改变物像之间的倍率之外,还要求保持像面位置不变,即物像之间的共轭距不变。

对一个确定的透镜组来说,当对固定的物平面做相对移动时,对应的像平面的位置和像的大小都将发生变化。当它和另一个固定的透镜组组合在一起时,它们的组合焦距将随之改变。如图 6 – 1 所示,假定第一个透镜组的焦距为 f_1',第二个透镜组对第一透镜组焦面 F_1' 的垂轴放大率为 β_2,则它们的组合焦距 f' 为

$$f' = f_1' \cdot \beta_2$$

当第二透镜组移动时,β_2 将改变,像的大小将改变,像面位置也随之改变,因此系统的组合焦距 f' 也将改变。显然,变焦距系统的核心是可移动透镜组倍率的

改变。

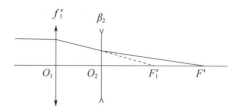

图 6-1　两透镜组的相互关系

对单个透镜组来说,只改变倍率而不改变共轭距是不可能的,但是有两个特殊的共轭面位置能够满足这个要求,即所谓的"物像交换位置",如图 6-2 所示。这种情况下,第二透镜组位置的物距(绝对值)等于第一透镜组位置的像距,而像距(绝对值)恰恰为第一透镜组位置的物距,前后两个位置之间的共轭距离不变,仿佛把物平面和像平面作了一个交换,因此称为"物像交换位置"。

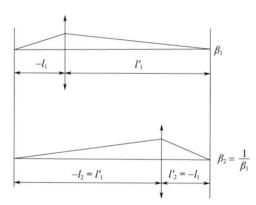

图 6-2　物像交换位置

此时,透镜组的倍率由 $\beta_1 = \dfrac{l'_1}{l_1}$ 变到 $\beta_2 = \dfrac{l'_2}{l_2} = \dfrac{-l_1}{-l'_1} = \dfrac{1}{\beta_1}$,前、后两个倍率 β_1 与 β_2 之比称为变倍比,用 M 表示为

$$M = \frac{\beta_1}{\beta_2} = \beta_1^2$$

由此可知,在满足物像交换的特殊位置上,物像之间的共轭距不变,但倍率改变了 β_1^2 倍。对于由 β_1 到 β_2 的其他中间位置,随着倍率的改变,像的位置也要改变,如图 6-3 所示。

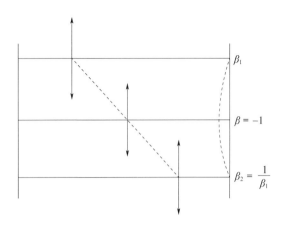

图 6 – 3　物像交换位置之间的像面位置

图 6 – 3 中虚线表示透镜位置和像面位置中间的关系,当透镜处于 – 1˟(表示垂轴放大率或视放大率时,通常在放大率数值右上加上标 ×,本书以后各章也采用这种表示法) 位置时,物像中间的距离最短。此时的共轭距 L_{-1} 为

$$L_{-1} = l' - l = 2f' - (- 2f') = 4f'$$

当倍率等于 β 时,共轭距 L_{β} 为

$$L_{\beta} = l - l = (f' + x) - (f' + x) = (f' - \beta f') - \left(f' - \frac{f'}{\beta}\right) = \left(2 - \beta - \frac{1}{\beta}\right)f'$$

由 – 1˟ 到 β 时相应的像面位移量为

$$\Delta L = L_{-1} - L_{\beta} = \left(2 + \beta + \frac{1}{\beta}\right)f'$$

综上可知,倍率等于 $1/\beta$ 时的像面位移量显然是相等的,这就是说,"物像交换位置"在变倍比 M 相同的条件下,处在物像交换条件下像面的位移量最小。在变焦距系统中起主要变倍作用的透镜组称为"变倍组",它们大多工作在 $\beta = -1˟$ 的位置附近,称为变焦距系统设计中的"物像交换原则"。

由上面的分析可以看到,要使变倍组在整个变倍过程中保持像面位置不变是不可能的,要使像面保持不变,必须另外增加一个可移动的透镜组,以补偿像面位置的移动,这样的透镜组称为"补偿组"。在补偿组移动过程中,它主要产生像面位置变化,以补偿变倍组的像面位移,而对倍率影响很小,因此补偿组一般处在远离 – 1˟ 的位置上工作。例如,正透镜补偿组一般处于如图 6 –4(a) 所示的 4 种物像位置;负透镜补偿组则处于图 6 –4(b) 所示的 4 种物像位置。实际系统中究竟采用哪一种,则要根据具体使用要求和整个系统的方案而定。

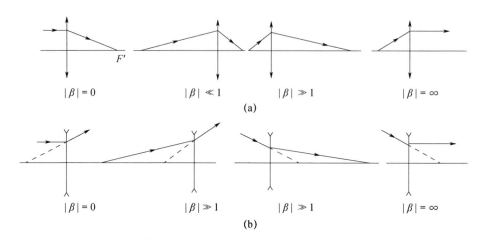

图 6 - 4 补偿组示意图

(a)正透镜补偿组;(b)负透镜补偿组。

实际应用的变焦距系统,它的物像平面是由具体的使用要求来决定的,一般不可能符合变倍组要求的物像交换原则。例如,望远镜系统的物平面和像平面都位于无限远,照相机的物平面同样位于物镜前方远距离处。为此,必须首先用一个透镜组把指定的物平面成像到变倍组要求的物平面位置上,这样的透镜组称为变焦距系统的"前固定组"。如果变倍组所成的像不符合系统的使用要求,也必须用另一个透镜组将它成像到指定的像平面位置,这样的透镜组称为"后固定组"。大部分实际使用的变焦距系统均由前固定组、变倍组、补偿组和后固定组 4 个透镜组构成,有些系统根据具体情况可能省去这 4 个透镜组中的 1 个或 2 个。

根据变焦补偿方式的不同,变焦距物镜大体上可分为机械补偿法变焦距物镜和光学补偿法变焦距物镜,以及在这两种类型基础上发展起来的其他一些类型的变焦距物镜。

1. 机械补偿法变焦距物镜

机械补偿法变焦距物镜一般由典型的前固定组、变倍组、补偿组、后固定组 4 个透镜组成。机械补偿法变焦距物镜的变倍组一般是负透镜组,而补偿组可以是正透镜组也可以是负透镜组,前者称为正组补偿,后者称为负组补偿,分别如图 6 - 5 和图 6 - 6 所示。机械补偿变焦距物镜的变倍组和补偿组的合成共轭距,在变焦运动过程中是一个常量,理论上像点是没有漂移的,而且各组元分担职责比较明显,整体结构也比较简单。近年来,随着机械加工技术的发展,机械补偿系统中凸轮曲线的加工已不像过去那么困难,加工精度也越来越高,所以,目前此种类型变焦距物镜得到了广泛应用。

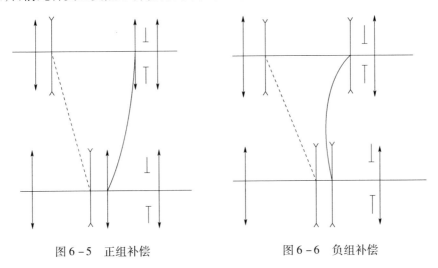

图 6 - 5　正组补偿　　　　　　　　图 6 - 6　负组补偿

(1)用双透镜组构成变倍组。

当采用变倍组移动时,除了符合物像交换条件的两个倍率像面位置不变外,对其他倍率,像面将产生移动。很容易想到,如果变倍组由两个光焦度相等的透镜组组合而成,在变倍过程中,两透镜组作少量相对移动以改变它们的组合焦距,就可达到所有倍率像面位置不变的要求,如图 6 - 7 所示。

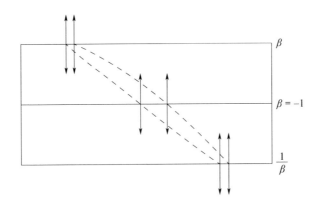

图 6 - 7　双正透镜组变倍组

图 6 - 7 中,变倍组由两个正透镜构成,符合物像交换原则的物像是实物和实像,图中标出的 β 和 $1/\beta$ 两个倍率符合物像交换原则,两透镜组的相对位置相同,在其他倍率,两透镜组间隔少量改变。图中画出的一条直线和一条曲线

代表不同倍率时两透镜组的移动轨迹,在 $-1^\times$ 位置两透镜组的间隔最大,它们的组合焦距最长。

这种系统被广泛应用于变倍望远镜中,由于望远镜的物平面位置在无限远,首先用一个物镜组将无限远物平面成像在变倍系统的物平面上,变倍系统的像位在目镜的前焦面上,通过目镜成像于无限远供人眼观察。望远镜物镜和目镜相当于整个变焦距系统的前固定组和后固定组,如图 6-8 所示。如果变倍组采用两个负透镜组构成,符合物像交换条件的物和像是虚物和虚像,如图 6-9 所示。

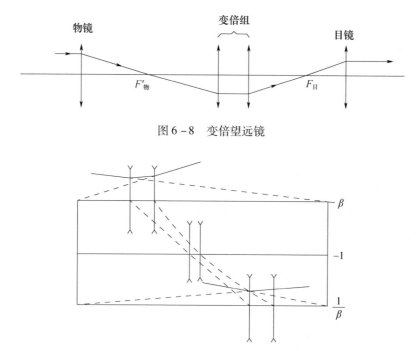

图 6-8　变倍望远镜

图 6-9　双负透镜组变倍组

在变倍过程中,两透镜组的运动轨迹如图 6-9 中虚线所示。由于两负透镜组间隔越小,焦距越长,所以在 $-1^\times$ 位置两透镜组间的间隔最小。前面两正透镜组合时 $-1^\times$ 位置间隔最大,因为两正透镜组间隔越大,焦距越长。为了构成一个完整的变焦距系统,图 6-9 中的变倍组的前面要加上一个前固定组,将实物平面成像在变倍组的虚物平面上,在变倍组的后面,也要加上一个后固定组把变倍组的虚像平面成像到系统指定的像平面位置上。这种系统最多的应用是前面加正透镜组的前固定组,后面加正透镜组的后固定组,从而构成一个变倍的望远系统。它被广泛应用在无限筒长的显微系统的平行光路中,使整个系统达到变倍的目的,如图 6－10 所示。

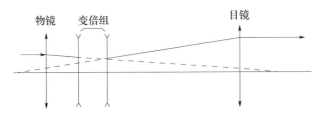

图 6－10　无限筒长显微变倍系统

(2)由一个负的前固定组加一个正的变倍组构成的低倍变焦距物镜。

照相物镜要求把远距离目标成一个实像,这类系统要实现变焦距,必须有一个将远距离目标成像在变倍组 $-1^{\times}$ 的物平面位置上的前固定组。为了使系统最简单,不再在变倍组后加后固定组,由于系统要求成实像,因此,必须采用正透镜组作变倍组,前固定组采用负透镜组。这样,一方面可以缩短整个系统的长度,另一方面整个系统构成一个反摄远系统,有利于轴外像差的校正,使系统能够达到较大的视场,如图 6－11 所示。在变倍过程中,前固定组同时还起到补偿组的作用,它们的运动轨迹同样在图 6－11 中用虚线表示。该系统所能达到的变倍比比较小,因为变倍组的移动范围受到前固定组像距的限制,主要用于低倍变焦距的照相物镜和投影物镜中。

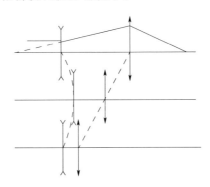

图 6－11　负、正透镜组构成的变倍组

(3)由前固定组加负变倍组和负补偿组再加上后固定组构成的变焦距系统。

这种系统如图 6－12 所示,前固定组是正透镜组,把远距离的物成像在负变倍组的虚物平面上,通过变倍组成一个虚像,再通过负补偿组成一缩小的虚像,最后经过正透镜组的后固定组形成实像。变倍组工作在 $-1^{\times}$ 位置左右,补

偿组工作在远离 -1^x, $|\beta| \ll 1$ 的正值位置。

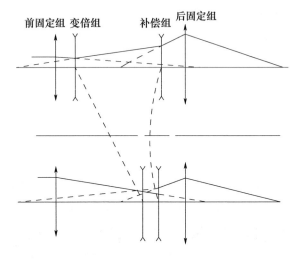

图 6-12　正的前、后固定组加负的变倍组和补偿组构成的变焦距系统

(4)由前固定组加负变倍组和正补偿组构成的变焦距系统。

这种系统根据补偿组工作倍率的不同,又可分为两类:第一类是补偿组工作在 $|\beta| \gg 1$ 位置上,如图 6-13 所示;第二类是补偿组工作在 $|\beta| \gg 1$ 位置上,如图 6-14 所示。它们的最大差别是补偿组的运动轨迹相反。根据实际情况,可以在第一类系统后面加一个负的后固定组,也可以在第二类系统后面加一个正的后固定组。

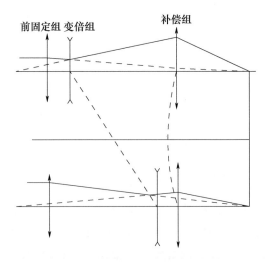

图 6-13　前固定组加负变倍组和正补偿组构成的变焦距系统($|\beta| \gg 1$)

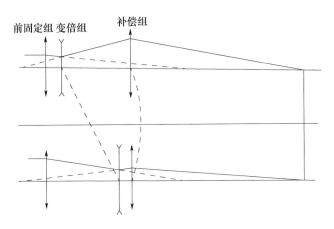

图 6-14　前固定组加负变倍组和正补偿组构成的变焦距系统($|\beta| \gg 1$)

（5）由前固定组加一负变倍组和一正变倍组构成的变焦距系统。

这类系统的最大特点是有两个工作在 $-1^\times$ 位置左右的变倍组,其中一个为负透镜组,另一个为正透镜组。在移动过程中,两个变倍组同时起变倍作用,系统总的变倍比是这两个变倍组变倍比的乘积,因此系统可以达到较高的变倍比。系统的构成如图 6-15 所示。

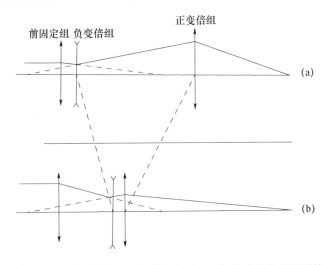

图 6-15　前固定组加负变倍组和正变倍组构成的变焦距系统

在图 6-15(a)所示的位置,负变倍组 $|\beta| < 1$,正变倍组 $|\beta|$ 也小于 1。当负变倍组向右移动,即向 $-1^\times$ 位置靠近时,它的共轭距减小,像点也同时向右移动。为了保持最后像面位置不变,正变倍组的共轭距也应相应减小,所以正变倍组也向 $-1^\times$ 位置靠近。当负变倍组到达 $-1^\times$ 位置时,正变倍组也必须同

时到达 $-1^\times$ 位置。因为当负变倍组越过 $-1^\times$ 位置继续向右移动时,共轭距开始加大,为了保持最后像面不变,正变倍组的共轭距也应相应加大,所以正变倍组必须和负变倍组同时越过 $-1^\times$ 位置,否则不能保持正变倍组运动的连续性。在图 6-15(b)所示的位置,正、负变倍组的倍率均大于 1,这样整个系统的变倍比和单个变倍组相比便大大增加了。因此,这种系统一般用于变倍比大于10 甚至达到 20 的变焦距系统中,正、负变倍组光焦度的绝对值一般比较接近。

以上为最常用的一些形式,在前面的图形中,变倍组的起始和终止位置都符合物像交换原则,实际系统中根据具体使用情况或整个系统校正像差的方便,变倍组可以采用对 $-1^\times$ 不完全对称的运动方式,适当偏上或偏下。

2. 光学补偿法变焦距物镜

光学补偿法变焦距物镜是在变焦运动过程中用若干组透镜作线性运动来实现变焦距,它们作同向且等速移动,在移动过程中,各组元共同完成变倍和补偿任务,使像面达到稳定的状态。但实际在变焦运动过程中,光学补偿法变焦距物镜只能在某些点做到像面稳定,所以在全范围内它的像面是有一定漂移的。正是由于这个原因,纯粹的光学补偿变焦距物镜在目前已很少使用。图 6-16是一种双组元联动的光学补偿法变焦距物镜。

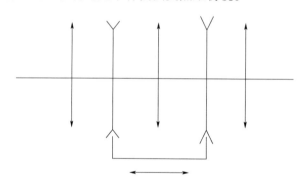

图 6-16　双组元联动光学补偿变焦距系统

光学补偿法变焦距物镜仅要求一个线性运动来执行变焦的职能,避免了机械补偿法中曲线运动所需的复杂结构;这类系统的组成次序是依次交替的固定组元和移动组元,而且固定组元与移动组元光焦度反号,在系统内部没有实像;另一方面,若不计入后固定组,像面稳定点的个数与组元数是相等的,即在这几个点像面位置相同,在其余各点均有像面位移。

3. 光学机械补偿混合型变焦距系统

这种类型的变焦距物镜是在光学补偿法的基础上发展起来的,由于光学补偿法变焦距系统仍存在一定的像面位移,为了补偿这些像面位移,可使其中另一组元作适当的非线性移动来进行补偿,这样就构成了光学机械补偿混合型变焦距系统,如图 6 - 17 所示,也有人称之为机械补偿双组联动型变焦距系统。

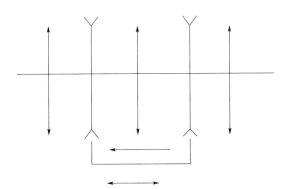

图 6 - 17　光学机械补偿混合型变焦距系统

光学机械补偿混合型变焦距系统由若干组元联动实现变倍目的,另有一组元作非线性运动来补偿像面的位移,使像面严格稳定;各移动组元分工并不明确,有时由某一单组元执行变倍职责,而双组联动仅起补偿像面的作用;它的光焦度分配比较均匀,对像差的校正比较有利;各组元光焦度交替出现正负,系统内部无实像。

4. 全动型变焦距物镜

这种变焦距物镜在变焦运动过程中,各组元均按一定的曲线或直线运动,若按其职能来分,可认为第一组元为补偿组,其余组元为变倍组。全动型变焦距物镜系统有这样一些特点:第一,它摆脱了系统内共轭距为常量这一约束条件,使各组元按最有利的方式移动,以达到最大限度的变焦效果。第二,第一组元用作调焦,其余组元对变倍比均有贡献。第三,像差的校正必须全系统同时进行。第四,光阑一般设在后组之前,当后组元作变焦运动时,为使光阑指数不变,则必须连续改变光阑直径,使得机械结构进一步复杂。第五,由于执行变倍的组元比较多,可以选四组或五组的结构,所以各组元倍率的变化可以比较小,各组元的光焦度分配可以比较均匀。第六,它的镜筒设计要比以上几种类型的变焦距系统复杂,但随着加工工艺的提高,这种复杂度也随之降低。图 6 - 18 是一个四组元全动型变焦距物镜。

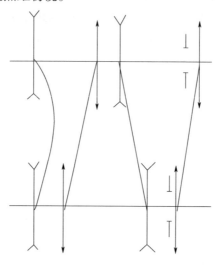

图 6-18　全动型变焦距系统

在某些情况下,还可在全动型基础上加一个后固定组,这样可以使全动型在运动过程中相对孔径保持不变,而且在校正像差过程中,可先使前面若干组元的像差趋于一致,再利用后固定组产生与前若干组元符号相反的像差来进行全系统的像差校正。

由于加工工艺等因素的制约,全动型变焦距物镜在目前应用并不广泛。在实际的光学设计过程中,绝大多数是机械补偿法变焦距系统。

6.2　变焦距物镜的高斯光学

求解变焦距物镜高斯光学参数,实际上是确定变焦距系统在满足像面稳定和焦距在一定范围内可变的条件下系统中各组元的焦距、间隔、位移量等参数。这些高斯光学参数的确定需要通过建立数学模型来解决,这里选择系统内各组元的垂轴放大率 $\beta_i(i=1,2,\cdots,n)$ 作为自变量,因为用 β_i 作自变量可以表示出系统及系统内各组元的其他参量,使方程的建立更加容易,形式比较规则,从而更便于分析,而且它可以直接反映变焦过程中的一些特征点,如 β_i 倍、-1 倍、$1/\beta_i$ 倍。

若一变焦距物镜由 n 个透镜组组成,用 $F_1,F_2,\cdots,F_n$ 表示第 $1,2,\cdots,n$ 组元的焦距值,$\beta_1,\beta_2,\cdots,\beta_n$ 表示第 $1,2,\cdots,n$ 组元的垂轴放大率,那么可得

$$F = F_1\beta_2\beta_3\cdots\beta_n \tag{6-1}$$

式中:F 为系统总焦距值。由式(6-1)可知,变焦距物镜的合成焦距 F 为前固定组焦距 F_1 和其后各透镜组垂轴放大率的乘积。F 的变化即为 $\beta_2,\beta_3,\cdots,\beta_N$ 乘积的变化,因此有

$$\Gamma = \frac{F_L}{F_S} = \frac{\beta_{2L}\beta_{3L}\cdots\beta_{nL}}{\beta_{2S}\beta_{3S}\cdots\beta_{nS}} \tag{6-2}$$

式中:Γ 为系统的变倍比,也称"倍率",$\Gamma \geq 10$ 称为高变倍比,否则称为低变倍比;L 为长焦距状态;S 为短焦距状态。另有各组元的变倍比为

$$\gamma_i = \frac{\beta_{iL}}{\beta_{iS}} \quad (i = 1,2,\cdots,n) \tag{6-3}$$

式中:γ_i 为各组元的变倍比。

由式(6-2)和式(6-3)可得

$$\Gamma = \gamma_1\gamma_2\cdots\gamma_n \quad (i = 1,2,\cdots,n) \tag{6-4}$$

式(6-4)表明了系统变倍比与各组元变倍比之间的关系。

$$L_i = \left(2 - \beta_i - \frac{1}{\beta_i}\right) \cdot F_i \quad (i = 1,2,\cdots,n) \tag{6-5}$$

式中:L_i 为各组元的物像共轭距。

$$l_i = \left(\frac{1}{\beta_i} - 1\right) \cdot F_i \quad (i = 1,2,\cdots,n) \tag{6-6}$$

式中:l_i 为各组元的物距。

$$l_i' = (1 - \beta_i) F_i \quad (i = 1,2,\cdots,n) \tag{6-7}$$

式中:l_i' 为各组元的像距。

$$d_{i,i+1} = (1 - \beta_i) \cdot F_i + \left(1 - \frac{1}{\beta_{i+1}}\right) \cdot F_i \tag{6-8}$$

式中:$d_{i,i+1}$ 为第 i 面顶点到第 $i+1$ 面顶点之间的距离。从上面的公式可以看出,垂轴放大率 β_i 作为自变量是可以表达出其他参数的,因此在求解高斯光学过程中,就围绕着垂轴放大率来讨论变焦距系统的最佳解。

6.3　变焦距系统光学设计

现在,变焦距光学系统设计都是采用光学自动设计软件中的多重结构功能来完成的。在 Zemax 软件中,提供了多重结构的模块,实际设计中的具体步骤为:

（1）确定一个基本的初始系统。设计者可以从专利或镜头库中挑选一个和需要设计的变焦距系统的参数比较接近的镜头数据作为初始系统，输入程序，作为第 1 重结构。通常，第 1 重结构会选作变焦距系统的短焦，因此，可能需要进行一些初始的设计或调整，使此时的焦距或倍率等于或接近短焦的参数。当然，也可以选择长焦。

（2）利用软件中的多重结构功能模块构建多重结构。所谓的多重结构指的是所设计的系统的不同的状态，在变焦距系统设计中，指的是不同的焦距或倍率，也就是一种焦距或倍率对应着一重结构。通常，把变焦距系统设计成 3 重结构，对应着短焦、中焦和长焦三种结构。在步骤（1）中，初始系统已经调整成第 1 重结构，因此，现在需要的是利用多重结构建模界面建立其余的结构。不同结构之间的差异可能会有孔径（F 数）、视场、波长、空气间隔、玻璃材料、非球面系数等。一般普通的变焦距系统采用改变不同结构的空气间隔来满足短焦、中焦和长焦的要求。至于不同结构时的空气间隔，则需要利用前面的高斯光学计算的结果。

（3）建立变焦距光学系统多重结构像差校正的评价函数。构建了多重结构以后，就可以建立相应的校正像差的评价函数。在构建评价函数的界面时，程序会自动建立对每重结构校正像差的评价函数。设计者需要注意的是添加对每重结构控制的参量，例如焦距、倍率、最小边缘透镜厚度、最小边缘空气厚度、最小中心透镜厚度、最小中心空气厚度、最大中心透镜厚度、最大透镜口径等。

（4）对变焦距系统进行光学自动像差校正。建立好评价函数后，就可以进行自动优化设计了。程序提供的是阻尼最小二乘法光学自动设计方法，对设计者的要求不高，只要按照上面的步骤进行，程序都能够进行优化。但是，阻尼最小二乘法程序的特点是很容易陷入局部极值，也就是说像差没有校正好，但却无法继续优化，或无法继续减小评价函数的值。此时，就需要设计者运用丰富的光学设计知识和像差理论知识来进行人工干预，使系统跳出局部极值，达到或接近全局最优。另一种方法是利用软件提供的全局优化功能来寻找全局最优。

变焦距光学系统的设计是一个比较困难的工作，需要设计者花费大量的时间和心血才能完成。同时，设计者还应当对光学系统的工艺性和装调环节加以考虑，使所设计的系统既满足成像质量，又具有很好的工艺性和易于装调。

6.4 透射式变焦距物镜高斯光学设计实例

1. $\Gamma = 10^{\times}$ 正组补偿变焦距物镜换根解

假设变倍组和补偿组的移动情况如图 6 - 19 所示。取变倍组 $F_2 = -1$,在 -1 倍时,$l_2' = -2$,取 -1 倍位置时变倍组与补偿组的间隔 $d_{23} = 0.8$,这间隔要适当取大些,因为还准备向下取段,而向下取段时,两组间隔要减小。此时 $l_3 = -2.8$,当补偿组倍率 $\beta_3 = -1$ 时,应取 $F_3 = 1.4$。这样由 -1 倍位置开始换根的要求,得出了焦距值和间隔的数值。

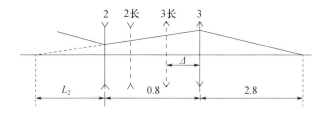

图 6 - 19 变倍组和补偿组移动情况

下面要确定长焦距位置时的高斯光学参数,试选 $\beta_{2L} = -1.2$,此时有

$$l_2 = \frac{1 - \beta_2}{\beta_2} F_2 = 1.83333$$

$$l_2' = \beta_2 l_2 = -2.2$$

变倍组需向后移动 $2 - 1.83333 = 0.16667$,设此时补偿组需向前移动 Δ 来保持像面的稳定,即

$$l_3 = -2.83333 + \Delta$$

$$l_3' = 2.8 + \Delta$$

由 $\dfrac{1}{l_3'} - \dfrac{1}{l_3} = \dfrac{1}{F_3}$ 可求出 $\Delta = 0.23333$,进而求得

$$\beta_{3L} = \frac{l_3'}{l_3} = -7.14286$$

$$\beta_{2L} \cdot \beta_{3L} = 1.4$$

由 $\Gamma = 10$ 得

$$\beta_{2S} \cdot \beta_{3S} = 0.14$$

若想通过长焦距求短焦距,只要以 $1/\Gamma$ 代替 Γ 即可,因此有

$$\beta_{2S} = -0.346617, \quad \beta_{3S} = -0.403904$$

其余的参数易于求得,计算结果如表 6 - 1 所列。

表 6 - 1　高斯参数求解 1

参数	短焦位置	-1 倍位置	长焦位置
β_2	- 0. 346617	- 1	- 1. 2
L_2	3. 88503	2	1. 83333
L_2'	1. 346617	- 2	- 2. 2
β_3	- 0. 403904	- 1	- 1. 16667
L_3	- 4. 86618	- 2. 8	- 2. 6
L_3'	1. 96547	2. 8	3. 03333
F_2	- 1	- 1	- 1
F_3	1. 4	1. 4	1. 4
X	0	1. 8853	2. 0517
Y	0	- 0. 83453	- 1. 067786
d_{23}	3. 51956	0. 8	0. 4

2. 35. 80mm 135 照相机变焦距物镜高斯光学求解

通过换根求解(对称取段,中焦位置时 $\beta_2 = -1$),$\Gamma = 80/35 = 2.286$,取变倍组焦距 $F_2 = -1$。在 $\beta_2 = -1$ 位置时,变倍组与补偿组的间隔 $d_{230} = 0.6$;短焦距位置时,$d_{23S} = 1.07467$,$\beta_2 = -0.8024$。那么根据"平滑换根"的充要条件,令 $F_3 = d_{230}/2 - F_2 = 1.3$。

根据第 6.1 节的公式计算相关的高斯光学参数,得到的结果如表 6 - 2 所列。

表 6 - 2　高斯参数求解 2

参数	短焦位置	-1 倍位置	长焦位置
β_2	- 0. 8024	- 1	- 1. 24528
β_3	- 8. 2433	- 1	- 1. 2131
F_2	- 1	- 1	- 1
F_3	1. 3	1. 3	1. 3
X	0	0. 2463	0. 44389
Y	0	0. 22837	- 0. 50539
d_{23}	1. 07467	0. 6	1. 254

从表 6-2 中的数据，可以看出确实在 $\beta_2 = -1$ 处实现了平滑换根，即 $\beta_2 = -1$ 时 $\beta_3 = -1$。本例就是采用公式，即"平滑换根"的充要条件，直接来计算相关的初始参数，这种方法要比尝试法更简便。同样，在编写计算机应用程序时也是采用此方法，结果证明此方法是简便而且可行的。

3. 变焦距电视摄像镜头高斯光学设计

光学系统的光学性能和技术条件如下。

变焦范围：$200 \sim 600\text{mm}$；

相对孔径：$D/f' = 1/6$；

幅面尺寸：16mm；

镜筒长度：$500 \sim 600\text{mm}$（从光学系统第一面顶点到像面距离），尽可能缩短；

相对畸变：$\dfrac{\delta y_z'}{y'} \leqslant 0.5\%$。

变焦距镜头设计首先是要根据光学性能如焦距变化范围、相对孔径、幅面大小和外形尺寸的要求选择变焦距镜头的结构形式，并确定系统中每个透镜组的焦距和变倍组的移动范围。这就是所谓的确定结构型式和进行高斯光学计算。

高斯光学计算对不同的结构形式并没有统一的计算模式，要根据不同的形式和具体的要求找出不同的计算方法。本例中对几种可能的结构形式分别进行了计算，通过分析对比，以期得到简单、合理又满足要求的最佳方案。图 6-20 列出了 3 种结构形式，假定前固定组焦距 f_1' 分别为 250mm、400mm，补偿组的垂轴放大率 $|\beta_3|$ 分别为 1/4、1/3、∞（即光线从补偿组平行出射）。利用几何光学物像关系式计算结果如表 6-3 所列。

表 6-3 变焦距电视摄像镜头高斯光学计算结果比较表

参数	类型										非物像交换原则
	a						b				
编号	1	2	3	4	5	6	7	8	9	10	11
β_3	$-1/3$	$-1/4$	∞	$-1/3$	$-1/4$	∞	$1/3$	$1/4$	$1/3$	$1/4$	$\beta_{2短} = \beta_{2长} = -\beta_{3短} = \beta_{3长} = -1$
f_1'/mm	250	250	250	400	400	400	250	250	400	400	600
f_2'/mm	-82.45	-82.45	-82.45	-131.93	-131.93	-131.93	-82.45	-82.45	131.926	-131.93	211.8
f_3'/mm	62.5	49.967	250	100.076	80	400	-125	-83.36	-200	-133.38	222.4
f_4'/mm	-66.375	-36.032	346.4	-130.98	-66.398	346.41	93.759	80.89	134.3	118.47	

续表

参数	类型										
	a						b				非物像交换原则
编号	1	2	3	4	5	6	7	8	9	10	11
D_1/f_1'	1/2.5	1/2.5	1/2.5	1/4	1/4	1/4	1/2.5	1/2.5	1/4	1/4	1/6
D_2/f_2'	1/1.6	1/1.6	1/1.6	1/2.54	1/2.54	1/2.54	1/1.6	1/1.44	1/2.54	1/2.54	1/3
D_3/f_3'	1/1.1	1/0.87	1/4.3	1/1.73	1/1.4	1/6.9	1/2.2	1/1.59	1/3.5	1/2.3	1/3
D_4/f_4'	1/1.9	1/1.3	1/6	1/3.76	1/2.45	1/6	1/1.16	1/0.92	1/1.7	1/1.35	
q(导程)/mm	95.21	95.21	95.21	152.375	152.375	152.375	95.21	95.21	152.375	152.375	$q_1=155$, $q=97$
L(总长)/mm	387.121	341.277	524.077	493.566	447.89	630.667	661.17	706.96	767.942	813.456	679

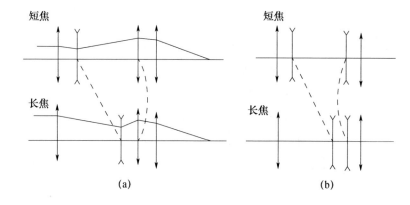

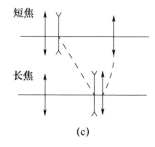

图 6-20　3 种初始结构形式

(a)正、负、正、正结构形式;(b)正、负、负、正结构形式;(c)正、负、正结构形式。

本系统外形尺寸的突出特点是镜筒长度短、导程短,因此首先找出镜筒长度和导程长度的关系。从表 6-3 中可见:

（1）f_1' 对导程 q 影响很大，f_1' 确定后，导程 q 便基本确定。要使导程 q 小，f_1' 应取较小的数值。

（2）在相同的 f_1'、相同 $|\beta_3|$ 的条件下，变焦距形式不同，镜筒的长度不同。图 6-20（a）较短，图 6-20（b）和图 6-20（c）较长。

（3）同一变倍类型条件下，f_1' 相同、$|\beta_3|$ 不同的镜筒长度也不同。图 6-20（a）型中 $|\beta_3|$ 越小，镜筒长度越小。图 6-20（b）型中，$|\beta_3|$ 越大，镜筒长度越小。

从以上分析可见，为了减小总长度和导程，应选取符合物像交换原则的（a）型，且 f_1' 应尽可能小。当 $f_1' = 400\text{mm}$ 时，导程 $q = 152.3\text{mm}$，在 1s 内完成变焦距过程有一定的难度；当 $f_1' = 250\text{mm}$ 时，导程 $q = 95.21\text{mm}$，导程已很短，1s 内完成变焦距已不费力；如 f_1' 再取小，导程 q 会进一步变短，但各组相对孔径加大，会导致结构的复杂和像质的下降。从表 6-3 中可以看出，如仅从导程和总长考虑，应选取（a）型中 $\beta_3 = -1/3$ 或 $\beta_3 = -1/4$，这时的导程 $q = 95.21\text{mm}$，总长分别为 387.121mm 和 341.277mm，但它们对应的补偿组相对孔径分别为 1/1.1 和 1/0.87，都难以实现。如选用（a）中第 3 组 $\beta_3 = \infty$，前固定组相对孔径 $D_1/f_1' = 1/25$，$D_2/f_2' = 1/1.6$，$D_3/f_3' = 1/4.3$，$D_4/f_4' = 1/6$，相对孔径明显降低，易于实现。虽然镜筒长度 524.077mm 较上两组长些，但上述计算中后固定组是按单组薄透镜计算的，若后固定组采用摄远型，前主面前移，总长缩短到 500mm 以下不会有困难。$\beta_3 = \infty$，即补偿组和后固定组之间为平行光，便于装配调整，光阑放在平行光路中，变焦距过程中口径大小不变，保证整个变焦距镜头在长、中、短各焦距位置的相对孔径不变。根据以上分析，综合考虑各种因素，本系统采用负组变倍，正组补偿，符合物像交换原则 $D_1/f_1' = 1/2.5$，$f_1' = 250\text{mm}$，$\beta_3 = \infty$ 的方案。

下面确定各透镜组结构形式：

（1）前固定组。$f_1' = 250\text{mm}$，$D_1/f_1' = 1/2.5$，$2\omega = 0.76° \sim 2.29°$，属于视场较小，有一定相对孔径要求的透镜组，选用双-单结构。

（2）变倍组。$f_2' = -82.45\text{mm}$，$D_2/f_2' = 1/1.6$，由于相对孔径较大，为减小孔径高级球差采用单-双结构。

（3）补偿组。$f_3' = 250\text{mm}$，$D_3/f_3' = 1/4.3$，对这样长的焦距而言，相对孔径也略大一些。一般情况下，双胶合结构在 $f' = 200 \sim 300\text{mm}$ 时可用的 $D/f' = 1/5 \sim 1/6$，否则高级像差的加大会导致像质变差。这里也采用双-单结构。

（4）后固定组。$f_4' = 346.4\text{mm}$，$D_4/f_4' = 1/6$，按它的光学性能要求，用双胶合是可行的，但考虑到要减小总长，应采用摄远型物镜，如图 6-21 所示。

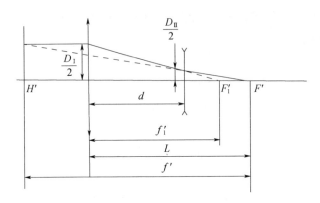

图 6 – 21　后固定组采用摄远型物镜

令第一组到像面的距离为 L,总焦距为 f',则 $K = L/f'$ 称为摄远比。由几何关系和高斯光学可以得出不同 K 值时的 $L, f'_{\text{Ⅱ}}, d, D_{\text{Ⅰ}}$ 和 $D_{\text{Ⅱ}}/f_{\text{Ⅱ}}$,如表 6 – 4 所列。

表 6 – 4　不同 K 值时的 $L, f'_{\text{Ⅱ}}, d, D_{\text{Ⅰ}}$ 和 $D_{\text{Ⅱ}}/f_{\text{Ⅱ}}$

K	0.55	0.6	0.7	0.8
L/mm	190.52	207.84	242.48	277.12
$f'_{\text{Ⅱ}}$/mm	– 34.64	– 69.28	– 138.56	– 207.848
d/mm	155.88	138.56	103.92	69.28
$D_{\text{Ⅱ}}$/mm	5.73	11.54	23.09	34.64
$D_{\text{Ⅱ}}/f'_{\text{Ⅱ}}$	1/6	1/6	1/6	1/6

从表 6 – 4 可见,K 值越小,总长 L 越短,后组焦距 $f'_{\text{Ⅱ}}$ 越小。但后组焦距 $f'_{\text{Ⅱ}}$ 过短,不利于平衡整个系统的场曲,兼顾场曲的校正和总长的减小,取 $K = 0.7$ 较为合适。

如表 6 – 4 所列,摄远型后固定组焦距 $f'_4 = 346.41\text{mm}, D_4/f'_4 = 1/6, D_4 = \dfrac{1}{6} \times 346.41 = 57.73\text{mm}$,根据经验,一般前组相对孔径约为整组相对孔径的两倍,即 $D_1/f'_1 = 1/3, f'_1 = 3 \times 57.73 = 173.2\text{mm}$,则有以下设计思路。

(1)前组:$f'_1 = 173.2\text{mm}, D_1/f'_1 = 1/3$,采用双 – 单结构;

(2)后组:$f'_{\text{Ⅱ}} = – 138.56\text{mm}, D_{\text{Ⅱ}}/f'_{\text{Ⅱ}} = 1/6$,可采用双胶合透镜组。

根据高斯光学的计算结果就可以进行像差校正,像差校正的结果如表 6 – 5 所列。

表 6 – 5　长焦、中焦、短焦主要像差

类型	$\delta L'_m$	SC'	$\Delta L'_{FC0.7}$	$\Delta y'_{FCm}$	$\Delta y'_z/y'$	$\delta L'_{sn}$	$\delta(\Delta L'_{FC})$
长焦	0.0098	0	0.0128	0.00001	0.3%	– 0.0366	– 0.2000
中焦	0.0301	0.0007	0.0035	– 0.0014	0.3%	– 0.1010	– 0.0870
短焦	0.0658	0.0007	0.1010	– 0.0037	0.3%	– 0.1580	0.2910

整个系统除二级光谱色差较大(0.6)外,其他像差都很小,足以满足使用要求,整个系统实际长度仅为 461mm。

6.5　反射式变焦距光学系统

最早出现的反射式变焦距系统是波音公司在 1980 年初,为了实现对飞机的全时段、全方位的监控而开发的第一代反射式多光谱段变焦距望远镜(Multi – spectral Zoom Telescope,MZT),这种反射式变焦距系统可以对多光谱成像且具有宽、窄两个视场。1981 年 Walter E. Woehl 搭建了一个由 6 片反射镜和一个折叠平面镜组成的离轴全反射变焦距系统,由于设计初衷是改变光源的辐射强度以及光束整形,决定了这种系统并不适用于大视场成像。此后,由波音公司和 CAO 研发了第二代 MZT,并在美国的 Santa Harbara 中心取得初步成功。

1989 年,一种连续满足齐明条件的四球面反射镜变焦距望远镜被设计出来。1990 年,R. Barry Johnson 在他的一篇文章中较详细地介绍了波音公司 MZT 的第一代和第二代产品的设计构思,并给出了相应的设计结构形式。但是,以上用于目标跟踪和图像获取的反射式变焦距系统都是共轴的,越来越不能满足实际的发展需求,所以从 20 世纪末开始,一些离轴、倾斜的反射式变焦距系统设计和专利开始出现。

Thomas H. Jamieson 于 1995 年发表了卡氏系统的离轴变焦距设计,从而较以前同轴变焦距系统有了更进一步的发展;Johnson R. Barry 和 Mann Allen 分别在 1995、1997 年 SPIE 会议上发表了无遮拦反射变焦距镜头设计论文,研究结果表明存在比 Thomas H. Jamieson 更好的结构形式,能达到更好的成像质量。Berge Tatian 和 Tsunefumi Tanaka 分别就反射式变焦距光学系统于 2001 年和 2003 年申请了美国专利,设计方案为较早的共轴反射式变焦距系统的改进型。2009 年,德国弗劳恩霍夫研究所的 Kristof Seidl,Jens Knobbe 和 Heinrich Gruger

设计制造出了一种通过改变变形镜的中心曲率来实现变焦距的大视场离轴式反射变焦距系统,此种变焦形式将在第 7 章中详细介绍。

与国外相比,国内对反射系统的研究起步较晚,目前与西方相比有较大的差距,而对变焦光学系统的研究起步更晚,变焦技术的差距更大。目前,我国对全反射式光学系统已开展研究的单位有航天 508 所、长春光机所、西安光机所、苏州大学、北京理工大学等单位,研制成功了多种宽谱段成像相机。同时为了充分发挥全反射光学系统具有的宽谱段、大视场、高分辨率成像的特点,已有众多学者在大视场反射光学系统设计方面做了大量的工作,力争在现代工业或机载遥感等领域都能得到广泛应用,例如浙江大学顾培夫教授课题组研究的大视场投影镜头、作者所在实验室研究的大视场大孔径红外镜头和最新型的极紫外光刻镜头,以及适用于宽谱段、小体积、大视场和先进的离轴反射变焦距光学系统等。随着国际非球面加工和检测技术的不断发展,这类系统将得到更广泛的应用。

6.5.1 共轴反射式变焦距系统

(1)单个球面反射镜的成像规律。

为了达到简化公式的目的,只考虑反射镜位于空气中的情况。我们用下标 j 来表示反射镜在系统中的先后顺序,这里认为系统一共包含有 n 个反射镜。

反射镜的焦距值 f_j 和光焦度 φ_j 分别为

$$f_j = \frac{R_j}{2} \quad (j = 1, 2, \cdots, n) \tag{6-9}$$

$$\varphi_j = \frac{(-1)^j}{f_j} = \frac{2(-1)^j}{R_j} \quad (j = 1, 2, \cdots, n) \tag{6-10}$$

式中:R_j 为第 j 个反射镜的中心曲率半径,方向为从反射镜顶点到其曲率中心,本书默认线段从左向右为正、从右向左为负的符号规则。

反射镜的物像关系式为

$$\frac{1}{l_j'} + \frac{1}{l_j} = \frac{2}{R_j} = \frac{1}{f_j'} \quad (j = 1, 2, \cdots, n) \tag{6-11}$$

式中:l_j' 为第 j 个反射镜的像距,其数值等于由反射镜顶点算起到其像平面的距离,从左向右为正,从右向左为负;l_j 为第 j 个反射镜的物距,其数值等于由反射镜顶点算起到其物平面的距离,从左向右为正,从右向左为负。

反射镜的垂轴放大率 β_j 为

$$\beta_j = \frac{l'_j}{l_j} \quad (j=1,2,\cdots,n) \tag{6-12}$$

将式(6-12)代入到式(6-11)中,整理后,得到由垂轴放大率和焦距表示的像距和物距分别为

$$l'_j = f'_j(1-\beta_j) \quad (j=1,2,\cdots,n) \tag{6-13}$$

$$l_j = f'_j\left(1-\frac{1}{\beta_j}\right) \quad (j=1,2,\cdots,n) \tag{6-14}$$

反射镜的物像共轭距 L_j 为

$$L_j = l'_j - l_j = \left(\frac{1}{\beta_j}-\beta_j\right)f'_j \quad (j=1,2,\cdots,n) \tag{6-15}$$

这里,物像共轭距的数值大小和符号规则为:由反射镜的物平面算起到其像平面的距离,从左向右为正,从右向左为负。

为了对单个反射镜的成像规律有一个直观的认识,可以将反射镜固定不动,通过移动物平面的方法来考察反射镜的垂轴放大率、物像共轭距与物距变化之间的关系,有

$$\beta_j = \frac{f'_j}{f'_j - l_j} \quad (j=1,2,\cdots,n) \tag{6-16}$$

$$L_j = \frac{f'^2_j}{l_j - f'_j} - l_j + f'_j \quad (j=1,2,\cdots,n) \tag{6-17}$$

由式(6-16)可知,当物体位于反射镜的焦距处时,其垂轴放大率趋近于无穷,这与单个透镜的规律相同。但是对式(6-17)求极值的结果表明,反射镜的物像共轭距不存在极小值,这与单个透镜是不同的。

由式(6-16)和式(6-17)可以得到图 6-22 所示的共轭距与垂轴放大率关系示意图。

(2)变焦距系统的高斯光学参数。

反射式变焦距系统的高斯光学参数包括系统的焦距值、变倍比、各个反射镜之间的间隔、光线在各个反射镜上的投射高等。为了能够方便地使用上述推导公式,也为了能够更容易地建立方程,这里选择各个反射镜的垂轴放大率 β_j 作为自变量来对各个高斯光学参数进行描述。另外,使用垂轴放大率表示高斯光学参数在形式上比较规则,更便于分析,可以直接地反映出系统在变焦距过程中的一些特征。

在对变焦距系统进行讨论的时候,我们需要为 β_j 添加另一个下标 i,表示系

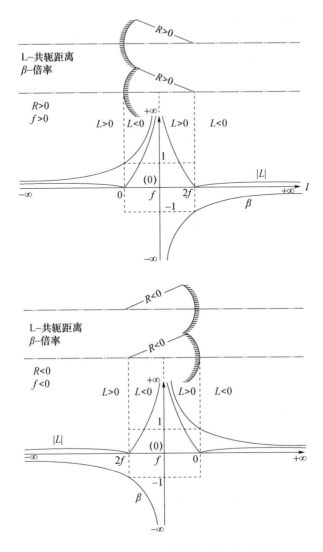

图 6-22　共轭距和垂轴放大率关系示意图

统处在第 i 个焦距值下,这里认为系统共有 k 个焦距状态。下面列出相关公式,以证明用垂轴放大率 β_{ji} 可以表示出反射式变焦距系统的高斯光学参数。

系统的焦距值 F_i' 为

$$F_i' = (-1)^n f_1' \beta_{2i} \beta_{3i} \cdots \beta_{ni} \quad (i = 1, 2, \cdots, k) \quad (6-18)$$

式中:f_1' 为系统中第一个反射镜的焦距值。由此可知,系统的焦距值实际上等于系统中第一个反射镜的焦距值与其后各反射镜的垂轴放大率的乘积,而其符号是由系统中包含有反射镜的个数决定的。F_i' 的变化就是 $\beta_{2i} \beta_{3i} \cdots \beta_{ni}$ 乘积的变化。

系统的变倍比 $\varGamma$ 为

$$\varGamma = \frac{F'_L}{F'_S} = \frac{(-1)^n f'_1 \beta_{2L} \beta_{3L} \cdots \beta_{nL}}{(-1)^n f'_1 \beta_{2S} \beta_{3S} \cdots \beta_{nS}} = \frac{\beta_{2L} \beta_{3L} \cdots \beta_{nL}}{\beta_{2S} \beta_{3S} \cdots \beta_{nS}} \qquad (6-19)$$

式中:F'_L 和 F'_S 分别为系统的长焦距值和短焦距值;β_{jL} 和 β_{jS} 分别为系统在长焦距和短焦距时第 j 个反射镜的垂轴放大率。下标 L 表示长焦距状态,S 表示短焦距状态。

各个反射镜之间的间隔 $d_{(j,j+1)i}$ 为

$$d_{(j,j+1)i} = l'_{ji} - l_{(j+1)i} = f'_j(1 - \beta_{ji}) -$$
$$f'_{j+1}\left(1 - \frac{1}{\beta_{(j+1)i}}\right) \quad (j = 1,2,\cdots,n-1;i = 1,2,\cdots,k) \qquad (6-20)$$

$d_{(j,j+1)i}$ 的数值大小和符号规则为:由第 j 个反射镜的顶点算起到第 $j+1$ 个反射镜的顶点的距离,从左向右为正,从右向左为负。

系统的后截距 $d_{(n,I)i}$ 为

$$d_{(n,I)i} = f'_n(1 - \beta_{ni}) \quad (i = 1,2,\cdots,k) \qquad (6-21)$$

$d_{(n,I)i}$ 的数值大小和符号规则为:由最后一个反射镜的顶点算起到系统像平面的距离,从左向右为正,从右向左为负。

入射角 i_{ji} 和入射光线与主光轴的夹角 u_{ji} 之间关系为

$$i_{ji} = \frac{l_{ji} - R_j}{R_j} u_{ji} \quad (j = 1,2,\cdots,2n;i = 1,2,\cdots,k) \qquad (6-22)$$

出射角 i'_{ji} 和出射光线与主光轴的夹角 u'_{ji} 之间关系为

$$i'_{ji} = \frac{l'_{ji} - R_j}{R_j} u_{ji} \quad (j = 1,2,\cdots,n;i = 1,2,\cdots,k) \qquad (6-23)$$

i_{ji} 和 i'_{ji} 的符号规则为:由光线起转到法线,顺时针为正,逆时针为负。u_{ji} 和 u'_{ji} 的符号规则为:由主光轴起转到光线,顺时针为正,逆时针为负。特别说明的是,这四个角都以弧度为单位。

又有 $i_{ji} = -i'_{ji}$,以及 $u'_{ji} = u_{ji} + i_{ji} - i'_{ji} = u_{ji} + 2i_{ji}(j = 1,2,\cdots,n;i = 1,2,\cdots,k)$,同时代入式(6-21)至式(6-23),得到 u'_{ji} 与 u_{ji} 之间的迭代关系为

$$u'_{ji} = u_{ji}\left(\frac{l_{ji}}{f'_j} - 1\right) = \frac{y_{ji}}{f'_j} - u_{ji} \quad (j = 1,2,\cdots,n;i = 1,2,\cdots,k) \qquad (6-24)$$

$$u_{j+1} = u'_j \quad (j = 1,2,\cdots,n-1) \qquad (6-25)$$

式中:y_{ji} 为光线在第 j 个反射镜上的投射高,其符号规则为从下向上为正,从上向下为负。

另外,根据三角学的数量关系和一阶近似的定义,如图 6-23 所示,可以得

到各个反射镜的投射高的递推公式为

$$y_{(j+1)i} = y_{ji} - u'_{ji}d_{(j,j+1)i}$$

$$= y_{ji} - u'_{ji}\left[f'_j(1-\beta_{ji}) - f'_{j+1}\left(1-\frac{1}{\beta_{(j+1)i}}\right)\right]$$

$$(j = 1,2,\cdots,n-1;i = 1,2,\cdots,k)\qquad\qquad(6-26)$$

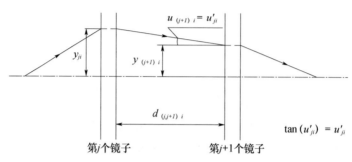

图 6 – 23　投射高的数量关系和一阶近似

以上给出了由垂轴放大率 β_{ji} 表示的反射式变焦距系统的各个高斯光学参数,其中的一些公式在后面的章节中会被反复用到。下面开始讨论系统机械补偿的实现和反射镜的运动规律。

(3)反射光学系统的塞德尔像差公式。

在透射光学系统中,塞德和数代表了光学系统的 5 种初级像差在各个折射面上的分布形式,所以塞德和数不仅与系统的视场物距等光学参数有关,还与光学系统的结构参数 (r,d,n) 有着密切的关系。反射光学系统可看作特殊的折射光学系统,所以可由透射光学系统的塞德尔像差公式获得反射光学系统的塞德尔像差表达式。在光学设计中,经常使用 PW 形式的塞德和数进行初级像差的计算,本书也采用此形式的塞德尔公式进行反射光学系统塞德尔像差公式的推导。

将孔径光阑设在主镜上,系统对无限远物体成像,根据下面的一组公式以及求和号右面的算式就可以计算出系统在第 i 个位置时各个反射镜的塞德尔像差系数,其相加的结果就是系统在第 i 个位置的塞德尔像差系数。

$$S_{1i} = \sum_{j=1}^{n} h_{ji}P_{ji}\qquad\qquad(6-27)$$

$$S_{2i} = \sum_{j=1}^{n} h_{zji}P_{ji} - J_i\sum_{j=1}^{4} W_{ji}\qquad\qquad(6-28)$$

$$S_{3i} = \sum_{j=1}^{n} \frac{(h_{zji})^2}{h_{ji}}P_{ji} - 2J_i\sum_{j=1}^{4}\frac{h_{zji}}{h_{ji}}W_{ji} + J_i^2\sum_{j=1}^{4}\frac{1}{h_{ji}}\Delta\frac{u_{ji}}{n_j}\qquad(6-29)$$

$$S_{4i} = J_i^2 \sum_{j=1}^{n} \frac{\Delta n_j c_j}{n_j n_j'} \tag{6-30}$$

如前所述,下标 j 表示系统中的第 j 个反射镜,则有

$$P_{ji} = n_j^2 (h_{ji} c_j - u_{ji})^2 \Delta \frac{u_{ji}}{n_j} \tag{6-31}$$

$$W_{ji} = -n_j (h_{ji} c_j - u_{ij}) \Delta \frac{u_{ji}}{n_j} \tag{6-32}$$

$$J_i = n_n' u_{ni}' y_1 \tag{6-33}$$

式中:h_j、h_{zj} 分别为边缘光线和主光线在第 j 个反射镜上的投射高;u_j、u_{ji} 分别为边缘光线和主光线在到达第 j 个反射镜之前与主光轴的夹角。将前面有个角度和投射高的公式添加下标 i 以后,可得

$$u_{ji}' = \frac{h_{ji}}{f_j'} - u_{ji}, \quad h_{ji} = h_{(j-1)i} - u_{(j-1)i}' d_{(j-1,j)i}, \quad u_{ji} = u_{(j-1)i}' \quad (j=2,3,4) \tag{6-34}$$

$$u_{zji}' = \frac{h_{zji}}{f_j'} - u_{zji}, \quad h_{zji} = h_{z(j-1)i} - u_{z(j-1)i}' d_{(j-1,j)i}, \quad u_{zji} = u_{z(j-1)i}' \quad (j=2,3,4) \tag{6-35}$$

简化后,系统的结构参数就只包括了各个反射镜的曲率半径和垂轴放大率为

$$\begin{cases} S_{1i} = S_{1i}(r_1, \cdots, r_n, \beta_{2i}, \beta_{3i}, \cdots, \beta_{ni}) = \text{target}_{1i} \\ S_{2i} = S_{2i}(r_1, \cdots, r_n, \beta_{2i}, \beta_{3i}, \cdots, \beta_{ni}) = \text{target}_{2i} \\ S_{3i} = S_{3i}(r_1, \cdots, r_n, \beta_{2i}, \beta_{3i}, \cdots, \beta_{ni}) = \text{target}_{3i} \\ S_{4i} = S_{4i}(r_1, \cdots, r_n, \beta_{2i}, \beta_{3i}, \cdots, \beta_{ni}) = \text{target}_{4i} \end{cases} \tag{6-36}$$

其中,$\text{target} = [\text{target}_{1i}, \text{target}_{2i}, \text{target}_{3i}, \text{target}_{4i}]^T$ 表示系统在第 i 个位置时各个像差的残余量或者目标值,S_1、S_2、S_3、S_4 分别表示球差、彗差、像散和场曲。

(4)共轴反射式变焦距系统设计实例。

设计一个共轴三反射镜式变焦距光学系统,设计指标如表 6-6 所列。

表 6-6　共轴三反射镜式变焦距光学系统设计指标

	长焦	短焦
焦距/mm	50	25
视场/(°)	2	4
F 数	5	
波长/nm	486~850	

由于反摄远型反射式变焦光学系统与传统的卡塞格林和格里高利反射系统相比具有大视场的优点,且整个光学系统工作在 $480 \sim 850\,nm$ 宽波段范围内,符合空间光学系统对宽谱段大视场的要求,故本系统选择反射远型结构。

首先,利用微分变焦和初级像差理论相结合的方法进行初始结构的求解。为了快速获得反摄远型反射式变焦光学系统的有效初始结构,求解中加入特殊的约束条件,即

$$\begin{cases} \varphi_1 = -1/f_1' < 0 \\ \varphi_{231} = \varphi_2 + \varphi_3 - d_{231} \times \varphi_2 \times \varphi_3 > 0 \\ \varphi_{232} = \varphi_2 + \varphi_3 - d_{232} \times \varphi_2 \times \varphi_3 > 0 \end{cases} \qquad (6-37)$$

式中:φ_1 为第一面反射镜的光焦度;φ_{231},φ_{232} 分别为长焦和短焦时次镜三镜的组合光焦度。

为了很好地校正像差,令两重结构的初级像差都为 0。利用带约束条件的最小二乘法进行方程组求解,获得一组满足条件的初始结构参数,如表 6 - 7 所列。

表 6 - 7　反摄远型三反射镜式变焦距光学系统初始结构参数

反射镜元件	半径/mm	间距/mm	
		短焦(25)	长焦(50)
主镜	45. 4699	− 104. 2530	− 72. 4505
次镜	245. 7338	140. 8049	165. 4377
三镜	956. 8804	− 14. 9541	− 65. 3895

利用光学设计软件 Zemax 进行仿真,初始结构示意图如图 6 - 24 所示。

图 6 - 24　共轴三反射镜式变焦距光学系统初始结构示意图

由图 6 - 25 初始结构的 MTF 可知,经由特殊约束条件所求得的初始结构像质优良。当系统处于短焦时 MTF 接近衍射极限,当系统处于长焦时系统像质较短焦时有所下降,但当 $60\,lp/mm$ 时,$MTF > 0.5$,像质优良。由图 6 - 25 可知,初始结构仅处于 0 视场,经 Zemax 仿真,当视场增大时像质明显下降,因此,为满足共轴系统的大视场条件,需利用 Zemax 软件进行共轴三反射式变焦距系统的优化设计。

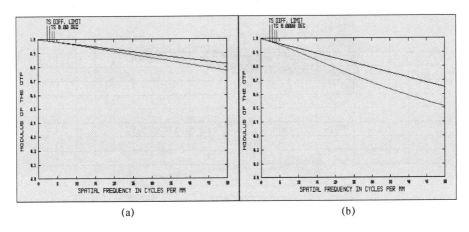

(a)　　　　　　　　　　　　　　(b)

图 6-25　共轴三反射镜式变焦距光学系统初始两重结构 MTF

(a)$f=25$mm；(b)$f=50$mm。

由于球面系统的变量较少,自由度有限,很难获得优良的像质。而随着光学加工技术的不断提高,非球面镜的加工和检测已经有了突飞猛进的发展。故在系统设计时,常常引入非球面光学零件来提高光学系统的性能,同时使传统的大型光学系统得到简化,使光学系统的应用范围更广。

这里采用非球面对初始结构进行优化,经优化获得如图 6-26 所示变焦光学系统,系统结构参数如表 6-8 所列。图 6-27 和图 6-28 分别为矩焦 $f=25$mm 和长焦 $f=50$mm 时的光学系统示意图。

表 6-8　反摄远型共轴三反射镜式变焦距光学系统结构参数

名称	半径/mm	间距/mm		非球面系数
		长焦	短焦	
主镜 Conic	45.470	-82.448	-114.236	Conic:0.462
次镜 Spherical	245.734	162.471	142.916	—
三镜 Even aspherical	956.880	-68.222	-16.879	6th 4.03E-009

图 6-26　优化后共轴三反射变焦距光学系统原理图

图6-27　短焦 f = 25mm 时光学系统示意图

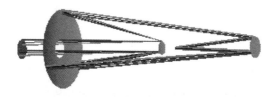

图6-28　长焦 f = 50mm 时光学系统示意图

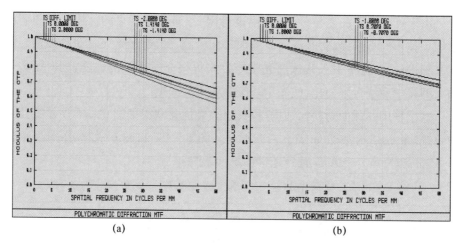

(a)　　　　　　　　　　　(b)

图6-29　共轴三反射变焦距光学系统 MTF

(a) f = 25mm；(b) f = 50mm。

由图6-29和图6-30可知,当光学系统处于短焦(f = 25mm)时,系统视场为 ±2°,全视场都接近衍射极限,像质良好;当光学系统处于长焦(f = 50mm)时,系统视场为 ±1°,全视场几乎达到衍射极限。

6.5.2　离轴反射变焦距光学系统

1. 离轴反射变焦距光学系统概述

传统的共轴反射变焦距光学系统由于存在中心遮拦,所以很难满足大视场

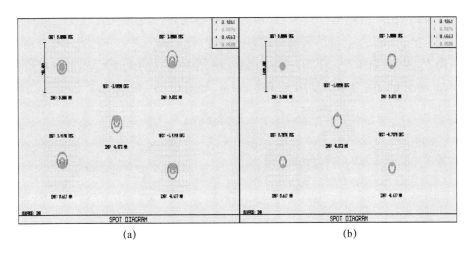

图 6 – 30　共轴三反射变焦距光学系统点列图

(a)$f = 25\mathrm{mm}$；(b)$f = 50\mathrm{mm}$。

角的要求。为了避免中心遮拦,必须对系统的某些反射镜进行偏心和倾斜,也就是采用离轴结构。由于离轴系统并不存在一个旋转对称轴,因此各个像差的零点并不重合于零视场的中心处,而是发生了一定量的偏移,所以传统的塞德尔像差理论并不适用于此类系统。

在进行离轴光学系统设计时,目前的研究结果表明,一个有效的方法是使用矢量像差理论。矢量像差理论给出偏心和倾斜系统每种像差的特点和变化规律,使设计者对设计结果有一定的洞察能力,从而有效地指导设计过程。因此,对于离轴系统而言,离轴像差理论在其设计的初始阶段具有重要的理论意义。

2. 矢量像差理论

对于旋转对称系统,其第 j 面的三阶波像差可以采用极坐标塞德尔多项式来描述,即

$$W_j(H, \rho, \rho\cos\phi) = W_{040j}\rho^4 + W_{131j}H\rho^3\cos\phi +$$

$$W_{222j}H^2\rho^2(\cos\phi)^2 + W_{220j}H^2\rho^2 + W_{311j}H^3\rho\cos\phi \qquad (6-38)$$

式中:H 为归一化的场点高度(实际场点高度除以像高);ρ 为出瞳处归一化的孔径高度(实际孔径高度除以出瞳半径);ϕ 为出瞳处的孔径角。整个系统的波像差为各个光学表面的波像差之和,这里假设系统共有 n 个表面,则有

$$W_{\mathrm{Total}} = \sum_{j=1}^{n} W_j \qquad (6-39)$$

为了给出波像差的矢量表达式,首先要将场点高度和孔径高度定义成矢量。用 $\boldsymbol{H}$ 表示场点高度的矢量形式,并且其沿着 x 和 y 两个方向的分量分别用 H_x 和 H_y 表示,如图 $6-31(\mathrm{b})$ 所示;用 $\boldsymbol{\rho}$ 表示孔径高度的矢量形式,并且其沿着 x 和 y 两个方向的分量分别用 ρ_x 和 ρ_y 表示,如图 $6-31(\mathrm{a})$ 所示。

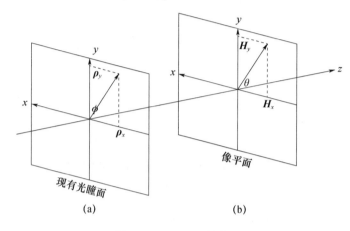

图 $6-31$ $\boldsymbol{H}$ 和 $\boldsymbol{\rho}$ 的定义

因此,共轴系统中第 j 面的三阶波像差的极坐标塞德尔多项式的矢量表达式为

$$W_j(\boldsymbol{H},\boldsymbol{\rho}) = W_{040j}(\boldsymbol{\rho}\cdot\boldsymbol{\rho})^2 + W_{131j}(\boldsymbol{\rho}\cdot\boldsymbol{\rho})(\boldsymbol{H}\cdot\boldsymbol{\rho}) +$$
$$W_{222j}(\boldsymbol{H}\cdot\boldsymbol{\rho})^2 + W_{220j}(\boldsymbol{\rho}\cdot\boldsymbol{\rho})(\boldsymbol{H}\cdot\boldsymbol{H}) + W_{311j}(\boldsymbol{H}\cdot\boldsymbol{H})(\boldsymbol{H},\boldsymbol{\rho})$$

$$(6-40)$$

对偏心和倾斜光学系统,第 j 个光学表面的波像差的中心在像平面上并不重合于 $\boldsymbol{H}=0$,而是存在着一个偏移矢量 $\boldsymbol{\sigma}_j$,它是连接第 j 面入瞳中心和其曲率中心的直线在像平面上的投影。因此在离轴系统中第 j 面的三阶波像差塞德尔多项式的矢量表达式变为

$$W_j(\boldsymbol{H},\boldsymbol{\rho}) = W_{040j}(\boldsymbol{\rho}\cdot\boldsymbol{\rho})^2 + W_{131j}(\boldsymbol{\rho}\cdot\boldsymbol{\rho})[(\boldsymbol{H}-\boldsymbol{\sigma}_j)\cdot\boldsymbol{\rho}] + W_{222j}[(\boldsymbol{H}-\boldsymbol{\sigma}_j)\cdot\boldsymbol{\rho}]^2 +$$
$$W_{220j}(\boldsymbol{\rho}\cdot\boldsymbol{\rho})[(\boldsymbol{H}-\boldsymbol{\sigma}_j)\cdot(\boldsymbol{H}-\boldsymbol{\sigma}_j)] +$$
$$W_{311j}[(\boldsymbol{H}-\boldsymbol{\sigma}_j)\cdot(\boldsymbol{H}-\boldsymbol{\sigma}_j)][(\boldsymbol{H}-\boldsymbol{\sigma}_j)\cdot\boldsymbol{\rho}] \qquad (6-41)$$

与共轴系统相似,整个系统的波像差仍为各个光学表面的波像差之和,即

$$W_{\mathrm{Total}} = \sum_{j=1}^{n} W_j$$
$$= \sum_{j=1}^{n} W_{040j}(\boldsymbol{\rho}\cdot\boldsymbol{\rho})^2 + \sum_{j=1}^{n} W_{131j}(\boldsymbol{\rho}\cdot\boldsymbol{\rho})[(\boldsymbol{H}-\boldsymbol{\sigma}_j)\cdot\boldsymbol{\rho}] +$$

$$\sum_{j=1}^{n} W_{222j}\left[\left(\boldsymbol{H} - \boldsymbol{\sigma}_{j}\right) \cdot \boldsymbol{\rho}\right]^{2} + \sum_{j=1}^{n} W_{220j}(\boldsymbol{\rho} \cdot \boldsymbol{\rho})\left[\left(\boldsymbol{H} - \boldsymbol{\sigma}_{j}\right) \cdot \left(\boldsymbol{H} - \boldsymbol{\sigma}_{j}\right)\right] +$$

$$\sum_{j=1}^{n} W_{311j}\left[\left(\boldsymbol{H} - \boldsymbol{\sigma}_{j}\right) \cdot \left(\boldsymbol{H} - \boldsymbol{\sigma}_{j}\right)\right]\left[\left(\boldsymbol{H} - \boldsymbol{\sigma}_{j}\right) \cdot \boldsymbol{\rho}\right] \qquad (6-42)$$

3. 矢量像差理论的应用

通过前面的讨论我们可以发现,矢量像差理论在描述离轴系统的初级像差时并没有另外定义任何新的初级像差,而是在共轴系统初级波像差矢量形式的计算公式中引入了偏移矢量 $\boldsymbol{\sigma}_{j}$。而 $\boldsymbol{\sigma}_{j}$ 是连接第 j 面入瞳中心和其曲率中心的直线在像平面上的投影,并且这条直线就是第 j 面引入的像差的对称轴。由于偏移矢量 $\boldsymbol{\sigma}_{j}$ 的引入,使得各初级像差在像平面上的分布发生了变化,比如,彗差的中心不再是 $\boldsymbol{H} = 0$,而是 $\boldsymbol{H} = \boldsymbol{a}_{131}$;而像散则出现了两个零点 $\boldsymbol{H} = \boldsymbol{a}_{222} \pm \mathrm{i}\boldsymbol{b}_{222}$,而且一般情况下,这两个零点也不和 $\boldsymbol{H} = 0$ 重合。从数学的角度讲,偏移矢量 $\boldsymbol{\sigma}_{j}$ 是使得离轴系统与共轴系统初级像差存在着差异的根本原因,它不仅使得彗差和像散的零点位置发生了偏移,而且还会增加像差的零点位置。因此,在进行离轴反射变焦距系统设计的过程中,有必要对偏移矢量 $\boldsymbol{\sigma}_{j}$ 和像差中心进行考察,以找出其与各个光学表面的偏心和倾斜量之间的关系。

(1)偏移矢量和像差中心的解析表达式。

偏移矢量 $\boldsymbol{\sigma}_{j}$ 是一个关于 h_{j}、u_{j}、h_{zj}、U_{zj} 和矢量 $\boldsymbol{\beta}_{0j}$ 的函数。另外,在离轴系统中,各个像差的中心位置的计算公式中都包含有 $\boldsymbol{\sigma}_{j}$,各个像差的中心位置同样是关于 h_{j}、u_{j}、h_{zj}、U_{zj} 和矢量 $\boldsymbol{\beta}_{0j}$ 的函数。

由于变焦距系统存在着多重结构(假设共有 k 重结构),所以需要给各重结构不同光学表面的偏移矢量 $\boldsymbol{\sigma}_{j}$,以及相关的自变量再添加一个下标 i,以表示第 i 重结构。这样就有

$$\boldsymbol{\sigma}_{ji} = \boldsymbol{\sigma}_{ji}(h_{ji}, u_{ji}, h_{zji}, u_{zji}, \boldsymbol{\beta}_{0ji}) \quad (j = 1, 2, \cdots, n; i = 1, 2, \cdots, k) \qquad (6-43)$$

这里注意到,如果在变焦过程中只改变系统中各个反射镜之间的间隔并维持各个反射镜的偏心和倾斜不变,那么第 j 个光学表面的等效倾斜在第 i 重结构中的计算公式为

$$\boldsymbol{\beta}_{0ij} = \boldsymbol{\beta}_{ji} + c_{ji}\sigma\nu_{ji} = c_{j}\sigma\boldsymbol{c}_{i} = c_{j}(\sigma c x_{ji} + \sigma c x_{ji})(\sigma c z_{ji} = 0) \qquad (6-44)$$

又由于在变焦距的过程中,各个反射镜的偏心和倾斜不变,显然有 $\sigma c x_{ji} = \sigma c x_{ji+1}$ 和 $\sigma c y_{ji} = \sigma c y_{ji+1}$,即 $\boldsymbol{\beta}_{0ji}$ 不会因为系统的焦距发生变化而改变,则有

$$\boldsymbol{\sigma}_{ji} = \boldsymbol{\sigma}_{ji}(h_{ji}, u_{ji}, h_{zji}, u_{zji}, \boldsymbol{\beta}_{0j}) \quad (j = 1, 2, \cdots, n; i = 1, 2, \cdots, k) \qquad (6-45)$$

同样,在变焦距系统中需要为 $\boldsymbol{a}_{131}$、$\boldsymbol{a}_{222}$、$\boldsymbol{b}_{222}$ 添加下标 i,于是有

$$\begin{cases} \boldsymbol{a}_{131i} = \boldsymbol{a}_{131i}(W_{131i}, W_{131ji}, \boldsymbol{\sigma}_{ji}) \\ \boldsymbol{a}_{222i} = \boldsymbol{a}_{222i}(W_{222i}, W_{222ji}, \boldsymbol{\sigma}_{ji}) \quad (j=1,2,\cdots,n; i=1,2,\cdots,k) \quad (6-46) \\ \boldsymbol{b}_{222i} = \boldsymbol{b}_{222i}(W_{222i}, W_{222ji}, \boldsymbol{\sigma}_{ji}) \end{cases}$$

根据式(6-27)~式(6-30)可知，W_{131i}、W_{131ji}、W_{222i}、W_{222ij}同样是h_{ji}、u_{ji}、h_{zji}、u_{zji}的函数，结合式(6-45)，得

$$\begin{cases} \boldsymbol{a}_{131i} = \boldsymbol{a}_{131i}(h_{ji}, u_{ji}, h_{zji}, u_{zji}, \boldsymbol{\beta}_{0j}) \\ \boldsymbol{a}_{222i} = \boldsymbol{a}_{222i}(h_{ji}, u_{ji}, h_{zji}, u_{zji}, \boldsymbol{\beta}_{0j}) \quad (j=1,2,\cdots,n; i=1,2,\cdots,k) \quad (6-47) \\ \boldsymbol{b}_{222i} = \boldsymbol{b}_{222i}(h_{ji}, u_{ji}, h_{zji}, u_{zji}, \boldsymbol{\beta}_{0j}) \end{cases}$$

于是，各个像差的中心位置最终是关于h_{ji}、u_{ji}、h_{zji}、u_{zji}和矢量$\boldsymbol{\beta}_{0j}$的函数。

由于像差中心是关于h_{ji}、u_{ji}、h_{zji}、u_{zji}和矢量$\boldsymbol{\beta}_{0j}$的函数，而h_{ji}、U_{ji}、h_{zji}、U_{zji}在不同焦距值的情况下一般是不同的，而且这四个变量也是计算共轴系统塞德尔像差系数的必须量，所以在设计的初始阶段，在完成初级像差校正的同时，一般很难再对这四个变量做出约束，这就给离轴反射变焦距系统的设计带来了困难。

如果给定一个共轴反射式变焦距系统，那么h_{ji}、u_{ji}、h_{zji}、u_{zji}就是已知的，此时$\boldsymbol{a}_{131i}$、$\boldsymbol{a}_{222i}$、$\boldsymbol{b}_{222i}$就只是$\boldsymbol{\beta}_{0j}$的函数了，如式(6-47)所示。而矢量$\boldsymbol{\beta}_{0j}$不随系统焦距的变化而变化，是一个相对独立的变量，因而可以充分地利用该变量的灵活性，通过式(6-48)对反射镜进行适当地偏心和倾斜，以达到在消除系统遮拦的同时，对系统的波像差进行有效控制的目的。

$$\begin{cases} \boldsymbol{a}_{131i} = \boldsymbol{a}_{131i}(\boldsymbol{\beta}_{0j}) = \boldsymbol{a}_{131i}(\boldsymbol{\beta}_j, \boldsymbol{\sigma}\boldsymbol{v}_j) \\ \boldsymbol{a}_{222i} = \boldsymbol{a}_{222i}(\boldsymbol{\beta}_{0j}) = \boldsymbol{a}_{222i}(\boldsymbol{\beta}_j, \boldsymbol{\sigma}\boldsymbol{v}_j) \quad (j=1,2,\cdots,n; i=1,2,\cdots,k) \quad (6-48) \\ \boldsymbol{b}_{222i} = \boldsymbol{b}_{222i}(\boldsymbol{\beta}_{0j}) = \boldsymbol{b}_{222i}(\boldsymbol{\beta}_j, \boldsymbol{\sigma}\boldsymbol{v}_j) \end{cases}$$

（2）离轴变焦距系统中像差的校正。

综上可以发现，如果使彗差的中心位在像散两个零点连线的中心上，那么就可以有效地降低系统波像差的 $P-V$ 值，从而达到校正系统波像差的目的，如图6-32所示。

根据上述结论和式(6-48)可知，在消除系统遮拦的约束条件下，通过求解 $k \times n$ 阶方程组，就可以得到一组合理的偏心和倾斜量，使得系统可以同时校正彗差和像散，即

$$\boldsymbol{a}_{131i}(\boldsymbol{\beta}_j, \boldsymbol{\sigma}\boldsymbol{v}_j) = \boldsymbol{a}_{222i}(\boldsymbol{\beta}_j, \boldsymbol{\sigma}\boldsymbol{v}_j) \quad (j=1,2,\cdots,n; i=1,2,\cdots,k) \quad (6-49)$$

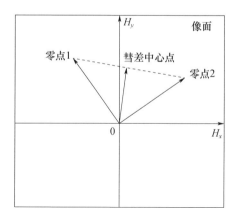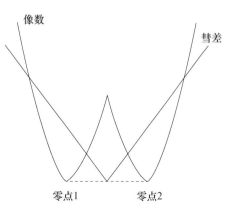

图 6 - 32　彗差和像散的校正示意图

4. 离轴三反射镜式变焦距光学系统设计

（1）离轴三反射镜式变焦距光学系统设计方法。

目前,对于离轴反射变焦距系统的设计,一般是先按照共轴三反射镜式变焦距系统的形式来计算系统的初始结构,再将系统离轴化处理来消除遮拦,这就需要知道各个镜子的偏心和倾斜量。根据矢量像差理论,对三个镜子分别进行偏心和倾斜,来消除遮拦,并校正系统的彗差和像散。

根据式(6 - 44),将倾斜量引入到各个镜子,这时倾斜量成为标量,这是因为镜子是沿着 Y 方向偏心,而绕着 X 轴倾斜的。为了避免遮拦,分别对每个镜子进行偏心、倾斜,找出取值范围值,再根据式(6 - 49),建立式(6 - 50)和式(6 - 51),进行系统的彗差和像散的校正,得出可行性解。

$$a_{131i}(\boldsymbol{\beta}_j, \sigma \boldsymbol{v}_j) = a_{222i}(\boldsymbol{\beta}_j, \sigma \boldsymbol{v}_j) \quad (j=1,2,\cdots,n; i=1,2,\cdots,k) \quad (6-50)$$

$$\boldsymbol{\beta}_{0ji} = \boldsymbol{\beta}_{ji} + c_{ji}\sigma \boldsymbol{v}_{ji} = c_j \sigma c_{ji} = c_j (\sigma cx_{ji} + \sigma cy_{ji}) \quad (\sigma cz_{ji} = 0) \quad (6-51)$$

对前面优化后的共轴三反射镜式系统的各个镜子加入以上偏心和倾斜量,再进行优化。在优化的过程中,先将所有反射镜的半径和间隔设置为变量。值得注意的是,优化时,若同时将所有倾斜和偏心量设为变量,系统会减小离轴量趋于同轴系统,且使反射镜间隔增大来达到提高成像质量的目的,因此需要选取部分参数来优化。在不能满足设计要求的情况下,为了更好地平衡系统的高阶像差,再将各个反射镜设置成高次非球面,高次非球面系数作为变量进行优化。这是一个需要不断去尝试的过程。经过反复地优化设计,得到符合条件的离轴反射变焦距系统。

在这种方法的指导下,在同轴反射远型三反射镜式变焦距光学系统的基础上可以进行离孔径,离视场,同时离孔径离视场的离轴三反射镜式变焦距系统设计,下面给出离孔径离视场的离轴三反射镜式变焦距系统设计的设计实例。

(2)离视场离孔径三反射镜式变焦距光学系统设计。

在共轴三反射镜式变焦距光学系统的基础上同时进行视场偏置和孔径偏离设计,获得既离孔径又离视场型三反射镜式变焦距光学系统,如图6-33所示,光学系统结构参数如表6-9所列。图6-34和图6-35给出了离孔径三反射镜式变焦距光学系统在短焦$f=25\text{mm}$和比焦$f=50\text{mm}$的示意图。图6-36和图6-37给出了反摄远型离孔径离视场型三反射镜式变焦距光学系统的MTF和点列图,相关技术参数如表6-10所列。

表6-9 反摄远型离孔径离视场型三反射镜式变焦光学系统结构参数

名称	半径/mm	间距/mm		非球面系数
		长焦	短焦	
主镜 Conic	52.429	-29.429	-62.330	Conic:0.910
次镜 Conic	202.103	162.200	100.000	Conic:0.037
三镜 Even Aspherical	-135.154	-116.928	-16.826	4th2.609E-008 6th 2.475E-012

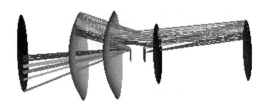

图6-33 反摄远型离孔径离视场型三反射镜式变焦距光学系统

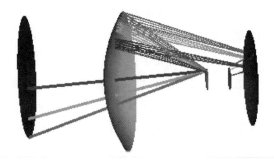

图6-34 反摄远型离孔径离视场型三反射镜式变焦距光学系统(短焦$f=25\text{mm}$)

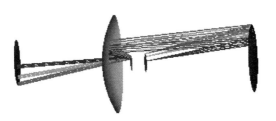

图 6 - 35　反摄远型离孔径离视场型三反射镜式变焦距光学系统(长焦 f = 50mm)

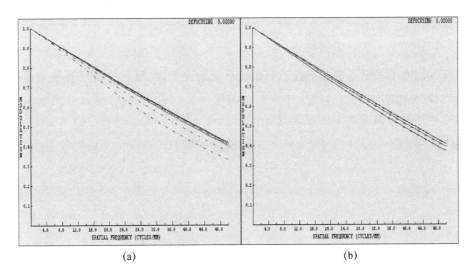

(a)　　　　　　　　　　　　　　　(b)

图 6 - 36　反摄远型离孔径离视场型三反射镜式变焦距光学系统 MTF

(a) f = 25mm ; (b) f = 50mm。

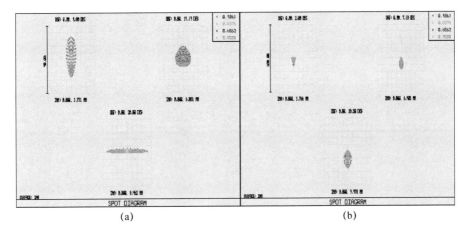

(a)　　　　　　　　　　　　　　　(b)

图 6 - 37　反摄远型离孔径离视场型三反射镜式变焦距光学系统点列图

(a) f = 25mm ; (b) f = 50mm。

表 6 – 10   反摄远型离孔径离视场型三反射镜式变焦距光学系统技术参数

名称	技术参数	
焦距/mm	25 ~ 50	
视场	短焦:4° ~ 20°	长焦:2° ~ 10°
工作波长/nm	486 ~ 850	
F 数	15	
孔径偏离/mm	6	

反摄远型离孔径离视场型三反射镜式变焦距光学系统的视场范围为 9° ~ 17°,远远大于共轴系统和单纯的离孔径系统的视场,且与单一的视场偏置型系统比较有无遮拦的优点,孔径也较视场偏置型系统有所提高,是设计离轴反射式变焦距光学系统的一个重要方向。

第7章
空间光学系统公差分析

▶▶▶ 7.1 概述

在前面几章中,讨论了光学系统的像质评价方法和评价指标,光学自动设计的原理与自动设计方法,变焦距光学系统的计算与自动设计方法。利用计算机程序,设计者若方法得当,可以设计出一个成像质量优良的光学系统。然而,对于光学设计者来说,除了在设计时保证系统达到技术条件中规定的全部要求外,另一项主要工作就是合理地给定光学系统各结构参数,如曲率、厚度或间隔、玻璃的折射率色散以及偏心等的公差。一个光学系统的公差给得合理与否,将直接关系到产品的质量和生产成本的高低。随着科学技术的不断进步,对光学仪器的精度要求也不断提高,合理地设计公差越来越引起光学设计者的重视,这也是目前光学设计软件研究的一个重点。

以前,由于计算工具比较落后,公差计算是以几何像差作为评价指标的,如球差、彗差、色差等。每一种几何像差可看做是以结构参数为自变量的函数,每一个自变量的改变将会引起像差函数产生一增量,将各个参量增量产生的像差增量按绝对值求和,把它控制在像差容限内,这样求出的参量增量就是该参量的公差。这种计算公差的方法是比较保守的,它忽略了零件加工误差是服从一定的概率分布的。当人们注意到加工误差具有概率分布关系后,总像差的合成就不再采用绝对值求和的方法,而是用各参量对像差贡献量的平方和开方。这样算出的公差比原方法计算的公差放宽了许多,而且也符合实际情况。日本人松君提出用等概率法分配各参量对像差的贡献量,即每一参量对像差增量的贡献都是一样的,这就是所谓的松君分配法。松君采用几何像差作为评价函数,因为几何像差是多指标评价函数,每一个评价指标都可分配出一套公差,他将这几套公差中最严重的定为最后的公差。这种方法的缺点是各种像差的容限并不能和系统最后的成像质量直接联系起来,像差容限的确定只能依靠经验。

随着计算机技术的发展,人们开始研究公差自动分析设计的理论与方法,取得了一些成就[41-49]。在我们的软件中,采用垂轴像差平方和作为光学公差计算的评价函数,用两个参量描述空间任意面倾角,用加工工艺平衡权因子的概率公式进行公差分配,采用计算机进行随机抽样模拟光学仪器的生产和装配过程,以此检验光学公差的合理与否。公差计算与设计的过程大致如下:

(1)确定系统评价函数的允差限;

(2)计算各种结构参数对评价函数的贡献量,即计算评价函数的变化量表;

(3)分配公差;

(4)用蒙特卡洛方法进行随机模拟检验,模拟生产和装配过程;

(5)工具模拟检验的结果调整过程并重复(4)、(5)两步,直到生产成本和成像质量达到合理的匹配。

7.2 公差设计中的评价函数

要评定一个光学系统成像质量的优良与否,需要确定相应的评价指标。在自动设计中,需要选择一个评价函数来表示系统成像质量的好坏;同样,在公差设计中,我们首先要解决的问题就是评价函数的确定。评价函数必须能够全面准确地反映成像质量的好坏,能正确地反映结构参量改变对像质的影响。公差是根据评价函数的变化量表,用概率公式来进行分配的。评价函数的容限,是公差分配的根据。评价函数的选择,不仅要考虑它能充分反映系统的成像质量,而且要求所选择的评价函数与结构参数之间的线性要好,此外还要考虑它的计算量的大小。

目前,在公差计算中常用的评价函数有几何像差、波像差和光学传递函数等。几何像差作为公差计算的评价函数,其最大的优点就是计算量小,同时长期以来,光学设计者主要采用几何像差作为在设计阶段控制系统成像质量的依据,积累了丰富经验。然而,其缺点也很明显,就是几何像差是多指标评价函数,任何一种像差都不能全面地反映系统的成像质量。光学传递函数是最能充分反映系统成像质量的评价指标,但是由于光学传递函数计算量大、与光学系统结构参数之间的非线性关系严重等原因,目前还有很多问题没有得到解决。

另外,评价系统的实际成像质量,必须在它的最佳像面上进行,而不能在理想像面上评价,合理的公差评价也应在最佳像面上。尽管光学传递函数、波像差、相对中心强度等评价函数是单一指标函数,却无法用解析的方法一次求解出最佳像面的位置,而只能多次搜索、反复试算,计算量会增大很多。此外,光学传递函数要同时反映色差和单色像差,还必须计算白光的传递函数,这样计算量更大,特别是对于具有偏心的系统来说,传递函数的计算会更加复杂。

综上所述,为了克服目前常用的评价指标的缺点,有必要选择一个既能反映系统成像质量又能简便计算使用的单指标函数。我们采用的是以垂轴像差平方和作为系统的综合评价指标。这一评价函数由半入瞳面内(因为系统对子午面对称)的 24 条光线(无渐晕)的垂轴像差平方和构成,如图 7 - 1 所示。

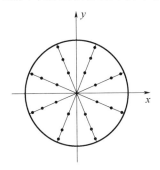

图 7 - 1　抽样光线的分布

这样的布局,既考虑到计算量不至过大,又能充分反映系统的成像质量。计算每条光线在像面上的垂轴像差 δy_i,　δz_i,得到垂轴像差平方和的表示式为

$$F(x_1, x_2, \cdots, x_n) = (\delta y_1^2 + \delta z_1^2) + (\delta y_2^2 + \delta z_2^2) + \cdots + (\delta y_n^2 + \delta z_n^2)$$

$$= \sum_{i=1}^{n} (\delta y_i^2 + \delta z_i^2) \tag{7-1}$$

如图 7 - 2 所示,δy_i,　δz_i 分别表示瞳面上第 i 条光线在指定像面上相对于主光线在 y、z 方向偏离的距离,主光线由中心波长光过光阑中心的光线确定;x_i 为系统的自变量,如曲率、面间隔、折射率、色散、面倾角等;n 为追迹的光线数目。

评价函数不仅应该反映单色像差和色差,还要考虑轴上点和轴外点的成像质量。色差的问题可用消色差谱线光线的垂轴像差平方和加权因子求和,通过调整权因子的大小来控制。轴外点成像质量的控制,可对轴外视场的垂轴像差平方和加权求和。这样,总的评价函数为

$$F(x_1, x_2, \cdots, x_n) = \sum_{i=1}^{n} \mu_i (\delta y_i^2 + \delta z_i^2) \tag{7-2}$$

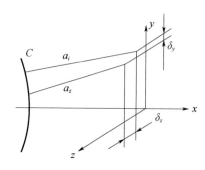

图 7 - 2　垂轴像差计算

式中:μ_i 为第 i 条光线的权因子,它是该条光线的色权因子和视场权因子之积。

从几何意义上说,垂轴像差平方和描述的是像点的弥散大小。伯尔宁·布里克斯(Berlyn Brixner)通过计算发现,波像差的均方根与垂轴像差的均方根呈线性关系,即

$$\sqrt{W_1^2 + W_2^2 + \cdots + W_n^2} = k\sqrt{(\delta y_1^2 + \delta z_1^2) + (\delta y_2^2 + \delta z_2^2) + \cdots + (\delta y_n^2 + \delta z_n^2)}$$

$$(7-3)$$

式中:k 为常数。因此,垂轴像差平方和的开方在一定程度上可以认为等价于波像差。用垂轴像差平方和作为评价函数具有以下优点:

(1)垂轴像差平方和是单一指标的评价函数,避免了多指标评价函数的缺点;

(2)垂轴像差平方和的计算量比较小;

(3)用垂轴像差平方和作为评价函数,最佳像面很容易求得,计算量增加很小,这就解决了公差设计中应按最佳像面评价像质这样的问题;

(4)它对各类系统的评价标准比较容易确定。

上面已指出,评价系统程序质量的好坏,应该以最佳像面为基准,而不能在理想像面上评价。下面,我们就来讨论垂轴像差平方和的最佳像面位置的求解过程。

假定某条光线在理想像面上相对主光线的垂轴像差为 δy,δz,该光线对 x,y,z 轴的方向余弦为 α,β,γ,光轴与 x 轴重合。(y,z) 为像平面上的坐标,α_z,β_z,γ_z 为主光线的方向余弦。再设 δy^*,δz^* 为像面移动 ds 以后,在新像面上的垂轴像差。如图 7 - 3 所示,它们的关系式为

$$\delta y^* = \delta y + \left(\frac{\beta}{\alpha} - \frac{\beta_z}{\alpha_z}\right)\mathrm{d}s \qquad (7-4)$$

$$\delta z^* = \delta z + \left(\frac{\gamma}{\alpha} - \frac{\gamma_z}{\alpha_z}\right)\mathrm{d}s \qquad (7-5)$$

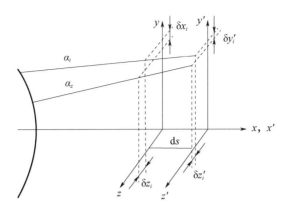

图 7 – 3　像面位移与垂轴像差的关系

加权以后,构成评价函数的所有光线在理想像面和新像面的垂轴像差关系,即

$$
\begin{cases}
\delta y_1^* \sqrt{\mu_1} = \left[\delta y_1 + \left(\dfrac{\beta_1}{\alpha_1} - \dfrac{\beta_z}{\alpha_z} \right) \mathrm{d}s \right] \sqrt{\mu_1} \\[2mm]
\delta z_1^* \sqrt{\mu_1} = \left[\delta z_1 + \left(\dfrac{\gamma_1}{\alpha_1} - \dfrac{\gamma_z}{\alpha_z} \right) ds \right] \sqrt{\mu_1} \\[2mm]
\qquad\qquad\qquad \vdots \\[2mm]
\delta y_n^* \sqrt{\mu_n} = \left[\delta y_n + \left(\dfrac{\beta_n}{\alpha_n} - \dfrac{\beta_z}{\alpha_z} \right) \mathrm{d}s \right] \sqrt{\mu_n} \\[2mm]
\delta z_n^* \sqrt{\mu_n} = \left[\delta z_n + \left(\dfrac{\gamma_n}{\alpha_n} - \dfrac{\gamma_z}{\alpha_z} \right) \mathrm{d}s \right] \sqrt{\mu_n}
\end{cases}
\tag{7 – 6}
$$

令

$$
\boldsymbol{\varphi} =
\begin{bmatrix}
\delta y_1^* \sqrt{\mu_1} \\[1mm]
\delta z_1^* \sqrt{\mu_1} \\[1mm]
\vdots \\[1mm]
\delta y_n^* \sqrt{\mu_n} \\[1mm]
\delta z_n^* \sqrt{\mu_n}
\end{bmatrix},
\quad
\Delta \boldsymbol{F} =
\begin{bmatrix}
\delta y_1 \sqrt{\mu_1} \\[1mm]
\delta z_1 \sqrt{\mu_1} \\[1mm]
\vdots \\[1mm]
\delta y_n \sqrt{\mu_n} \\[1mm]
\delta z_n \sqrt{\mu_n}
\end{bmatrix},
\quad
\boldsymbol{A} =
\begin{bmatrix}
\left(\dfrac{\beta_1}{\alpha_1} - \dfrac{\beta_z}{\alpha_z} \right) \sqrt{\mu_1} \\[3mm]
\left(\dfrac{\gamma_1}{\alpha_1} - \dfrac{\gamma_z}{\alpha_z} \right) \sqrt{\mu_1} \\[3mm]
\vdots \\[3mm]
\left(\dfrac{\beta_n}{\alpha_n} - \dfrac{\beta_z}{\alpha_z} \right) \sqrt{\mu_n} \\[3mm]
\left(\dfrac{\gamma_n}{\alpha_n} - \dfrac{\gamma_z}{\alpha_z} \right) \sqrt{\mu_n}
\end{bmatrix}
\tag{7 – 7}
$$

则式(7 – 6)可写为

$$\boldsymbol{\varphi} = \Delta\boldsymbol{F} + \boldsymbol{A}\cdot\mathrm{d}s \qquad\qquad (7-8)$$

新像面上的垂轴像差平方和评价函数为

$$\phi = \boldsymbol{\varphi}^{\mathrm{T}}\boldsymbol{\varphi} = (\Delta\boldsymbol{F} + \boldsymbol{A}\cdot\mathrm{d}s)^{\mathrm{T}}(\Delta\boldsymbol{F} + \boldsymbol{A}\cdot\mathrm{d}s) \qquad (7-9)$$

那么最佳像面的位置应该是使评价函数最小的像面位置,即式(7-9)中ϕ取得极小值的$\mathrm{d}s$,这就相当于对式(7-9)求最小二乘解。对式(7-9)求关于$\mathrm{d}s$的导数为

$$\frac{\partial\phi}{\partial\mathrm{d}s} = 2\boldsymbol{A}^{\mathrm{T}}(\Delta\boldsymbol{F} + \boldsymbol{A}\cdot\mathrm{d}s)$$

令$\dfrac{\partial\phi}{\partial\mathrm{d}s} = 0$,则有

$$\mathrm{d}s = -(A^{\mathrm{T}}A)^{-1}A^{\mathrm{T}}\cdot\Delta\boldsymbol{F} \qquad\qquad (7-10)$$

可见,以垂轴像差平方和为综合评价指标,就可以通过解析的方法求出最佳像面的位置,这是其他评价指标无法实现的。

实际上,式(7-10)右边的$(A^{\mathrm{T}}A)^{-1}$不用求逆矩阵运算,因为$A^{\mathrm{T}}A$是方向余弦的平方和,$(A^{\mathrm{T}}A)^{-1}$等于方向余弦平方和的倒数,即

$$(A^{\mathrm{T}}A)^{-1} = 1\Big/\Big\{\sum_{i=1}^{n}\mu_i\Big[\Big(\frac{\beta_i}{\alpha_i} - \frac{\beta_z}{\alpha_z}\Big)^2 + \Big(\frac{\gamma_i}{\alpha_i} - \frac{\gamma_z}{\alpha_z}\Big)^2\Big]\Big\} \qquad (7-11)$$

$$A^{\mathrm{T}}\Delta\boldsymbol{F} = \sum_{i=1}^{n}\mu_i\Big[\Big(\frac{\beta_i}{\alpha_i} - \frac{\beta_z}{\alpha_z}\Big)\delta y_i + \Big(\frac{\gamma_i}{\alpha_i} - \frac{\gamma_z}{\alpha_z}\Big)\delta z_i\Big] \qquad (7-12)$$

式(7-11)和式(7-12)中的值,在理想像面上都可以算出,只要将式(7-11)和式(7-12)算出的结果代入式(7-10),就可以求出最佳像面的位移$\mathrm{d}s$。

▷▷▷ 7.3　光学公差的概率关系

1. 线性概率误差理论的基本公式

当一个光学系统设计完成后,要实现这一系统,就要进行光学零件的加工制造。由于加工制造不可能加工到绝对的标称设计值,必然会带来一定的加工误差,使得加工出来的产品的成像质量与原设计值有一定差别。因此,为了保证加工出来的产品的成像质量,就必须给予每个零件一定的加工公差,使得最后的成像质量与原设计值相差不大,仍保持在一定的范围内。假设系统设计完成后,没有误差的系统的结构参数的设计值为$\boldsymbol{x}(x_{10},x_{20},\cdots,x_{m0})$,评价函数为$F_0$,具有误差的实际生产的系统的结构参数为$\boldsymbol{x}(x_1,x_2,\cdots,x_m)$,评价函数为$F$,

则有

$$F_0 = f(x_{10}, \cdots, x_{m0}) \tag{7-13}$$

$$F = f(x_1, \cdots, x_m) \tag{7-14}$$

将 F 展开成泰勒级数,得

$$F = f(x_{10}, \cdots, x_{m0}) + \sum_{i=1}^{m} \frac{\partial f}{\partial x_i}(x_i - x_{i0}) + \sum_{i=1}^{m}\sum_{j=1}^{m} \frac{\partial^2 f}{\partial x_i \partial x_j}(x_i - x_{i0})(x_j - x_{j0}) + \cdots$$

$$\tag{7-15}$$

虽然在光学加工中会带来一定的误差,但是一般来说都不会太大,否则制造出来的光学系统就不能满足成像质量要求。因此式(7-15)中二次及二次以上各项相对于一次项来说小得多,为了简化公差的计算,将二次及二次以上各项略去,则各结构参数误差对评价函数的贡献量之和为

$$\Delta F = F - F_0 = \sum_{i=1}^{m} \frac{\partial f}{\partial x_i}(x_i - x_{i0}) = \sum_{i=1}^{m} \frac{\partial f}{\partial x_i} \cdot \Delta x_i \tag{7-16}$$

式中:$\Delta x_i = x_i - x_{i0}$ 为实际生产中各结构参数的加工误差。早期人们分配公差就是按式(7-16),将各结构参数对评价函数的贡献量按绝对值相加,使它们之和不超过允许值。这种计算方法是比较保守的,给出的公差较小,且没有考虑到零件制造误差的概率分布性。经研究,曲率、面间隔、面倾斜的加工误差,近似服从某均值和方差的正态分布。

实际上,Δx_i 是随机变量,故 ΔF 也是随机变量。而且,各参量加工时,误差的产生是互不相关的,故 Δx_i 是相互独立的随机变量。式(7-16)的数学期望(即平均值)为

$$\mu_F = E[\Delta F] = E\left[\sum_{i=1}^{m} \frac{\partial f}{\partial x_i} \Delta x_i\right] = \sum_{i=1}^{m} \frac{\partial f}{\partial x_i} \cdot \mu_i \tag{7-17}$$

式中:μ_F 为 ΔF 的数学期望;μ_i 为 Δx_i 的数学期望。式(7-16)的方差(即随机变量与其数学期望差的平方的数学期望,它反映随机变量对其平均值的波动大小)为

$$\sigma_F^2 = E[(\Delta F - \mu_F)^2]$$

$$= E\left[\left(\sum_{i=1}^{m} \frac{\partial f}{\partial x_i}\Delta x_i - \sum_{i=1}^{m} \frac{\partial f}{\partial x_i}\mu_i\right)^2\right]$$

$$= \sum_{i=1}^{m} \left(\frac{\partial f}{\partial x_i}\right)^2 \cdot \sigma_i^2 \tag{7-18}$$

式中:σ_F^2 为 ΔF 的方差;σ_i^2 为 Δx_i 的方差。式(7-18)是光学系统结构参数误

差对评价函数贡献量的传递公式。由统计学知道,正态分布的随机变量的线性组合仍为正态分布的随机变量。事实上,由于评价函数与结构参数误差的关系往往是非线性的,所以 ΔF 的分布并非是严格的正态分布。而线性的好坏,一般由系统的校正情况而定,非线性误差采用线性近似合成,这样做是为了使问题简化。如果加入二次项进行合成,就要对式(7-15)求至少包含二次项的方差,这一结果是相当复杂的,除了包含大量的结构参数相关微分项外,还有许多结构参数的二阶和四阶中心矩,需要将这些量都计算出来,计算量是相当大的。而用线性近似合成评价函数贡献量,分配出的公差,无非是得不到理论计算的良品率,使其值低于理论计算值,我们可以采用方法在此基础上加以修正。

由上面讨论可知,我们用线性关系式对公差进行初步分配,然后用模拟抽样检验的方法求出其良品率,根据良品率的大小再进一步对公差进行调整,达到加工难度和良品率之间的合理匹配。所谓公差分配,就是在给定了系统评价函数允差量后,如何确定各结构参数公差的问题。我们令评价函数允差量 $\Delta F_允$ 为 ΔF 的 3 倍方差,即

$$\Delta F_允 = 3\sigma_F \qquad (7-19)$$

结构参数公差 T_i 为 Δx_i 的 3 倍方差,即

$$T_i = 3\sigma_i \qquad (7-20)$$

式(7-18)可以写为

$$\Delta F_允^2 = \sum_{i=1}^{m} \left(\frac{\partial f}{\partial x_i}\right)^2 T_i^2 \qquad (7-21)$$

如果随机变量严格服从正态分布,那么该随机变量将以 99.73% 的概率在 3 倍方差内取值。如果自变量 Δx_i 都服从正态分布,评价函数增量 ΔF 由 Δx_i 严格线性组合,那么 ΔF 也是正态分布的随机变量。假如 ΔF 大于 $\Delta F_允$($\Delta F_允 = 3\sigma_F$)时,就认为产品不合格。如果 Δx_i 的方差按 3 倍由式(7-21)合成 ΔF 的极限方差(3 倍方差),则各结构参数的制造公差可看成其 3 倍方差,只要加工出的各零件的误差 Δx_i 以 99.73% 的概率在结构参数公差以内,评价函数的增量 ΔF 将以 99.73% 的概率在 $\Delta F_允$ 以内,也就是说产品合格率大于等于99.73%。实际上,Δx_i 和 ΔF 之间并非为严格的线性关系,Δx_i 的分布也非严格正态分布,合成的结果,99.73% 的良品率是达不到的。

2. 加工工艺平衡权因子分配公差

公差计算中公差分配的原则就是既要满足成像质量要求,又要达到加工可

行性的目的,也就是说达到成本与良品率之间的合理匹配。因此,在进行公差计算的时候,除了要求得到适当的良品率外,还要考虑到加工的工艺性问题。日本人松居采用的是等贡献量分配,即令式(7-21)右边的和式各项相等,使每一个结构参数对像差的贡献量相同,即

$$\left(\frac{\partial f}{\partial x_1}\right)^2 T_1^2 = \left(\frac{\partial f}{\partial x_2}\right)^2 T_2^2 = \cdots = \left(\frac{\partial f}{\partial x_m}\right)^2 T_m^2 \qquad (7-22)$$

则有

$$T_i = \frac{\Delta F_{允}}{\sqrt{m}\dfrac{\partial f}{\partial x_i}} \qquad (i=1,2,\cdots,m) \qquad (7-23)$$

这种方法的优点是计算简单,但等贡献量匹配忽略了各种结构参数对像差的灵敏度问题,没有考虑加工工艺性问题。这样分配出的公差,工艺能力不平衡。例如,假设若系统面间隔变化量为 0.01mm 时,面间隔中最灵敏的一个量的像差增量为 dF,曲率变化一道圈时,曲率中最灵敏的一个量的像差增量为 5dF。如果按等贡献量分配,最灵敏面间隔的公差为 0.01mm,最灵敏曲率的光圈公差为 0.2 道圈。显然,这样的结果是不合理的。为此,我们采用不等贡献量分配,用设置权因子来加以控制。设 C_i 为对应 T_i 的权因子,则有

$$C_i t = \frac{\partial f}{\partial x_i} T_i \qquad (i=1,2,\cdots,m) \qquad (7-24)$$

将式(7-21)改写为

$$\Delta F_{允}^2 = \sum_{i=1}^{m} Ci^2 t^2 \qquad (7-25)$$

$$t = \frac{\Delta F_{允}}{\sqrt{\sum\limits_{i=1}^{m} C_i}} \qquad (7-26)$$

将式(7-26)代入式(7-24),得

$$T_i = \frac{\sqrt{C_i}\,\Delta F_{允}}{\sqrt{\sum\limits_{i=1}^{m} C_i \cdot \dfrac{\partial f}{\partial x_i}}} \qquad (i=1,2,\cdots,m) \qquad (7-27)$$

由式(7-27)可以看出,T_i 与 $\sqrt{C_i}$ 成正比关系,与 $\dfrac{\partial f}{\partial x_i}$ 成反比关系。这就是说,权因子给得大,公差就分得宽,对于同一权因子,灵敏度高的结构参数,公差就严些,反之就松些。因为没有结构参数对垂轴像差平方和的解析式,式(7-27)的偏导数采用差分计算为

$$\frac{\partial f}{\partial x_i} = \frac{F - F_0}{x_i - x_{i0}} = \frac{\Delta F}{\Delta x_i} \quad (i = 1, 2, \cdots, m) \tag{7-28}$$

设同类结构参数中最灵敏的像差增量为

$$\Delta F_{j\max} = \max(\Delta F_i) \quad (i = (j-1)\frac{m}{5} + 1, \cdots, j\frac{m}{5}) \tag{7-29}$$

式中：j 为结构参数种类，j 取 $1,2,\cdots,5$ 分别表示曲率、面间隔、$\cdots$、面倾斜等。

新的权因子等于曲率的 $\Delta F_{1\max}$ 除各类结构参数的 $\Delta F_{j\max}$ 的平方为

$$C_j = \left(\frac{\Delta F_{j\max}}{\Delta F_{1\max}}\right)^2 \quad (j = 1, 2, \cdots, 5) \tag{7-30}$$

将式(7-30)、式(7-29)、式(7-28)代入式(7-27)，有

$$T_i = \frac{\sqrt{\left(\frac{\Delta F_{j\max}}{\Delta F_{1\max}}\right)^2 \cdot \Delta F_{允}}}{\sqrt{\frac{m}{5}\sum_{j=1}^{5}\left(\frac{\Delta F_{j\max}}{\Delta F_{1\max}}\right)^2 \cdot \frac{\Delta F_i}{\Delta x_j}}}$$

$$= \frac{\Delta F_{j\max} \cdot \Delta F_{允} \cdot \Delta x_j}{\sqrt{\frac{m}{5}\sum_{j=1}^{5}\Delta F_{j\max} \cdot \Delta F_i}} \tag{7-31}$$

当求各种结构参数最灵敏参数的公差时，即 $\Delta F_{j\max} = \Delta F_j$，则有

$$T_i = \frac{\Delta x_j \cdot \Delta F_{允}}{\sqrt{\frac{m}{5}\sum_{j=1}^{5}\Delta F_{j\max}}} \tag{7-32}$$

式(7-32)说明，每种结构参数最灵敏面的公差 T_i 与该种参数的增量 Δx_j 成正比，公式中的其他值对各种参量都是一样的。因此，最灵敏面的公差 T_i 由这种参数的增量 Δx_j 决定。由于右边 Δx_j 还乘有两个常数，所以，最灵敏面的公差不一定取在工艺能力的下限，有时可能低于下限。同时，不灵敏面的公差也许会太宽。例如，光圈宽到 10 道圈以上、面间隔公差在毫米级时，这样宽的要求对加工并不带来明显的经济成本下降，然而给出这样宽的公差却要用一定的评价函数增量作为代价，这是很不合算的。因此，应该设置一个各种结构参数公差的上下限，对分配出的公差加以限制，使公差分配在工艺能力上下限内。不同类型和档次的系统的公差差异很大，应分别规定不同的工艺能力上下限。我们制订了 12 个工艺上下限，它们的关系如表 7-1 所列。

表 7 - 1　典型系统的工艺能力上下限

系统类型	精度	公差限	光圈 N	面间距/mm	面倾角/(′)
显微系统	1	上	0.5	0.005	0.1
		下	2	0.02	2.0
	2	上	1	0.01	0.5
		下	3	0.05	3.0
	3	上	2	0.02	1.0
		下	5	0.10	5.0
照相系统	1	上	1	0.01	0.2
		下	3	0.03	3.0
	2	上	2	0.02	0.5
		下	5	0.06	5.0
	3	上	3	0.05	3.0
		下	7	0.15	8.0
望远系统	1	上	2	0.05	2.0
		下	4	0.10	4.0
	2	上	3	0.10	3.0
		下	5	0.20	6.0
	3	上	4	0.10	5.0
		下	10	0.30	8.0
聚光系统 目视系统	1	上	2	0.05	3.0
		下	4	0.10	6.0
	2	上	3	0.10	5.0
		下	6	0.30	8.0
	3	上	5	0.20	6.0
		下	15	0.50	15.0

在前面的讨论中,一直把折射率和色散的误差看作是随机误差。其实,在实际生产过程中,生产一批零件的材料是按规定类级一次投料的,同一种类级的材料几乎是同一炉的玻璃,各块零件的折射率几乎是相同的,色散也是如此。因此,折射率和色散的误差不应看作是随机的,而应看作是系统误差。系统误差的大小是可以预先知道的,它的数值是固定的或者有规律变化的,所以有可能减小或消除这种误差。

我们所使用的每种玻璃,即使是同一炉的玻璃,各块玻璃的折射率和色散也会出现偏差。生产某一类级的玻璃,按照国家标准,规定它的折射率和色散不能超过最大的允许偏差值 $\pm\delta n_d$ 和 $\pm\delta n_{FC}$,而某一块这类玻璃,其折射率和色散的实际偏差则分别取在 $-\delta n_d \sim +\delta n_d$ 和 $-\delta n_{FC} \sim +\delta n_{FC}$ 之间的某一数。若从最坏的情况考虑,分别取 $-\delta n_d$ 和 $+\delta n_d$,计算这一折射率具有误差的系统,取使评价函数增加最大的那一边界值(即取"$+$"或"$-$")作为这块透镜的玻璃材料的折射率误差,同时对色散也作同样的处理。这样,按照先后顺序分别计算各块透镜的玻璃材料的误差可能引起的评价函数的最大增量为

$$\Delta F_i = \max[\Delta F(\delta n_{di}), \Delta F(-\delta n_{di})] + \\ \max[\Delta F(\delta n_{FCi}), \Delta F(-\delta n_{FCi})] \quad (i=1,2,\cdots,N) \qquad (7-33)$$

$$\Delta F_{\mathrm{sum}} = \sum_{i=1}^{N} \Delta F_i \qquad (7-34)$$

式中:$\Delta F(\pm\delta n_{di})$,$\Delta F(\pm\delta n_{FCi})$ 为第 i 块透镜的折射率和色散分别改变 $\pm\delta n_{di}$,$\pm\delta n_{FCi}$ 时评价函数的增量;N 为整个光学系统中所拥有的透镜片数;ΔF_{sum} 为各块透镜的玻璃材料的折射率和色散在规定类级后出现偏差时可能引起的评价函数最大增量之和。

显然,直接按式(7-33)和式(7-34)计算的结果作为由于玻璃材料的系统误差是很保守的。考虑到折射率的偏差在 $-\delta n_d \sim +\delta n_d$ 和色散在 $-\delta n_{FC} \sim +\delta n_{FC}$ 之间取值的随机性,可以把 ΔF_{sum} 乘上 $\dfrac{1}{\sqrt{N}}$ 后作为系统误差,从允许误差中去除,即

$$\Delta F'_P = \Delta F_P - \Delta F_{\mathrm{sum}} \cdot \frac{1}{\sqrt{N}} \qquad (7-35)$$

式中:ΔF_P 为评价函数的允许误差;$\Delta F'_P$ 为去除玻璃材料的系统误差以后评价函数的允许误差;N 为系统中透镜的片数。

以上讨论可用流程图7-4表示如下:

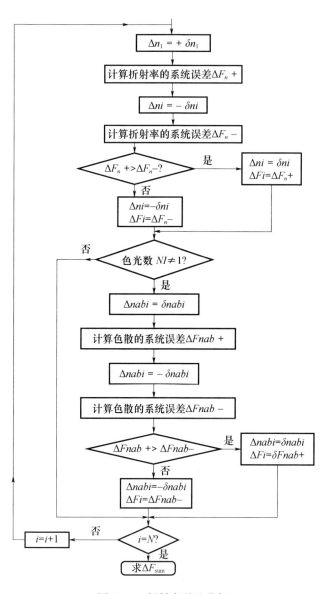

图 7-4　折射率误差分析

>>>> **7.4　公差设计中的随机模拟检验**

　　当公差给定以后,就需要检验公差的分配是否合理可行。最可靠的方法当然是通过实际生产制造出产品来进行实物检验,尽管其结果是可靠的,但通常不可能保证公差给得合理,这就意味着给出的公差作废,将耗费大量的时间和人力物力。我们采用了蒙特卡罗方法[50],在计算机上产生随机数来模拟零件制造和装配误差,检验产品的合格率。下面就来详细讨论。

1. 蒙特卡罗方法在公差检验中的应用

1)蒙特卡罗方法的基本思想

蒙特卡罗方法也称为随机模拟方法或统计试验方法。其基本思想是:为了求解数学、物理、工程技术以及生产管理等方面的问题,首先建立一个管理模型,使它的参数等于问题的解,然后通过对模型的观察和抽样试验来计算所求参数的统计特征,最后给出所求解的近似值。蒙特卡罗方法在求解实际问题中,大体有 3 个步骤:

(1)对求解的问题建立简单而又便于实现的统计模型,使所求的解恰好是所建立的模型的管理分布或数学期望。

(2)建立对随机变量的抽样方法,其中包括建立伪随机数的方法和建立对所遇到的分布产生随机变量的随机抽样方法。

(3)给出所求解的统计估计值及其方差或标准误差。

用蒙特卡罗方法进行随机模拟检验,需要产生各种概率分布的随机变量,而首先必须产生的随机变量是在[0,1]上均匀分布的随机变量,[0,1]上均匀分布的随机变量抽样值称为随机数。其他分布的随机变量抽样都是借助于随机数来实现的,因此,随机数是随机变量抽样的必不可少的基本工具。

产生随机数有多种方法,其中在计算机上用数学方法产生随机数是目前广泛采用的方法。这种随机数是根据确定的递推公式求得的,存在着周期现象。一旦初值确定下来以后,所有的随机数就被唯一地确定了。这不满足真正随机数的要求,所以常称这种方法为伪随机数。这种方法的优点是借助于递推公式,只需要在计算机中存储一个或几个初值即可产生,速度快。对于实际应用来说,一方面要注意随机数的随机性要好,容易实现;另一方面也要注意随机数的周期要尽量的长。产生伪随机数有多种方法,其中常用的是乘同余法。其迭代公式为

$$x_{n+1} = \lambda x_n (\mathrm{mod} M) \tag{7-36}$$

$$r_n = x_n \cdot M^{-1} \tag{7-37}$$

式中:$M = 2^s$,S 为计算机字长;x_0 为迭代初值,最好随机地选取一个 $4q+1$ 型的数,q 为任意整数;λ 取成 5^{2K+1} 型的正整数,其中 K 为使 5^{2K+1} 在计算机上所能容纳的最大奇数。乘同余法具有随机性能好、指令少、省时、周期长等优点。

　　随机变量抽样是指由已知分布的总体中产生简单子样,产生的伪随机数实际上就是由均匀分布的总体中产生的简单子样,因此,它属于随机变量抽样中的一个特殊情况。随机变量的抽样方法很多,有直接抽样法、舍选抽样方法、复合抽样方法、近似抽样方法、变换抽样方法等。我们这里用到的是直接抽样方法和近似抽样方法。

　　(1)连续型分布的直接抽样方法。连续型分布的一般形式为

$$F(x) = \int_{-\infty}^{x} f(t)\,\mathrm{d}t \tag{7-38}$$

式中:$f(x)$为密度函数。如果有分布函数的反函数存在,则有连续型分布的直接抽样方法为

$$\xi_F = F^{-1}(r) \tag{7-39}$$

例如,r 为$[0,1]$上均匀分布的随机变量,由它产生$[a,b]$上均匀分布的随机变量 ξ_F,$[a,b]$上均匀分布的随机变量 ξ_F 的密度函数为

$$f(x) = \begin{cases} \dfrac{1}{b-a} & (x \in [a,b]) \\ 0 & (\text{其他}) \end{cases} \tag{7-40}$$

则有

$$r = \int_{a}^{\xi_F} \frac{1}{b-a}\mathrm{d}x = \frac{\xi_F - a}{b - a} \tag{7-41}$$

故有

$$\xi_F = (b-a) \cdot r + a \tag{7-42}$$

　　(2)用近似抽样方法产生正态分布的随机变量。近似抽样方法有多种多样,其中一种是根据连续型分布的直接抽样,对分布函数的反函数 $F^{-1}(r)$ 给出近似计算方法,用 $F^{-1}(r)$ 的近似值代替 $\xi_F = F^{-1}(r)$。对于正态分布来说,若 r 服从$[0,1]$上的均匀分布,则可构成随机变量为

$$x = \begin{cases} \sqrt{-2\lambda n r} & (0 < r \leqslant 0.5) \\ \sqrt{-2\lambda n(1-r)} & (0.5 < r < 1) \end{cases} \tag{7-43}$$

令

$$\xi_F = \begin{cases} x - \dfrac{a_0 + a_1 x + a_2 x^2}{1 + b_1 x + b_2 x^2 + b_3 x^3} & (0 < r \leqslant 0.5) \\[3mm] \dfrac{a_0 + a_1 x + a_2 x^2}{1 + b_1 x + b_2 x^2 + b_3 x^3} - x & (0.5 < r < 1) \end{cases} \tag{7-44}$$

式中:$a_0 = 2.515517$;$a_1 = 0.802853$;$a_2 = 0.010328$;$b_1 = 1.43278$;$b_2 = 0.189269$;$b_3 = 0.001308$。

2)用蒙特卡罗方法进行公差检验

人们通过大量研究已经知道,零件的制造和装配误差是随机的,并服从一定均值 μ 和方差 σ 的正态分布,如图 7 – 5 所示。μ 和 σ 如何取值,应该根据实际情况而定,在生产过程中,光圈一般都控制在低光圈(负光圈),因为负光圈的加工容易控制,并便于返修。因此曲率的误差分布可近似看成是均值 $\mu = -T_i/2$,方差 σ 使得 $3\sigma = T_i/2$ 的正态分布,面间距和面倾角的误差可以看作均值 $\mu = 0$,方差 σ 使得 $3\sigma = T_i$ 的正态分布,面倾斜的方位角则服从 $[0°,360°]$ 上的均匀分布。

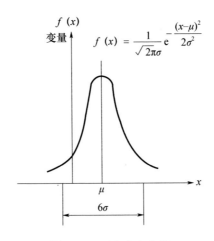

$$f(x) = \frac{1}{\sqrt{2\pi}\sigma} e^{-\frac{(x-\mu)^2}{2\sigma^2}}$$

图 7 – 5　正态分布曲线

按照蒙特卡罗方法的基本步骤,建立了数学模型后,就应该产生伪随机数进行随机抽样。首先利用式(7 – 36)、式(7 – 37)迭代式产生$[0,1]$上的均匀分布的伪随机数,再利用式(7 – 42)进行随机抽样,即把伪随机数转化为服从不同概率分布的随机变量,作为各结构参数的随机误差,把这些结构参数的随机扰动量合成到对应的结构参数上,得到一个有加工和装配误差的新系统,相当于实际生产过程中的一个实物产品,然后利用线性近似方法,计算此系统的评价函数,并判断是否超出评价函数的允许值,在允限内的产品为合格产品,否则为废品。抽样完成一定数量的产品之后,把总的合格品个数除以总试验次数,即可得到按此种公差进行生产可能得到的良品率。

2. 调整装配过程的模拟

到目前为止,已经可以利用前面讨论的内容设计好系统并制造出需要的零件,最后一个步骤就是把加工好的零件装配起来,形成一个完整的仪器。装配过程是对空气间隔、面倾角公差的控制、检验和调整过程。所谓调整,就是在装配一个产品时,通过改变结构中某一组元件的尺寸或位置,例如某一空气间隔的大小或某一组透镜的偏心大小,以满足此产品的成像质量要求。在所有的结构参数中,曲率、折射率、色散、透镜厚度在装配时是固定的,而空气间隔和面倾角及其倾斜方位是可以调整的。我们把可以改变的参数称为调整环节,把调整环节的变化大小称为调整量。

调整有两个含义:一是可利用透镜厚度与空气间隔误差正负值的最优调整配合,使得对像差影响最小;二是可以有意识地调整某些调整环节,改变某些像差,达到特殊要求。调整环节的选择必须根据不同的系统和要求而定,可以是一个也可以是多个。如果要调整整个系统的偏心像差,可以通过调整某一透镜组的横向位置来实现;如果要调整整个系统的球差或彗差,可以通过变化某一个或两个空气间隔的大小来实现。那么,怎么样选择呢? 哪个调整环节作为某个像差的调整环节,可以通过计算系统的像差变化量表得到。一般来说,某一像差的调整环节应该是对这种像差比较灵敏的,当然,还应该注意到调整机构设计的难易程度。

任何事物都有正反两个方面,调节装配法不需要任何补充加工,有了调整环节后,对光学零件的加工误差可以稍微放松。但是,由于增加了调整环节,结构较复杂,结构的稳定性较差,而且调整装配的技术要求也比较高。因此,调整装配必须具体情况具体分析:对于那些要求比较低、结构比较简单的系统,可能不需要进行调整;而对于那些较复杂且又有较高精度要求的系统,就必须考虑在装配过程中采用调整的措施。

调整环节的优配可以通过计算每种调整环节下的正负两种误差状态,求出在这种正负配合下调整环节对像差的影响。这种方法的计算量太大,是不现实的。这一问题可以通过正交试验法得到解决。正交试验法就是利用数理统计学观点,应用正交性原理,从大量的试验点中挑选适量的、具有代表性典型性的试验点,用正交表来合理安排试验的一种方法。它具有"均衡分散性"和"整齐可比性"。我们采用的是另一种方法,利用最小二乘法求解,在计算机上直接进行模拟调整过程。下面详细讨论。

模拟调整装配过程可以采用与前面求解最佳像面时类似的方法,当加入调

整环节后,式(7-4)和式(7-5)变为

$$\begin{cases} \delta y_i^* = \delta y_i + \dfrac{\partial \delta y_i}{\partial x_1} \cdot \Delta x_1' + \dfrac{\partial \delta y_i}{\partial x_2} \cdot \Delta x_2' + \cdots + \dfrac{\partial \delta y_i}{\partial x_k} \cdot \Delta x_k' + \left(\dfrac{\beta_i}{\alpha_i} - \dfrac{\beta_Z}{\alpha_Z} \right) \mathrm{d}s \\[4mm] \delta z_i^* = \delta z_i + \dfrac{\partial \delta z_i}{\partial x_1} \cdot \Delta x_1' + \dfrac{\partial \delta z_i}{\partial x_2} \cdot \Delta x_2' + \cdots + \dfrac{\partial \delta z_i}{\partial x_k} \cdot \Delta x_k' + \left(\dfrac{\gamma_i}{\alpha_i} - \dfrac{\gamma_Z}{\alpha_Z} \right) \mathrm{d}s \end{cases}$$

$$(7-45)$$

式中:$\Delta x_j'$为调整环节的调整量;$\dfrac{\partial \delta y_i}{\partial x_j}$,$\dfrac{\partial \delta z_i}{\partial x_j}$为垂轴像差对调整环节的灵敏度。这里以差商近似替代偏导数,即

$$\frac{\partial \delta y_i}{\partial x_j} = \frac{\Delta \delta z_i}{\Delta x_j} \quad \frac{\partial \delta z_i}{\partial x_j} = \frac{\Delta \delta z_i}{\Delta x_j} \qquad (7-46)$$

式中:$\Delta \delta y_i$,$\Delta \delta z_i$为调整环节作微量扰动时垂轴像差的改变量。当偏心作为调整环节时,则分别考虑子午和弧矢两个方向的调整作用,也就是说调整系统的偏心时,是从某元件的两个相互垂直的方向来完成的,因为任意方向的调整都可以分解到这两个互相垂直的方向上来。

式(7-45)加权以后得

$$\begin{cases} \delta y_i^* \; \sqrt{\mu_i} = \left[\delta y_i + \dfrac{\partial \delta y_i}{\partial x_1} \cdot \Delta x_1' + \dfrac{\partial \delta y_i}{\partial x_2} \cdot \Delta x_2' + \cdots + \dfrac{\partial \delta y_i}{\partial x_k} \cdot \Delta x_k' + \left(\dfrac{\beta_i}{\alpha_i} - \dfrac{\beta_Z}{\alpha_Z} \right) \mathrm{d}s \right] \cdot \sqrt{\mu_i} \\[4mm] \delta z_i^* \; \sqrt{\mu_i} = \left[\delta z_i + \dfrac{\partial \delta z_i}{\partial x_1} \cdot \Delta x_1' + \dfrac{\partial \delta z_i}{\partial x_2} \cdot \Delta x_2' + \cdots + \dfrac{\partial \delta z_i}{\partial x_k} \cdot \Delta x_k' + \left(\dfrac{\gamma_i}{\alpha_i} - \dfrac{\gamma_Z}{\alpha_Z} \right) \mathrm{d}s \right] \cdot \sqrt{\mu_i} \end{cases}$$

$$(7-47)$$

令

$$\boldsymbol{\varphi} = \begin{bmatrix} \delta y_1^* \cdot \sqrt{\mu_1} \\ \delta z_1^* \cdot \sqrt{\mu_1} \\ \vdots \\ \delta y_n^* \cdot \sqrt{\mu_n} \\ \delta z_n^* \cdot \sqrt{\mu_n} \end{bmatrix} \quad \Delta F = \begin{bmatrix} \delta y_1 \cdot \sqrt{\mu_1} \\ \delta z_1 \cdot \sqrt{\mu_1} \\ \vdots \\ \delta y_n \cdot \sqrt{\mu_n} \\ \delta z_n \cdot \sqrt{\mu_n} \end{bmatrix} \quad \Delta \boldsymbol{x} = \begin{bmatrix} \Delta x_1' \\ \Delta x_2' \\ \vdots \\ \Delta x_k' \\ \mathrm{d}s \end{bmatrix} \qquad (7-48)$$

$$A = \begin{bmatrix} \dfrac{\Delta \delta y_1}{\Delta x_1} \cdot \sqrt{\mu_1} & \dfrac{\Delta \delta y_1}{\Delta x_2} \cdot \sqrt{\mu_1} & \cdots & \dfrac{\Delta \delta y_1}{\Delta x_k} \cdot \sqrt{\mu_1} & \left(\dfrac{\beta_1}{\alpha_1} - \dfrac{\beta_z}{\alpha_z} \right) \cdot \sqrt{\mu_1} \\[2mm] \dfrac{\Delta \delta z_1}{\Delta x_1} \cdot \sqrt{\mu_1} & \dfrac{\Delta \delta z_1}{\Delta x_2} \cdot \sqrt{\mu_1} & \cdots & \dfrac{\Delta \delta z_1}{\Delta x_k} \cdot \sqrt{\mu_1} & \left(\dfrac{\gamma_1}{\alpha_1} - \dfrac{\gamma_z}{\alpha_z} \right) \cdot \sqrt{\mu_1} \\[2mm] \vdots & \vdots & \ddots & \vdots & \vdots \\[2mm] \dfrac{\Delta \delta y_n}{\Delta x_1} \cdot \sqrt{\mu_n} & \dfrac{\Delta \delta y_n}{\Delta x_2} \cdot \sqrt{\mu_n} & \cdots & \dfrac{\Delta \delta y_n}{\Delta x_k} \cdot \sqrt{\mu_n} & \left(\dfrac{\beta_n}{\alpha_n} - \dfrac{\beta_z}{\alpha_z} \right) \cdot \sqrt{\mu_n} \\[2mm] \dfrac{\Delta \delta z_n}{\Delta x_1} \cdot \sqrt{\mu_n} & \dfrac{\Delta \delta z_n}{\Delta x_2} \cdot \sqrt{\mu_n} & \cdots & \dfrac{\Delta \delta z_n}{\Delta x_k} \cdot \sqrt{\mu_n} & \left(\dfrac{\gamma_n}{\alpha_n} - \dfrac{\gamma_z}{\alpha_z} \right) \cdot \sqrt{\mu_n} \end{bmatrix}$$

$$\tag{7-49}$$

则式(7-47)变为

$$\phi = \Delta F + A \cdot \Delta x \tag{7-50}$$

$$\phi = \boldsymbol{\varphi}^{\mathrm{T}} \boldsymbol{\varphi} = (\Delta F + A \cdot \Delta x)^{\mathrm{T}} (\Delta F + A \cdot \Delta x) \tag{7-51}$$

求式(7-51)的最小二乘解,即式(7-51)两边对 Δx 求导,并令其等于 0,得

$$\Delta x = -(A^{\mathrm{T}} A)^{-1} A^{\mathrm{T}} \cdot \Delta F \tag{7-52}$$

式(7-52)为求解调整过程中调整环节的调整量大小的公式。由于 ds 也包含在 Δx 中,因此,实际上像面位移也是一个调整环节。对于某些调整环节来说,是在一定范围内调整的。根据式(7-52)解出的调整量有可能超出调整范围,对于这样的调整环节,应该把它冻结在边界上。有了调整量就可以利用式(7-47)求出调整以后系统的垂轴像差大小,得到评价函数,然后再判断它是否超出允差限,并计算合格产品的个数和良品率,整个模拟过程就完成了。

7.5　公差设计中的偏心光路追迹

对于共轴光学系统来说,透镜偏心是影响成像质量的比较严重的误差因素。为了能够合理地计算偏心光学系统的公差和进行随机模拟试验,就必须解决偏心系统的光路追迹问题[51]。

根据现行的国家标准,透镜的中心误差采用面倾角 χ 来表示,它指的是光学表面顶点处的法线与基准轴的夹角。但现在大多数光学单位在生产上所沿用的仍然是传统的透镜中心偏 c。以透镜成像为依据,在透镜绕外圆作定轴转动时,透镜的焦点像的扫描半径就是透镜中心偏 c。如图 7-6 所示,$x_1 x_2$ 为系统

的基准轴(由镜筒中心轴确定),AB 和 EF 分别为透镜的第一和第二球面,c_1、c_2 分别为第一和第二球面的球心,c_1c_2 为偏心透镜的光轴,H' 为偏心透镜的像方主点,Y_1、Y_2 分别为第一和第二球面的半径,χ_1、χ_2 分别为第一和第二球面的面倾角,传统的透镜中心偏 c 为 MN。当透镜光轴 c_1c_2 绕后主点 M 旋转时,将得到第一、二球面不同的 χ_1、χ_2,但传统的算法对应的透镜中心偏 c 是相同的,由像差增量得知,面倾角不同时,对应的偏心像差增量是不同的,所以用 c 表示偏心不能全面地反映偏心量对像差的影响。偏心量这种度量的实质是规定和限制了透镜的光心(即透镜的后主点)对定位轴的偏离量。它说明了透镜光心的共轴状况,并不表明透镜光轴的共轴特性,换句话说,这种度量只反映了透镜光心的共轴性,而不能反映光学成像的共轴性。因此,这种中心偏的定义是含糊不清的,其作用效果也是不尽完善的,特别是对于高质量的精密系统则显得更为突出,故传统的中心偏应尽量改用面倾角来表示。在我们的程序中,偏心公差就是用面倾角来标定的。在公差分配完后,要对有误差的系统进行模拟检验,因为面倾角在空间均匀分布,就应该有计算空间任意方位面倾角的公式,本节就讨论这个问题。

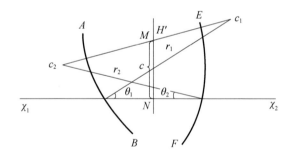

图 7-6　透镜的中心偏

1. 空间面倾斜和顶点偏心的坐标变换法

空间任意的面倾斜可以分解成在三维坐标系 (x,y,z) 中分别绕不同的轴旋转而得到的。如图 7-7 所示,假设坐标系 (x,y,z) 先绕 x 轴旋转 θ 角,得到坐标系 (x',y',z'),坐标变换式为

$$\begin{bmatrix} x' \\ y' \\ z' \end{bmatrix} = \begin{bmatrix} 1 & 0 & 0 \\ 0 & \cos\theta & \sin\theta \\ 0 & -\sin\theta & \cos\theta \end{bmatrix} \begin{bmatrix} x \\ y \\ z \end{bmatrix} \qquad (7-53)$$

式中:θ 为面倾斜的方位,我们把它称为偏心的方位角。θ 角有符号规则,其方

向是面对 x 轴从旧坐标系 (x,y,z) 逆时针转到新坐标系 (x',y',z') 为正,反之为负。

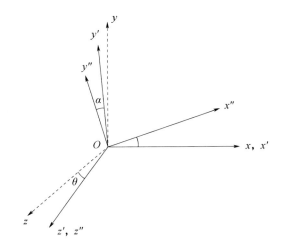

图 7 - 7　坐标系的旋转

再使 (x',y',z') 绕 z' 轴转 α 角,得到坐标系 (x'',y'',z''),其坐标变换式为

$$\begin{bmatrix} x'' \\ y'' \\ z'' \end{bmatrix} = \begin{bmatrix} \cos\alpha & \sin\alpha & 0 \\ -\sin\alpha & \cos\alpha & 0 \\ 0 & 0 & 1 \end{bmatrix}\begin{bmatrix} x' \\ y' \\ z' \end{bmatrix} \qquad (7-54)$$

式中:α 为此面的面倾斜(偏心)的大小。

把式(7-53)代入式(7-54),可得到由坐标系 (x,y,z) 直接转换到坐标系 (x'',y'',z'') 的变换式为

$$\begin{aligned} \begin{bmatrix} x'' \\ y'' \\ z'' \end{bmatrix} &= \begin{bmatrix} \cos\alpha & \sin\alpha & 0 \\ -\sin\alpha & \cos\alpha & 0 \\ 0 & 0 & 1 \end{bmatrix}\begin{bmatrix} x' \\ y' \\ z' \end{bmatrix} \\ &= \begin{bmatrix} \cos\alpha & \sin\alpha & 0 \\ -\sin\alpha & \cos\alpha & 0 \\ 0 & 0 & 1 \end{bmatrix}\begin{bmatrix} 1 & 0 & 0 \\ 0 & \cos\theta & \sin\theta \\ 0 & -\sin\theta & \cos\theta \end{bmatrix}\begin{bmatrix} x \\ y \\ z \end{bmatrix} \\ &= \begin{bmatrix} \cos\alpha & \sin\alpha\cos\theta & \sin\alpha\sin\theta \\ -\sin\alpha & \cos\alpha\cos\theta & \cos\alpha\sin\theta \\ 0 & -\sin\theta & \cos\alpha \end{bmatrix}\begin{bmatrix} x \\ y \\ z \end{bmatrix} = \begin{bmatrix} T \end{bmatrix}\begin{bmatrix} x \\ y \\ z \end{bmatrix} \end{aligned} \qquad (7-55)$$

$$[\boldsymbol{T}] = \begin{bmatrix} \cos\alpha & \sin\alpha\cos\theta & \sin\alpha\sin\theta \\ -\sin\alpha & \cos\alpha\cos\theta & \cos\alpha\sin\theta \\ 0 & -\sin\theta & \cos\alpha \end{bmatrix} \qquad (7-56)$$

式$(7-56)$是坐标系(x,y,z)变换到坐标系(x'',y'',z'')中的变换公式。同样,方向余弦也可以利用式$(7-55)$由坐标系(x,y,z)直接转换到坐标系(x'',y'',z''),即

$$\begin{bmatrix} \alpha'' \\ \beta'' \\ \gamma'' \end{bmatrix} = \begin{bmatrix} \cos\alpha & \sin\alpha\cos\theta & \sin\alpha\sin\theta \\ -\sin\alpha & \cos\alpha\cos\theta & \cos\alpha\sin\theta \\ 0 & -\sin\theta & \cos\alpha \end{bmatrix}\begin{bmatrix} \alpha \\ \beta \\ \gamma \end{bmatrix} = [\boldsymbol{T}]\begin{bmatrix} \alpha \\ \beta \\ \gamma \end{bmatrix} \qquad (7-57)$$

如图$7-8$所示,我们来看看变换公式的使用过程。(x_0,y_0,z_0)为所要计算面(x,y,z)的前一面坐标,假定有一条光线 $\boldsymbol{A}$ 通过点(x_1,y_1,z_1),方向余弦为(α,β,γ),点(x_1,y_1,z_1)对于坐标系(x,y,z)的值为$((x_1-d),y_1,z_1)$,方向余弦不变。当坐标系(x,y,z)的曲面倾斜 α 角时,相当于坐标系(x,y,z)转到了坐标系(x'',y'',z'')。$((x_1-d),y_1,z_1)$ 点 在坐标系(x'',y'',z'')的坐标值为(x''_1,y''_1,z''_1),其方向余弦为$(\alpha'',\beta'',\gamma'')$,有

$$\begin{bmatrix} x''_1 \\ y''_1 \\ z''_1 \end{bmatrix} = [\boldsymbol{T}]\begin{bmatrix} x_1-d \\ y_1 \\ z_1 \end{bmatrix} \qquad (7-58)$$

$$\begin{bmatrix} \alpha'' \\ \beta'' \\ \gamma'' \end{bmatrix} = [\boldsymbol{T}]\begin{bmatrix} \alpha \\ \beta \\ \gamma \end{bmatrix} \qquad (7-59)$$

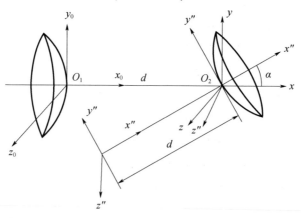

图 $7-8$ 旋转和平移的变换

由于光路追迹矢量公式计算中所给的初值是在坐标系 (x'',y'',z'') 沿负向移 d 距离处的坐标值,故矢量追迹公式的坐标值应为 $((x''_1+d),y''_1,z''_1)$,方向余弦为 $(\alpha'',\beta'',\gamma'')$。当用矢量公式计算完入射倾斜曲面光线的坐标和方向余弦后,为了便于后一面计算,应将倾斜坐标系和方向余弦反变换到坐标系 (x,y,z)。因此可对式(7-58)和式(7-59)进行逆变换得到,即

$$\begin{bmatrix} x \\ y \\ z \end{bmatrix} = [T]^{-1} \begin{bmatrix} x'' \\ y'' \\ z'' \end{bmatrix} = [T]^{T} \begin{bmatrix} x'' \\ y'' \\ z'' \end{bmatrix} \qquad (7-60)$$

$$\begin{bmatrix} \alpha \\ \beta \\ \gamma \end{bmatrix} = [T]^{-1} \begin{bmatrix} \alpha'' \\ \beta'' \\ \gamma'' \end{bmatrix} = [T]^{T} \begin{bmatrix} \alpha'' \\ \beta'' \\ \gamma'' \end{bmatrix} \qquad (7-61)$$

式中:$[T]^{T}$ 为 $[T]$ 的转置矩阵。由于笛卡儿坐标系中的变换矩阵为规格正交矩阵,故其逆矩阵 $[T]^{-1}$ 等价于其转置矩阵,有

$$[T]^{-1} = [T]^{T} = \begin{bmatrix} \cos\alpha & -\sin\alpha & 0 \\ \sin\alpha\cos\theta & \cos\alpha\cos\theta & -\sin\theta \\ \sin\alpha\sin\theta & \cos\alpha\sin\theta & \cos\theta \end{bmatrix} \qquad (7-62)$$

2. 顶点偏心的坐标变换

顶点偏心是指球面顶点在垂轴方向偏离光轴的大小。在进行调整装配的过程中,有可能把某一元件的偏心作为调整环节来调整整个系统的偏心,此时就会遇到整个光学元件垂直于光轴方向微量移动时的光路追迹问题。坐标系 (x',y',z') 分别在 y,z 方向上偏离原坐标系 (x,y,z) 一个微量 y_D 和 z_D,即

$$\begin{cases} x' = x \\ y' = y - y_D \\ z' = z - z_D \end{cases} \qquad (7-63)$$

可改写为

$$\begin{bmatrix} x' \\ y' \\ z' \end{bmatrix} = \begin{bmatrix} x \\ y \\ z \end{bmatrix} - \begin{bmatrix} 0 \\ y_D \\ z_D \end{bmatrix} = \begin{bmatrix} x \\ y \\ z \end{bmatrix} - [T_1] \qquad (7-64)$$

式中:$[T_1]$ 为顶点偏心的大小,$[T_1] = \begin{bmatrix} 0 \\ y_D \\ z_D \end{bmatrix}$ 此时方向余弦不变。由式(7-53)

至式(7-55)和式(7-64),综合两种情况,可以得统一变换式为

$$
\begin{bmatrix} x'' \\ y'' \\ z'' \end{bmatrix} = \begin{bmatrix} \cos\alpha & \sin\alpha\cos\theta & \sin\alpha\sin\theta \\ -\sin\alpha & \cos\alpha\cos\theta & \cos\alpha\sin\theta \\ 0 & -\sin\theta & \cos\alpha \end{bmatrix} \left\{ \begin{bmatrix} x \\ y \\ z \end{bmatrix} - \begin{bmatrix} 0 \\ y_D \\ z_D \end{bmatrix} \right\}
$$

$$
= \begin{bmatrix} T \end{bmatrix} \left\{ \begin{bmatrix} x \\ y \\ z \end{bmatrix} - \begin{bmatrix} T_1 \end{bmatrix} \right\} \tag{7-65}
$$

$$
\begin{bmatrix} \alpha'' \\ \beta'' \\ \gamma'' \end{bmatrix} = \begin{bmatrix} T \end{bmatrix} \begin{bmatrix} \alpha \\ \beta \\ \gamma \end{bmatrix} \tag{7-66}
$$

综上所述,具有面倾斜和顶点位移的系统的坐标变换为

$$
\begin{bmatrix} x'' \\ y'' \\ z'' \end{bmatrix} = \begin{bmatrix} T \end{bmatrix} \left\{ \begin{bmatrix} x - d \\ y \\ z \end{bmatrix} - \begin{bmatrix} T_1 \end{bmatrix} \right\} \tag{7-67}
$$

$$
\begin{bmatrix} \alpha'' \\ \beta'' \\ \gamma'' \end{bmatrix} = \begin{bmatrix} T \end{bmatrix} \begin{bmatrix} \alpha \\ \beta \\ \gamma \end{bmatrix} \tag{7-68}
$$

逆变换为

$$
\begin{bmatrix} x \\ y \\ z \end{bmatrix} = \begin{bmatrix} T \end{bmatrix}^{\mathrm{T}} \begin{bmatrix} x'' + d \\ y'' \\ z'' \end{bmatrix} + \begin{bmatrix} T_1 \end{bmatrix} \tag{7-69}
$$

$$
\begin{bmatrix} \alpha \\ \beta \\ \gamma \end{bmatrix} = \begin{bmatrix} T \end{bmatrix} \begin{bmatrix} \alpha'' \\ \beta'' \\ \gamma'' \end{bmatrix} \tag{7-70}
$$

3. 偏心球面光路追迹

用坐标变换的方法来计算面倾斜像差的好处是它能适用于非球面,但当计算光线较多时,特别是模拟检验时,每条光线经过每个面时都要调用正逆两次坐标变换子程序,计算量很大。这时通常采用专用的空间任意倾斜的矢量光路追迹公式。图7-9所示为光线射入倾斜球面的向量关系。

由图7-9可知

$$
\boldsymbol{P} + a\boldsymbol{Q} = d\boldsymbol{i} + \boldsymbol{M}
$$

用$\boldsymbol{Q}$乘上式两边得

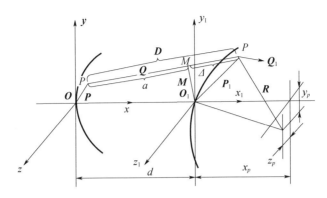

图 7 - 9　空间矢量光路追迹

$$P \cdot Q + a = di \cdot Q$$

这里因为 $M \perp Q$，所以 $M \cdot Q = 0$，与共轴球面矢量公式类似，有

$$a = di \cdot Q - P \cdot Q$$

$$a = \alpha d - (\alpha x + \beta y + \gamma z)$$

$$M = P + aQ - di = i(x - d + \alpha a) + j(y + \beta a) + k(z + \gamma a)$$

$$M^2 = (x - d + \alpha a)^2 + (y + \beta a)^2 + (z + \gamma a)^2$$

$$M_x = x - d + \alpha a$$

$$M_y = y + \beta a$$

$$M_z = z + \gamma a$$

由 $\triangle O_1 M_1 P_1$ 得

$$M + \Delta Q = P_1$$

离轴球面方程为

$$(x_1 - x_p)^2 + (y_1 - y_p)^2 + (z_1 - z_p)^2 = R^2$$

$$x_1^2 + y_1^2 + z_1^2 - 2(x_1 x_p + y_1 y_p + z_1 z_p) = 0$$

$$P_1^2 - 2(\overline{P_1 \cdot i} x_p + \overline{P_1 \cdot j} y_p + \overline{P_1 \cdot k} z_p) = 0$$

将 $M + \Delta Q = P_1$ 两边分别同乘 i, j, k 得

$$\begin{cases} P_1 \cdot i = M \cdot i + \Delta Q \cdot i = M_x + \Delta \alpha \\ P_1 \cdot j = M \cdot j + \Delta Q \cdot j = M_y + \Delta \beta \\ P_1 \cdot k = M \cdot k + \Delta Q \cdot k = M_z + \Delta \gamma \end{cases}$$

由直角三角形 $\triangle O_1 M_1 P_1$ 得

$$M^2 + \Delta^2 = P_1^2$$

$$= 2[(M_x + \Delta \cdot \alpha)x_p + (M_y + \Delta \cdot \beta)y_p + (M_z + \Delta \cdot \gamma)z_p]$$

$$\Delta^2 - 2\Delta(\alpha x_p + \beta y_p + \gamma z_p) + (M^2 - 2(M_x x_p + M_y y_p + M_z z_p)) = 0$$

$$\Delta_{1,2} = (\alpha x_p + \beta y_p + yz_p) \pm \sqrt{(\alpha x_p + \beta y_p + \gamma z_p)^2 - (M^2 - 2(M_x x_p + M_y y_p + M_z z_p))}$$

将加根舍去,因加根表示的是远离球面后面那个面的关系,则有

$$\Delta = \Delta_2$$

$$\boldsymbol{P}_1 = x_1 \cdot \boldsymbol{i} + y_1 \cdot \boldsymbol{j} + z_1 \cdot \boldsymbol{k} = \boldsymbol{M} + \Delta \boldsymbol{Q}$$

$$D = a + \Delta$$

$$x_1 = x - d + \alpha a + \Delta \cdot \alpha = x - d + \alpha D$$

$$y_1 = y + \beta a + \Delta\beta = y + \beta D$$

$$z_1 = z + \gamma a + \Delta\gamma = z + \gamma D$$

由 $\triangle O_1 P_1 C$ 得

$$\boldsymbol{P}_1 + NR = \boldsymbol{R}$$

$$\boldsymbol{R} = \boldsymbol{i} \cdot x_p + \boldsymbol{j} \cdot y_p + \boldsymbol{k} \cdot z_p$$

$$\boldsymbol{N} = \frac{\boldsymbol{R} - \boldsymbol{P}_1}{R}$$

$$\alpha_N = \frac{1}{R}(x_p - x_1) = \alpha_p - x_1 C$$

$$\beta_N = \frac{1}{R}(y_p - y_1) = \beta_p - y_1 C$$

$$\gamma_N = \frac{1}{R}(z_p - z_1) = \gamma_p - z_1 C$$

由折射定律,得

$$n\boldsymbol{Q}_1 \times \boldsymbol{N} = n'\boldsymbol{Q} \times \boldsymbol{N}$$

$$(n'\boldsymbol{Q}_1 - n\boldsymbol{Q}) \times \boldsymbol{N} = 0$$

由此得知 $(n'\boldsymbol{Q}_1 - n\boldsymbol{Q})$ 和 $\boldsymbol{N}$ 平行,即有

$$n'\boldsymbol{Q}_1 - n\boldsymbol{Q} = g\boldsymbol{N}$$

两边点乘 $\boldsymbol{N}$,得

$$g = n'\cos I' - n\cos I$$

$$\cos I = \boldsymbol{Q} \cdot \boldsymbol{N} = \alpha\alpha_N + \beta\beta_N + \gamma\gamma_N$$

$$= \frac{\alpha}{R}(x_p - x_1) + \frac{\beta}{R}(y_p - y_1) + \frac{\gamma}{R}(z_p - z_1)$$

$$\cos I' = \sqrt{1 - \frac{n^2}{n'^2}(1 - \cos^2 I)}$$

进而可得

$$Q_1 = \frac{n}{n'}Q + \frac{g}{n}N$$

$$\alpha_1 = \frac{n}{n'}\alpha + \frac{g}{n'R}(x_p - x_1)$$

$$\beta_1 = \frac{n}{n'}\beta + \frac{g}{n'R}(y_p - y_1)$$

$$\gamma_1 = \frac{n}{n'}\gamma + \frac{g}{n'R}(z_p - z_1)$$

当球面为平面或接近平面时，x_p, y_p, z_p 都趋于 ∞，应对 Δ 的加根 Δ_1 乘 Δ_2 的分子分母得

$$\Delta_2 = \frac{M^2 - 2(M_x x_p + M_y y_p + M_z z_p)}{(\alpha x_p + \beta y_p + \gamma z_p) + \sqrt{(\alpha x_p + \beta y_p + \gamma z_p)^2 - (M^2 - 2(M_x x_p + M_y y_p + M_z z_p))}}$$

用 $c = 1/R$ 同乘 Δ_2 的分子分母得

$$\Delta_2 = \frac{cM^2 - 2(M_x \alpha_p + M_y \beta_p + M_2 \gamma_p)}{(\alpha\alpha_p + \beta\beta_p + \gamma\gamma_p) + \sqrt{(\alpha\alpha_p + \beta\beta_p + \gamma\gamma_p)^2 - (M^2 c^2 - 2c(M_x \alpha_p + M_y \beta_p + M_z \gamma_p))}}$$

$$\alpha_p = \frac{x_p}{R} \quad \beta_p = \frac{y_p}{R} \quad \gamma_p = \frac{z_p}{R}$$

面倾斜的大小由 α_p 决定，方向由 β_p, γ_p 决定。$\alpha_p, \beta_p, \gamma_p$ 与描述面倾斜的 (α, θ) 的关系如图 7−10 所示，其关系式为

$$\begin{cases} \alpha = \alpha_p \\[2mm] \alpha_p = \dfrac{x_p}{R}, \quad \beta_p = \dfrac{y_p}{R}, \quad \gamma_p = \dfrac{z_p}{R} \\[4mm] \cos\theta = \dfrac{y_p}{\sqrt{y_p^2 + z_p^2}} = \dfrac{\beta_p}{\sqrt{\beta_p^2 + \gamma_p^2}} \end{cases} \tag{7-71}$$

将式（7−71）中 $\cos\theta$ 改写为

$$\cos^2\theta(\beta_p^2 + \gamma_p^2) = \beta_p^2 \tag{7-72}$$

$$\alpha_p^2 + \beta_p^2 + \gamma_p^2 = 1 \tag{7-73}$$

将式（7−73）代入式（7−72）得

$$\beta_p = \cos\theta \sqrt{1 - \alpha_p^2} \tag{7-74}$$

将式（7−74）代入式（7−73）得

$$\gamma_p^2 = (1 - \alpha_p^2)(1 - \cos^2\theta) \tag{7-75}$$

式中：$\gamma_p = \sin\theta \sqrt{1 - \alpha_p^2}$。

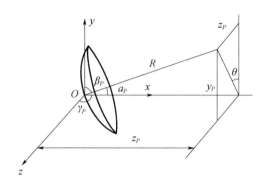

图 7 – 10   面倾斜与方向余弦的关系

用矢量公式计算面倾斜时,将所给的倾斜参量 (α,θ) 代入式(7 – 74)和式(7 – 75)算出 $(\alpha_p,\beta_p,\gamma_p)$,再将 $(\alpha_p,\beta_p,\gamma_p)$ 代入矢量公式,就可追迹具有面倾斜时的光线。最新国标中要求在图纸上标注面倾角,但在实际生产过程中,对偏心的检验还在沿用过去的方法。因此为了配合实际生产,应给出各透镜光轴对基准轴的倾斜角,方位角及中心位移。

设 $(\alpha_{p1},\beta_{p1},\gamma_{p1})$ 和 $(\alpha_{p2},\beta_{p2},\gamma_{p2})$ 分别为第一和第二球面过顶点的对称轴对坐标系 (x,y,z) 的方向余弦,则有

$$x_{p1}=\alpha_{p1}\cdot R_1 \qquad y_{p1}=\beta_{p1}\cdot R_1 \qquad z_{p1}=\gamma_{p1}\cdot R_1 \qquad (7-76)$$

$$x_{p2}=\alpha_{p2}\cdot R_2 \qquad y_{p2}=\beta_{p2}\cdot R_2 \qquad z_{p2}=\gamma_{p2}\cdot R_2 \qquad (7-77)$$

倾斜透镜光轴的直线方程为

$$\frac{x-x_{p1}}{x_{p1}-(x_{p2}-d)}=\frac{y-y_{p1}}{y_{p1}-y_{p2}}=\frac{z-z_{p1}}{z_{p1}-z_{p2}}=k \qquad (7-78)$$

过两球面间隔中点垂直基准轴的平面与斜光轴的交点 A 的坐标为

$$x=\frac{d}{2}$$

$$y=\frac{(d/2-x_{p1})}{(x_{p1}-(x_{p2}+d))}(y_{p1}-y_{p2})+y_{p1}$$

$$z=\frac{(d/2-x_{p1})}{(x_{p1}-(x_{p2}+d))}(z_{p1}-z_{p2})+z_{p1}$$

设

$$k_1=\frac{d/2-x_{p1}}{x_{p1}-(x_{p2}+d)}$$

则 A 点对基准轴的位移距 c 为

$$c = \sqrt{\left(k_1(y_{p1} - y_{p2}) + y_{p1}\right)^2 + \left(k_1(z_{p1} - z_{p2}) + z_{p1}\right)^2} \qquad (7-79)$$

透镜光轴的倾角和方位角为 α_c, θ_c。令

$$l = \sqrt{\left(x_{p1} - (x_{p1} + d)\right)^2 + (y_{p1} - y_{p2})^2 + (z_{p1} - z_{p2})^2}$$

$$\alpha_c = \frac{x_{p1} - (x_{p2} + d)}{l}$$

$$\beta_c = \frac{y_{p1} - y_{p2}}{l}$$

$$\gamma_c = \frac{z_{p1} - z_{p2}}{l}$$

则有

$$\cos\theta_c = \frac{\beta_c}{\sqrt{\beta_c^2 + \gamma_c^2}} \qquad (7-80)$$

如果透镜有一个面为平面时,平面或平凹透镜的斜光轴矢量由平面的法向矢量决定。图 7 - 11 中, $(\alpha_{p2}, \beta_{p2}, \gamma_{p2})$ 为平面的法向矢量, $R_2 = \infty$,按上述方法可求得

$$c = \sqrt{(k_1\beta_{p2} + y_{p1})^2 + (k_1\gamma_{p2} + z_{p1})^2} \qquad (7-81)$$

$$k_1 = \frac{d/2 - x_{p1}}{\alpha_{p2}}$$

$$\alpha_c = \alpha_{p2}$$

$$\cos\theta_c = \frac{\beta_{p2}}{\sqrt{\beta_{p2}^2 + \gamma_{p2}^2}}$$

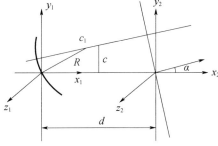

图 7 - 11　平面与曲面面倾斜的情形

当两个面都为平面时,只要求出两平面的夹角即可,设两平面的法向余弦为 $(\alpha_1, \beta_1, \gamma_1)$ 和 $(\alpha_2, \beta_2, \gamma_2)$,两平面的夹角为 φ ,则有

$$\cos\varphi = \alpha_1\alpha_2 + \beta_1\beta_2 + \gamma_1\gamma_2 \qquad\qquad (7-82)$$

式中,$(\alpha_1,\beta_1,\gamma_1)$ 和 $(\alpha_2,\beta_2,\gamma_2)$ 可由两平面的倾斜参数 (α_1,θ_1) 和 (α_2,θ_2) 按式(7-74)和式(7-75)求得。

应用上述公式,可求得当两个面的倾斜方位取一定值时透镜斜光轴的倾角和方位。实际上,面倾角公差给定后,倾斜方位在 360° 范围内是均匀分布的。

7.6 利用光学设计软件进行公差分析

现代光学设计软件,如国际上最为先进的 CODE V 和 Zemax,都具有强大的公差分析功能模块。利用公差分析功能,可以对已经设计好的光学系统进行公差分析与计算。下面以国际上最为流行的 Zemax 软件为例说明公差分析的过程。

Zemax 的公差分析可以模拟在加工、装配过程中由于光学系统结构或其他参数的改变所引起的系统性能变化,从而为实际的生产提供指导。这些可能改变的参数包括曲率、厚度位置、折射率、阿贝数、非球面系数等结构参数以及表面或镜头组的倾斜、偏心,表面不则度等。

与优化功能类似,公差分析中把需要分析的参数用操作数表示,如 TRAD 表示的是曲率半径公差。采用 Zemax 进行公差分析可分两步:公差数据设置;执行公差分析。

1. 公差数据设置

从 Zemax 主窗口的 Editor 菜单中选中 Tolerance Data 项,系统显示 Tolerance Data Editor 公差数据编辑窗口。这一窗口用来对光学系统不同参数的公差范围做出限定。同时,还可以定义补偿器来模拟对装配后的系统所做的调整。一般情况下,可以采用默认的公差数据设置(Tolerance Data Editor→Tools→Default Tolerances)。此时将弹出 Default Tolerance 对话框,如图 7-12 所示。

通过这一对话框可以对各表面或元件的公差进行设定。表面的公差数据包括半径(Radius)、偏心(Decenter)、倾斜(Tilt)、不规则度(Irregularity)及材质的折射率、阿贝数等;元件可以设置的公差只有偏心和倾斜。在每个数据右方的空格中可以设定公差的范围。对话框底部的"Use Focus Comp"为后焦距补偿,这是公差分析中默认采用的补偿器。完成设定后,单击 OK 返回 Tolerances Data Editor 窗口。此时窗口中已经根据设定的公差数据列出了不同表面或元件的公差操作数和补偿器,如图 7 – 13 所示。每一个操作数都有一个最小值(min)和一个最大值(max),此最小值与最大值是相对于标称值(Nominal Value)的差量。

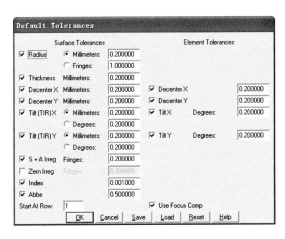

图 7 – 12　默认的公差数据设置

Oper #	Type	Surf	Code	-	Nominal	Min	Max
1 (COMP)	COMP	3	0	-		-2.000000	2.000000
2 (TWAV)	TWAV	-	-	-		0.632800	
3 (TRAD)	TRAD	1	-	-	92.847066	-0.200000	0.200000
4 (TRAD)	TRAD	2	-	-	-30.716087	-0.200000	0.200000
5 (TRAD)	TRAD	3	-	-	-78.197307	-0.200000	0.200000
6 (TTHI)	TTHI	1	3	-	6.000000	-0.200000	0.200000
7 (TTHI)	TTHI	2	3	-	3.000000	-0.200000	0.200000
8 (TEDX)	TEDX	1	3	-		-0.200000	0.200000
9 (TEDY)	TEDY	1	3	-		-0.200000	0.200000
10 (TETX)	TETX	1	3	-		-0.200000	0.200000
11 (TETY)	TETY	1	3	-		-0.200000	0.200000
12 (TSDX)	TSDX	1	-	-		-0.200000	0.200000

图 7 – 13　公差数据编辑器

根据光学系统具体特性,使用者可以对公差操作数进行修改,也可以加入新的操作数和补偿器。具体操作方法与优化评价函数编辑器(Merit Function Editor)相似,在此不再详述。

2. 执行公差分析

设定好公差操作数和补偿器后,即可执行公差分析。在 Zemax 的 Tools 菜单下选取 Tolerancing 将弹出另一对话框,如图 7 – 14所示。

对话框中可以对公差评价标准(Criteria)、计算模式(Mode),以及计算时采用的光线数(Sample)、视场(Field)、补偿器(Compensator)以及文本输出结果进行设置。其中主要设置的是评价标准和计算模式两项。公差可以采用不同的

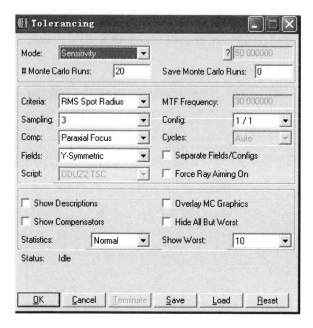

图 7 - 14　公差设置对话框

评价标准来进行分析。Criteria 中包含了 RMS 点列图半径、RMS 波像差、几何及衍射 MTF、用户自定义评价函数等。一般来说，对于像差接近衍射极限的光学系统进行公差分析时可以选用 MTF 作为评价标准，而像差较大的系统则宜选用点列图 RMS 半径。

Zemax 采用以下 3 种计算模式进行公差分析。

(1)灵敏度分析(Sensitivity)：给定结构参数的公差范围，计算每一个公差对评价标准的影响。

(2)反向灵敏度分析(Inverse sensitivity)：给出评价标准的允许变化范围，反算出各个光学面结构参数的允许公差容限。

(3)蒙特卡罗分析(Monte Carlo)：灵敏度与反向灵敏度分析都是计算每一个公差数据对评价函数的影响，而蒙特卡罗分析同时考虑所有公差对系统的影响。它在设定的公差范围内随机生成一些系统，调整所有的公差参数和补偿器，使它们随机变化，然后评估整个系统的性能变化。这一功能可以模拟生产装配过程的实际情况，所分析的结果对于大批量生产具有指导意义。

完成评价标准和计算模式的设置后，按下 OK 键，系统开始计算并打开新的文本窗口，显示公差分析的结果。图 7 - 15 为执行灵敏度分析得到的结果。窗口中列出了所有操作数取最大和最小值时评价函数的计算值，以及这一计算值与名义值的改变量。根据改变量的大小，列出了对系统性能影响最大的参数。最后是蒙特卡罗分析结果。根据这一公差分析的结果，设计者可以结合实际的加工装配水平，对各参数的公差范围进行缩紧或放松。

```
1: Text Viewer
Update  Settings  Print  Window
Sensitivity Analysis:

                     |------------ Minimum ------------| |------------ Maximum
Type                      Value    Criteria      Change      Value    Criteri
TRAD    1             -0.200000    6.756467    0.019641   0.200000    6.71734
TRAD    2             -0.200000    6.740401    0.003575   0.200000    6.73322
TRAD    3             -0.200000    6.731284   -0.005543   0.200000    6.74239
TTHI    1   3         -0.200000    6.739460    0.002634   0.200000    6.73419
TTHI    2   3         -0.200000    6.739727    0.002901   0.200000    6.73392
TEDX    1   3         -0.200000    6.736847    0.000021   0.200000    6.73684
TEDY    1   3         -0.200000    6.736847    0.000021   0.200000    6.73684
TETX    1   3         -0.200000    6.736827    0.000001   0.200000    6.73682
TETY    1   3         -0.200000    6.736827    0.000001   0.200000    6.73682
TSDX    1             -0.200000    6.736862    0.000036   0.200000    6.73686
TSDY    1             -0.200000    6.736862    0.000036   0.200000    6.73686
TIRX    1             -0.200000    6.736929    0.000103   0.200000    6.73692
TIRY    1             -0.200000    6.736929    0.000103   0.200000    6.73692
TSDX    2             -0.200000    6.736836    0.000009   0.200000    6.73683
TSDY    2             -0.200000    6.736836    0.000009   0.200000    6.73683
TIRX    2             -0.200000    6.736856    0.000030   0.200000    6.73685
TIRY    2             -0.200000    6.736856    0.000030   0.200000    6.73685
TSDX    3             -0.200000    6.736804   -0.000022   0.200000    6.73680
TSDY    3             -0.200000    6.736804   -0.000022   0.200000    6.73680
TIRX    3             -0.200000    6.736579   -0.000248   0.200000    6.73657
TIRY    3             -0.200000    6.736579   -0.000248   0.200000    6.73657
TIRR    1             -0.200000    6.736845    0.000019   0.200000    6.73680
TIRR    2              0.200000    6.736829    0.000002   0.200000    6.73682
TIRR    3             -0.200000    6.736823   -0.000004   0.200000    6.73683
TIND    1             -0.001000    6.718328   -0.018498   0.001000    6.75532
TIND    2             -0.001000    6.741340    0.004514   0.001000    6.73231
```

(a)

```
Update  Settings  Print  Window
Worst offenders:
Type                  Value       Criteria      Change
TRAD    1         -0.200000       6.756467    0.019641
TIND    1          0.001000       6.755327    0.018500
TRAD    3          0.200000       6.742391    0.005565
TIND    2         -0.001000       6.741340    0.004514
TRAD    2         -0.200000       6.740401    0.003575
TTHI    2   3     -0.200000       6.739727    0.002901
TTHI    1   3     -0.200000       6.739460    0.002634
TIRX    1         -0.200000       6.736929    0.000103
TIRX    1          0.200000       6.736929    0.000103
TIRY    1         -0.200000       6.736929    0.000103

Estimated Performance Changes based upon Root-Sum-Square me
Nominal RMS Spot Radius  :    6.736826
Estimated change         :    0.028362
Estimated RMS Spot Radius:    6.765188
```

(b)

```
Monte Carlo Analysis:
Number of trials: 10

Initial Statistics: Normal Distribution

  Trial     Criteria        Change
      1     6.723245     -0.013582
      2     6.723245     -0.013582
      3     6.722865     -0.013961
      4     6.722865     -0.013961
      5     6.722865     -0.013961
      6     6.721684     -0.015143
      7     6.721684     -0.015143
      8     6.716231     -0.020596
      9     6.716231     -0.020596
     10     6.716231     -0.020596

Nominal     6.736826
Best        6.716231
Worst       6.723245
Mean        6.720714
Std Dev     0.002981

Compensator Statistics:
Change in back focus:
Minimum              :          0.101502
Maximum              :          0.346298
Mean                 :          0.222239
Standard Deviation   :          0.096815

90% <=      6.723245
50% <=      6.721684
10% <=      6.716231
```

(c)

图 7－15　公差分析输出结果

第8章

空间光学系统计算机辅助装调技术

▶▶▶ 8.1　概论

随着科学技术的进步,人们对以空间光学系统为代表的高精度先进光学系统的性能和成像质量提出了越来越高的要求。要成功研制这些高性能、高精度的光学系统,先进的光学设计、光学加工和光学装调技术是三个必不可少的关键环节。目前,国内在光学设计和光学加工方面已经取得了显著的进步,在很多方面正在接近或赶上国际先进水平。然而,由于种种原因,与光学设计和光学加工相比,计算机辅助装调技术在我国还处于相当落后的地步。传统的主要靠技术人员经验和简单的检测装调设备进行的光学系统装调方法已无法满足大型、复杂、高精度光学系统的装调要求,这就迫切需要一种有目的的、定量的、有序的科学装调手段。在这种情况下,光学系统计算机辅助装调技术成为解决这一问题的关键技术。该技术综合运用了现代光学测量技术、光学 CAD 技术、计算机技术、数学计算方法等多项技术,目前在国内外相关领域已经引起人们的普遍重视。

国外在计算机辅助装调方面起步较早,美国、以色列、法国、英国等在 20 世纪 80 年代就开始了这方面的研究。在很多高性能高精度的光学系统中采用了计算机辅助装调技术,例如美国的 Hubble Space Telescope,美国的 QuickBird 望远镜系统,以色列的两镜 Cassegrain 望远镜,俄罗斯的高质量、无像散、复消色差照相机,英国的 0.5m Ritchey – Chretien 天文望远镜,法国的 BOWEN 望远镜等。在军事防御和核技术应用领域,美国的空基化学激光器(SBL)研究项目也成功采用了计算机辅助装调技术。

我国在计算机辅助装调技术方面起步较晚,与国外相比,在计算机辅助装调的基础理论和软件研制方面还存在较大差距。研究大型、复杂、高精度的光学系统的计算机辅助装调技术,对我国光电仪器特别是空间技术领域具有非常重要的意义。

8.2　计算机辅助装调数学模型的建立

光学系统的失调是指光学系统初装后各元件的实际位置与设计的位置存在的偏差,它导致光学系统的成像质量下降,对光学系统进行计算机辅助装调就是根据系统像质的变化确定系统的失调量。为此需要研究光学元件的位置变化对光学系统成像质量的影响,建立失调量与像差之间的关系。

光学系统的性能由其结构参数决定,系统的像差是结构参数的函数。若系统的像差用 $F_j(j=1,2,\cdots,m)$ 表示,各元件位置结构参数用 $x_i(i=1,2,\cdots,n)$ 表示,则二者之间的函数关系可表示为

$$\begin{bmatrix} F_1 \\ \vdots \\ F_m \end{bmatrix} = \begin{bmatrix} f_1(x_1,x_2,\cdots,x_n) \\ \vdots \\ f_m(x_1,x_2,\cdots,x_n) \end{bmatrix} \qquad (8-1)$$

式中:$f_j(j=1,2,\cdots,m)$ 表示像差和结构参数之间的函数关系。这是一个复杂的多元非线性方程组,这里光学系统计算机辅助装调问题变成了建立和求解非线性方程组,即根据光学系统的像差 $(F_1,F_2,\cdots,F_m)$,解上述方程得到 $(x_1,x_2,\cdots,x_n)$ 的值。但事实上我们无法给出函数 $(f_1,f_2,\cdots,f_m)$ 的数学表达式,为了能够求解该方程组,利用多元函数的泰勒公式,可以把非线性方程组近似地用线性方程组来替代,即

$$F_j = F_{0j} + \frac{\partial f_j}{\partial x_1}(x_1 - x_{01}) + \cdots + \frac{\partial f_j}{\partial x_n}(x_n - x_{0n}) \qquad (8-2)$$

式中:F_j 为实际系统的像差测量值;F_{0j} 为理想系统的像差残差值;$(x_{01},\cdots,x_{0n})$ 为理想系统各光学元件位置结构参数;$\left(\dfrac{\partial f_j}{\partial x_1},\cdots,\dfrac{\partial f_j}{\partial x_n}\right)$ 为像差对各位置结构参数的一阶偏微商。

由于无法求出偏微商 $\left(\dfrac{\partial f_j}{\partial x_1},\cdots,\dfrac{\partial f_j}{\partial x_n}\right)$,我们用像差函数对各位置结构参数的差商 $\left(\dfrac{\delta f_j}{\delta x_1},\cdots,\dfrac{\delta f_j}{\delta x_n}\right)$ 近似地代替微商,这样可以得到表示像差与位置结构参数之

间关系的像差线性方程组,即

$$\begin{bmatrix} F_1 \\ \vdots \\ F_m \end{bmatrix} = \begin{bmatrix} F_{01} \\ \vdots \\ F_{0m} \end{bmatrix} + \begin{bmatrix} \dfrac{\delta f_1}{\delta x_1}\Delta x_1 + \cdots + \dfrac{\delta f_1}{\delta x_n}\Delta x_n \\ \vdots \\ \dfrac{\delta f_m}{\delta x_1}\Delta x_1 + \cdots + \dfrac{\delta f_m}{\delta x_n}\Delta x_n \end{bmatrix} \qquad (8-3)$$

设

$$\Delta \boldsymbol{F} = \begin{bmatrix} \Delta F_1 \\ \vdots \\ \Delta F_m \end{bmatrix} = \begin{bmatrix} F_1 \\ \vdots \\ F_m \end{bmatrix} - \begin{bmatrix} F_{01} \\ \vdots \\ F_{0m} \end{bmatrix}, \Delta \boldsymbol{X} = \begin{bmatrix} \Delta x_1 \\ \vdots \\ \Delta x_n \end{bmatrix} = \begin{bmatrix} x_1 \\ \vdots \\ x_n \end{bmatrix} - \begin{bmatrix} x_{01} \\ \cdots \\ x_{0n} \end{bmatrix}, \boldsymbol{A} = \begin{bmatrix} \dfrac{\delta f_1}{\delta x_1} & \cdots & \dfrac{\delta f_1}{\delta x_n} \\ \vdots & \ddots & \vdots \\ \dfrac{\delta f_m}{\delta x_1} & \cdots & \dfrac{\delta f_m}{\delta x_n} \end{bmatrix}$$

其矩阵形式为

$$\boldsymbol{A}\Delta \boldsymbol{X} = \Delta \boldsymbol{F} \qquad (8-4)$$

这就是计算机辅助装调的数学模型。其中,$\Delta \boldsymbol{X}$ 为光学系统中位置结构参数的变化量,即失调量,$\Delta \boldsymbol{X} = \boldsymbol{X} - \boldsymbol{X}_0$。通常包括光学元件的偏心、倾斜和各元件之间的轴向间隔误差等。$\Delta \boldsymbol{F}$ 为实际系统像差与理论系统像差的差值,$\Delta \boldsymbol{F} = \boldsymbol{F} - \boldsymbol{F}_0$。由实际系统的像差实测值和光学设计结果数据确定。$\boldsymbol{A}$ 为像差对失调量的灵

敏度矩阵,$\boldsymbol{A} = \begin{bmatrix} \dfrac{\delta f_1}{\delta x_1} & \cdots & \dfrac{\delta f_1}{\delta x_n} \\ \vdots & \ddots & \vdots \\ \dfrac{\delta f_m}{\delta x_1} & \cdots & \dfrac{\delta f_m}{\delta x_n} \end{bmatrix}$。可通过光学设计软件对无装调误差的理想系

统计算预先求出。

根据已建立的计算机辅助装调模型式可知,要想求解光学系统的失调量 $\Delta \boldsymbol{X}$,必须要获取像差变化量 $\Delta \boldsymbol{F}$,实际光学系统的像差是通过光学系统测量得到,其中测量方法的选择、测量数据的形式等对下一步的计算都有重要影响。光学系统像质测量是获取与失调量相关的光学系统成像质量信息的途径,不同的像质评价方法对应不同的测量方法。计算机辅助装调常用的像质评价方法为波像差,即将实际波面和理想波面之间的光程差作为像质评价指标。一般认为,最大波像差小于 1/4 波长,则实际光学系统与理想光学系统的质量没有显著差别,这是评价高质量光学系统的一个经验准则,称为瑞利判据。

　　常用的波像差测量方法是干涉测量法。其优点是测试速度快,精度高,适用于各类光学系统。它可以给出多种像质评价指标,便于后期的数据处理。光学系统波像差可以用 Zernike 多项式表示,Zernike 多项式经拟合后可方便地进行计算机辅助装校数据处理和优化。干涉法是目前计算机辅助装调中采用最广泛的检测方法。

　　计算机通过对测得的包含光学系统失调信息的数据进行分析和优化处理,可以求解出光学系统的失调量。失调量的求解过程实质上是一个优化过程,计算机通过装调优化程序,根据像差的变化量计算出光学系统中待调整光学元件在各自由度上的最佳调整量。常用的优化方法有阻尼最小二乘法、反向优化法、下山单纯形法等。

　　计算机辅助装调主要有以下技术途径:

　　(1)选择波像差作为光学系统像质评价标准,用 Zernike 多项式表示波像差,波像差的测量采用干涉法。

　　(2)装调优化计算时,光学系统像差参数选择初级像差,对应于 Zernike 多项式的 $z_1 \sim z_8$。

　　(3)根据不同光学系统元件公差、失调量装调灵敏度、光机结构对调整的限制等因素选择失调量和测量视场,尽量使调整的结构参数最少。

　　(4)失调量的求解方法选择了用最小二乘法构造评价函数的遗传算法和广义逆法。

　　计算机辅助装调流程如图 8 - 1 所示。

　　计算机辅助装调具体步骤如下:

　　(1)对系统进行粗装调,使其满足干涉测量的要求,能够得到有效的干涉图。

　　(2)用光学设计软件求出灵敏度矩阵。

　　(3)用干涉仪测量光学系统,得到各视场波像差的干涉图,经计算机分析处理给出表示系统波像差的 Zernike 多项式的系数。

　　(4)进行像质评价,系统满足设计要求,则结束装调,否则进入下一步。

　　(5)根据 Zernike 多项式的系数和灵敏度矩阵,通过计算机装调优化程序,计算出系统失调量。

　　(6)执行调整。

　　(7)返回到第(3)步。

　　(8)结束。

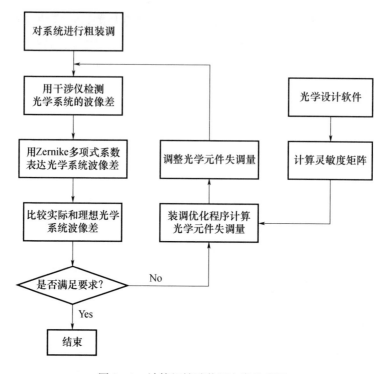

图 8-1　计算机辅助装调方案流程图

8.3　计算机辅助装调的像差数据处理

根据计算机辅助装调数学模型 $A\Delta X = \Delta F$，要求解出系统的位置结构参数的变化量即失调量 ΔX，必须求出灵敏度矩阵 A 和与失调量相关的像差变量 ΔF，A 可通过光学设计软件对理想系统计算预先求出，而 ΔF 需要通过对实际光学系统波像差进行测量，通常可以采用干涉测量法得到。干涉测量方法的优点是测量速度快，测量精度高，通用性好，适用于各类系统，可直接测量光学系统的波像差，并且给出定量的描述。同时，可用 Zernike 多项式拟合出被测波面得到系统波像差。

1. Zernike 多项式

Zernike 多项式是 F. Zernike 在 1934 年提出的，Zernike 多项式互为正交、线型无关，而且可以唯一的、归一化描述系统圆形孔径的波像差。对于具有圆形光瞳和圆形通光孔径的光学系统，函数系的正交性使不同的 Zernike 多项式项相互独立，有利于消除各项之间的相互干扰，便于将 Zernike 多项式系数与传统的像差系数对应。因此,它是描述干涉图波像差的常用方法。

n 阶 Zernike 多项式 Z_n^l 具有两个特性:

(1)Zernike 多项式在连续的单位圆(波前边界)上是正交的,即

$$\int_0^1 \int_0^{2\pi} Z_n^l Z_{n'}^{l'} \rho \mathrm{d}\rho \mathrm{d}\theta = \frac{\pi}{n+1} \delta_{nn'} \delta_{ll'} \qquad (8-5)$$

(2)Zernike 多项式具有旋转对称性,当波面绕圆心旋转时,Zernike 多项式的数学形式保持不变。

波面可以在光轴 z 和子午面 $y-z$ 构成的坐标系中描述。Zernike 多项式可以表示为两项,一项是只与半径坐标相关的径向多项式 $R_n^l(\rho)$,另一项是只与角度坐标相关的角度多项式 $\Theta_n^l(\theta)$,其极坐标表达式为

$$Z_n^l(\rho,\theta) = R_n^l(\rho) \Theta_n^l(\theta) \qquad (8-6)$$

式中:n 为多项式的阶数,$n=0,1,2,\cdots$;l 为角度参数,与 n 相关,其值恒与 n 奇偶性相同,且 $|l| \leqslant n$。n 阶最小指数为 $|l|$ 的径向多项式 $R_n^l(\rho)$ 只是 ρ 的函数,且满足关系,即

$$R_n^l = R_n^{-l} = R_n^{|l|} \qquad (8-7)$$

对于每对 n 和 $|l|$ 都存在 1 个多项式 $R_n^{|l|}$,因此,两个 Zernike 多项式 Z_n^l 和 Z_n^{-l} 都包含同样的多项式 $R_n^{|l|}$ 项。

因为角度项是正交的,则径向多项式 $R_n^l(\rho)$ 也满足正交关系,即

$$\int_0^1 R_n^l(\rho) R_{n'}^{l'}(\rho) \rho \mathrm{d}\rho = \frac{\pi}{2(n+1)} \delta_{nn'} \qquad (8-8)$$

定义 $l = n - 2m$,则有

$$R_n^l(\rho) = R_n^{n-2m}(\rho) = \begin{cases} \sum_{s=0}^n (-1)^s \dfrac{(n-s)!}{s!(m-s)!(n-m-s)!} \rho^{n-2s} & n-2m < 0 \\ R_n^{|n-2m|}(\rho) & n-2m \geqslant 0 \end{cases}$$

$$(8-9)$$

$$\Theta_n^l(\theta) = \Theta_n^{n-2m}(\theta) = \begin{cases} \cos(n-2m)\theta & n-2m < 0 \\ \sin(n-2m)\theta & n-2m \geqslant 0 \end{cases} \qquad (8-10)$$

Zernike 多项式 Z_n^l 很复杂,但实数 Zernike 多项式 U_n^l 可以定义为

$$U_n^l = \begin{cases} \dfrac{1}{2}[Z_n^l + Z_n^{-l}] = R_n^l(\rho)\cos(l\theta) & n-2m < 0 \\ \dfrac{1}{2i}[Z_n^l - Z_n^{-l}] = R_n^l(\rho)\sin(l\theta) & n-2m \geqslant 0 \end{cases} \qquad (8-11)$$

并且 U_n^l 满足正交性,即

$$\int_0^1 \int_0^{2\pi} U_n^l(\rho,\theta) U_{n'}^{l'}(\rho,\theta) \rho \mathrm{d}\rho \mathrm{d}\theta = \frac{\pi}{2(n+1)} \delta_{nn'} \delta_{ll'} \qquad (8-12)$$

根据 $R_n^l(\rho)$ 和 $\Theta_n^l(\rho)$ 表达式和 Zernike 多项式性质,就可以写出它的各项表达式。Zernike 多项式有两种形式:标准 Zernike 多项式和 Fringe Zernike 多项式。在常用的光学设计软件中,Code V 使用标准形式,Zemax 使用 Fringe 形式。由于一般用 7 级像差已可描述光学系统的成像质量,这时需要 36 项 Zernike 多项式,Fringe Zernike 多项式是标准形式的子集,有 37 项,每项都有明确的物理含义,对应不同的像差。

2. 用 Zernike 多项式表示波面

Zernike 多项式是完整的,这意味着任意 k 阶 $W(\rho,\theta)$ 波前可以表示为 Zernike 多项式的线性组合,即

$$W(\rho,\theta) = \sum_{n=0}^{k} \sum_{l=-n}^{n} C_{nl} U_{nl} \qquad (8-13)$$

$W(\rho,\theta)$ 必须是实数,由于 $R_n^{|l|}$ 也是实数,C_{nl} 可以是复数,但必须满足下列关系,即

$$C_{n,l} = C_{n,-l} \qquad (8-14)$$

为了只取实系数项,可以用实数 Zernike 多项式 U_n^l 代替。

定义正数 $m = \dfrac{n-l}{2}$,使 $n-2m$ 总是偶数,且有 $n \geq l$,则式(8-9)变为

$$W(\rho,\theta) = \sum_{n=0}^{k} \sum_{m=0}^{n} A_{nm} U_{nm} = \sum_{n=0}^{k} \sum_{m=0}^{n} A_{nm} R_n^{n-2m} \begin{Bmatrix} \sin \\ \cos \end{Bmatrix} (n-2m)\theta \qquad (8-15)$$

定义

$$r = \frac{n(n+1)}{2} + m + 1 \qquad (8-16)$$

其中 r 的最大值 L 等于 Zernike 多项式项数的总和,表示为

$$L = \frac{(k+1)(k+2)}{2} \qquad (8-17)$$

式中:k 为多项式阶数。当 $k=7$ 时,$L=36$,即表示 7 级像差需要 36 项 Zernike 多项式。

光学系统的波面可用 Zernike 多项式的线性组合形式表示为

$$W(\rho,\theta) = \sum_{r=1}^{L} A_r U_r(\rho,\theta) \qquad (8-18)$$

式中:$U_r(\rho,\theta)$ 为 Zernike 多项式的各个项,可以通过对数据点采样和归一化处理得到;A_r 为各项系数。$U_j(\rho,\theta)$ 为已知的,若能求出 A_j,即可确定波面。

3. 波面拟合

由于 Zernike 多项式在连续的单位圆上是正交的,而在圆内离散点上并不是正交。在实际测量中,测量点数有限,只能是离散的,所以当用像差多项式表示波面时,需要将离散形式的测量数据点的拟合到波面表达式的形式 $V_r(\rho,\theta)$。拟合的目的是找到能最好地表示测量数据的多项式系数 B_r。此时,式(8 – 13)可以表示为

$$W(\rho,\theta) = \sum_{r=1}^{L} B_r V_r(\rho,\theta) \tag{8 – 19}$$

其中,$V_r(\rho,\theta)$ 在 N 个坐标为 (ρ_i,θ_i) 的离散数据点上满足正交条件,即

$$\sum_{i=1}^{N} V_r V_p = F_r \delta_{rp} \tag{8 – 20}$$

式中:$F_r = \sum_{i=1}^{N} V_i^2$。

4. 多项式最小二乘拟合法

最小二乘拟合法是常用的将测量的离散数据点拟合到单位圆上的方法,定义均方差为

$$S = \frac{1}{N} \sum_{i=1}^{N} \left[W_i' - W(\rho_i,\theta_i) \right]^2 \tag{8 – 21}$$

式中:W_i' 为测量的第 i 个数据点的实际波前。

对均方差求极小值,则有

$$\frac{\partial S}{\partial B_p} = 0$$

其中,$p = 1,2,3,\cdots$,得

$$\sum_{j=1}^{L} B_r \sum_{i=1}^{N} V_r V_p - \sum_{i=1}^{N} W_r' V_p = 0 \tag{8 – 22}$$

由于 V_r 在离散数据点上满足正交性,将式(8 – 20)代入式(8 – 22),则可得到单位圆上波像差表达式系数为

$$B_p = \frac{\sum_{i=1}^{N} W_i' V_p}{\sum_{i=1}^{N} V_p^2} \tag{8 – 23}$$

5. Gram – Schmidt 正交化方法

Zernike 多项式在单位圆内的连续点上是正交的,在离散点上不正交。我们采用 Gram – Schmidt 正交化方法将不是正交的离散数据点拟合为正交多项式形式。

引入 Gram – Schmidt 正交化方法构造多项式,有

$$V_1 = U_1$$
$$V_2 = U_2 + D_{21}V_1$$
$$V_3 = U_3 + D_{31}V_1 + D_{32}V_2 \qquad (8-24)$$
$$\vdots$$
$$V_j = U_j + D_{j1}V_1 + D_{j2}V_2 + \cdots + D_{j,j-1}V_{j-1}$$

式(8 – 24)也可以写为

$$V_r = U_r + \sum_{s=1}^{r-1} D_{rs}V_s \qquad (8-25)$$

其中 $r = 1,2,\cdots,L$,由于 $V_r(\rho,\theta)$ 与 $V_p(\rho,\theta)$ 正交,将式(8 – 25)乘以 $V_p(\rho,\theta)$,并对所有数据点求和,可得

$$\sum_{i=1}^N V_rV_p = \sum_{i-1}^N U_rV_p + D_{rp}\sum_{i=1}^N V_p^2 = 0 \qquad (8-26)$$

整理后得到正交后多项式系数为

$$D_{rp} = \frac{\sum_{i-1}^N U_rV_p}{\sum_{i=1}^N V_p^2} \qquad (8-27)$$

其中 $r = 2,3,4,\cdots,L,p = 1,2,\cdots,r-1$。

6. Zernike 多项式线性组合计算

下一步是确定正交多项式 V_r 的系数 C_r,作为 Zernike 多项式 U_r 的线性组合,可以写为

$$V_1 = U_1$$
$$V_2 = U_2 + C_{21}V_1$$
$$V_3 = U_3 + C_{31}V_1 + C_{32}V_2 \qquad (8-28)$$
$$\vdots$$
$$V_j = U_j + C_{j1}V_1 + C_{j2}V_2 + \cdots + C_{j,j-1}V_{j-1}$$

也可以写为

$$V_r = U_r + \sum_{i=1}^{r-1} C_{ri} V_i \qquad (8-29)$$

其中 $r = 2,3,\cdots,L,C_{rr}=1$，且 $V_1 = U_1$。可以得到一组新的系数 C_{ri}，即

$$C_{21} = D_{21}$$
$$C_{31} = D_{32} C_{21} + D_{31}$$
$$C_{32} = D_{32}$$
$$C_{41} = D_{43} C_{31} + D_{42} C_{21} + D_{41}$$
$$C_{42} = D_{43} C_{32} + D_{42}$$
$$C_{43} = D_{43}$$
$$\vdots \qquad (8-30)$$

可以写成一般形式为

$$C_{ri} = \sum_{s=1}^{r-i} D_{r,r-s} C_{r-s,i} \qquad (8-31)$$

其中 $i = 1,2,\cdots,r-1,C_{rr}=1$。

将式(8-29)代入式(8-19)，得

$$W(\rho,\theta) = B_1 U_1 + \sum_{r=2}^{L} B_r \left(U_r + \sum_{i=1}^{r-1} C_{ri} U_i \right) \qquad (8-32)$$

其中，C_{ri} 由式(8-31)给出，则式(8-32)整理后变为

$$W(\rho,\theta) = \sum_{r=1}^{L-1} \left(B_r + \sum_{i=r+1}^{L} B_i C_{ir} \right) U_r + B_L U_L \qquad (8-33)$$

将式(8-38)与式(8-18)比较，可得

$$A_r = B_r + \sum_{i=r+1}^{L} B_i C_{ir} \qquad (8-34)$$

其中 $r = 1,2,\cdots,L-1$；且 $A_L = B_L$。

当已知系数 B_r 和 C_{ir} 后，即可得到 Zernike 多项式系数 A_r，这样就可以构造出波面 $W(\rho,\theta)$。

7. Zernike 多项式修正

对于一些环形入瞳的光学系统，如具有中心遮拦的折反式光学系统，由于其通光孔径已不是圆形而是圆环形，此时再用前面推导出的单位圆内的正交 Zernike 多项式表示波面必然带来很大的误差，因此需要对 Zernike 圆形多项式进行修正，使其满足在环形区域内正交。

将圆形区域(外圆)半径归一化为 1，遮拦比为 $\varepsilon < 1$，Zernike 环形多项式可表示为

$$W(\rho,\theta,\varepsilon) = \sum_{n=0}^{k}\sum_{m=0}^{n}\left[\frac{2(n+1)}{1+\delta_{m0}}\right]^{\frac{1}{2}}R_n^m(\rho,\theta)(c_{nm}\cos(m\theta)+s_{nm}\sin(m\theta))$$

$$(8-35)$$

式中：c_{nm}和s_{nm}为像差系数。进行正交化处理，当$m=0$时径向多项式等于 Legendre 多项式，即

$$R_{2n}^0(\rho,\varepsilon)=P_n\left[\frac{2(\rho^2-\varepsilon^2)}{1-\varepsilon^2}-1\right]$$

$$(8-36)$$

因此，可以通过用$\left[\frac{(\rho^2-\varepsilon^2)}{1-\varepsilon^2}\right]^{\frac{1}{2}}$替代$\rho$，从圆形径向多项式得

$$R_{2n}^0(\rho,\varepsilon)=R_{2n}^0\left[\left(\frac{\rho^2-\varepsilon^2}{1-\varepsilon^2}\right)^{\frac{1}{2}}\right]$$

$$(8-37)$$

令$Q_j^0(\rho^2)=R_{2j}^0(\rho,\varepsilon)$，$h_j^0=\frac{1-\varepsilon^2}{2(2j+1)}$，根据递推公式，$m=1,2,3,\cdots$时，有

$$R_{2j+m}^m(\rho,\varepsilon)=\left[\frac{1-\varepsilon^2}{2(2j+m+1)h_j^m}\right]^{\frac{1}{2}}\rho^m Q_j^m(\rho^2)$$

$$(8-38)$$

$$Q_j^m(\rho^2)=\frac{2(2j+2m-1)h_j^{m-1}}{(j+m)(1-\varepsilon^2)Q_j^{m-1}(0)}\sum_{i=0}^{j}\frac{Q_j^{m-1}(0)Q_j^{m-1}(\rho^2)}{h_j^{m-1}}$$

$$h_j^m=\frac{2(2j+2m-1)Q_{j+1}^{m-1}(0)}{(j+m)(1-\varepsilon^2)Q_j^{m-1}(0)}h_j^{m-1}$$

Zernike 环形多项式与角度相关项可表示为

$$H_{2j+m}^m(\theta)=\begin{cases}\cos(m\theta) & (m\geqslant 0)\\ \sin(m\theta) & (m<0)\end{cases}$$

$$(8-39)$$

修正后的 Zernike 环形多项式为

$$G_{2j+m}^m(\rho,\theta,\varepsilon)=R_{2j+m}^m(\rho,\varepsilon)H_{2j+m}^m(\theta)$$

$$(8-40)$$

令$k=\frac{(2j+m)(2j+m+1)}{2}+j+1$，可将$G_{2j+m}^m(\rho,\theta,\varepsilon)$写成$G_k(\rho,\theta,\varepsilon)$，则有

$$W(\rho,\theta,\varepsilon)=\sum_{i=1}^{n}C_k G_k(\rho,\theta,\varepsilon)$$

$$(8-41)$$

式中：n为多项式的项数；C_k为多项式系数。当$\varepsilon=0$时，修正后的 Zernike 环形多项式简化为标准 Zernike 多项式。

8.4　基于 Moore – Penrose 广义逆的失调量求解方法

光学系统计算机辅助装调是根据粗装调系统的像差求出系统的失调量,然后对系统各光学元件进行调整。因此,失调量的求解是计算机辅助装调技术中一个重要的内容。下面讨论的是基于 Moore – Penrose 广义逆的失调量求解方法。

广义逆的概念可追溯到 1903 年,I. Fredholm 最先提出了关于积分算子的伪逆问题,之后 D. Hilbert 又给出了微分算子的广义逆。1920 年,E. H. Moore 首次利用正交投影算子给出了广义逆矩阵的定义。但由于受当时计算技术的限制,在这之后的 30 年中未引起人们的重视,直到 1955 年,R. Penrose 以更明确的形式给出了 Moore 广义逆矩阵即 Moore – Penrose 广义逆的定义后,才使其研究进入了一个新时期。广义逆矩阵是数理统计、最优化理论、现代系统理论、近代测量等学科的重要理论基础,近年来在许多领域中的得到了广泛应用,我们将其应用于光学系统装调技术求解装调模型中的失调量。

1. 广义逆矩阵的概念

对于非奇异线性方程组,即

$$Ax = b\,(A \in C_n^{n \times n}) \tag{8-42}$$

当且仅当方阵 A 是满秩时,其逆 A^{-1} 才有意义。并且 A 与 A^{-1} 满足如下关系,即

$$A^{-1}A = AA^{-1} = I \tag{8-43}$$

此时方程组有唯一解 $x = A^{-1}b$。当 A 为长方阵时,相容线性方程组为

$$Ax = b\,(A \in C_n^{m \times n}, b \in R(A)) \tag{8-44}$$

式(8-44)有无数解。对于不相容线性方程组,即

$$Ax = b\,(A \in C_n^{m \times n}, b \notin R(A)) \tag{8-45}$$

式(8-45)无解,但有最小二乘解。

非奇异方阵只是矩阵的一种特殊情况。事实上,构造的灵敏度矩阵 A 不一定是方阵,有可能为长方阵,即其行数和列数不相等,$m \neq n$。因此,将逆矩阵的概念推广到具有任意秩的 $m \times n$ 矩阵 A,都存在某种意义上的“逆矩阵”——广义逆矩阵。在此使用的就是 Moore – Penrose 广义逆,也称为伪逆,记作 A^+。

设 A 是 $m \times n$ 矩阵,若存在一个 $n \times m$ 矩阵 G 满足如下 4 个 Penrose 方程,即

$$\begin{cases} AGA = A \\ (GA)^{\mathrm{T}} = GA \\ GAG = G \\ (AG)^{\mathrm{T}} = AG \end{cases} \tag{8-46}$$

则称矩阵 G 是矩阵 A 的 Moore – Penrose 广义逆,也称为伪逆,记作 A^+。设 A 是 $m \times n$ 矩阵,则矩阵 A,它的 Moore – Penrose 广义逆必然存在,且唯一。

2. 不相容线性方程组的极小范数最小二乘解

当不相容线性方程组,即

$$Ax = b(A \in C_n^{m \times n}, b \notin R(A))$$

的系数矩阵 A 不是满秩时,通常方程组最小二乘解不唯一。在实际求解过程中,我们希望能从众多的最小二乘解中找范数最小的解,即

$$\min \parallel y \parallel_2 \tag{8-47}$$
$$y \in \{y : \parallel Ay - b \parallel = \min \parallel Ax - b \parallel\}$$

该问题的解称为极小范数最小二乘解。设 $A \in C^{m \times n}, b \in C^m$,则不相容线性方程组 $Ax = b$ 的唯一极小范数最小二乘解为

$$x = A^+ b \tag{8-48}$$

式中:A^+ 为 Moore – Penrose 广义逆。根据上述定理,可以从计算机辅助装调模型 $A\Delta X = \Delta F$ 中求解出失调量,即

$$\Delta X = A^+ \Delta F \tag{8-49}$$

这样只要求出灵敏度矩阵 A 的 Moore – Penrose 广义逆 A^+,就可以求出方程组的唯一极小范数最小二乘解,计算出系统的失调量。

计算广义逆 A^+ 的方法有:利用 Hermite 标准型计算矩阵的广义逆;利用满秩分解求矩阵的广义逆;利用奇异值分解求矩阵的广义逆等。我们采用奇异值分解法,该方法对于求解不相容线性方组有较高的准确度和精密度。

3. 矩阵的奇异值分解

设 A 是秩为 $r(r>0)$ 的 $m \times n$ 矩阵,$A^{\mathrm{T}}A$ 的特征值为 $\lambda_i (i=1,2,\cdots,n)$,且有

$$\lambda_1 \geqslant \lambda_2 \geqslant \cdots \geqslant \lambda_r \geqslant \lambda_{r+1} = \cdots = \lambda_n = 0$$

则称

$$\sigma_i = \sqrt{\lambda_i} \quad (i = 1, 2, \cdots, n) \tag{8-50}$$

为矩阵 A 的奇异值。矩阵 A 的列数为其奇异值的个数,矩阵 A 的非零奇异值个数为 rank$A$。

设 A 是秩为 $r(r>0)$ 的 $m \times n$ 矩阵，$\mathrm{rank}(A^{\mathrm{T}}A) = \mathrm{rank}A = r$，则存在一个 $m \times m$ 的列正交矩阵 U 和 $n \times n$ 的列正交矩阵 V，使得

$$A = U \begin{bmatrix} \Sigma & 0 \\ 0 & 0 \end{bmatrix} V^{\mathrm{T}} \tag{8-51}$$

成立。其中，对角矩阵 $\Sigma = \mathrm{diag}(\sigma_0, \sigma_1, \cdots, \sigma_r)$，且 $\sigma_0 \geqslant \sigma_1 \geqslant \cdots \geqslant \sigma_r > 0$，则式（8-51）为矩阵 A 的奇异值分解。U、V 为列正交向量，A 为灵敏度矩阵，表示系统像差参数与结构参数之间的关系，因此 U、V 的列分别代表像差奇异值向量和结构参数奇异值向量，$S = \begin{bmatrix} \Sigma & 0 \\ 0 & 0 \end{bmatrix}$ 是包含相应奇异值的对角矩阵，且这些奇异值按照递减排列，$\sigma_0 \geqslant \sigma_1 \geqslant \cdots \geqslant \sigma_r > 0$，其中 σ_i 是第 i 个奇异值。

由式（8-51）可得

$$A \nu_i = s_i u_i \tag{8-52}$$

式中：u_i、ν_i 分别为 U、V 第 i 列向量；奇异值 s_i 为结构参数单位调整量对像差的改变量，s_i 越大，ν_i 结构参数调整对像差 u_i 的影响越大，即越敏感。根据这个特性，通过对灵敏度矩阵进行奇异值分解，对结构参数进行筛选，构造合理的灵敏度矩阵。

设 $U = (U_1, U_2)$，其中 U_1 为 U 中的前 $r+1$ 列列正交向量组构成的 $m \times (r+1)$ 矩阵，$V = (V_1, V_2)$，其中 V_1 为 V 中的前 $r+1$ 列列正交向量组构成的 $n \times (r+1)$ 矩阵，则 A 的广义逆为

$$A^+ = V_1 \sum\nolimits^{-1} U_1^{\mathrm{T}} \tag{8-53}$$

代入式（8-49）可得

$$\Delta X = V_1 \sum\nolimits^{-1} U_1^{\mathrm{T}} \Delta F \tag{8-54}$$

对于复杂的光学系统，由于系统像差与结构参数之间存在非线性，同时结构参数之间存在互相关性，这种情况下求解出的 ΔX 值存在不确定性。根据灵敏度矩阵 A 条件数的大小，定量判断所构造的灵敏度矩阵的状态，从而可以筛选出适合的像差参数和结构参数，消除近似相关变量，提高解的可靠性，同时简化灵敏度矩阵，加快求解精度和速度。

8.5　光学系统计算机辅助装调的数值模拟

计算机辅助装调数值模拟流程如图 8-2 所示。

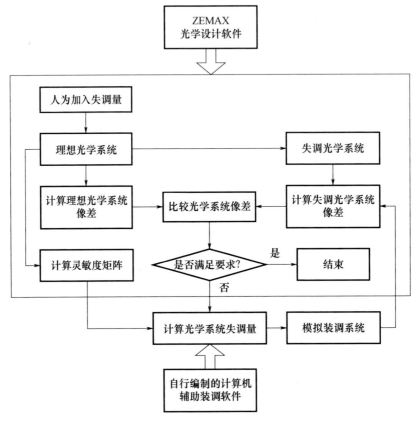

图 8-2 计算机辅助装调数值模拟流程图

首先将理想光学系统人为地加入失调量,计算机通过 Zemax 光学设计软件模拟带有装调误差的粗装调系统,然后再通过自行设计和编制的计算机辅助装调流程和程序求出失调量,根据该失调量的数值对光学系统进行装调。一般情况下,用数值模拟计算的结果一次装调就可达到要求,但考虑到实际装调过程还会有调整误差,所以可能会重复此过程,直到满足系统的性能指标。

下面以甚高分辨率空间遥感器为例讨论模拟装调,该系统是一个二次成像偏场同轴消像散(TMA)系统,装调模拟数值计算中取波长 $0.6328\,\mu m$。图 8-3 为光学系统结构图。光学系统传递函数如图 8-4 所示。

1. 装调公差分析

根据设计的理想光学系统,用光学设计软件对系统的各结构参数进行公差分析,得到主镜(表面序号 2)、次镜(表面序号 3)和三镜(表面序号 4)的装调公差。从表中可以看出,主镜、次镜和三镜各有 5 个自由度的调整变量,其调整公差在微米级,用传统的装调方法根本无法达到像质要求。

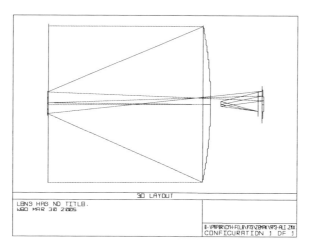

图 8 - 3　甚高分辨率空间遥感器光学系统结构

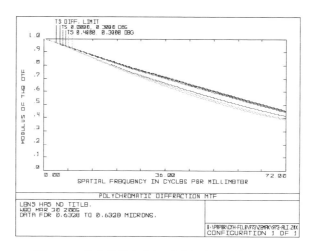

图 8 - 4　甚高分辨率空间遥感器光学系传递函数

在模拟装调数值计算过程中,光学系统的像质用出瞳位置的波像差表示,把波像差分解为 Zernike 多项式系数形式,就构成了波像差向量,这样装调数学模型可以改为

$$\Delta Z = A \Delta X$$

$$A = \begin{bmatrix} \dfrac{\delta z_1}{\delta x_1} & \cdots & \dfrac{\delta z_1}{\delta x_n} \\ \vdots & \ddots & \vdots \\ \dfrac{\delta z_m}{\delta x_1} & \cdots & \dfrac{\delta z_m}{\delta x_n} \end{bmatrix}$$

由于粗装调的光学系统,结构装调误差已控制在一定的范围内,所以这时系统的高级像差基本确定,要校正的主要是初级像差。全反射系统不考虑色差,畸变在干涉图中反映不出来,因此,本系统在精装调过程中主要控制的是球差、彗差、像散、离焦和像面倾斜,相对于 Zernike 多项式为 $z1 \sim z8$,共 8 个。由于系统视场为环形视场,所以选择了 2 个视场点,即中心视场(0 视场)和边缘视场(1 视场)。那么像差参数就有 $z11 \sim z18$,$z21 \sim z28$,共 16 个。

本系统的主镜是一个直径 4m 的分块反射镜,因此在装调过程中将其固定不动。从公差分析可以看出,主镜、次镜和三镜的位置误差对系统像质的影响最大,每个反射镜有 6 个自由度,由于视场为环形视场,所以反射镜沿 z 轴的旋转自由度可去除,只选 5 个自由度,即反射镜沿 x,y,z 轴的平移 dx,dy,dz 和反射镜沿 x,y 轴的旋转 tx,ty,所以选择次镜和三镜各 5 个自由度,另外加上一个像面位移 dz,共 11 个结构参数。

根据线性方程组 $Ax = b$ 解的误差分析可知,由于系统结构参数之间存在相关性,实际应用中需要对灵敏度矩阵进行分析,筛选出合理的结构参数。

本系统为具有中心遮拦的三镜系统,在构建灵敏度矩阵时要考虑环形入瞳遮拦比,但 Zemax 光学设计软件并没有提供该功能的宏语言命令,通过自编的宏语言程序计算实际系统的灵敏度矩阵。计算灵敏度矩阵的流程见图 8-5。

通过给每个结构参数微小变量的方式,用 Zemax 光学设计软件求出相应的波像差,再用自编的 Zemax 宏语言程序计算得到灵敏度矩阵中各项的对应值。表 8-1 为光学系统初始灵敏度矩阵。

下面对灵敏度矩阵的奇异值分解和结构参数选择进行讨论。设 A 是秩为 $r(r > 0)$ 的 $m \times n$ 矩阵,$\mathrm{rank}(A^{\mathrm{T}}A) = \mathrm{rank}A = r$,则存在一个 $m \times m$ 的列正交矩阵 U 和 $n \times n$ 的列正交矩阵 V,使得

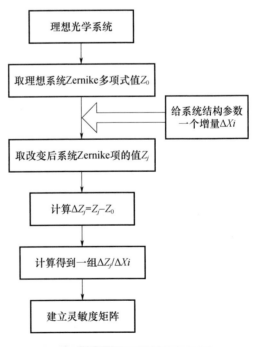

图 8-5　计算灵敏度矩阵流程图

表 8 - 1　甚高分辨率空间遥感器光学系统的初始灵敏度矩阵

dz/dx		次镜调整自由度					三镜调整自由度					像面调整
		dx - 2	dy - 2	dz - 2	tx - 2	ty - 2	dx - 3	dy - 3	dz - 3	tx - 3	ty - 3	dz - 4
0 视场 Zernike 系数	z11	-8.3875	0	0	0	105.7540	-0.0935	0	0	0	0.4150	0
	z12	0	-8.3910	-0.0017	-105.6735	-0.0005	0	-0.0920	0.0090	-0.3560	0	0.0094
	z13	0	0.0085	34.6441	0.1065	-0.0065	0	0.1265	1.0658	-1.1190	0.0005	-0.7303
	z14	0.1375	0	0	0	-13.6595	-0.0285	0	0	0	6.6770	0
	z15	0	-0.1385	-0.0001	-13.6635	-0.0110	0	0.0285	-0.0023	6.6865	0.0015	0.0030
	z16	0	-2.9070	0.0006	-36.6295	0	0	-0.0325	0.0032	-0.1245	0	0.0034
	z17	-2.9095	0	0	0	36.6585	-0.0330	0	0	0	0.1450	0
	z18	0	0.0010	0	0.0140	0	0	0.0025	0	-0.0170	0	-0.0001
1 视场 Zernike 系数	z21	-8.3795	0.0090	-0.0019	0.1090	105.5610	-0.0910	-0.0925	0.0119	0.0810	0.2770	0.0127
	z22	0.0090	-8.3845	-0.0015	-105.6265	-0.1095	0.0020	0.1255	0.0089	-0.3235	-0.0805	0.0095
	z23	-0.0005	-0.0005	-34.6427	-0.0110	0.0010	0.1670	-0.0385	1.0716	-1.1635	1.5530	-0.7397
	z24	0.1430	0.1885	0	18.2690	-13.7245	-0.0290	0.0285	0.0062	-9.0055	6.7710	-0.0092
	z25	0.1870	-0.1385	0	-13.6500	-18.2565	-0.0385	-0.0330	0.0018	6.7215	8.9885	-0.0027
	z26	0.0030	-2.9050	0.0005	-36.6130	-0.0390	0.0005	0.0005	0.0031	-0.1135	-0.0285	0.0034
	z27	-2.9030	0.0030	0.0007	0.0385	36.5895	-0.0320	0	0.0042	0.0285	0.0965	0.0046
	z28	-0.0025	-0.0005	0	-0.0050	0.0295	0.0005	0	0	0.0140	-0.0460	0.0030

$$A = U \begin{bmatrix} \Sigma & 0 \\ 0 & 0 \end{bmatrix} V^{\mathrm{T}}$$

成立,则上式为矩阵 A 的奇异值分解。其中 U、V 是列正交向量,它们的列分别代表像差奇异值向量和结构参数奇异值向量,$S = \begin{bmatrix} \Sigma & 0 \\ 0 & 0 \end{bmatrix}$ 是包含相应奇异值的对角矩阵,且这些奇异值按照递减排列,$\sigma_0 \geqslant \sigma_1 \geqslant \cdots \geqslant \sigma_r > 0$,其中 σ_i 是第 i 个奇异值。

由上式可得

$$A v_i = s_i u_i$$

式中:u_i、v_i 分别为 U、V 第 i 列向量;奇异值 s_i 代表结构参数单位调整量对像差的改变量,s_i 越大,v_i 结构参数调整对像差 u_i 的影响越大,即越敏感。根据这个特性,可以对结构参数进行筛选,简化灵敏度矩阵,提高运算速度。

综合分析,选择5项结构参数(3,4,5,9,10)作为补偿器,即 $dz - 2$、$tx - 2$、$ty - 2$ 和 $tx - 3$、$ty - 3$。这样初始的 16×11 灵敏度矩阵变为 16×5 的矩阵。表8 - 2为经筛选后的光学系统的灵敏度矩阵。

表8 - 2 甚高分辨率空间遥感器光学系统的灵敏度矩阵

$\dfrac{\Delta z}{\Delta x}$		次镜调整自由度			三镜调整自由度	
		$dz - 2$	$tx - 2$	$ty - 2$	$tx - 3$	$ty - 3$
0 视场 Zernike 系数	z11	0	0	105.7540	0	0.4150
	z12	− 0.0017	− 105.6735	− 0.0005	− 0.3560	0
	z13	− 34.6441	0.1065	− 0.0065	− 1.1190	0.0005
	z14	0	0	− 13.6595	0	6.6770
	z15	− 0.0001	− 13.6635	− 0.0110	6.6865	0.0015
	z16	0.0006	− 36.6295	0	− 0.1245	0
	z17	0	0	36.6585	0	0.1450
	z18	0	0.0140	0	− 0.0170	0
1 视场 Zernike 系数	z21	− 0.0019	0.1090	105.5600	0.0810	0.2770
	z22	− 0.0015	− 105.6300	− 0.1095	− 0.3235	− 0.0805
	z23	− 34.6427	− 0.0110	0.0010	− 1.1635	1.5530
	z24	0	18.2690	− 13.7250	− 9.0055	6.7710
	z25	0	− 13.6500	− 18.2560	6.7215	8.9885
	z26	0.0005	− 36.6130	− 0.0390	− 0.1135	− 0.0285
	z27	0.0007	0.0385	36.5900	0.0285	0.0965
	z28	0	− 0.0050	0.0295	0.0140	− 0.0460

当一个方程组由于系数矩阵或右端项的微小摄动,而引起解发生巨大变化时,称该方程组是病态的。为了定量描述方程组病态的程度,引入系数矩阵 A 的条件数 $\text{cond}(A)$ 来表示摄动即误差对方程组 $Ax = b$ 解的影响。一般地,当 $\text{cond}(A)$ 很小时,解的失真程度小,这样的矩阵称为良态矩阵。若 $\text{cond}(A)$ 很大,解的失真程度也大,这样的矩阵称为病态矩阵。$\text{cond}(A)$ 描述了方程组 $Ax = b$ 的病态程度,条件数越大,病态越严重。

对于复杂的光学系统,由于系统像差与结构参数之间非线性和结构参数之间互相关性,这种情况下求解出的 ΔX 值存在不确定性。可以根据灵敏度矩阵 A 条件数的大小定量的判断所构造的灵敏度矩阵是否为病态矩阵,消除近似相关变量,从而筛选出适合的像差参数和结构参数,提高解的可靠性,简化灵敏度矩阵,加快求解精度和速度。

根据方程组的状态与条件数,对所建立的灵敏度矩阵进行分析,初始的 16×11 灵敏度矩阵为 $B1$,筛选后的 16×5 灵敏度矩阵为 $B2$,另外两组 16×6 灵敏度矩阵为 $B3$ 和 $B4$。4 组灵敏度矩阵的组成及条件数如表 8 - 3 所列。

表 8 - 3　灵敏度矩阵的组成及条件数比较

灵敏度矩阵	$B1$	$B2$	$B3$	$B4$
补偿器序号	1,2,3,4,5,6,7,8,9,10,11	3,4,5,9,10	1,3,4,5,9,10	3,4,5,6,9,10
条件数	1.4×10^5	12.4	1.1×10^3	1.3×10^3

表 8 - 3 给出的结果更加明确地验证了灵敏度矩阵 $B2$ 是几组矩阵中状态最好的矩阵,而上面所给出的 4 组矩阵是根据奇异值分析得到的最具代表意义的矩阵。因此,确定表 8 - 3 所示的矩阵 $B2$ 为本系统装调求解模型的灵敏度矩阵。

2. 地面装调模拟

用编制的广义逆求解失调量程序,求解出 3 种失调状态的失调量值以及装调后的结果,证明对于环形入瞳,此方法依然可行。3 种状态下的失调量及求解结果见表 8 - 4,装调前后的像差参数值见表 8 - 5。图 8 - 6 分别给出了理想系统、装调前后的像质变化(取 10 个变量)。

另外,还用其他 3 组灵敏度矩阵 $B1$、$B3$ 和 $B4$ 进行了装调模拟,$B1$(11 个补偿器)的失调量求解结果与问题相去甚远,这更验证了病态矩阵解的不确定性。$B3$ 和 $B4$(6 个补偿器)计算和模拟的结果与 $B2$ 没有显著的区别,但考虑

表 8 – 4 3 种状态下的失调量及求解结果

变量	结构参数	dx – 2	dy – 2	dz – 2	tx – 2	ty – 2	dx – 3	dy – 3	dz – 3	tx – 3	ty – 3
3	改变量			-0.01	0.002	-0.003					
	计算值			-0.0100	0.0020	-0.0030				0	0
5	改变量			-0.01	0.003	-0.001				-0.006	0.001
	计算值			-0.0100	0.0030	-0.0010				-0.0060	0.0010
10	改变量	0.001	-0.05	-0.2	0.001	0.002	0.05	-0.01	0.1	0.005	-0.003
	计算值			-0.2029	-0.0030	0.0019				-0.0021	-0.0034

表 8 – 5 3 种状态下系统装调前后的像差参数值

变量	像差参数	p – v（λ）		rms（λ）		rms 半径/μm	
	视场	0	1	0	1	0	1
	理想状态	0.59	0.60	0.09	0.13	5.4	5.5
3	失调状态	2.27	2.69	0.51	0.63	27.7	32.9
	装调完成	0.59	0.60	0.09	0.13	5.4	5.5
5	失调状态	2.2	2.8	0.46	0.59	25.9	31.4
	装调完成	0.59	0.60	0.09	0.13	5.4	5.5
10	失调状态	25.6	25.3	7.0	7.0	425	435
	装调完成	0.55	0.62	0.087	0.15	4.98	5.76

到实际装调过程增加 1 个结构调整量会大幅度地提高精密调整机构的复杂程度和装调设备成本,同时也增加了装调难度和装调人工成本,甚至影响到装调过程能否实现,所以应尽量简化装调参数。

3. 光学系统在轨计算机辅助调整

此次空间遥感器在轨计算机辅助装调采用的补偿器为:次镜沿 x,y,z 方向的平移;相对 x,y 轴的倾斜;像面位移 $dz-4$。采用的 8×6 矩阵如表 $8-6$ 所列。

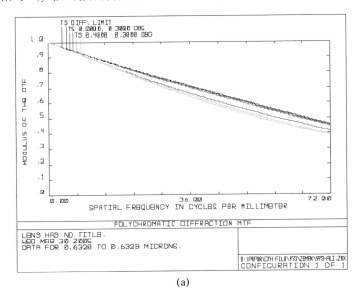

(a)

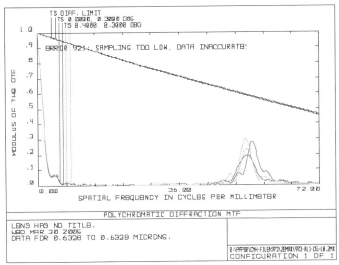

(b)

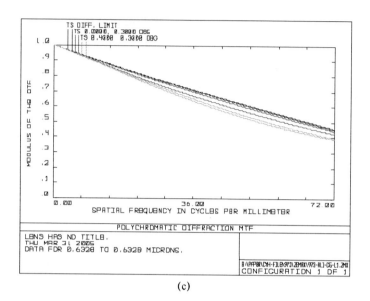

(c)

图 8-6　甚高分辨率空间遥感器光学系统装调前后的成像质量

（a）理想系统传递函数；（b）失调系统传递函数；（c）装调后系统传递函数。

表 8-6　在轨计算机辅助装调灵敏度矩阵

x 方向平移	y 方向平移	z 方向平移	x 方向倾斜	y 方向倾斜	像面位移
$dx-2$	$dy-2$	$dz-2$	$tx-2$	$ty-2$	$dz-4$
-9.2583	0	0	0	136.2690	0
0	-9.2538	-0.0011	-136.2043	-0.0003	0.0070
0	0.0037	-25.6565	0.0527	-0.0110	-0.5615
0.1500	0	0	0	-15.4488	0
0	-0.1510	-0.0001	-15.4345	-0.0285	0.0025
0	-2.6295	-0.0006	-38.7323	0.0003	0.0021
-2.6307	0	0	0	38.7510	0
0	0.0010	0	0.0127	0	0

　　利用此矩阵分别对 3、5、10 个变量的情况进行了数值模拟。表 8-7 为模拟失调量与计算量的比较。表 8-8 为 3 种情况下装调前后的像质指标。图 8-7~图 8-10 为理想系统及装调前后的像质图形对照。

表 8 - 7　3 种状态下的模拟失调量及求解结果

变量数	结构参数	dx－2	dy－2	dz－2	tx－2	ty－2	dx－3	dy－3	dz－3	tx－3	ty－3	dz－4
3	模拟值			-0.01	0.002	-0.003						
3	计算值	0.0001	-0.0002	-0.01	0.002	-0.003						-0.0009
5	模拟值	0.004	-0.006	-0.02	0.003	-0.001						-0.2
5	计算值	0.004	-0.0063	-0.0225	0.0030	-0.0010						-0.0843
10	模拟值	0.001	-0.05	-0.2	0.001	0.002	0.05	-0.01	0.1	0.005	-0.003	-0.02
10	计算值	0.0284	-0.0072	-0.1876	-0.0019	0.0038						-0.795

表 8 - 8　3 种状态下系统装调前后的像差参数值

变量数	像差参数　视场	波差 p－v(λ)		波差 rms(λ)		点列图 rms 半径/μm	
		0	1	0	1	0	1
	理想状态	0.56	0.60	0.095	0.13	5.6	5.7
3	失调状态	2.37	2.89	0.54	0.67	29.3	32.4
3	装调完成	0.55	0.61	0.094	0.13	5.5	5.7
6	失调状态	3.76	4.36	0.88	0.96	53.4	54.5
6	装调完成	0.54	0.62	0.093	0.13	5.5	5.8
10	失调状态	24.9	24.7	6.8	6.9	421	422
10	装调完成	0.57	0.58	0.099	0.13	5.5	5.6

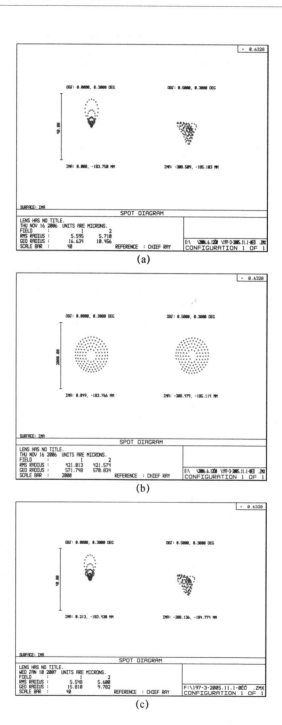

图 8-7　装调前后点列图的比较

（a）理想状态点列图；（b）失调状态点列图；（c）装调完成后点列图。

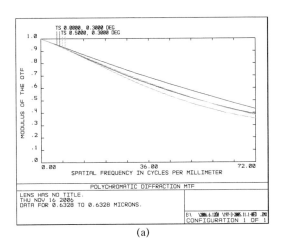

(a)

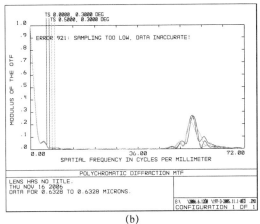

(b)

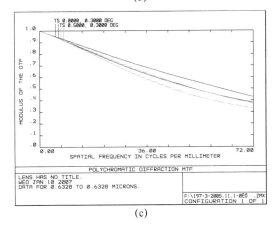

(c)

图 8 - 8　装调前后 MTF 的比较

(a)理想状态 MTF;(b)失调状态 MTF;(c)装调后 MTF。

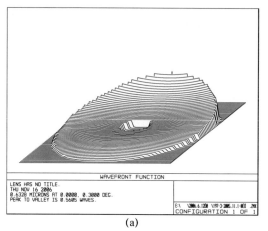
(a)

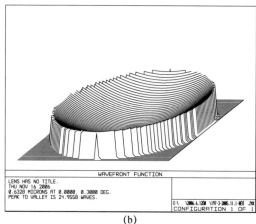
(b)

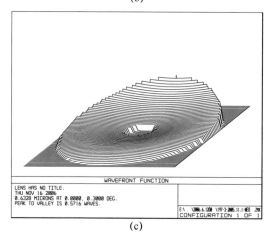
(c)

图 8-9　装调前后 0 视场波像差的比较

(a)理想状态波像差(0 视场);(b)失调状态波像差(0 视场);(c)装调后波像差(0 视场)。

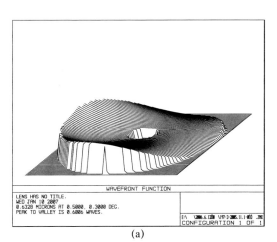

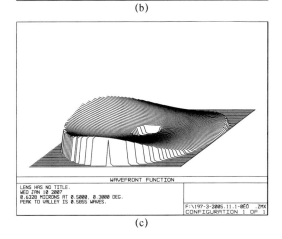

图 8 - 10　装调前后 1 视场波像差的比较

(a)理想状态波像差(1 视场);(b)失调状态波像差(1 视场);(c)装调后波像差(1 视场)。

第9章

空间光学系统热光学分析与计算

空间光学系统的热环境,即环境温度,会影响到空间光学系统的光机结构,产生热位移或热变化,导致整个光机结构偏离原有的设计理论状态,造成成像质量或探测精度的下降。热环境分析也称为热光学分析,空间热环境分析计算与防护是目前空间光学系统研究的一个重要热点。

9.1 概述

光机热一体化技术是一种结合光学学科、机械学科、热学学科的交叉综合分析技术,其分析过程就是在这三者基础上进行优化设计的循环过程,如图9-1所示。考虑空间仪器内部及外部环境对空间仪器的影响,热分析中机械分析部分主要考虑力学分析,包括静动态、振动、冲击等状态下的分析;而光学分析部分主要考虑力与热对光学成像质量带来的影响,主要分析光学传递函数、点列图以及包围圆能量的变化。

空间光学系统处于太空环境中,将会受到来自太阳的辐射以及来自地球的辐射,其本身内部也会有热功耗。在整个轨道周期内,光机各部位所接收的热流是剧烈变化且不均衡的,入射到空间光学系统的各部位的辐射热流也不同,这些因素将导致空间光学系统的温度梯度不均匀且随时间发生变化,温度导致的热应力会导致空间光学系统的器件发生热膨胀及形变,从而导致成像质量的变化。通过分析光学系统受力、热影响而造成的偏心、离焦、倾斜、面形改变以及梯度折射率等变化,就可了解哪些因素对成像质量影响较大,从而提出解决措施及优化方案。

近年来,随着计算机技术和交叉学科的迅猛发展以及光学设计软件和有限

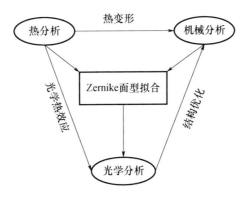

图 9-1　光机热分析流程

元仿真软件的不断完善,光机热一体化技术也得到了迅速的发展。利用光机热一体化技术,可以预先模拟复杂的太空环境,全面考虑光机热的影响,减少大量实体实验,以达到保证仪器正常工作以及节约成本的目的。

9.2　光机热分析理论及有限元方法

空间光机系统在轨运行时,与外部环境和内部环境均有热交换。为此需要在能量守恒定律、稳态和瞬态热分析、热传导、热辐射等基本理论的基础上,根据热传递数值模拟的有限元方法,来分析研究热分析仿真及实体试验。

9.2.1　热分析基本理论与方法

热分析过程中,首先仿真分析一个系统与其所处热环境中的热交换,然后得到其各部分的温度分布及其他参数,包括热量增减、热流密度大小和热梯度大小等。要研究热分析必须先了解一些基本理论与方法。

1. 能量守恒定律

能量守恒定律阐述了能量不能被创造也不会凭空消失,只会发生能量转移或者能量在形式上的转化,如动能转化为热能。如果将宇宙空间看作为一个封闭空间,那么整个宇宙空间的总能量是处于一个守恒的状态。对于一个封闭系统的能量转移过程,有

$$Q - W = \Delta U + \Delta KE + \Delta PE \tag{9-1}$$

式中:Q 为整个系统产生的热量;W 为做功的部分;ΔU、ΔKE、ΔPE 分别为系统的内能、动能和势能。当仅考虑传热时,系统的动能和势能可以视作为零。在

工程领域,热分析一般分为稳态热分析和瞬态热分析。稳态热分析是分析系统的最终状态,假定系统最终达到动态平衡,即进入系统的热量等于流出系统的热量,整个系统处于能量守恒状态。瞬态热分析是分析系统的瞬时状态,定义热流密度 q 为 $q = \mathrm{d}U/\mathrm{d}t$,溢入和溢出的热传递变化率等于系统内能的变化。

2. 传热方式

只要有温差的存在,就会有传热现象。热学中主要有热传导、热对流和热辐射三种传热方式。

1)热传导

热传导产生的必要条件是温差,在物体无相对位移的情况下,存在温差的物体接触时,高温物体的热量会传向低温物体。对于同一物体,热量从温度高的地方往温度低的地方传导。热流与温度梯度的关系,可表示为

$$q = -\lambda A \left(\boldsymbol{i} \frac{\partial T}{\partial x} + \boldsymbol{j} \frac{\partial T}{\partial y} + \boldsymbol{k} \frac{\partial T}{\partial z} \right) \qquad (9-2)$$

式(9-2)是著名的傅里叶定律,其中:T 为温度;q 为热流密度;A 为垂直于热流方向的横截面积;$(\boldsymbol{i}, \boldsymbol{j}, \boldsymbol{k})$ 为空间三个方向的基本向量;λ 为介质的热导率。图 9-2 所示为热流在铜柱中的热传导过程,热流从温度高的 T_1 端面向温度低的 T_2 端面传导。

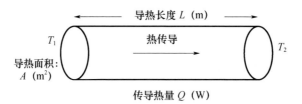

图 9-2   热传导过程示意图

2)热对流

热对流指的是当流体宏观移动时冷热流体相互掺混而导致的热量迁移的现象。外界施加的强迫力及流体存在温差是使流体产生运动的原因。外界强迫力主要来自水泵或者风机,而温差主要是使流体密度产生差异导致流体运动。对流换热方程可表示为

$$q = h(T_s - T_b) \qquad (9-3)$$

式中:h 为表面传热系数,单位为 $\mathrm{W/(m^2 k)}$;T_s 为表面温度;T_b 为周围流体的温度。

3)热辐射

热传导与热对流需要有介质才能发生,而热辐射不需要任何介质就能发

生。一切物体都具有辐射能力,无论物体温度高低,物体都在往外发射电磁波,辐射能量。高温物体辐射能力强,故热量总是从高温物体辐射给低温物体。黑体模型就是人们提出的用以研究辐射换热的模型。黑体辐射热流密度 q_b 与温度的关系为

$$q_b = \sigma T_b^4 \qquad\qquad (9-4)$$

式中:T_b 为黑体表面温度;σ 为黑体辐射常数 $5.67 \times 10^{-8} \mathrm{W}/(\mathrm{m^2 k^4})$。当实际物体表面温度与黑体表面相同时,实际物体发射辐射的能力要比黑体弱,因此人们在黑体辐射的基础上乘以一个称为发射率 ε 的系数来描述实际物体的发射热辐射能力,即

$$q = \varepsilon \sigma T_b^4 \qquad\qquad (9-5)$$

物体不仅会辐射热而且会吸收外来的辐射热。黑体全部吸收外来辐射,物体吸收辐射为在黑体吸收的基础上乘以系数 α,有

$$q = G\alpha \qquad\qquad (9-6)$$

式中:q 为外来辐射热流;G 为环境对表面的投射辐射热流;α 为外来辐射被吸收的部分,称为吸收比。

如果物体表面的温度为 T_w,环境温度为 T_{sur},环境对表面的投射辐射热流为 G,则物体表面单位面积与环境间的净辐射热交换可表示为

$$q = \varepsilon \sigma T_w^4 - \alpha G = \varepsilon \sigma (T_w^4 - T_{\mathrm{sur}}^4) \qquad\qquad (9-7)$$

式中:q 为物体表面净辐射热流;ε 为发射率;σ 为黑体辐射常数。

人们通常使用传热微分方程及边界条件研究温度的分布规律。传热微分方程如下:

(1)物质参数为常数且有内热源时,瞬态传热微分方程为

$$\frac{\partial T}{\partial \tau} = \alpha \left(\frac{\partial^2 T}{\partial x^2} + \frac{\partial^2 T}{\partial y^2} + \frac{\partial^2 T}{\partial z^2} \right) + \frac{q_v}{\rho c} \qquad\qquad (9-8)$$

式中:τ 为时间;T 为温度;q_v 为外来热流密度;ρ 为物质密度;c 为比热容;α 为热扩散率,热扩散率反映了材料传热能力,数值越大表示在该材料中温度扩散速度越快。

(2)物质参数为常数且无内热源时,瞬态传热微分方程为

$$\frac{\partial T}{\partial \tau} = \alpha \left(\frac{\partial^2 T}{\partial x^2} + \frac{\partial^2 T}{\partial y^2} + \frac{\partial^2 T}{\partial z^2} \right) \qquad\qquad (9-9)$$

(3)物质参数是常数且无内热源稳态导热时,传热微分方程为

$$\nabla^2 T = \frac{\partial^2 T}{\partial x^2} + \frac{\partial^2 T}{\partial y^2} + \frac{\partial^2 T}{\partial z^2} = 0 \qquad\qquad (9-10)$$

相应边界条件如下：

（1）第一类边界条件是边界温度已知，用 s 为边界面，T_w 为边界面上的温度，$T|_s = T_w$。

（2）第二类边界条件是表面热流已知，用 s 为边界面，q_w 为边界面上的热流密度，$q|_s = q_w$。

（3）第三类边界条件是换热条件已知，用 t_w 为边界面温度，t_f 表示环境温度，λ 为介质的热导率，T 为温度，n 为方向矢量，h 为表面传热系数，则 $-\lambda \left(\dfrac{\partial T}{\partial n}\right)_w = h(t_w - t_f)$，它表示了物体的边界面处的热流密度已知。

9.2.2　空间光机系统的热交换

空间光机系统的热环境包括空间光机系统的外部热环境和内部热环境，外部热环境主要包括来自太阳的辐射以及来自地球的辐射等。空间光机系统与内外热环境的换热关系如图 9-3 所示。

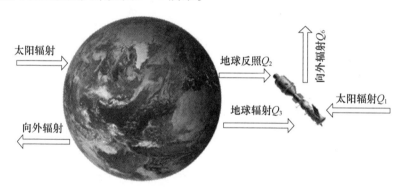

图 9-3　空间光机系统的热交换示意图

热交换关系是热分析的基础，对于在轨道上运行的空间光机系统，其吸收辐射与发射出去辐射及内能变化，保持总体平衡，即太阳辐射、地球反照、地球辐射、空间背景辐射、光机系统内热源辐射这些辐射均是给空间光机系统加热，根据能量守恒定律可知，吸收辐射与发射辐射之差等于内能变化对应部分的辐射，即

$$Q_1 + Q_2 + Q_3 + Q_4 + Q_5 = Q_6 + Q_7/\alpha \qquad (9-11)$$

式中：Q_1 为太阳辐射直接加热；Q_2 为地球反照辐射加热；Q_3 为地球红外辐射加热；Q_4 为空间背景辐射加热；Q_5 为空间光学系统的内热源辐射；Q_6 为空间光学系统向空间的辐射；Q_7 为空间光学系统内能的变化；α 为辐射转化为内能的转换率。

9.2.3　有限元分析法

物体由于热胀冷缩的作用,体积会随着温度的变化而发生变化。当物体不能自由膨胀时,就会产生热应力。约束可能来自外界环境施加的约束,也可能来自本身的约束,物体各处的热膨胀系数不相同而导致相互挤压。来自自身的约束,即有温度梯度引起热应力的情况,较为常见。温度不仅造成物体的结构变形,还会影响材料的机械性能,材料的弹性模量、泊松比、热膨胀系数等物理量会随着温度变化而变化,而这些物理量的变化也会影响到物体的应力分析结果。

热分析的过程是计算热传递的过程,把光机模型划分为细小的模块进行热分析,称为有限元分析。在有限元分析软件出现之前,研究工作者一般根据热传递理论来分析计算光机系统各部位在综合各种热条件的情况下达到平衡后的温度。随着计算机技术飞速发展,有限元分析方法被广泛地应用于各领域来解决力学、热学问题,用计算机代替了繁杂的人工计算劳动,不再需要用人工来分析计算一个复杂的热力学问题。

1. 有限元法基本概念

有限元分析(Finite Element Analysis,FEA),其本质是一种微分理论。最初是在20世纪五六十年代提出,运用的是变分原理和加权余量法。有限元的思想是把复杂物理问题转化为简单的数学模型,列出数学方程、边界方程以及条件方程,通过求解这些方程,最终得到实际物理问题的解。具体地讲就是将待求解区域划分成很多细小的空间网状的区域,这些网格称为单元,然后对小网格进行求解,这就把繁杂问题简单化了。

1851年,人们在求解闭合曲面围成的微小面积时,对其使用正三角形离散化,并用有限差分表达式表示整个离散化面积。遗憾的是,当时没有把这种思想普遍化,提升到理论高度,应用到其他方面。1941年,人们使用结构力学分析方法对平面弹性问题和板弯曲问题进行了研究,当时采用简单的子结构来替代物体,这是使用有限元方法的雏形。1943年,Courant在研究中把空心轴的横截面积划分成许多三角形,并对三角形网点上的应力值进行线性插值,这标志着有限元分析方法的开始。20世纪50年代初,有限元分析法在航空工业中得到长足的发展。在设计机翼时,传统方法采用分析低展弦比方法,但是精度太低。为提高精度,美国人Turner和英国人Taig用三角形法对机翼表面进行了建模,而德国的Argyris在他的论文中明确提出了有限元分析的概念。后来,人们提出了各种新型单元来分析应力,有限元分析法被认为是一个具有广泛用途的数学方法。1965年,人们利用有限元方法分析了物体之间的热传导。70年代初,随着计算机的飞速发展,有限元分析软件开始出现,有限元分析方法越来越多地应用于工程领域。今天,各类有限元软件种类繁多,有限元分析方法已成为工程技术领域不可或缺的工具。

2. 有限元法求解步骤

有限元求解步骤一般分为前置处理阶段、求解阶段和后置处理阶段。前置处理阶段主要是机械建模,并对模型采用对应的单元进行划分网格。机械建模时,需对模型进行抽象并简化,如对称模型可以只考虑其一半,这样可以大大加快求解速度。在这阶段还需确定模型各部件材料的各种特性参数和模型所要分析的边界条件。网格一般根据模型的形状进行划分,一般追求划分均匀。计算求解阶段主要是提交任务分析,在有限元软件后台依靠有限元微分公式进行计算完成。后置处理阶段主要是处理有限元软件分析的结果,把它转化成需要的图形和表格。在使用有限元方法解决实际问题时,一般有以下几个步骤:

(1)创建几何模型,可以在有限元软件Part部分建模,也可以在外部导入。此步骤主要确定模型的几何形状,各部件的材料特性。

(2)将模型进行离散化,将模型划分为有限个单元,这些单元可以是形状一样的单元也可以是混合的单元。一般来说,规则的物体划分为统一单元,不规则的物体划分为以某种单元为主,另一种单元为辅的形式。在工程中,网格划分越细,离散域近似程度越好,其精度也越高,但是如果划分太细,计算工作量会增大,对求解速度不利,因此在实际做网格划分时要根据部件是否为要分析的关键部件加以区分,与所求解的部件紧密相关的网格可以划分得细些,否则可以划分得粗些。

(3)确定模型满足的微分方程,使用微分方程描述要求解的物理问题,描述模型的状态变量及所处边界条件。

(4)建立划分网格时所使用的有限元方程。建立该单元坐标下的函数,对该单元中各个状态变量的离散关系进行数学描述。

(5)联立微分方程及有限元方程,对联合方程组进行求解。有限元软件主要采用迭代法求解各个结点处的状态变量。如果达到收敛条件则跳出运算过程,并给出计算结果。有限元方法的计算结果均是物理问题的近似解,在得到计算结果后还需要评估近似解是否在允许的误差范围之内。

3. 理性有限元方法

与常规有限元方法不同,理性有限元方法主要使用多项式插值求单元刚度矩阵,而非重点考虑力学要求。把力学方程的基本解作为基底函数进行插值,利用解析和数值方法求解理性的单元刚度关系。其优点在于对不同材质、不同单元的特性,插值解能够自动适应。

1997 年,人们使用数学方法推导了平面理性元的收敛公式,同时把它应用于多种单元的结构,并且推导了不协调单元的收敛公式。1999 年,孙卫明在求解厚板弹性弯曲问题时,提出了一种结合解析、数值方法的理性有限元法,既满足了单元的力学要求,又满足了结构的几何要求。使用此理性有限元方法求得的结果精度很高,刚度矩阵积分也很精确。2000 年,纪峥在四节点的基础上推导出了八节点曲边平面理性元,他采用 4 次多项式对平面弹性力学单元位移进行插值,求得的解精度较高,求解速度较快,并且具有很好的稳定性。

4. 热弹性分析

在热应力分析中,对应力分析问题进行了简化处理,这种热应力分析称为热弹性分析。

(1)物体是连续体。

热弹性分析认为物体由连续微元体组成,相邻微元体间没有间隙,因此载荷作用在物体上时产生的应变、位移等均为连续函数。对弹性力学来说,连续介质是其力学分析的基础。

(2)物体是均匀介质且各向同性。

物体的材料是均匀介质并且各向同性,是指在物体内部各处材料的性质相同,且与方向相关的物理性质也相同,如弹性模量、泊松比等均为定值,不随坐标和方向的改变而改变。热弹性分析还遵循两条规律。一是物体满足完全弹性的情况。对物体加载荷时产生变形,但卸载载荷后就能完全恢复。在这种情况下,应力与应变成线性关系,服从弹性定律。二是物体的变形是小变形,这种情况指的是相对于物体尺寸来说,变形值很小。因此在考虑物体的有限元方程时,可认为物体形状不变,在计算变形位移时只计算一次项,而变形较大时计算变形位移时就需要考虑二次项。

5. 热弹性基本方程

温差和热应力的共同作用引起物体的热形变,对于均匀介质且各向同性的物体来说,在不受约束的情况下,物体会发生正应变,即

$$\begin{cases} \varepsilon_x = \varepsilon_y = \varepsilon_z = \alpha T \\ \gamma_{xy} = \gamma_{yz} = \gamma_{zx} = 0 \end{cases} \tag{9-12}$$

式中:ε 为相应方向上的正应变;γ 为相应方向上的剪应变;α 为线膨胀系数;T

为温度变化。而对于一般情况,温度变化会使微元体发生体积变化,微元体间会发生相互挤压,根据胡克定律,其相应方向上的正应变、剪应变可表示为

$$\begin{cases} \varepsilon_x = \dfrac{\partial u_x}{\partial x} = \dfrac{1}{2G}\left(\sigma_x - \dfrac{u}{1+u}\Theta_s \right) + \alpha T \\[2mm] \varepsilon_y = \dfrac{\partial u_y}{\partial y} = \dfrac{1}{2G}\left(\sigma_y - \dfrac{u}{1+u}\Theta_s \right) + \alpha T \\[2mm] \varepsilon_z = \dfrac{\partial u_z}{\partial z} = \dfrac{1}{2G}\left(\sigma_z - \dfrac{u}{1+u}\Theta_s \right) + \alpha T \end{cases} \qquad (9-13)$$

其中:
$$\gamma_{xy} = \frac{\tau_{xy}}{2G}, \gamma_{yz} = \frac{\tau_{yz}}{2G}, \gamma_{zx} = \frac{\tau_{zx}}{2G} \qquad (9-14)$$

$$2G = E/(1+u)$$

式中:ε 为相应方向上的正应变;γ 为相应方向上的剪应变;α 为线膨胀系数;T 为温度变化;G 为剪切模量;σ 为应力分量。

设 $e = \varepsilon_x + \varepsilon_y + \varepsilon_z$,式(9-13)和式(9-14)可以写为

$$\begin{cases} \sigma_x = 2G\varepsilon_x + \lambda e - \beta T \\ \sigma_y = 2G\varepsilon_y + \lambda e - \beta T \\ \sigma_z = 2G\varepsilon_z + \lambda e - \beta T \end{cases} \qquad (9-15)$$

$$\begin{cases} \tau_{xy} = G\gamma_{xy} \\ \tau_{yz} = G\gamma_{yz} \\ \tau_{zx} = G\gamma_{zx} \end{cases} \qquad (9-16)$$

式(9-15)和式(9-16)中,有 $\beta = \alpha E/(1-2\mu)$,$\lambda = \mu E/(1+\mu)(1-2\mu)$,在圆柱坐标下有

$$\begin{cases} \sigma_r = \dfrac{E}{1+\mu}\left(\dfrac{\partial u_r}{\partial r} + \dfrac{\mu}{1-2\mu} \cdot e \right) - \beta T \\[3mm] \sigma_\theta = \dfrac{E}{1+\mu}\left(\dfrac{u_r}{r} + \dfrac{1}{r} \cdot \dfrac{\partial u_\theta}{\partial \theta} + \dfrac{\mu}{1-2\mu} \cdot e \right) - \beta T \\[3mm] \sigma_z = \dfrac{E}{1+\mu}\left(\dfrac{\partial u_z}{\partial z} + \dfrac{\mu}{1-2\mu} \cdot e \right) - \beta T \\[3mm] \tau_{r\theta} = G\left(\dfrac{\partial u_\theta}{\partial r} + \dfrac{1}{r} \cdot \dfrac{\partial u_r}{\partial \theta} - \dfrac{u_\theta}{r} \right) \\[3mm] \tau_{zr} = G\left(\dfrac{\partial u_r}{\partial z} + \dfrac{1}{r} \cdot \dfrac{\partial u_z}{\partial r} \right) \end{cases} \qquad (9-17)$$

式中:E 为电场强度;ε 为相应方向上的正应变;γ 为相应方向上的剪应变;α 为线膨胀系数;T 为温度变化;G 为剪切模量;σ 为应力分量;μ 为泊松比。联系平衡方程和广义胡克定律,消去应变分量及应力分量,得到热弹性的位移方程,即

$$
\begin{cases}
(\lambda + 2G)\dfrac{\partial e}{\partial r} - 2G\left(\dfrac{1}{r}\dfrac{\partial \omega_z}{\partial \theta} - \dfrac{\partial \omega_\theta}{\partial r}\right) - (3\lambda + 2G)\alpha\dfrac{\partial T}{\partial r} = 0 \\[3mm]
(\lambda + 2G)\dfrac{\partial e}{\partial \theta} - 2G\left(\dfrac{\partial \omega_{rz}}{\partial z} - \dfrac{\partial \omega_r}{\partial r}\right) - (3\lambda + 2G)\dfrac{\alpha}{r}\dfrac{\partial T}{\partial \theta} = 0 \\[3mm]
(\lambda + 2G)\dfrac{\partial e}{\partial r} - \dfrac{2G}{r}\left(\dfrac{1}{r}\dfrac{\partial (r\omega_\theta)}{\partial r} - \dfrac{\partial \omega_{rz}}{\partial \theta}\right) - (3\lambda + 2G)\alpha\dfrac{\partial T}{\partial z} = 0
\end{cases}
\tag{9-18}
$$

对于式(9-18),温度分布已知,微分方程容易求解。但解决实际问题时需使用应力函数及位移函数等来解决物体的热变形问题。

9.3　热形变的光学系统面型拟合算法及精度分析

空间热环境会导致空间光学系统透镜表面的面型发生变形,形变后透镜的面型的拟合一直是一个难题。我们以泽尼克多项式为基础,提出了热形变后的透镜面型的拟合算法,结合施密特正交方法和最小二乘法求取泽尼克系数,在充分研究光机热误差理论的基础上分析了热变形面型拟合算法的精度。

9.3.1　泽尼克多项式

空间光机系统在空间热环境的影响下,透镜面会发生相对位移,同时受热应力的作用,透镜面型会发生变化,最终影响光学系统的成像性能。对于面型变形较小的光学元件,人们常用波面误差来评价产生形变的透镜的成像质量。变形导致透镜的波面误差形状复杂,不易用数学函数描述,但形变后的波面一般是光滑且连续的,所以可以考虑将透镜面型的形变使用一个完备的线性无关的基底函数来表示。

从几何光学出发,使用光线追迹分析透镜的像差时,可以对像差函数进行幂级数展开。从波动光学出发,研究像差的衍射理论时,可以对像差函数在单位圆内部使用相互正交的多项式函数进行展开。泽尼克多项式就是这样的多项式函数,具有多种优点:

(1)Zernike 多项式可以归一化,单位圆上具有正交性,这样可以使拟合的系数相互独立,可以避免偶然因素造成求解误差。

（2）Zernike 多项式能够表示光学透镜的面型矢高，并且能表示光学系统的初级像差，与塞德像差也有对应关系，从而有利于计算系统的像差并评价系统的成像性能。

（3）Zernike 多项式对应的泽尼克系数的物理意义明确，已成为结构分析与光学分析的常用接口。

Zernike 多项式拟合的指导思想是将一个任意形状的表面视为由无穷多个基面构成的线性组合。在笛卡儿坐标系下，一个规则的球面和二次曲面可以由式（9 - 19）中的第一部分表示，第二部分与第三部分的系数为零。而规则的非球面可以由式（9 - 19）的第一部分与第二部分共同表示，第三部分系数为零。基于球面变形的不规则面可以由第一部分和第三部分表示，即

$$z = \frac{cr^2}{1 + \sqrt{1 - (1 + k)c^2 r^2}} + \sum_{i=1}^{8} \alpha_i r^{2i} + \sum_{i=1}^{N} a_i Z_i(\rho, \theta) \qquad (9 - 19)$$

式中：c 为曲率；r 为半径值；k 为二次曲面系数；α_i 为偶次非球面系数；a_i 为泽尼克系数；$Z(\rho, \theta)$ 为泽尼克多项式。

如果光学系统的镜片受热之前为球面和二次曲面，受热变形时基于球面和二次曲面的表面发生了变形。故在表示变形后的面型可选式（9 - 19）中的第一部分和第三部分。用球面和二次曲面系数以及泽尼克系数表示变形后的面型，对于式（9 - 19）的第三部分中的 N 取 37 项。表 9 - 1 列出了 37 项的具体表达式。

表 9 - 1 Zernike 多项式与 Zernike 系数

项数	Zernike 多项式	Zernike 物理意义	Zernike 系数
1	1	Translate	a_1
2	$\rho\cos\theta$	Tilt x	a_2
3	$\rho\sin\theta$	Tilt y	a_3
4	$2\rho^2 - 1$	Power	a_4
5	$\rho^2\cos 2\theta$	Astig x	a_5
6	$\rho^2\sin 2\theta$	Astig y	a_6
7	$(3\rho^2 - 2)\rho\cos\theta$	Coma x	a_7
8	$(3\rho^2 - 2)\rho\sin\theta$	Coma y	a_8
9	$6\rho^4 - 6\rho^2 + 1$	Primary Spherical	a_9
10	$\rho^3\cos 3\theta$	Trefoil x	a_{10}
11	$\rho^3\sin 3\theta$	Trefoil y	a_{11}

项数	Zernike 多项式	Zernike 物理意义	Zernike 系数
12	$(4\rho^2 - 3)\rho^2\cos2\theta$	Secondary Astig x	a_{12}
13	$(4\rho^2 - 3)\rho^2\sin2\theta$	Secondary Astig y	a_{13}
14	$(10\rho^4 - 12\rho^2 + 3)\rho\cos\theta$	Secondary Coma x	a_{14}
15	$(10\rho^4 - 12\rho^2 + 3)\rho\sin\theta$	Secondary Coma y	a_{15}
16	$20\rho^6 - 30\rho^4 + 12\rho^2 - 1$	Secondary Spherical	a_{16}
17	$\rho^4\cos4\theta$	Tertrafoil x	a_{17}
18	$\rho^4\sin4\theta$	Tertrafoil y	a_{18}
19	$(5\rho^2 - 4)\rho^3\cos3\theta$	Secondary Trefoil x	a_{19}
20	$(5\rho^2 - 4)\rho^3\sin3\theta$	Secondary Trefoil y	a_{20}
21	$(15\rho^4 - 20\rho^2 + 6)\rho^2\cos2\theta$	Tertiary Astig x	a_{21}
22	$(15\rho^4 - 20\rho^2 + 6)\rho^2\sin2\theta$	Tertiary Astig y	a_{22}
23	$(35\rho^6 - 60\rho^4 + 30\rho^2 - 4)\rho\cos\theta$	Tertiary Coma x	a_{23}
24	$(35\rho^6 - 60\rho^4 + 30\rho^2 - 4)\rho\sin\theta$	Tertiary Coma y	a_{24}
25	$70\rho^8 - 140\rho^6 + 90\rho^4 - 20\rho^2 + 1$	Tertiary Spherical	a_{25}
26	$\rho^5\cos5\theta$	Pentafoil x	a_{26}
27	$\rho^5\sin5\theta$	Pentafoil x	a_{27}
28	$(6\rho^2 - 5)\rho^4\cos4\theta$	Secondary Tetrafoil	a_{28}
29	$(6\rho^2 - 5)\rho^4\sin4\theta$	Secondary Tetrafoil	a_{29}
30	$(21\rho^4 - 30\rho^2 + 10)\rho^3\cos3\theta$	Tertiary trefoil x	a_{30}
31	$(21\rho^{4+} - 30\rho^2 + 10)\rho^3\sin3\theta$	Tertiary trefoil y	a_{31}
32	$(56\rho^6 - 105\rho^4 + 60\rho^2 - 10)\rho^2\cos2\theta$	Quaternary Astig x	a_{32}
33	$(56\rho^6 - 105\rho^4 + 60\rho^2 - 10)\rho^2\sin2\theta$	Quaternary Astig y	a_{33}
34	$(126\rho^8 - 280\rho^6 + 210\rho^4 - 60\rho^2 + 5)\rho\cos\theta$	Quaternary Coma x	a_{34}
35	$(126\rho^8 - 280\rho^6 + 210\rho^{4+} - 60\rho^2 + 5)\rho\sin\theta$	Quaternary Coma y	a_{35}
36	$252\rho^{10} - 630\rho^8 + 560\rho^6 - 210\rho^4 + 30\rho^2 - 1$	Quaternary	a_{36}
37	$924\rho^{12} - 2772\rho^{10} + 3150\rho^8 - 1680\rho^6 + 420\rho^4 - 42\rho^2 + 1$	Pentad Spherical	a_{37}

　　式(9-19)表示透镜的一个面型,其中:当 r,c,k 已知且二次曲面系数与泽尼克系数均为零时,方程表示一个标准球面;当二次曲面系数不为零,泽尼克系数为零时,方程表示一个二次非球面;当二次曲面系数为零,泽尼克系数不为零时,则方程表示基于球面变化的不规则面。表9-1中,泽尼克系数 $a_1=0$ 表示此面没有平移,系数 a_1 为正表示沿光轴正方向平移,为负表示向光轴负方向平

移;a_2、a_3分别表示此面在子午面倾斜和弧矢面倾斜。图9-4中给出了a_1为负面型向左平移及a_2为负在子午面内向顺时针方向倾斜的情形。

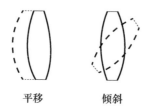

平移　　　　　倾斜

图9-4　泽尼克系数代表的平移和倾斜

9.3.2　面型拟合算法

1. 泽尼克系数方程

上面介绍了泽尼克系数的含义,基于球面和二次曲面变形的面型的非球面系数为零,故式(9-19)可以写为

$$z = \frac{cr^2}{\sqrt{1-(1+k)c^2r^2}} + \sum_{i=1}^{N} a_i Z_i(\rho,\theta) \qquad (9-20)$$

式中:z为当前面型;c为曲率;r为半径值;k为二次曲面系数;a_i为泽尼克系数;$Z(\rho,\theta)$为泽尼克多项式。$\dfrac{cr^2}{\sqrt{1-(1+k)c^2r^2}}$代表变形前的球面和二次曲面,$\sum_{i=1}^{N} a_i Z_i(\rho,\theta)$代表面型的变化,因此面型形变表达式等于当前面型与变形前面型之差,即

$$\Delta z = z - \frac{cr^2}{\sqrt{1-(1+k)c^2\gamma^2}} = \sum_{i=1}^{N} a_i Z_i(\rho,\theta) \qquad (9-21)$$

式中:Δz为面型的变化;(ρ,θ)是极坐标量($x=\rho\cos\theta,y=\rho\sin\theta$)。光学系统经过热应力分析后可以得到透镜面上每个网格点上的变形前坐标(x,y,z)及变形后坐标(x',y',z'),经计算可以得到变形量$\Delta z = z'-z$。

因此式(9-21)左边已知,而右边泽尼克多项式$Z_i(\rho,\theta)$可以根据计算点的极坐标值(ρ,θ)计算出$Z_1 \sim Z_{37}$项,这样就可以求得泽尼克系数$a_1 \sim a_{37}$,即

$$\begin{cases} \Delta z_1 = a_1 z_1(\rho_1,\theta_1) + a_2 z_2(\rho_1,\theta_1) + \cdots + a_{37} z_{37}(\rho_1,\theta_1) \\ \Delta z_2 = a_1 z_1(\rho_2,\theta_2) + a_2 z_2(\rho_2,\theta_2) + \cdots + a_{37} z_{37}(\rho_2,\theta_2) \\ \vdots \\ \Delta z_n = a_1 z_1(\rho_n,\theta_n) + a_2 z_2(\rho_n,\theta_n) + \cdots + a_{37} z_{37}(\rho_n,\theta_n) \end{cases} \qquad (9-22)$$

$$\text{令 } X = \begin{bmatrix} a_1 \\ a_2 \\ \vdots \\ a_{37} \end{bmatrix}, A = \begin{bmatrix} Z_1(\rho_1,\theta_1) & Z_2(\rho_1,\theta_1) & \cdots & Z_{37}(\rho_1,\theta_1) \\ Z_1(\rho_2,\theta_2) & Z_2(\rho_2,\theta_2) & \cdots & Z_{37}(\rho_2,\theta_2) \\ \vdots & \vdots & \ddots & \vdots \\ Z_1(\rho_n,\theta_n) & Z_2(\rho_n,\theta_n) & \cdots & Z_{37}(\rho_n,\theta_n) \end{bmatrix}, Y = \begin{bmatrix} \Delta z_i \\ \Delta z_2 \\ \vdots \\ \Delta z_n \end{bmatrix}$$

则式(9-22)可写为

$$AX = Y \tag{9-23}$$

实际求解过程中在透镜表面上取的抽样点数 n 远远超过 37,则式(9-22)是超定方程组。对于超定方程组,在数学上有几种解决方法:一是通用而简洁的最小二乘法;二是被认为稳定性更好的施密特(Gram-Schimdt)正交化方法;此外还有 Householder 变换方法。

2. 施密特方法

施密特正交法常被用来处理 Zernike 多项式的正交性问题。施密特正交法的实质是将一组线性无关的向量变换成一组单位正交向量。在二维坐标空间内,正交是相互垂直的,在多维空间内可用向量的内积为零来表示正交。可以在定义域内选定一组 Zernike 多项式函数,再对它进行施密特正交,求出一组在定义域内离散正交且线性组合的基底函数系 V,即

$$U = CV \tag{9-24}$$

式中:C 为 $C_{i,j}$ 的方阵。V 中的每个元素的关系可表示为

$$\sum_{\sigma} V_{r1} V_{r2} W = \begin{cases} 0 & r1 \neq r2 \\ 1 & r1 = r2 \end{cases} \tag{9-25}$$

式中:σ 为全体所取数据点(节点)的集合;W 为非负权函数。W 的作用是使权较大的区域近似更为准确,工程中多以相对面积的大小为权值,一般情况下取 $W = 1$ 即可。也可用权函数来消除当数据点均匀选取有困难时所引起的数据非均匀分布的影响。具体正交化过程如下。

设 $(a_1, a_2, \cdots, a_n)$ 为任一组向量,$(b_1, b_2, \cdots, b_n)$ 为一组需要得到的标准正交基,则有以下几种情形:

(1)标准化第一个向量,令 $b_1 = \dfrac{a_1}{|a_1|}$。

(2)标准化第二个向量,令 $b_2 = a_2 - \dfrac{a_2 \cdot b_1}{|b_1 \cdot b_1|} b_1$。

(3)利用递归公式,正交化每个向量 $b_n = a_n - \dfrac{a_n \cdot b_1}{|b_1 \cdot b_1|} b_1 - \dfrac{a_n \cdot b_2}{|b_2 \cdot b_2|} b_2 - \cdots -$

$$\frac{\boldsymbol{a}_n \cdot \boldsymbol{b}_{n-1}}{|\boldsymbol{b}_{n-1} \cdot \boldsymbol{b}_{n-1}|} \boldsymbol{b}_{n-1} \circ$$

对于式(9-22)，记 $\boldsymbol{p}_i = (Z_1(\rho_i, \theta_i), Z_2(\rho_i, \theta_i), Z_3(\rho_i, \theta_i), \cdots, Z_{37}(\rho_i, \theta_i))$。则 $(\boldsymbol{p}_1, \boldsymbol{p}_2, \cdots, \boldsymbol{p}_n)$ 为正交化前的那组向量。按照以上的正交化过程，记 $\boldsymbol{t}_i = (Z_1'(\rho_i, \theta_i), Z_2'(\rho_i, \theta_i), Z_3'(\rho_i, \theta_i), \cdots, Z_{37}'(\rho_i, \theta_i))$，$(\boldsymbol{t}_1, \boldsymbol{t}_2, \cdots, \boldsymbol{t}_n)$ 为需要得到的标准正交基。

(1)标准化第一个向量，令 $\boldsymbol{t}_1 = \dfrac{\boldsymbol{p}_1}{|\boldsymbol{p}_1|}$。

(2)标准化第二个向量，令 $\boldsymbol{t}_2 = \boldsymbol{p}_2 - \dfrac{\boldsymbol{p}_2 \cdot \boldsymbol{t}_1}{|\boldsymbol{t}_1 \cdot \boldsymbol{t}_1|} \boldsymbol{t}_1$。

(3)利用递归公式，标准化每个向量 $\boldsymbol{t}_n = \boldsymbol{p}_n - \dfrac{\boldsymbol{p}_n \cdot \boldsymbol{t}_1}{|\boldsymbol{t}_1 \cdot \boldsymbol{t}_1|} \boldsymbol{t}_1 - \dfrac{\boldsymbol{p}_n \cdot \boldsymbol{t}_2}{|\boldsymbol{t}_2 \cdot \boldsymbol{t}_2|} \boldsymbol{t}_2 - \cdots -$

$\dfrac{\boldsymbol{p}_n \cdot \boldsymbol{t}_{n-1}}{|\boldsymbol{t}_{n-1} \cdot \boldsymbol{t}_{n-1}|} \boldsymbol{t}_{n-1} \circ$

这样就将各项系数相关的泽尼克多项式正交化为各项系数不相关的泽尼克多项式了。由 $\boldsymbol{p}_i = (Z_1(\rho_i, \theta_i), Z_2(\rho_i, \theta_i), Z_3(\rho_i, \theta_i), \cdots, Z_{37}(\rho_i, \theta_i))$，则

式(9-23)中的 $\boldsymbol{A}$ 为 $\boldsymbol{A} = \begin{bmatrix} \boldsymbol{p}_1 \\ \boldsymbol{p}_2 \\ \vdots \\ \boldsymbol{p}_n \end{bmatrix}$，将得到的标准基记为 $\boldsymbol{B}$，则 $\boldsymbol{B} = \begin{bmatrix} \boldsymbol{t}_1 \\ \boldsymbol{t}_2 \\ \vdots \\ \boldsymbol{t}_n \end{bmatrix}$。记从 $\boldsymbol{A}$ 到

$\boldsymbol{B}$ 的正交变换过程为 $\boldsymbol{AC} = \boldsymbol{B}$，可得 $\boldsymbol{A} = \boldsymbol{BC}^{-1}$，则式(9-23)可写为 $\boldsymbol{BC}^{-1}\boldsymbol{X} = \boldsymbol{Y}$。

将泽尼克多项式进行正交化的目的是避免各项之间相互影响，从而避免在求取泽尼克系数时，各项系数相互干扰。

3. 最小二乘法

最小二乘法常用于线性回归分析，其思想是求解一个近似函数 $\varphi(x) = 0$，使其尽可能满足选取的若干个点。在数据处理中，通常要求一个 $\varphi(x)$ 满足所有给定数据使其值为 0，即要求近似函数 $\varphi(x)$ 在所有点处的偏差 δ_i 都严格等于零，在实际数据处理时，这种情况很难满足。但是为了尽可能表示该近似函数符合所给点的变化趋势，可以要求所有的偏差值 δ_i 都较小。为实现这一目的，人们提出了最大偏差 $\max|\delta_i|$ 最小方法以及偏差平方和 $\sum \delta_i^2$ 最小方法。

这种按照最小二乘原则选择近似函数的方法就被称为"最小二乘法"。在

拟合透镜的面型形变时,由于要求解满足所有点的函数解不存在,所以可以利用最小二乘法原理求解满足使所有偏差最小的函数解。先确定面型偏差 δ_i,当面型偏差最小时,此时的泽尼克系数为函数解。根据式(9-22),可写出泽尼克系数方程的残差方程,即

$$\begin{cases} \nu_1 = \Delta z_1 - [a_1 z_1(\rho_1,\theta_1) + a_2 z_2(\rho_1,\theta_1) + \cdots + a_{37} z_{37}(\rho_1,\theta_1)] \\ \nu_2 = \Delta z_2 - [a_1 z_1(\rho_2,\theta_2) + a_2 z_2(\rho_2,\theta_2) + \cdots + a_{37} z_{37}(\rho_2,\theta_2)] \\ \vdots \\ \nu_n = \Delta z_n - [a_1 z_1(\rho_n,\theta_n) + a_2 z_2(\rho_n,\theta_n) + \cdots + a_{37} z_{37}(\rho_n,\theta_n)] \end{cases} \quad (9-26)$$

式中:ν_i 为残差估计量;Δz_i 为第 i 个网格点沿光轴 z 方向的形变量;$Z_j(\rho_i,\theta_i)$ 为第 i 网格点第 j 项泽尼克多项式量。对式(9-26)求其残差的平方和,如式(9-27)所示,F 表示残差平方和的目标函数。

$$F = \sum_{i=1}^{n} \nu_i^2 \quad (9-27)$$

对于残差平方和这样的目标函数,一般方法是对未知量分别求偏导数,并令其为0,有

$$\frac{\partial F}{\partial a_i} = 0 \quad i = 1,2,\cdots,37 \quad (9-28)$$

通过求目标函数的解来求得泽尼克系数,而这个系数又是面型形变的参数,在光学设计软件 Zemax 中通过加入这些系数就可以得到变形后的面型。拟合变形面型的整个流程为在热分析软件中采集热分析结果(变形前后透镜面上的坐标),透镜每个面都提取了足够多的点,转成矩阵形式,根据以上推导的算法利用 Matlab 可以求出泽尼克系数。在求得每个透镜每一面的泽尼克系数后,就可代入到光学设计软件中,分析光学系统的光学性能。

4. 实例计算

下面分析计算一个航天星敏感器,其光学系统由 8 片透镜组成,每片透镜有两个面。我们需要计算每个透镜形变面的泽尼克系数。这里选取光学系统的第八片透镜的第一个面为例来计算泽尼克系数。

首先,在热分析中获得了透镜的原始面的所有网格点的坐标及变形后面型所有网格点的坐标。由于面型上点数据较多,截取部分网格点显示如表 9-2 所列。

表9-2　第八片透镜的第一面部分网格点坐标及光轴方向变化量

实例部分	节点标识 ID	x	y	Δz
ZHUANG-PART-35	8	72.7035	-58.4162	0.3607×10^{-6}
ZHUANG-PART-35	93	72.5937	-57.7606	0.63×10^{-6}
ZHUANG-PART-35	92	72.5008	-57.1046	0.6983×10^{-6}
ZHUANG-PART-35	91	72.4248	-56.4483	0.5313×10^{-6}
ZHUANG-PART-35	90	72.3657	-55.7918	0.492×10^{-6}
ZHUANG-PART-35	89	72.3234	-55.135	0.4591×10^{-6}
ZHUANG-PART-35	88	72.2981	-54.4782	0.4432×10^{-6}
ZHUANG-PART-35	1	72.2896	-53.8212	0.4393×10^{-6}
ZHUANG-PART-35	28	72.2981	-53.1643	0.4434×10^{-6}
ZHUANG-PART-35	29	72.3234	-52.5074	0.4596×10^{-6}
ZHUANG-PART-35	30	72.3657	-51.8507	0.4934×10^{-6}
ZHUANG-PART-35	31	72.4248	-51.1941	0.5363×10^{-6}
ZHUANG-PART-35	32	72.5008	-50.5378	0.7099×10^{-6}
ZHUANG-PART-35	33	72.7035	-58.4162	0.3607×10^{-6}
ZHUANG-PART-35	2	72.5937	-57.7606	0.63×10^{-6}
ZHUANG-PART-35	126	72.5008	-57.1046	0.6983×10^{-6}

根据每行的坐标(x,y)所对应的极坐标 $(x = \rho\cos\theta, y = \rho\sin\theta)$ 计算系数矩阵,根据$\boldsymbol{AX} = \boldsymbol{Y}$,计算泽尼克系数矩阵$\boldsymbol{A}$为

$$\boldsymbol{A} = \begin{bmatrix} Z_1(\rho_1,\theta_1) & Z_2(\rho_1,\theta_1) & \cdots & Z_{37}(\rho_1,\theta_1) \\ Z_1(\rho_2,\theta_2) & Z_2(\rho_2,\theta_2) & \cdots & Z_{37}(\rho_2,\theta_2) \\ \vdots & \vdots & \ddots & \vdots \\ Z_1(\rho_n,\theta_n) & Z_2(\rho_n,\theta_n) & \cdots & Z_{37}(\rho_n,\theta_n) \end{bmatrix}$$

如前面所述,使用最小二乘法近似求取泽尼克系数,为了避免各系数间的相互影响使用了施密特方法进行了正交化。星敏感器光学系统的第八片透镜第一面的泽尼克系数如表9-3所列。

表 9 - 3　第八片透镜的第一面泽尼克系数

泽尼克系数	系数数值	泽尼克系数	系数数值
a_1	5.98×10^{-4}	a_{21}	2.41×10^{-5}
a_2	-7.20×10^{-4}	a_{22}	-7.79×10^{-5}
a_3	5.12×10^{-4}	a_{23}	2.51×10^{-5}
a_4	5.10×10^{-4}	a_{24}	4.31×10^{-5}
a_5	-1.47×10^{-4}	a_{25}	-1.04×10^{-4}
a_6	8.08×10^{-5}	a_{26}	-6.52×10^{-5}
a_7	1.98×10^{-5}	a_{27}	3.59×10^{-5}
a_8	-3.52×10^{-5}	a_{28}	6.12×10^{-5}
a_9	-4.53×10^{-5}	a_{29}	-3.92×10^{-5}
a_{10}	4.55×10^{-5}	a_{30}	-2.12×10^{-5}
a_{11}	-3.73×10^{-5}	a_{31}	4.11×10^{-5}
a_{12}	6.88×10^{-5}	a_{32}	7.48×10^{-4}
a_{13}	2.38×10^{-5}	a_{33}	-2.06×10^{-5}
a_{14}	5.06×10^{-5}	a_{34}	-5.44×10^{-4}
a_{15}	3.07×10^{-5}	a_{35}	3.76×10^{-4}
a_{16}	-4.51×10^{-5}	a_{36}	1.04×10^{-4}
a_{17}	1.28×10^{-4}	a_{37}	-1.10×10^{-6}
a_{18}	-2.69×10^{-5}		
a_{19}	-1.59×10^{-4}		
a_{20}	4.05×10^{-5}		

表 9 - 3 是第八片透镜的第一面的泽尼克系数,把每片透镜每个面的泽尼克系数计算完后导入到 Zemax 中,即可分析光学系统由于热变形带来的成像质量变化。

9.3.3　光机热分析中精度分析

空间光机系统位于空间环境,航天星敏感器用于空间定位、姿态调整等,对成像质量有较高要求,因此对其进行光机热分析时要求有较高的精度。光机热分析包括有限元分析、热光学分析、中间数据转换处理等诸多过程,每个过程均会引入误差,分析这些过程中引入的误差很有必要。

1. 有限元分析部分误差

有限元分析误差指的是在使用有限元软件时引入的误差。在建立物理模型时,使用的均为简化的模型,与实际模型有区别,几何形状、边界条件、施加的载荷以及材料属性均是经验值而非实际的真值,这必然会引入误差。在比对实体试验与仿真实验时,这些差别明显存在。

(1)建模误差。

建模误差指的是建立的数学模型与实际的物理问题之间的差别。在有限元软件中建立的数学模型,是对实际物理问题的简化,简化掉了实际模型中的诸多细节,只保留了一些可以用数学公式来描述的部分(如平面理论、薄板理论、热传导方程等),而紧固件的细节、不规则的几何体以及材料属性的不均匀性都被忽略了。同时,边界条件被理想化,如将支撑视为刚性的,将某些地方的非线性视为线性以及将动态视为静态。总体来说,建模误差指的是有意的、合理的、经过考虑的近似,另外常常还有载荷及边界条件实际性能方面的不确定误差。

(2)用户误差。

用户误差指的是在理解了物理问题,决定了要分析回答的问题,以及创建了合适的数学模型之后软件用户所犯的错误。用户误差包括选错一般的单元类型,如可能需要壳体单元的地方选择了平板单元,选择不合适的单元尺寸和形状,以及数据输入中的直接错误使所描述的模型并不是想要的模型。

(3)软件缺陷。

软件缺陷指的是软件本身存在的缺陷,如在预处理阶段产生一些小误差,这个小误差就会带到下一阶段。

(4)离散误差。

离散误差是指对模型划分网格时带来的误差。在数学模型中,自由度可以是无限的,而在有限元模型中模型的自由度却是有限的。有限元求解方法受所选用的单元数量、单元的节点数、单元形状以及单元公式等细节的制约。

(5)截断误差。

截断误差又称舍入误差,指的是由于截断或舍入小数位以符合计算机有限字长而丢失的信息。如对模型划分网格时,网格坐标大小均会舍入小数位以符合计算机的字长,这些舍入就会导致计算结果的误差。

(6)操作误差。

操作误差是在方程求解处理中引入的,如乘法的结果被截断或者舍入。例如在与时间无关的分析中,如果总体方程式一次被解算出来,操作误差可能就是较小的。而在一些动态和非线性的问题中,其中每一步都要依据上一步来构建,计算步骤必须被重复地执行,操作误差就可能会累积。

（7）数值误差。

尽管在有限元计算中误差不可避免，但应该尽量避免不该有的误差。数值常量比如 π 和高斯点位置及权重，应该用与计算机允许的精确位数来表示。为了避免可能的操作尤其是截断引起的严重误差，有限元方法一般要求每个字节长 12~14bit。因此，绝大多数计算机中，必须以双精度算法进行存储和操作。一些计算机截断结果成为单字节长度，截断误差在数值误差中是主要的误差。

2. 光学建模误差

光学建模误差主要可分为以下误差：

（1）面型拟合算法误差。由于 37 项 Zernike 多项式只是近似代表了光学面型，引入了较大误差。

（2）求取 Zernike 系数误差。在求取 Zernike 系数过程中，使用了最小二乘法求取满足残差值最小的函数解，这样求得的泽尼克系数是近似解。

（3）数据提取误差。主要是软件造成的误差。

（4）人为误差。

（5）MATLAB 误差及 ZEMAX 误差。

总体来说，作为光机热分析中的主要误差有系统误差、测量者人为误差、拟合模型误差。在相对稳定和按规范进行测量的前提下，面型拟合算法误差及求取 Zernike 系数误差对光机热精度的影响成为重要因素。

面形精度 RMS 的计算公式为

$$\delta_{rms} = \sqrt{\frac{\sum_{i=1}^{n}\left[(x_i - x'_i)^2 + (y_i - y'_i)^2 + (z_i - z'_i)^2\right]}{n}} \quad (9-29)$$

式中：(x_i, y_i, z_i) $(i=1,2,\cdots,n)$ 为变形面型上已知点坐标；(x'_i, y'_i, z'_i) $(i=1,2,\cdots,n)$ 为预估量或待求未知量。对面型精度的计算，可以采用牛顿迭代法求解。首先将非线性函数 $f(x)$ 线性化，这样就将求解非线性方程 $f(x)=0$ 的问题转化为求解线性方程的问题。

假设非线性方程 $f(x)=0$ 有一近似根，记为 x_k。我们可以把函数 $f(x)$ 在 x_k 处展开为泰勒级数，有

$$f(x) = f(x_k) + f'(x_k)(x-x_k) + \frac{f^{(2)}(x_k)}{2!}(x-x_k)^2 + \cdots + \frac{f^{(n)}(x_k)}{n!}(x-x_k)^n$$
$$(9-30)$$

忽略高次项，取前两项，方程 $f(x)=0$ 可化为

$$f(x_k) + f'(x_k)(x - x_k) = 0 \qquad (9-31)$$

记式 $(9-31)$ 的根为 x_{k+1}，那么 x_{k+1} 也是非线性方程 $f(x) = 0$ 的近似根，根据式 $(9-31)$ 求得 x_{k+1}，即

$$x_{k+1} = x_k - \frac{f(x_k)}{f'(x_k)} \quad (k = 0,1,2,\cdots) \qquad (9-32)$$

设曲面方程为 $z = \varphi(x,y)$，引入拉格朗日乘子 λ，有

$$T = (x - x_k)^2 + (y - y_k)^2 + (z - z_k)^2 + \lambda(\varphi(x,y) - z) \qquad (9-33)$$

式中：x,y,z,λ 为未知量；(x_k,y_k,z_k) 为初值。对式 $(9-33)$ 分别关于 x,y,z 求导，有

$$\begin{cases} F_1(x,y,\lambda) = \dfrac{\partial T}{\partial x} \\[2mm] F_2(x,y,\lambda) = \dfrac{\partial T}{\partial y} \\[2mm] F_3(x,y,\lambda) = \dfrac{\partial T}{\partial z} \end{cases} \qquad (9-34)$$

令 $\boldsymbol{K} = \begin{bmatrix} \dfrac{\partial F_1}{\partial x} & \dfrac{\partial F_1}{\partial y} & \dfrac{\partial F_1}{\partial z} \\[2mm] \dfrac{\partial F_2}{\partial x} & \dfrac{\partial F_2}{\partial y} & \dfrac{\partial F_2}{\partial z} \\[2mm] \dfrac{\partial F_3}{\partial x} & \dfrac{\partial F_3}{\partial y} & \dfrac{\partial F_3}{\partial z} \end{bmatrix}, \boldsymbol{F} = \begin{bmatrix} F_1 \\ F_2 \\ F_3 \end{bmatrix}, \boldsymbol{X}_k = \begin{bmatrix} x_k \\ y_k \\ z_k \end{bmatrix}, \boldsymbol{X}_{k+1} = \begin{bmatrix} x_{k+1} \\ y_{k+1} \\ z_{k+1} \end{bmatrix}$，可得

$$\boldsymbol{X}_{k+1} = \boldsymbol{X}_k - \frac{\boldsymbol{F}}{\boldsymbol{K}} \quad (k = 0,1,2,\cdots) \qquad (9-35)$$

这就是著名的牛顿迭代方法，利用它可以近似求得面型的待估量，把这些代估量代入到面型精度公式中就可以计算面型误差。

下面讨论误差估计。假设间接测量的数学模型能用多元的显函数形式表示，即

$$y = f(x_1, x_2, \cdots, x_n) \qquad (9-36)$$

式中：$x_1, x_2, \cdots, x_n$ 为与被测量函数相关的各个直接测量值及其他非测量值，又称输入量；y 为间接测量值，又称输出量。

记测量点 $(x_1, x_2, \cdots, x_n)$ 处对应的系统误差为 $(\Delta x_1, \Delta x_2, \cdots, \Delta x_n)$。当这些系统误差值都很小时，根据多元函数微分学，函数的系统误差 Δy 可近似为

$$\Delta y = \frac{\partial f}{\partial x_1}\Delta x_1 + \frac{\partial f}{\partial x_2}\Delta x_2 + \cdots + \frac{\partial f}{\partial x_n}\Delta x_n \qquad (9-37)$$

式中：$\dfrac{\partial f}{\partial x_i}(i=1,2,\cdots,n)$ 为各个输入量在该测量点 $(x_1,x_2,\cdots,x_n)$ 处的传播系

数。当 Δx_i 与 Δy 的单位相同时，$\dfrac{\partial f}{\partial x_i}$ 起放大或缩小误差的作用；而当 Δx_i 与 Δy

的单位不同时，$\dfrac{\partial f}{\partial x_i}$ 则起换算误差单位的作用。

测量结果受多个因素影响时，每个因素就是一个不确定度分量。此时测量结果的标准不确定度由这些标准不确定度分量合成得到，即

$$u_c = \sqrt{\sum_{i=1}^{m} u_i^2 + 2\sum_{1 \leqslant i \leqslant j}^{m} \rho_{ij} u_i u_j} \tag{9-38}$$

式中：u_c 为标准不确定度；u_i 为第 i 个标准不确定度分量；m 为不确定度分量的个数；ρ_{ij} 为第 i 与第 j 个标准不确定度分量之间的相关系数。

当 u_i 与 u_j 相互独立时，有 $\rho_{ij}=0$，则式 $(9-38)$ 可简化为

$$u_c = \sqrt{\sum_{i=1}^{m} u_i^2} \tag{9-39}$$

光机热分析过程中，各个过程均引入误差，在建立模型的阶段引入的是机械建模误差，在使用面型拟合算法拟合变形面型时引入的是面型拟合算法误差。有限元软件、Matlab 软件也会引入截断误差。计算这些误差的综合误差可以大体确定泽尼克系数误差范围，进而得到光学系统成像的精度。表 9-4 列出了一个星敏感器光机热分析过程中引入的误差，根据这些误差可以求取合成误差。

表 9-4　光机热分析中的误差

误差类型	误差大小
机械建模误差 u_1	1×10^{-7}
面型拟合算法误差 u_2	1×10^{-7}
ABAQUS 软件造成误差 u_3	1×10^{-7}
机器及软件误差 MATLAB 误差 u_4	1×10^{-7}

根据式 $(9-39)$，可得

$$u_c = \sqrt{u_1^2 + u_2^2 + u_3^2 + u_4^2} = 1.735 \times 10^{-7}$$

9.4　不规则折射率在光机热一体化技术中的影响

折射率与温度相关，对于同一透镜的各部分来说，如果它们的温度分布不

规则,则折射率分布就不规则。人们很早就开始了对折射率分布的研究,尤其在制作光学梯度折射透镜时做了很多工作。近年来,径向梯度折射率透镜在光盘读写、复印机扫描、信息通信、聚焦成像方面取得了长足的发展。

9.4.1 梯度折射率

20 世纪 60 年代末,人们利用离子交换技术使玻璃棒能够产生折射率渐变效应。这一工艺的实现,使得折射率渐变的研究得到了迅猛的发展。人们由此开始了光在非均匀介质中的传播规律、光在非均匀介质中的成像规律的研究,同时人们开始研究各种非均匀折射率材料、改进渐变折射率透镜的制作工艺以及研究如何检测渐变折射率,产生了一门新的学科——梯度折射率光学。

20 世纪 80 年代,梯度折射率的光学理论研究取得了进展。人们在均匀介质的光线追迹方法上发展了梯度折射率光线追迹方法,而且根据梯度折射率的特点还提出了光波面截距追迹方法以及平行于光轴的光线追迹方法。对于光程的计算,Arai、Rinmer 和 Sharma 分别提出了各种计算方法。这些方法的提出加深了人们对梯度折射率材料的了解,明确了梯度折射率透镜的设计方法。

目前,在许多重要研究领域,都可以见到梯度折射率光学器件。在光纤通信领域,分光器、光开关就用到了变折射率透镜。在医疗领域,变折射率内窥镜被用于进行肠胃检查。在办公设备领域,复印机、打印机也用到变折射率透镜。变折射率透镜及变折射率介质制造的变焦距镜头已广泛应用于工业及安全部门作为检测手段。国际学术界对梯度折射率光学一直非常重视,国外著名的光学期刊 Applied Optics 会定期刊登关于梯度折射率光学的研究进展,我国一些研究部门也对梯度折射率光学做了相应的研究。

9.4.1.1 光机热分析中的梯度折射率

现在,人们已经可以利用光学设计软件仿真设计梯度折射率透镜,然后对它进行加工生产,加工过程一般通过离子交换技术形成梯度折射率分布。梯度折射率透镜能够在一块透镜上实现折射率的特殊分布,能使光线较快聚焦,因此能够在简单结构的状态下实现复杂的传统光学系统的功能。这个特性使得梯度折射率透镜具有体积小、质量轻、光路短的特点,并且由于梯度折射率透镜便于批量生产、易于集成,使得梯度折射率透镜在国防、医学、光纤通信等领域应用广泛。

虽然在光学设计领域,梯度折射率已经得到了应用。但在空间光机热分析中,目前人们仍然把折射率当作是一个常数,而仅考虑面型变化带来的影响。

人们没有考虑在各网格点处的温度不同时而导致折射率不同的这种情况,目前也还没有可靠的评估折射率随温度变化而给光学系统成像质量带来影响的方法。

折射率与温度、压强有关,当压强一定时,折射率随温度变化而变化。在空间光学系统热分析中,由于空间热环境的影响,透镜的每个网格点上的温度均不相同,导致它们在每个网格点上的折射率不同,这必然会给光学系统成像带来影响。折射率如果均匀变化,则可以用数学公式来表示,但如果各点的温度非均匀变化,则各点的折射率均不同,此时折射率分布就可能无法用常规方法来表示,这给折射率拟合带来困难。我们的做法是利用有限元方法得到镜片每个网格点温度,计算其折射率,利用 ZEMAX 软件中的梯度折射率面型方法求出相应的系数,从而进行仿真分析。

9.4.1.2　梯度折射率分布

常用的介质梯度折射率符合一些数学规律,可以使用数学函数来描述这些介质的梯度折射率分布。人们总结出了 5 种梯度折射率分布模型,并用数学表达式描述它们,这些数学描述均在笛卡尔坐标系下进行,一般记 z 方向为光轴方向。

(1)轴向梯度分布。

轴向梯度折射率分布指的是折射率沿光轴方向变化,因此折射率分布函数可写为关于 z 的函数 $n = n(z)$,垂直于光轴的平面上,折射率相同。典型的轴向梯度折射率分布形式为

$$n(z) = n(0) + az, n^2(z) = n^2(0) + az,$$
$$n^2(z) = n^2(0)[1 - a^2 z^2], n^2(z) = n^2(0)[1 + a^2 z^2] \tag{9-40}$$

式中:a 为分布常数;z 为光轴方向;$n(0)$ 为在原点处的折射率。

(2)径向梯度分布。

折射率径向梯度分布指的是折射率沿径向变化,折射率函数可写为关于 r 的函数 $n = n(r), r = \sqrt{x^2 + y^2}$。在以光轴为中心旋转对称的圆柱面上,折射率相同。径向梯度折射率分布在日常设计中应用较为广泛,其表达式为

$$n(r) = n_0 + n_1 r^2 + n_2 r^4 + \cdots \tag{9-41}$$

式中:n_0 为折射率在原点处的折射率值;n_i 为半径偶次方折射率系数。具有这种折射率特性的透镜被人们称为 Wood 透镜。另外还有一些特殊的径向梯度分布函数,其数学表达式为

$$n^2(r) = n_0^2 [1 - a^2(x^2 + y^2)] , n^2(r) = n_0^2 [1 + a^2(x^2 + y^2)] \quad (9-42)$$

式中:a 为分布常数;n_0 为原点处折射率。

(3)层状梯度分布。

层状梯度折射率分布指的是折射率沿 x 方向或 y 方向变化,层状折射率分布函数可写为关于 x 的函数形式 $n = n(x)$ 或关于 y 的函数形式 $n = n(y)$。介质的折射率分布如果在 x 方向呈层状分布,那么在 x 方向对光线有会聚或发散的作用。如果是在 y 方向呈层状分布,那么在 y 方向上对光线有会聚或发散的作用。几种特殊的层状梯度分布函数为

$$n^2(x) = n_0^2 [1 - a^2 x^2] , n^2(x) = n_0^2 [1 + a^2 x^2] , n = n_0 \operatorname{sech}(\alpha x) , n = n_0 e^{ax}$$

$$(9-43)$$

式中:a 为分布常数;n_0 为原点处折射率。

(4)球梯度分布。

球梯度折射率分布指的是折射率呈球体分布,即折射率分布函数是关于球心距离 ρ 的函数,可写为 $n = n(\rho)$,其中 $\rho = \sqrt{x^2 + y^2 + z^2}$,在同一球面上折射率相同。人们认为地球大气层近似符合球梯度分布。

(5)圆锥状梯度分布。

圆锥状梯度分布指的是折射率对三个轴向皆有梯度,但在 x 方向与 y 方向的梯度变化相同,在相对于 z 轴对称的圆锥面上,折射率相同。自然界中,昆虫的眼睛部分符合圆锥分布。

9.4.1.3 热致折射率不均匀分布

在非均匀介质中光线的传播方程,可表示为

$$\frac{\mathrm{d}}{\mathrm{d}s}\left(n \frac{\mathrm{d}\boldsymbol{r}}{\mathrm{d}s}\right) = \nabla n \quad (9-44)$$

式中:$\mathrm{d}s$ 为微弧长;n 为光线在介质中某点处的折射率分布函数;∇n 为折射率梯度;$\boldsymbol{r}$ 为单位矢量。式(9-44)是梯度折射率的光线方程。根据此公式,人们推导出了各种表示渐变折射率的表达式,Zemax 软件中对应给出了 10 种梯度折射率分布。

(1)梯度折射率面1。

梯度折射率面1的介质的折射率定义为

$$n = n_0 + n_{r2} r^2 \quad (9-45)$$

$$r^2 = x^2 + y^2$$

式中:n_0 为基底折射率;n_{r2} 为二次半径折射率。

Δt 为最大阶梯尺寸,它决定了光线追迹的速度与精度间的关系。要确定一个合适的阶梯尺寸,首先取一个大的数值孔径值,然后计算一下点列图。注意点列图的 RMS 半径,然后按 1/2 减少阶梯尺寸。如果点列图的 RMS 半径按很小的百分比变化,则新的阶梯尺寸可能已经足够小,否则就再减小阶梯尺寸。

（2）梯度折射率面 2。

梯度折射率面 2 的介质折射率定义为

$$n^2 = n_0 + n_{r2}r^2 + n_{r4}r^4 + n_{r6}r^6 + n_{r8}r^8 + n_{r10}r^{10} + n_{r12}r^{12} \qquad (9-46)$$

式中:$r^2 = x^2 + y^2$;n_0 为基底折射率;$n_{r2} \sim n_{r12}$ 为高次半径折射率。

（3）梯度折射率面 3。

梯度折射率面 3 的介质的折射率定义为

$$n = n_0 + n_{r2}r^2 + n_{r4}r^4 + n_{r6}r^6 + n_{z1}z + n_{z2}z^2 + n_{z3}z^3 \qquad (9-47)$$

式中:n_0 为基底折射率;n_{r2}、n_{r4}、n_{r6} 为高次半径折射率系数;n_{z1}、n_{z2}、n_{z3} 为光轴 z 方向一次、二次、三次折射率系数。

（4）梯度折射率面 4。

梯度折射率面 4 的介质的折射率定义为

$$n = n_0 + n_{x1}x + n_{x2}x^2 + n_{y1}y + n_{y2}y^2 + n_{z1}z + n_{z2}z^2 \qquad (9-48)$$

式中:n_0 为基底折射率;n_{x1}、n_{y1}、n_{z1} 分别为 x、y、z 方向的一次折射率系数;n_{x2}、n_{y2}、n_{z2} 分别为 x、y、z 方向的二次折射率系数。

（5）梯度折射率面 5。

梯度折射率面 5 的介质的折射率定义为

$$n_{ref} = n_0 + n_{r2}r^2 + n_{r4}r^4 + n_{z1}z + n_{z2}z^2 + n_{z3}z^3 + n_{z4}z^4 \qquad (9-49)$$

式中:n_0 为基底折射率;n_{r2}、n_{r4} 分别为半径方向的二次、四次折射率系数;n_{z1}、n_{z2}、n_{z3}、n_{z4} 分别为 z 方向的一次、二次、三次、四次折射率系数。

（6）梯度折射率面 6。

梯度折射率面 6 的介质的折射率定义为

$$n = n_{00} + n_{10}r^2 + n_{20}r^4 \qquad (9-50)$$

与梯度折射率面 1 不同,梯度折射率面 6 用色散公式自动计算 n_{00}、n_{10}、n_{20},而不用通过透镜输入栏的数据进行计算,其中 $n_{00} = A + B\lambda^2 + \dfrac{C}{\lambda^2} + \dfrac{D}{\lambda^4}$,$n_{10}$ 和 n_{20} 有同样的计算公式,A、B、C、D 值与介质特性相关,可查阅 Zemax 手册。

(7)梯度折射率面7。

梯度折射率面7表示对某一定点为球心的球梯度折射率分布,介质的折射率定义为

$$n = n_0 + \alpha(r - R) + \beta (r - R)^2 \qquad (9-51)$$

式中:$r = \dfrac{R}{|R|}\sqrt{x^2 + y^2 + (R - z)^2}$;$x$、$y$、$z$ 为通过顶点切平面来度量的常用坐标;R 为定点到原点的距离;n_0 为原点处的折射率;α 为一次折射率系数;β 为二次折射率系数。

(8)梯度折射率面型(GRADIUM™)。

LightPath 公司生产了一种特殊的具有转向梯度折射率分布的玻璃毛坯,在此玻璃毛坯内部,折射率沿光轴方向的位置变化而变化,其定义为

$$n = \sum_{i=1}^{11} n_i \left(\frac{z + \Delta z}{z_{\max}}\right)^i \qquad (9-52)$$

式中:z 为光轴方向的距离;$z_{\max}$ 为光轴方向 z 值的最大值称为 boule 厚度;Δz 为沿着光轴方向的偏置距离。

(9)梯度折射率面9。

梯度折射率面9可用在美国 NSG 的 SELFOC™材料上,或任何具相似折射率变化的梯度玻璃。梯度折射率面9的垂凹或 Z 坐标与标准表面在 X 和 Y 方向各加上一个"倾斜"条件后是一样的。梯度折射率面9梯度折射率定义为

$$n = n_0 \left[1 - \frac{A}{2} r^2 \right] \qquad (9-53)$$

式中:$A(\lambda) = \left[K_0 + \dfrac{K_1}{\lambda^2} + \dfrac{K_2}{\lambda^4} \right]^2$;$n_0 = B + \dfrac{C}{\lambda^2}$;$K_0$、$K_1$、$K_2$,$B$,$C$ 均为介质常量,可查阅 Zemax 手册。波长是以微米为单位的。色散资料是用户定义的,保存在 ASCII 档案 GRADIENT. DAT 中。

(10)梯度折射率面10。

梯度折射率面10的模型玻璃的梯度折射率定义为

$$n = n_0 + n_{y1}y_a + n_{y2}y_a^2 + n_{y3}y_a^3 + n_{y4}y_a^4 + n_{y5}y_a^5 + n_{y6}y_a^6 \qquad (9-54)$$

$$y_a = |y|$$

式中:n_0 为基底折射率;$n_{y1} \sim n_{y6}$ 为 y 方向对应阶次折射率系数。

9.4.2　变折射率介质中的光线方程

光线追迹是研究光在变折射率介质内传播规律的基础。几何光学中的光线追迹方程只能用于追迹折射率为轴对称分布的系统,且要求物体的近轴光线在像面上交于一点。而对于变折射率介质,物体发出的近轴光线经过变折射率介质后不交于一点,不能求得解析解,因此需要利用计算机对物体发出的光线进行光线追迹。

9.4.2.1　光线光学理论

概括地说,光线追迹是将波面的传播近似为光线的传播,光线定义为一种带有能量且具有方向的几何线。人们在进行光学现象研究时发现,当光线经过尺寸很小的光学元件(与波长相当)时,光线会不再遵循光的直线传播规律,这就是波动光学范畴,人们使用波动光学的衍射理论来解释这个现象。同一光源发出多束光线经历不同路径到达某点时,如果满足干涉的条件则会产生干涉。同时,在介质界面处还会发生散射。因此,在研究变折射率介质的特性时需要结合几何光学理论与波动光学理论来进行研究。

9.4.2.2　介质中的光的波动方程

光是一种电磁波,所以可以利用电磁场理论来处理光在介质中传播问题。麦克斯韦在库仑、安培、法拉第等人的电磁学定律的基础上,提出了电磁场空间分布的数学形式,即著名的麦克斯韦方程组。

麦克斯韦方程组描述了电磁场的空间分布与时间的关系、电磁之间的联系以及运动的情况。方程组适用于任何电磁波传播规律,只要给出初始条件以及边界条件就能对电磁场进行求解,其形式为

$$\nabla \times E = -\frac{\partial B}{\partial t} \qquad (9-55)$$

$$\nabla \times H = J + \frac{\partial D}{\partial t} \qquad (9-56)$$

$$\nabla \cdot D = \rho \qquad (9-57)$$

$$\nabla \cdot B = 0 \qquad (9-58)$$

式中:E 为电场强度矢量;H 为磁场强度矢量;D 为电位移矢量;B 为磁感应强度矢量。电磁场与介质间的关系称为物质方程,即

$$D = \varepsilon E \qquad (9-59)$$

$$B = \mu H \tag{9-60}$$

$$J = \sigma E \tag{9-61}$$

式中：ε 为介电常数；μ 为磁介常数；σ 为电导率；J 为电流密度矢量。光在均匀各向同性介质中传播时，考虑的是电磁波在均匀、各向同性，透明、无源媒质中传播的情形。透明意味着 $\sigma = 0$，即 $J = 0$；"无源"意味着 $\rho = 0$。式（9-56）可化为

$$\nabla \times B = \mu \varepsilon \frac{\partial E}{\partial t} \tag{9-62}$$

将式（9-62）两端对时间进行求导，可得

$$\nabla \times \frac{\partial B}{\partial t} = \mu \varepsilon \frac{\partial E}{\partial t} \tag{9-63}$$

根据二重矢积公式 $\nabla \times (\nabla \times E) = \nabla(\nabla \cdot E) - \nabla^2 E$，联立式（9-55）、式（9-59）与式（9-63）可得

$$\nabla^2 E = \mu \varepsilon \frac{\partial^2 E}{\partial t} \tag{9-64}$$

式（9-64）是光在均匀透明介质中传播的波动方程，对于满足该方程的物质运动，其传播速度为

$$\vartheta = \frac{1}{\sqrt{\mu \varepsilon}} \tag{9-65}$$

对于频率为 γ（角频率 $\omega = 2\pi\gamma$）的单色波，式（9-64）的通解为

$$E(r,t) = E_r(r) \exp(\pm i \omega t) \tag{9-66}$$

式中：r 为位置矢量。光波的传播可以认为是两个量的乘积，一个量随时间变化称为相位，另一个量随位置变化称为振幅。对于成像系统，相位量可以忽略，式（9-64）就变为赫姆霍兹公式，即

$$\nabla^2 E + k^2 E = 0 \tag{9-67}$$

$$k = \sqrt{\mu \varepsilon} \, \omega = 2\pi / \lambda$$

式中：k 为波数。通常光学系统的材料是各向同性的，因此可以用标量 $u(x, y, z)$ 来代表电磁场，这样式（9-67）便变成了标量形式的方程式，即

$$\nabla^2 u(x,y,z) + k^2 u(x,y,z) = 0 \tag{9-68}$$

对于标量形式的电磁场方程，有两种最常见的解的形式，一种是球面波形式，即

$$u_{\text{spherical}}(x,y,z) = \frac{A_s \exp\left(\pm i k \sqrt{x^2 + y^2 + z^2} \right)}{\sqrt{x^2 + y^2 + z^2}} \tag{9-69}$$

另一种是平面波形式,即

$$u_{\text{plane}}(x,y,z) = A_p \exp(\pm ikz) \qquad (9-70)$$

当光在非均匀介质中传播时,考虑的是电磁波在非均匀、透明、无源媒质中传播的情形。"透明"意味着 $\sigma = 0$,即 $J = 0$,"无源"意味着 $\rho = 0$,"非均匀介质"意味着 ε 随位置变化而变化,式(9-64)可变为

$$\nabla g E = -E\frac{\nabla g \varepsilon}{\varepsilon} \qquad (9-71)$$

根据二重矢积公式 $\nabla \times (\nabla \times E) = \nabla(\nabla \cdot E) - \nabla^2 E$,联立以上公式,可得

$$\nabla^2 E + \nabla\left(E\frac{\nabla g \varepsilon}{\varepsilon}\right) = \mu\varepsilon\frac{\partial^2 E}{\partial t^2} \qquad (9-72)$$

式中: ε 为介电常数; μ 为磁介常数; E 为电场强度。式(9-72)描述了在变折射率介质中光传播需要满足的波动方程。

9.4.2.3 程函方程

几何光线追迹方法认为光波在某一时刻的传播轨迹是介质中其波阵面法线方向的轨迹,即光线传播的轨迹。几何光学中,光线是一条具有方向的携带能量的几何线,用这种方法追迹光线传播轨迹较为直观。

光线光学中,波长 λ 近似趋近于 0。对于空间远大于光的波长或者光束的宽度和波长同数量级时,光线光学理论就能很好地处理光在它们中间的传播问题。对于空间接近波长尺寸时,可以用波动方程来描述光线传播的轨迹。其中与时间相关的描述光的波阵面相位特性的函数 $\phi(\boldsymbol{r})$,称为相位函数。波动方程可写成相位函数的形式,即

$$E(\boldsymbol{r}) = E_0 \exp[-ik_0\phi(\boldsymbol{r})] \qquad (9-73)$$
$$H(\boldsymbol{r}) = H_0 \exp[-ik_0\phi(\boldsymbol{r})] \qquad (9-74)$$

式中: E_0 为初始电场强度; k_0 为已知波数; H_0 为初始磁场强度; r 为光波传输半径; $\phi(\boldsymbol{r})$ 为相位函数。在各向同性介质中,波阵面可以用折射率的积分形式表示,即

$$\phi(\boldsymbol{r}) = \int n(\boldsymbol{r})\mathrm{d}\boldsymbol{r} \qquad (9-75)$$

式中: $n(r)$ 为变折射率介质中随光波传输半径变化而变化的折射率。近似认为波长 $\lambda \to 0$,把式(9-73)和式(9-74)分别代入麦克斯韦方程组,可得

$$|\nabla\phi(\boldsymbol{r})| = n(\boldsymbol{r}) \qquad (9-76)$$

式(9-76)称为程函方程,它描述了光在各向同性的非均匀变折射率介质中光线传播的轨迹,是光线追迹理论中的基本公式。式(9-76)表明,在非均匀

介质中,光线传播轨迹上的任意一点处的光波位相的最大变化率与该点的折射率成正比。

9.4.2.4　光线方程

由程函方程式(9-76)可以推导光线方程。由波阵面的定义和式(9-75)可推出式(9-77),即

$$\mathrm{d}\phi(\boldsymbol{r}) = n(\boldsymbol{r})\mathrm{d}s \tag{9-77}$$

式中:$\mathrm{d}s$ 为光线轨迹上的微步长;$n(\boldsymbol{r})$ 为在变折射率介质中随传播半径变化而变化的折射率。式(9-76)中,$\nabla\phi(\boldsymbol{r})$ 表示光线的传播方向,记光线传播方向上的单位矢量为 u,则式(9-76)可写为

$$u = \frac{\nabla\phi(\boldsymbol{r})}{|\phi(\boldsymbol{r})|} = \frac{\nabla\phi(\boldsymbol{r})}{n(\boldsymbol{r})} \tag{9-78}$$

另记 $\boldsymbol{r}(s)$ 为光线轨迹上任意一点的位置矢量,则有

$$u = \frac{\mathrm{d}\boldsymbol{r}(s)}{\mathrm{d}s} \tag{9-79}$$

把式(9-79)代入式(9-78),可得

$$n(\boldsymbol{r})\frac{\mathrm{d}\boldsymbol{r}(s)}{\mathrm{d}s} = \nabla\phi(\boldsymbol{r}) \tag{9-80}$$

对式(9-80)两端分别关于 s 微分,并将式(9-77)代入化简,可得

$$\frac{\mathrm{d}}{\mathrm{d}s}\left[n(\boldsymbol{r})\frac{\mathrm{d}\boldsymbol{r}(s)}{\mathrm{d}s}\right] = \frac{\mathrm{d}}{\mathrm{d}s}\nabla\phi(\boldsymbol{r}) = \nabla n(\boldsymbol{r}) \tag{9-81}$$

式(9-81)为描述光线在变折射率介质传播规律的光线方程。

9.4.3　不规则折射率面分布拟合算法

人们已经进行了温度与折射率的关系的研究。空气的折射率与温度、大气压强、光波波长相关,有

$$n_{\mathrm{ref}} = 1 + \left[6432.8 + \frac{2949810\lambda^2}{146\lambda^2 - 1} + \frac{25540\lambda^2}{41\lambda^2 - 1}\right] \times 1.0 \times 10^{-8} \tag{9-82}$$

$$n_{\mathrm{air}} = 1 + \frac{(n_{\mathrm{ref}} - 1)P}{1 - (T - 15) \times 3.4785 \times 10^{-3}} \tag{9-83}$$

式中:T 为温度(℃);P 为相对大气压强;λ 为波长(μm)。根据式(9-82),代入光波 λ,即可求得 n_{ref},将 n_{ref} 代入式(9-83),再将大气压强 P 及温度 T 即可求得空气折射率 n_{air}。

在常温温度和一个标准大气压下,空气折射率定义为 1.0。其他折射率均

是相对于空气的折射率。透镜玻璃在常温及一个标准大气压下的折射率 n_0 指的是相对于空气的折射率。透镜玻璃的绝对折射率随温度的变化可表示为

$$\Delta n_{abs} = \frac{n_0^2 - 1}{2n_0}\left[D_0\Delta T + D_1\Delta T^2 + D_2\Delta T^3 + \frac{E_0\Delta T + E_1\Delta T^2}{\lambda^2 - \lambda_{tk}^2}\right] \quad (9-84)$$

式中：Δn_{abs} 为绝对折射率变化量；n_0 为在玻璃参考温度下的相对折射率；ΔT 为温度相对于玻璃相对参考温度的改变；D_0、D_1、D_2、E_0、E_1、λ_{tk} 为常量,由肖特公司提供。

仍然以前面的星敏感器光学系统举例,它由 8 片透镜组成。光波从一个端面入射,通过这 8 片透镜到达 CCD,在这个 8 片透镜中,绝大部分位置的折射率变化缓慢,由于温度分布的不均匀,在某些局部的折射率形成了较大的梯度,这些折射率变化没有规律。针对这种情况,将它进行三维空间离散化,根据透镜的形状大小及结构复杂性布种子数,进行网格划分,如图 9-5 所示,使用有限元方法及三维点阵来计算每片透镜空间的每个点的折射率及其梯度。

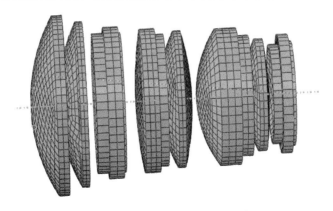

图 9-5　光学系统结构的网格划分图

根据实际热环境条件设定仿真热环境条件,使用的有限元力学热学分析软件是 ABAQUS。热环境设定在标准大气压下,从室温 25℃升高至 50℃,内部器件还有些部分产生一些热量。根据此热环境,对整个星敏感器进行热分析,最终获得光学系统的镜片的各个网格点上温度。

设定初始及边界条件、载荷条件及材料特性。在此基础上,进行星敏感器的热分析,得到了透镜的各个网格点的温度值,如图 9-6 所示。

图 9-6 中透镜上的 4 块区域温度较高,这是与 8 个热源位置以及控温点的位置有关系,图中只能定性看到这些位置温度各不相同。截取一些网格点上的温度值,定量计算了温度不同带来的折射率变化,如表 9-5 所列,表中列出了

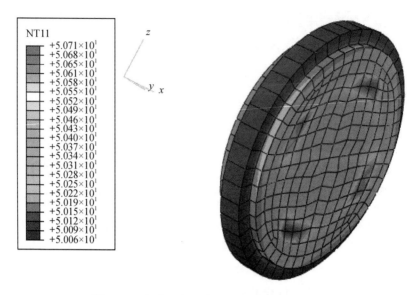

图 9 - 6 光学系统的第 8 片透镜的温度分布图

星敏感器光学系统 8 片透镜中的其中一片透镜的某些网格点温度值,在此基础上应用温度与折射率关系公式计算了这些网格点温度对应折射率的值。

表 9 - 5 不同温度下网格点的折射率变化值

网格点	温度值/℃	折射率变化值($\times 1.0 \times 10^{-6}$)
40	50.0738	0.1023
39	50.0736	0.102
38	50.0734	0.1017
37	50.0731	0.1013
36	50.0727	0.1008
35	50.0723	0.1002
34	50.0717	0.0994
33	50.0711	0.0986
32	50.0703	0.0975
31	50.0693	0.0961

在求得透镜网格各个点的折射率后,需要将透镜上所有网格点上的折射率拟合成系数,应用到光线追迹中去,才能将此不同位置的折射率分布加进去。在 Zemax 中,选择梯度折射率面 4 来拟合此透镜面型。梯度折射率面面由三维坐标表达,即

$$n = n_0 + n_{x_1}x + n_{y_1}y + n_{z_1}z + n_{x_2}x^2 + n_{y_2}y^2 + n_{z_2}z^2 \qquad (9-85)$$

式中：n_0 为透镜的在标准大气压标准温度下折射率值；n_{x_1}，n_{y_1}，n_{z_1} 分别为 x，y，z 方向线性系数；n_{x_2}，n_{y_2}，n_{z_2} 分别为 x，y，z 方向的二次系数；n 为根据温度值计算得到的折射率值；x，y，z 为取得 n 值处网格点的坐标。我们取样大量网格点，列出矩阵方程可求得 n_{x_1}，n_{y_1}，n_{z_1}，n_{x_2}，n_{y_2}，n_{z_2}。

由于求 6 个未知数只需要 6 个方程，也就是 6 个点，所以取大量的点求解时必然是矛盾方程，需要求其近似值。采取最小二乘法求其近似值，使用残差法平方和，求其最小值。

首先列出求折射率系数的一般方程，即

$$\begin{cases} n_1 - n_0 = x_1 n_{x_1} + y_1 n_{y_1} + z_1 n_{z_1} + x_1^2 n_{x_2} + y_1^2 n_{y_2} + z_1^2 n_{z_2} \\ n_2 - n_0 = x_2 n_{x_1} + y_2 n_{y_1} + z_2 n_{z_1} + x_2^2 n_{x_2} + y_2^2 n_{y_2} + z_2^2 n_{z_2} \\ \cdots \\ n_t - n_0 = x_t n_{x_1} + y_t n_{y_1} + z_t n_{z_1} + x_t^2 n_{x_2} + y_t^2 n_{y_2} + z_t^2 n_{z_2} \end{cases} \qquad (9-86)$$

式中：n_1，$\cdots$，n_t 为对应坐标点 $(x_1,y_1,z_1) \sim (x_t,y_t,z_t)$ 根据温度值计算得到的折射率值；n_0 为透镜的在标准大气压标准温度下折射率值；n_{x_1}，n_{y_1}，n_{z_1} 分别为 x，y，z 方向线性系数；n_{x_2}，n_{y_2}，n_{z_2} 分别为 x，y，z 方向的二次系数。把式（9-86）写成矩阵形式，即

$$AX = Y$$

$$X = \begin{bmatrix} n_{x_1} \\ n_{y_1} \\ n_{z_1} \\ n_{x_2} \\ n_{y_2} \\ n_{z_2} \end{bmatrix}, A = \begin{bmatrix} x_1 & y_1 & z_1 & x_1^2 & y_1^2 & z_1^2 \\ x_2 & y_2 & z_2 & x_2^2 & y_2^2 & z_2^2 \\ \vdots & \vdots & \vdots & \vdots & \vdots & \vdots \\ x_t & y_t & z_t & x_t^2 & y_t^2 & z_t^2 \end{bmatrix}, Y = \begin{bmatrix} n_1 - n_0 \\ n_2 - n_0 \\ \vdots \\ n_t - n_0 \end{bmatrix} \qquad (9-87)$$

根据式（9-87），可写出求折射率的残差方程，即

$$\begin{cases} \nu_1 = n_1 - n_0 - (x_1 n_{x_1} + y_1 n_{y_1} + z_1 n_{z_1} + x_1^2 n_{x_2} + y_1^2 n_{y_2} + z_1^2 n_{z_2}) \\ \nu_2 = n_2 - n_0 - (x_2 n_{x_1} + y_2 n_{y_1} + z_2 n_{z_1} + x_2^2 n_{x_2} + y_2^2 n_{y_2} + z_2^2 n_{z_2}) \\ \vdots \\ \nu_t = n_t - n_0 - (x_t n_{x_1} + y_t n_{y_1} + z_t n_{z_1} + x_t^2 n_{x_2} + y_t^2 n_{y_2} + z_t^2 n_{z_2}) \end{cases} \qquad (9-88)$$

式中：ν_i 为残差估计值。根据最小二乘法原理可利用求极值的方法来导出满足

表 9-6　光学系统的数据

表面 物面	类型	半径	厚度间隔	半口径	Delta T	N_0	Nx_1	Nx_2	Ny_1	Ny_2	Nz_1	Nz_2
物面	标准面	无穷大	无穷大	无穷大	1							
1	提度 4	48.79	6	23.716	1	1.458	7.706E-9	-5.249E-9	1.318E-11	-3.999E-10	-4.833E-11	-3.165E-11
2	标准面	151.794	6.301	23.158	1							
3	提度 4	41.074	7.38	19.105	1	1.747	7.605E-9	-4.245E-9	9.999E-12	-2.277E-10	-3.95E-11	-3.963E-11
4	标准面	156.538	5.49	17.378	1							
5	提度 4	-80.424	4	14.597	1	1.728	-1.671E-8	-9.979E-9	2.928E-11	5.004E-10	-9.277E-11	-9.050E-11
6	标准面	89.289	2.563	12.746	1							
7	提度 4	109.696	2	11.793	1	1.728	-6.17E-9	-9.203E-9	2.484E-11	1.38E-10	-8.554E-11	-8.524E-11
8	标准面	30.026	1	12.117	1							
9	提度 4	30.903	8.243	12.906	1	1.747	-7.263E-9	-1.027E-8	1.597E-11	1.439E-10	-9.589E-11	-9.901E-11
10	标准面	-88.823	6.511	13.203	1							
11	提度 4	27.269	9.6	13.259	1	1.747	-1.889E-8	-2.479E-8	-3.692E-10	2.254E-10	-2.351E-10	-2.595E-10
12	标准面	21.155	1.497	11.142	1							
13	提度 4	28.329	7.5	11.174	1	1.747	-1.182E-7	-1.337E-7	-1.915E-10	1.082E-9	-1.242E-9	-1.330E-9
14	标准面	365.078	3.758	10.361	1							
15	提度 4	-20.802	2.00	10.116	1	1.728	-1.599E-7	-1.413E-7	3.103E-10	1.642E-9	-1.313E-9	-1.16E-9
16	标准面	-119.918	1.326	10.542								
IMA	标准面	无穷大		10.952								

式(9-88)的条件,从而由残差方程组来推导出正规方程组。首先建立目标函数,即

$$F = \min \sum_{i=1}^{t} v_i^2 \qquad (9-89)$$

式中:F 为残差平方和的目标函数。对目标方程进行求导,在其拐点处取得极值,此时的 $n_{x_1}, n_{y_1}, n_{z_1}, n_{x_2}, n_{y_2}, n_{z_2}$ 值为我们所需要的梯度折射率系数。经过此方法求得一个透镜的 $n_{x_1}, n_{y_1}, n_{z_1}, n_{x_2}, n_{y_2}, n_{z_2}$。求得每个透镜的系数后,我们就进一步分析此光学系统由于热效应最终导致的折射率变化。折射率系数添加到 Gradient 面里。这样,温度不均匀分布导致各个网格点折射率不同,折射率带来的影响就被添加到透镜中了,表 9-6 中列出了通过不规则折射率拟合算法求得的梯度系数。

第 10 章

空间光学系统杂散光分析与计算

10.1 概述

　　杂散光,又称为杂光,也称为杂散辐射。杂散光主要是针对成像(或目标)光束而言的一种概括性的说法,常被定义为光学系统中除了成像(或目标)光线外,扩散到探测器(或成像)表面上的其他非目标(或非成像)光线以及经散射或非正常光路传递到探测器的目标光线。产生杂散光的物体通常称为杂光源。

　　在不同的光学系统中,杂散辐射的表现也不尽相同。比如:在相机系统中,离焦的"鬼像"、透镜或透镜支撑结构的散射形成的炫光就是杂散辐射的一种;在红外系统中,比较典型的杂光现象称为"水仙效应",它是随着扫描角度的变化由探测器的异常背景辐射造成的;在空间遥感器中,位于视场外的太阳、地球、月亮等明亮星体辐射经光机系统散射或衍射在焦平面上引起杂光;在武器系统和电光攻击系统中也是可以引起杂光的,这种情况的杂光能量能够干扰或损伤光学系统。

　　按光源与光学系统的相对位置,光源可分为外光源和内光源。从外光源发出的光线形成的杂光称为外杂光,从内光源发出的光线形成的杂光称为内杂光。对空间相机影响较大的外光源主要有太阳、地球、月亮、地球大气、空气中的微粒以及空间中其他明亮的物体和激光武器,内光源主要有遥感器中的小电机、温控热源和温度较高的光学表面和结构表面。在低温红外光学系统中内光源的影响更大一些,而在常温可见光系统中一般不考虑内光源的辐射影响。空间遥感器的杂散辐射环境如图 10 – 1 所示。

　　杂散光对光学系统的危害主要表现在三个方面:①降低像面对比度和调制

传递函数;②使整个画面的层次减少,清晰度降低,甚至会形成杂光斑点,严重影响光学系统的性能;③在某些高能激光系统中,杂散光可能在系统中产生光能相对集中的微小区域,位于微小区域附近的光学元件将产生热变形,造成不同程度的损伤,并由此产生波前畸变,严重影响光束质量和传输特性。因此,消杂散光的目的是减弱或消除到达光学系统像面的各种杂散辐射,提高像质,提升遥感器的探测能力。

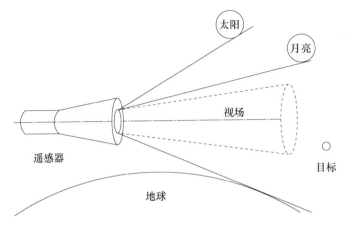

图 10-1　空间遥感器的杂散辐射环境

　　空间遥感器的工作环境变得愈来愈复杂,在空间中不但受到太阳、地球、月亮、地球大气、空气微粒和其他明亮物体等外光源干扰和遥感器中的电机、温控热源及温度较高的元件等内光源的辐射影响,还有可能受到激光等进攻性武器的攻击。

　　国内外许多空间遥感器都曾遭受各种杂散光的影响。例如,美国的GOES-I/M、欧盟 Meteosat-5/7 系列的成像仪都曾受到过太阳直接照射的强辐射影响,GOES-I/M 还曾因无法规避太阳的强辐射而暂时关机,我国的 FY-2 卫星的 VISSR 通道同样由于受杂散光的干扰而使其定量化的应用水平受到一定限制。

　　为了确保空间遥感器的有效工作时间,满足对空间探索的更高要求,有必要针对典型的空间遥感器研究其潜在的各种杂散辐射,提出有效的防护措施,为我国未来的高性能空间遥感器的设计提供参考。

　　杂散辐射分析的流程如图 10-2 所示,步骤如下:

　　(1)根据遥感器的工作环境,分析对其产生主要影响的辐射源。

　　(2)建立遥感器仿真模型,根据技术要求设置各个元件材料、表面属性。

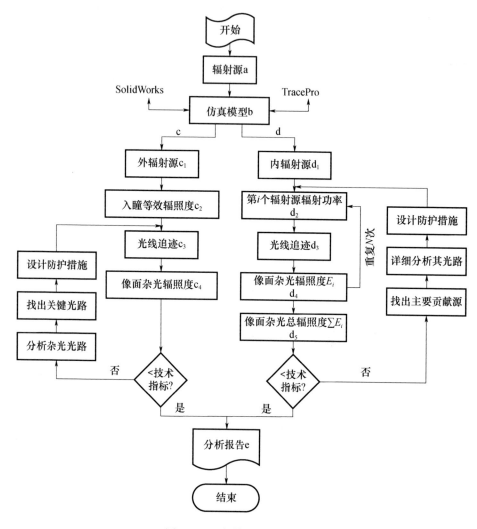

图 10 - 2 杂散辐射研究流程

（3）对于外部辐射，根据辐射理论计算出辐射源在遥感器入瞳处的等效辐射亮度或者辐照度；根据等效辐射亮度或辐照度值建立外部辐射源；采用光线追迹方法分析辐射源在光学系统中的光路；找出典型或者关键杂光光路；计算这些光路在像面上引起的杂光辐照度（或者其他指标数值）；与技术要求的限制值比较，若低于限制值则此杂光光路对像质的影响可以忽略，否则需要采取防护措施对杂光光路进行遮挡或者抑制，然后重复图 10 - 2 中步骤 $c_3 \sim c_4$，检验防护措施的有效性，直至杂光量级低于技术要求限制值。

（4）对于内部辐射，根据辐射理论（主要是灰体辐射理论）计算第 i 个辐射元件的辐射功率;把该辐射元件作为辐射源,其他元件仍然作为光学或者结构元件;采用光线追迹方法分析辐射源通过光学系统传输到达像面上的光路;计算这些光路在像面上引起的杂光辐照度(或者其他指标数值);计算第 $i+1$ 个辐射元件的辐射功率,并作为辐射源,把第 i 个元件和其他元件仍作为光学或结构元件,重复图 10-2 中步骤 $d_2 \sim d_4$,计算此辐射元件在像面上的杂光辐照度,直至所有潜在的影响像质的辐射元件计算完毕;把所有辐射元件在像面上的杂光辐照度累加,得到总杂光辐照度数值;与技术要求的限制值比较,若低于限制值则认为内部辐射对像质的影响可以忽略,否则需要找出主要的贡献辐射元件,对其光路作详细地分析,并采取相应的防护措施对辐射光路进行遮挡或者抑制,然后重复图中步骤 $d_2 \sim d_5$,检验防护措施的有效性,直至像面残余辐射量级低于技术要求限制值。

(5)总结空间遥感器的杂散辐射特点,给出有效的杂散辐射防护措施,提出光机设计中可以借鉴的建议,为今后同类型的空间遥感器设计提供参考。

10.2　杂散辐射的基础理论

辐射传导理论描述了辐射在介质中传播时能量的发射、吸收、散射和透射的相互关系,是研究杂散辐射的理论基础。

10.2.1　散射理论

光线在任何介质表面都会发生散射,而且散射方向是随机的,因此相对目标(或成像)光线而言散射光就变成了杂散光的一种。由于散射方向是任意的,因此提高了杂散光防护的难度,为了尽量减少散射对光学系统的影响,就要对光学系统中的散射形式进行研究,找出适合测量并方便应用在分析软件中的散射表示方法,有针对性地防护关键的散射路径。

在空间光学系统中,光学元件和非光学元件(比如遮光罩、光阑和支撑臂)的表面都可以产生散射光。那些能直接被离轴光源照亮的表面称为被照射表面,能被探测器"看"到的表面称为关键表面。发生散射的表面如果既是被照射表面又是关键表面,则此时的散射光称为一级散射光线。如果发生一级散射的表面是光学面时,则此时的散射光是无法避免的,一级散射对系统的杂光贡献较大,因此要尽量采取有效抑制措施,将一级散射保持在一个比较低的量级。被照射表面产生的散射光线如果经关键表面散射后入射到了探测器表面上,此时就形成了二级散射。依此类推,n 级散射则在离轴光源与焦平面之间存在这种 n 次的交替散射表面。在空间光学系统中,为了减小杂光量级,大都采用了视场光阑和利奥光阑,而且已将镜面散射降低到最低的量级,因此三级或三级以上的散射能量在到达探测器之前几乎被衰减完毕。在计算或者仿真光学系统中的散射光时,一般计算到二级散射即可。

图 10 - 3 给出了杂光在简单的光学系统中的传输路径。三条标有序号的光线都是从离轴光源发出的杂光,光线 1 入射到主镜面上,由于主镜面既是被照射表面又是关键表面,所以这种情况就形成了一级散射。光线 2 入射到孔径光阑上,然后散射到次镜上,再经次镜朝探测器方向散射,由于孔径光阑是被照射表面而次镜是关键表面,所以这种情况形成了二级散射。

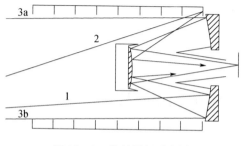

图 10 - 3　散射量级示意图

10.2.2　BRDF 模型

在空间光学系统中,光学元件和非光学元件表面都能产生散射光,这种表面特征可以用双向反射分布函数(BRDF)来描述,BRDF 模型最初由尼哥底母(Nicodemus)在 1970 年提出,BRDF 模型如图 10 - 4 所示,定义为

$$f_r(\theta_i,\varphi_i,\theta_r,\varphi_r,\lambda) = \frac{dL_r(\theta_i,\varphi_i,\theta_r,\varphi_r,\lambda)}{dE_i(\theta_i,\varphi_i,\lambda)} = \frac{dL_r(\theta_i,\varphi_i,\theta_r,\varphi_r,\lambda)}{dL_i(\theta_i,\varphi_i,\lambda)\cos\theta_i d\Omega_i}$$

$$(10-1)$$

式中:θ 为球坐标下的天顶角;φ 为球坐标下的方位角;i 为入射量;r 为反射量;$dL_r(\theta_i,\varphi_i,\theta_r,\varphi_r,\lambda)$ 为 (θ_r,φ_r) 方向的反射辐亮度;$dE_i(\theta_i,\varphi_i,\lambda)$ 为 (θ_i,φ_i) 方向的入射辐照度;$dL_i(\theta_i,\varphi_i)$ 为 (θ_i,φ_i) 方向的入射辐亮度;$d\Omega_i$ 为 $dL_i(\theta_i,\varphi_i)$ 的辐射立体角。

假设在一个小的入射源立体角 $d\Omega_i$ 内,$f_r(\theta_i,\varphi_i,\theta_r,\varphi_r,\lambda)$ 在非零区域内近似为常数,那么式(10-1)可写为

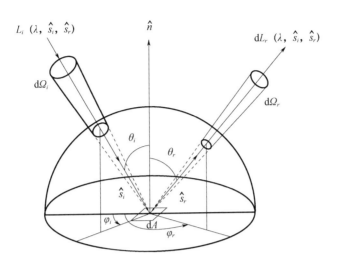

图 10 - 4　BRDF 模型示意图

$$f_r(\theta_i,\varphi_i,\theta_r,\varphi_r,\lambda) = \frac{\mathrm{d}L_r(\theta_i,\varphi_i,\theta_r,\varphi_r,\lambda)}{\mathrm{d}E_r(\theta_i,\varphi_i,\lambda)} = \frac{L_r(\theta_r,\varphi_r,\lambda)}{E(\theta_i,\varphi_i,\lambda)} \qquad (10-2)$$

式(10-2)是辐射度学与光度学中的 BRDF 定义形式,也是通常情况下所说的双向反射分布函数的定义方式,它表示不同入射条件下物体表面在任意观测角的反射特性,它是入射角(θ_i,φ_i)、反射角(θ_r,φ_r)以及波长 λ 的函数。

10.2.3　衍射理论

光在传播时遇到障碍物,波面受到限制,会表现出波动性,从而偏离直线传播光路,这就是光的衍射。事实上,光波传播时总会受到这样的限制。比如,光波通过光学系统传播,会受到系统有限大小光瞳的限制。所以,在光学系统中衍射现象是普遍存在的。在光学系统中,一般衍射孔径比波长要大得多,并且成像(或探测)面不会太靠近孔径,因此用标量衍射理论所描述的衍射结果与实际非常相符。

1. 基尔霍夫衍射理论

1678 年惠更斯为了描述波的传播过程提出关于子波的设想,即波面上每一点可看作次级球面子波的波源,下一时刻新的波前形状由次级子波的包络面决定。1818 年菲涅耳引入干涉概念补充了惠更斯原理。对于在真空中传播的单色光波,波面 Σ 在 P 点产生的复振幅的几何图形如图 10-5 所示。惠更斯-菲涅耳原理的数学表达式为

$$U(P) = C \iint_{\Sigma} U(P_0) K(\theta) \frac{\mathrm{e}^{jkr}}{r} \mathrm{d}s \qquad (10-3)$$

式中:$U(P)$ 为光场中任一观察点 P 的复振幅;C 为常数;Σ 为光波的一个波面;$U(P_0)$ 为波面上任一点 P_0 的复振幅;$K(\theta)$ 为倾斜因子,表示子波源 p_0 对 p 的作用,与角度 θ 有关;θ 为 $\overline{p_0p}$ 和过 p_0 点的元波面法线 n 的夹角;r 为从 p 到 p_0 的距离。

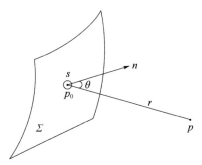

图 10 - 5   波面 Σ 在 p 点产生的复振幅的几何图形

亥姆霍兹为了解决惠更斯 - 菲涅尔原理中的问题,建立了自由空间中传播的单色光扰动的波动方程,也称为亥姆霍兹方程,即

$$(\nabla^2 + k^2) U(P) = 0 \qquad (10-4)$$

式中:k 为波数,且有 $k = \dfrac{2\pi\nu}{c} = \dfrac{2\pi}{\lambda}$;$\nabla^2$ 为拉普拉斯算子,在笛卡儿坐标系中 $\nabla^2 = \dfrac{\partial^2}{\partial x^2} + \dfrac{\partial^2}{\partial y^2} + \dfrac{\partial^2}{\partial z^2}$。

选择包围观察点 P 的任意封闭曲面 S,如图 10 - 6 所示,1882 年基尔霍夫通过格林公式求解波动方程得到亥姆霍兹和基尔霍夫定理,即

$$U(P) = \frac{1}{4\pi} \iint_s \left[\frac{\partial U}{\partial n} \left(\frac{\mathrm{e}^{jkr}}{r} \right) - U \frac{\partial}{\partial n} \left(\frac{\mathrm{e}^{jkr}}{r} \right) \right] \mathrm{d}s \qquad (10-5)$$

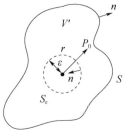

图 10 - 6   积分曲面

亥姆霍兹和基尔霍夫定理揭示了在衍射场中任意点 P 的复振幅分布 $U(P)$ 可以用包围该点的任意封闭曲面 S 上各点扰动的边界值 U 和 $\dfrac{\partial U}{\partial n}$ 计算得到。

基尔霍夫利用格林定理,通过假定衍射屏的边界条件,如图 $10-7$ 所示,求解波段方程,导出更加严格的衍射公式,即

$$U(P) = \frac{1}{j\lambda} \iint\limits_{\Sigma} A \frac{e^{jkr'}}{r'} \left[\frac{\cos(n,r) - \cos(n,r')}{2} \right] \frac{e^{jkr}}{r} dS \qquad (10-6)$$

将式 $(10-6)$ 与式 $(10-3)$ 比较,得

$$U(P_0) = A \frac{e^{jkr'}}{r'} \qquad (10-7)$$

$$C = \frac{1}{j\lambda} \qquad (10-8)$$

$$K(\theta) = \frac{\cos(n,r) - \cos(n,r')}{2} \qquad (10-9)$$

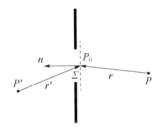

图 $10-7$　点光源照明平面屏幕

2. 菲涅耳衍射

菲涅尔衍射与夫琅和费衍射是两种实际的衍射现象,它们的衍射图样具有不同的性质。为了简化这两类衍射图样的数学计算,通常要对衍射理论给出的结果做出近似。衍射孔径和观察平面如图 $10-8$ 所示。

观察平面上复振幅分布为

$$U(x,y) = \int_{-\infty}^{\infty} \int_{-\infty}^{\infty} U(x_0,y_0) h(x-x_0, y-y_0) dx_0 dy_0 \qquad (10-10)$$

$$h(x-x_0, y-y_0) = \frac{1}{j\lambda r} e^{jkr} \qquad (10-11)$$

通常假定观察平面和孔径平面之间的距离 z 远远大于孔径 Σ 以及观察区域的最大线度,即采用傍轴近似。这时式 $(10-11)$ 分母中的 r 可以用 z 来近似,但因 k 值很大,为避免产生大的位相误差,复指数中的 r 必须作更为精确的近似。

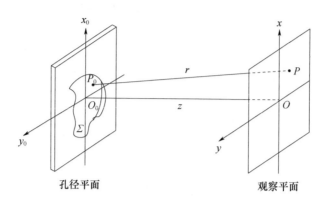

孔径平面   观察平面

图 10 - 8   衍射孔径和观察平面

菲涅耳近似忽略了展开式中二次方以上的项,即

$$r = \sqrt{z^2 + (x - x_0)^2 + (y - y_0)^2} \approx z\left[1 + \frac{1}{2}\left(\frac{x - x_0}{z}\right)^2 + \frac{1}{2}\left(\frac{y - y_0}{z}\right)^2\right]$$

$$(10 - 12)$$

于是,有

$$h(x - x_0, y - y_0) = \frac{1}{\mathrm{j}\lambda z}\exp(\mathrm{j}kz)\exp\left\{\mathrm{j}\frac{k}{2z}\left[(x - x_0)^2 + (y - y_0)^2\right]\right\}$$

$$(10 - 13)$$

将式(10 - 13)代入式(10 - 10),得到菲涅耳衍射公式,即

$$U(x, y) = \frac{1}{\mathrm{j}\lambda z}\exp(\mathrm{j}kz)\int_{-\infty}^{\infty}\int_{-\infty}^{\infty}U(x_0, y_0) \times \exp\left\{\mathrm{j}\frac{k}{2z}\left[(x - x_0)^2 + (y - y_0)^2\right]\right\}\mathrm{d}x_0\mathrm{d}y_0$$

$$(10 - 14)$$

3. 夫琅和费衍射

如使观察平面离开孔径平面的距离 z 进一步增大,使其不仅满足菲涅耳近似条件,而且满足

$$\frac{k(x_0^2 + y_0^2)_{\max}}{2z} \ll 1 \qquad\qquad (10 - 15)$$

此时,观察平面所在的区域可称为夫琅和费区。

当式(10 - 15)的条件满足时,式(10 - 12)所给出的 r 可进一步略去 $\left(\frac{x_0^2 + y_0^2}{2z}\right)$ 项,故有

$$r \approx z + \frac{x^2 + y^2}{2z} - \frac{xx_0 + yy_0}{z} \qquad (10-16)$$

这一近似是夫琅和费近似,把它代入式(10-11),然后再把得到的 h 代入式(10-10),可导出夫琅和费衍射公式,即

$$U(x,y) = \frac{1}{\mathrm{j}\lambda z}\exp(\mathrm{j}kz)\exp\left[\mathrm{j}\frac{k}{2z}(x^2 + y^2)\right] \times F\{U(x_0, y_0)\} \quad (10-17)$$

如图 10-9 所示,由于孔径是圆对称的,采用单位振幅的单色平面波垂直照明孔径,观察平面上的夫琅和费衍射图样也是圆对称的。任意径向坐标 r 处的复振幅分布为

$$U(r) = \frac{ka^2}{\mathrm{j}\lambda z}\exp(\mathrm{j}kz)\exp\left(\mathrm{j}\frac{kr^2}{2z}\right)\left[\frac{2J_1(\mathrm{kar}/z)}{\mathrm{kar}/z}\right] \qquad (10-18)$$

其强度分布为

$$I(r) = \left(\frac{ka^2}{2z}\right)^2\left[\frac{2J_1(\mathrm{kar}/z)}{\mathrm{kar}/z}\right]^2 \qquad (10-19)$$

当 r=0 时,有

$$\lim_{r \to 0}\frac{J_1(\mathrm{kar}/z)}{\mathrm{kar}/z} = \frac{1}{2} \qquad (10-20)$$

所以观察平面的轴上点的光强可以表示为

$$I(0) = \left(\frac{ka^2}{2z}\right)^2 \qquad (10-21)$$

强度分布可以写为

$$I(r) = I(0)\left[\frac{2J_1(\mathrm{kar}/z)}{\mathrm{kar}/z}\right]^2 \qquad (10-22)$$

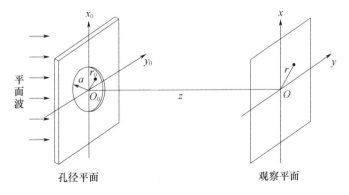

图 10-9　圆孔衍射

图 10 – 10 给出了圆孔夫琅和费衍射图样和 $I/I(0)$ 的截面图。可以看出，光能主要集中在中央亮斑，周围是一些亮暗相间的圆环。

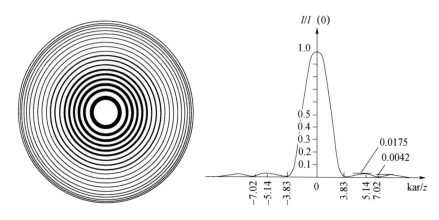

图 10 – 10　圆孔夫琅和费衍射图样

如图 10 – 11 所示，当采用单位振幅的单色平面波垂直照明矩形孔径时，夫琅和费衍射图样的复振幅分布为

$$U(x,y) = \frac{ab}{j\lambda z}\exp(jkz)\exp\left[j\frac{k}{2z}(x^2+y^2)\right]g\,\mathrm{sinc}\left(\frac{ax}{\lambda z}\right)\mathrm{sinc}\left(\frac{by}{\lambda z}\right) \quad (10-23)$$

强度分布为

$$I(x,y) = \left(\frac{ab}{\lambda z}\right)^2\mathrm{sinc}^2\left(\frac{ax}{\lambda z}\right)\mathrm{sinc}^2\left(\frac{by}{\lambda z}\right) \quad (10-24)$$

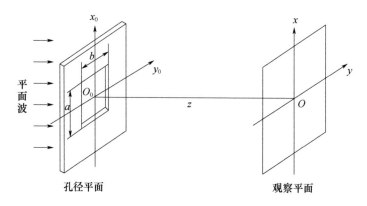

图 10 – 11　矩孔衍射

图 10 – 12 中给出了矩孔夫琅和费衍射图样和 x 轴强度分布的截面图，可看出光能主要集中在中央亮斑，其宽度为

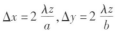

$$\Delta x = 2\frac{\lambda z}{a}, \Delta y = 2\frac{\lambda z}{b}$$

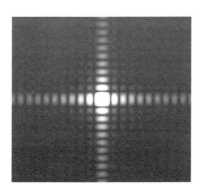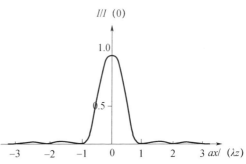

图 10 - 12　矩孔夫琅和费衍射图样和轴强度分布的截面图

4. 空间光学系统中的衍射

在空间光学系统中,当孔径和遮拦限制了光线传输的时候就会产生衍射。与散射光相比,衍射会随着离轴角的增加而迅速下降。尽管每一个光学系统中都会出现衍射现象,但是只有在红外光学系统中才是杂光分析的关键部分。在光学系统中主要考虑两种衍射路径:单次衍射和三次衍射。

(1)单次衍射:来自离轴源的光束入射到孔径光阑的边缘,将产生单次衍射,图 10 - 3 中的光线 3a 和 3b 就是入射到孔径光阑边缘的单次衍射光束。衍射光线被反射镜聚集并扩散在整个焦平面上,用点扩散函数(PSF)来描述这一现象,PSF 的最大值出现在点光源的几何像的中心位置,落在探测器上的外环衍射能量就是杂散光。

(2)三次衍射:由二次成像光学系统中的连续的光阑所产生的综合衍射称为多次衍射。图 10 - 13 是衍射能量在普通光学系统中的传输过程示意图,第一次衍射发生在孔径光阑处,衍射形成的 PSF 最大值在离轴源的几何像的中心,即图中 A 点位置。PSF 的外环扩散在视场光阑的孔径处,在此产生第二次衍射,这样在孔径光阑的几何像处就形成了一个最大值在中心的 PSF 环,孔径光阑成像在利奥光阑的 B 点处。由于点光源是离轴的,所以 PSF 环中心的能量并不是均匀的,但是对称分布的。比实际大小要小一些的利奥光阑可以阻挡 PSF 的衍射中心环,完善遮挡的光学系统都采用了这样的设计。从利奥光阑扩散出来的第三次衍射能量如图 10 - 13 所示一样分布在探测器上,这使得探测器周围形成了一个中心能量最大的明亮的圆环,图中 C 点是视场光阑几何像的中心点。入射到探测器上的 PSF 环的能量是三次衍射效应产生的杂光的总和。

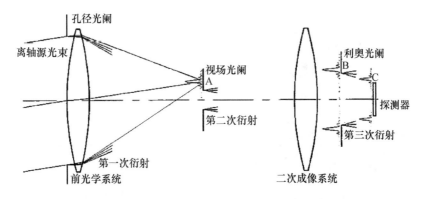

图 10 – 13　普通光学系统中的多次衍射

5. 衍射能量的抑制

几乎所有的传输在三次衍射路径中的连续平面间的衍射能量,都起源于前面的孔径边缘。固定位相点(SPP)的位置跟光源和观察点的位置有关,如图 10 – 14所示,位于孔径边缘的最小和最大光程差处。此处,光程差定义为光源到孔径边缘的光程与观察点到边缘的光程之差值。

如果固定位相条件存在,大部分衍射能量则通过固定位相点传输。假如有一个固定位相点处,由于遮挡没有入射能量,则探测器上的衍射能量减少一半。如果两个固定位相点都被遮挡了,那么即使孔径边缘大部分能被光源照射到,也只有很少的衍射能量能到达观测点。因此,可以通过找出固定位相点,并采取相应措施,尽量遮挡位相点,进而抑制衍射能量。

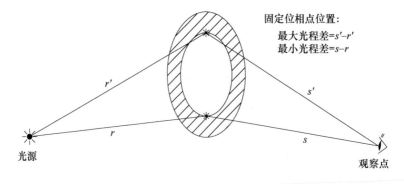

图 10 – 14　固定位相点在孔径上的位置

10.3　热辐射

在红外光学系统中,有些元件的温度相对较高,如小电机、温控热源等,这些元件将会产生比较严重的热辐射,影响光学系统。因此,在红外光学系统中有必要对元件自身的辐射进行研究。红外光学系统中的元件自身辐射一般可以当作是灰体辐射,跟温度和波长有关。灰体的辐射形式跟绝对黑体的辐射形式相似,在研究灰体辐射的计算方法之前应该了解黑体辐射的辐射定律和计算方法。

10.3.1　发射率

发射率是计算灰体辐射的关键参数,也是温度和波长的函数。

1. 发射率定义

根据能量守恒定律,外来辐射入射到物体表面上时,将出现反射、吸收和透射三种过程,三种能量的百分比之和等于 1,即

$$\rho(\lambda) + \alpha(\lambda) + \tau(\lambda) = 1 \tag{10-25}$$

式中:$\rho(\lambda)$ 为光谱反射率;$\alpha(\lambda)$ 为光谱吸收率;$\tau(\lambda)$ 为光谱透射率。

根据基尔霍夫定律,在一定的温度下,任何物体的光谱发射率 $\varepsilon(\lambda)$ 在数值上等于它的光谱吸收率 $\alpha(\lambda)$,即

$$\varepsilon(\lambda) = \alpha(\lambda) = 1 - \rho(\lambda) - \tau(\lambda) \tag{10-26}$$

对不透明物体而言,$\tau(\lambda) = 0$,而光谱反射率可以由双向反射分布函数通过积分确定,即

$$\rho(\lambda) = \int_{\Omega_r = 2\pi} f_r(\theta_i, \varphi_i, \theta_r, \varphi_r, \lambda) \cos\theta_r \mathrm{d}\Omega_r \tag{10-27}$$

则有

$$\varepsilon(\lambda) = 1 - \rho(\lambda) = 1 - \int_{\Omega_r = 2\pi} f_r(\theta_i, \varphi_i, \theta_r, \varphi_r, \lambda) \cos\theta_r \mathrm{d}\Omega_r \tag{10-28}$$

2. 发射率测量

由式(10-28)可知,发射率可以由双向反射分布函数(BRDF)确定。因此,发射率 $\varepsilon(\lambda)$ 的测量问题也就转化为 BRDF 的测量问题了。

将式(10-1)变换,可得

$$f_r(\theta_i, \varphi_i, \theta_r, \varphi_r, \lambda) = \frac{(\mathrm{d}P_s/\mathrm{d}\Omega_s)/(A\cos\theta_s)}{P_i/A} \tag{10-29}$$

式中：P_i 为入射光功率；A 为入射光照射在材料表面的面积；θ_s 为杂散光与反射面法线的夹角；$\mathrm{d}\Omega_s$ 为空间单位元对材料表面散射点的立体角；$\mathrm{d}P_s$ 为空间单位元对材料表面散射点立体角内的散射光强。当探测器像元面积很小时，式（10-29）可简化为

$$f_r(\theta_i,\varphi_i,\theta_r,\varphi_r,\lambda) \approx \frac{P_s/\Omega_s}{P_i\cos\theta_s} \qquad (10-30)$$

式中：$\mathrm{d}\Omega_s \approx \Omega_s$ 为探测器像元对应立体角；$\mathrm{d}P_s \approx P_s$ 为探测器接收功率。于是 BRDF 的测量转化成了 $(P_s,\Omega_s,P_i,\theta_s)$ 四个量的测量。

10.3.2 黑体辐射定律

根据普朗克量子假说以及热平衡时谐振子能量分布满足麦克斯韦-玻耳兹曼统计，可推导出描述黑体辐射出射度随波长和温度的函数关系，即普朗克公式，有

$$M_0(\lambda,T) = \frac{c_1}{\lambda^5}\frac{1}{\exp(c_2/\lambda T)-1} \qquad (10-31)$$

式中：c_1 为第一黑体辐射常数，且有 $c_1 = 3.7418 \times 10^{-16}\ \mathrm{Wgm^2}$；$c_2$ 为第二黑体辐射常数，$c_2 = 1.4388 \times 10^{-2}\ \mathrm{mgK}$；$\lambda$ 为波长（μm）；T 为黑体温度（K）。

普朗克定律描述了黑体辐射的光谱分布规律，揭示了辐射与物质相互作用过程中和辐射波长及黑体温度的依赖关系，是黑体辐射理论的基础。

在全波长内对普朗克公式积分，得到黑体辐射出射度与温度之间的关系，即斯蒂芬-玻耳兹曼定律，有

$$M_0(T) = \int_0^\infty M_0(\lambda,T)\mathrm{d}\lambda = \frac{c_1\pi^4}{15c_2^4}T^4 = \sigma T^4 \qquad (10-32)$$

式中：σ 为斯蒂芬-玻耳兹曼常数，且有 $\sigma = 5.6696 \times 10^{-8}\ \mathrm{Wm^{-2}K^{-4}}$。

斯蒂芬-玻耳兹曼定律表明黑体在单位面积单位时间内辐射的总能量与黑体温度 T 的四次方成正比，可以用来估算辐射源的辐射功率。

10.3.3 黑体辐射计算

由于大多数探测器都是在一个或多个波段内工作，因此，计算某一波段内的总辐射出射度具有实际意义。利用普朗克公式的简化形式，可得出另一黑体函数 $z(x)$，用于计算给定温度 T 下黑体在规定波段 $[\lambda_1,\lambda_2]$ 内的辐射出射度。引入相同的 x 和 y，有

$$g = \frac{\int_{\lambda_1}^{\lambda_2} M_0(\lambda, T)\mathrm{d}\lambda}{\int_0^\infty M_0(\lambda, T)\mathrm{d}\lambda} = \frac{\int_{\lambda_1}^{\lambda_2} M_0(\lambda, T)\mathrm{d}\lambda}{\sigma T^4} = \frac{\int_0^y f(x)\mathrm{d}\lambda - \int_0^x f(x)\mathrm{d}\lambda}{\int_0^\infty f(x)\mathrm{d}\lambda} = z(y) - z(x)$$

$$(10-33)$$

式中：
$$z(x) = \int_0^x f(x)\mathrm{d}\lambda \Big/ \int_0^\infty f(x)\mathrm{d}\lambda$$

$$f(x) = 142.32 \frac{x^{-5}}{\exp(4.9651/x) - 1}$$

则黑体在 $[\lambda_1, \lambda_2]$ 波段内的辐射出射度为

$$M(T) = \int_{\lambda_1}^{\lambda_2} M_0(\lambda, T)\mathrm{d}\lambda = [z(y) - z(x)] \cdot \sigma T^4 \qquad (10-34)$$

综上所述，黑体的辐射出射度可以按照下面的步骤来计算：

(1) 由 $\lambda_m = 2898/T$ 确定 λ_m；

(2) 求出 $x = \lambda_1/\lambda_m$ 和 $y = \lambda_2/\lambda_m$，查黑体函数表得到 $z(x)$ 和 $z(y)$；

(3) 利用式 (10−34) 计算出黑体在 $[\lambda_1, \lambda_2]$ 波段的辐射出射度。

10.3.4　灰体辐射计算

在空间光学系统中，产生自身热辐射的元件一般可以看作是灰体辐射源，因此，计算灰体的辐射出射度具有实际意义。

灰体辐射的一般计算公式为

$$M'(T) = \int_{\lambda_1}^{\lambda_2} \varepsilon(\lambda) M_0(\lambda, T)\mathrm{d}\lambda \qquad (10-35)$$

式中：M_0 为黑体辐射出射度；ε 为光谱发射率；T 为温度（K）；λ 为波长（μm）；M' 为灰体在波段 $[\lambda_1, \lambda_2]$ 内的辐射出射度。

在空间光学系统中，辐射源大多是高于绝对温度的光学表面或结构表面。如图 10−15 所示，在辐射源表面上取微小面元 $\mathrm{d}s$，该微小面元的辐射出射度为 $\mathrm{d}M'$，该微小面元在指定 $[\lambda_1, \lambda_2]$ 波段内的辐射功率 $\mathrm{d}\Phi_e$ 为

$$\mathrm{d}\Phi_e = \int_{\lambda_1}^{\lambda_2} \mathrm{d}M'\mathrm{d}s\mathrm{d}\lambda \qquad (10-36)$$

在整个辐射源表面上对 $\mathrm{d}\Phi_e$ 积分得到辐射源的辐射功率为 Φ_e，即

$$\Phi_e = \iint_S \mathrm{d}\Phi_e \mathrm{d}s \qquad (10-37)$$

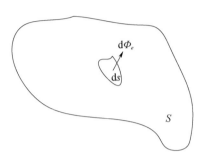

图 10 – 15　面光源辐射功率示意图

10.3.5　辐射传导理论

杂散辐射抑制的理论基础来自于辐射传导理论,辐射传导理论集中探讨了电磁辐射传播的直线性、波动性和量子性。从长波到微波的辐射传播主要表现为波动性;而短波时,主要表现为直线性。

分析光学系统的杂散辐射时,一般忽略光的衍射效应。对于入瞳直径为 D,入射光的波长为 λ,则该光学系统的衍射角近似为

$$\theta = \frac{\lambda}{D}$$

一般光学系统的孔径尺寸 D 较大,因而衍射角 θ 很小,所以常忽略衍射效应的影响,用几何光学的方法来确定辐射能传播的轨迹。

辐射度学中假定辐射能是不相干的,因而不必考虑干涉效应,对于一般的光学系统应用的波段范围很大,使得干涉效应可以忽略不计。

辐射度学大都建立在几何光学的基础上,即辐射能在传播过程中,其空间分布不会偏离几何光线所确定的光路。对于杂散辐射分析来讲,主要是利用几何光学的直线传播理论,来分析光线在系统中的分布情况,这也是目前所有杂光分析软件基于几何光学设计的理论基础。

基于辐射能传输的几何光学基础的光线概念,为辐射度学全面描述辐射能的传播和传输过程提供了许多最简单而又最有效的方法。光线被定义为几何波前的法线,几何光学光线是能流的方向。

图 10 – 16 所示为在均匀的各向同性介质中非相干辐射能的单元光束。单元光束由确定的一条中心光线和一小束光线组成。这一小束光线包括通过绕中心光线构成面元 dA_1 和 dA_2 的所有光线。

根据定义,即

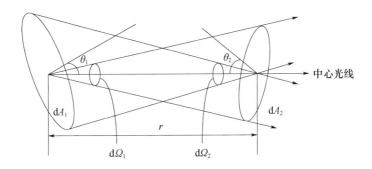

图 10 - 16   辐射能单元光束

$$\mathrm{d}\varOmega_1 = \frac{\mathrm{d}A_2\cos\theta_2}{r^2} \qquad (10-38)$$

$$\mathrm{d}\varOmega_2 = \frac{\mathrm{d}A_1\cos\theta_1}{r^2} \qquad (10-39)$$

设面元 $\mathrm{d}A_1$ 的辐亮度为 L_1,如果把面元 $\mathrm{d}A_1$ 看作光源面,面元 $\mathrm{d}A_2$ 看作接收面,则由面元 $\mathrm{d}A_1$ 发出,面元 $\mathrm{d}A_2$ 接收的辐射通量为

$$\mathrm{d}^2\varPhi_{12} = L_1\cos\theta_1\mathrm{d}A_1\mathrm{d}\varOmega_1 = L_1\cos\theta_1\mathrm{d}A_1\frac{\mathrm{d}A_2\cos\theta_2}{r^2} \qquad (10-40)$$

由辐亮度定义可得到面元 $\mathrm{d}A_2$ 的辐亮度 L_2 为

$$L_2 = \frac{\mathrm{d}^2\varPhi_{12}}{\mathrm{d}A_2\mathrm{d}\varOmega_2\cos\theta_2} = \frac{\mathrm{d}^2\varPhi_{12}}{\mathrm{d}A_2\cos\theta_2\dfrac{\mathrm{d}A_1\cos\theta_1}{r^2}} \qquad (10-41)$$

由式(10-40)变形可得

$$L_1 = \frac{\mathrm{d}^2\varPhi_{12}}{\mathrm{d}A_1\cos\theta_1\dfrac{\mathrm{d}A_2\cos\theta_2}{r^2}} \qquad (10-42)$$

由式(10-41)、式(10-42)可知,$L_1 = L_2$。可见,在均匀的各向同性无损介质内传播的光线,其单元光束的辐亮度处处相等。由于在无损介质中辐亮度守恒,所以可方便地用辐亮度的降低来表征由于介质内的吸收和散射所引起的损失。

利用光线和辐亮度的概念,可以计算从辐射源表面到接收表面的辐射能传输,如图 10-17 所示。这里假定在两表面间充满均匀的各向同性介质,而且介质是无损的。从辐射源表面 A_1 传输到接收表面 A_2,A_2 所接收的总辐射功率按式(10-40)计算得

$$\Phi_{12} = \int_{A_1}\int_{A_2} L_1 \frac{\cos\theta_1 \cdot \cos\theta_2}{r_{12}^2} dA_1 dA_2 \qquad (10-43)$$

式中：r_{12} 为面元 dA_1 和 dA_2 间的距离。此式所示的功率线性相加，认为从不同面源来的辐射成分是不相干的。

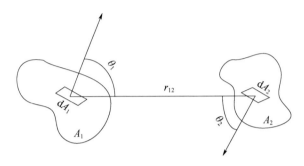

图 10-17　辐射能的传输

功率从面 A_1 传输到另一面 A_2 的基本方程为式（10-43），对于从某一位置到另一位置功率传输方程变为其微分形式，即

$$d\Phi_2 = L_1 dA_1 \frac{\cos\theta_1 dA_2 \cos\theta_2}{r_{12}^2} \qquad (10-44)$$

这个方程可以被变形为下面三种形式来描述散射辐射，即

$$d\Phi_2 = \frac{L_1}{E} E dA_1 \frac{\cos\theta_1 dA_2 \cos\theta_2}{r_{12}^2} \qquad (10-45)$$

$$d\Phi_2 = BRDF \cdot d\Phi_1 \cdot d\Omega_{12}\cos\theta_1 \qquad (10-46)$$

$$d\Phi_2 = BRDF \cdot d\Phi_1 \cdot GCF_{12} \cdot \pi \qquad (10-47)$$

式中：E 为面元 dA_1 的辐照度；GCF_{12} 等于从面元 dA_1 到面元 dA_2 的投影立体角除以 π；BRDF 为双向反射分布函数，独立于入射功率和其他项，只是表面特征的函数。GCF_{12} 也是个独立项，它取决于系统的几何结构，称为几何结构因子。为了减小杂散辐射，只有减小式（10-47）中的每一项的贡献才能实现，如果某一项变为零，则由面源来的杂散辐射被消除。在式（10-47）中只有 GCF_{12} 可以减小到零，首先应受到关注，在杂光分析中至关重要。由式（10-46）、式（10-47）可知

$$GCF = \frac{\cos\theta_1 dA_2 \cos\theta_2}{\pi \cdot r_{12}^2} \qquad (10-48)$$

从式（10-48）可看出，着手改变 GCF 中的每一个因子，如增加 r_{12}^2，θ_1，θ_2 或减小区域 dA_2，都可以达到减小 GCF 的目的。这是对光学系统进行杂散辐射逻

辑分析的数学基础,杂散辐射分析和抑制都与其息息相关。

10.3.6 光学系统中的能量传输模型

图 10 – 17 所示的源面到接收面的能量传输几何结构形式,可以扩展到光学系统中来。每一个源面到接收面的传输过程仅是杂散辐射在光学系统中传输的一个子段。每一个接收面上的总能量就变成了向下一级接收面所传输的源面的能量,直到探测器变成接收面的时候这一源面到接收面的能量传输过程才能结束,把每个子传输过程的探测器上的能量累加起来就得到了探测器上总的杂散辐射能量值。值得注意的是,在每一个传输子段中的接收器都能接收到来自大量源面和相关源面部分的能量,而照明表面所接收的大部分能量是来自一个源面,即系统外的离轴光源,探测器则从所有的关键表面接收能量。图 10 –18所示为光学系统中按源面到接收面的分段能量传输过程。

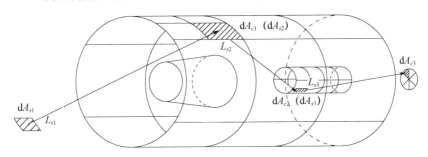

图 10 – 18 光学系统中的能量传输示意图

由辐射传导理论所推导出的探测器接收到的杂光功率公式为

$$\Phi_{\text{collectorpower}} = \Phi_{\text{sourcepower}} \times \text{BRDF}_{\text{source}} \times \text{GCF}_{\text{source} - \text{collector}} \times \pi \quad (10-49)$$

可以看出,到达探测器上的功率有下面几个因素决定:

(1)来自杂光源的功率 $\Phi_{\text{sourcepower}}$。

(2)表面散射特征 $\text{BRDF}_{\text{source}}$。

(3)光学系统的几何结构因子 $\text{GCF}_{\text{source} - \text{collector}}$。

10.4 空间遥感器的杂光水平评价方法

用来衡量空间遥感器杂光水平的评价方法有很多,彼此之间的差异很大,适用的范围也不同。工程实践中常使用光线追踪软件来仿真分析空间遥感器的杂散辐射,大多情况下是工程师根据个人习惯选择一种衡量杂光水平的指标作为仿真的输出结果,这就造成采用不同评价指标的输出结果之间不具有可比性,失去了相互验证之功能。因此,有必要提出一个适合软件输出的、统一的杂光水平评价方法。

10.4.1 杂光系数

1. 杂光系数定义

空间相机系统通常具有一定的杂散辐射抑制能力,空间相机的这种能力常用杂光系数(ν)来描述。杂光系数定义为像面或者探测器表面接收到的杂散光通量与像面或者探测器表面上的总光通量(包括目标光线通量和杂散光通量)之比,数学表达式为

$$\nu = \frac{E_s}{E_s + E_o} = \frac{\nu_s}{\nu_s + \nu_o} \qquad (10-50)$$

式中:E_s 为像面或者探测器表面接收到的杂散光的光通量;E_o 为像面或者探测器表面接收到的目标光束的光通量;ν_s 为经非正常光路到达像面或者探测器表面的光线比例;ν_o 为经正常光路到达像面或者探测器表面的光线比例。这里,正常光路是指镜头设计者制订的理想光线传播路径,经这种光路到达像面的光线是目标的有效光线;如果到达像面的光线不是经过上述定义的正常光路进行传播的,就认为是经非正常光路传播的,这种光线就是杂散光。到达像面的光线数与光源发射光线的总数之比称为像面接收的光线比例。从定义可知,杂光系数的数值越小,则表明空间相机的杂散辐射抑制能力越强。

在用杂光分析软件计算空间相机的杂光系数时,通常有下面几个因素对计算精度产生影响:

(1)热物性参数的不确定性,比如反射表面的吸收率、透射元件的折射率和透射率等,这些参数在计算过程中所用的值与实际值存在偏差。

(2)光机系统结构简化造成的误差。为了降低模型复杂度、减少计算时间会简化相机的实际结构,这对计算精度也会产生影响。

(3)实验条件的限制将对计算精度产生影响。

需要指出的是,当用测试仪器来测量一个已装调好的相机的杂光水平时常使用杂光系数来衡量。从杂光系数的定义可知,计算杂光系数需要把杂散光引起的像面光通量与目标引起的像面光通量区分开来,但是从实际操作来讲,这是很难办到的,有些情况下几乎是不可能的,比如部分目标光束也会经过非正常光路到达像面,那么这部分光线即使是从目标发出的但也属于杂散光。而

且,用不同的测试仪器测出的同一台相机的杂光系数,或者同一测试仪器多次测量同一台相机的杂光系数往往不完全相同,总是存在一些偏差,实际测试过程中也是采用多次测试取平均值的方法。因此,杂光系数这一衡量相机系统消除杂散辐射能力的指标适用范围很小,很难推广,不便于在杂光分析软件中实现,只能作为相机系统消除杂散辐射能力的一个定性分析,而不能作为定量计算。

2. 杂光系数测量方法

杂光系数常被用来描述空间相机系统的杂散辐射抑制能力。光学系统的杂光大小直接影响着空间相机系统的信噪比,影响着对图像的解译效果。检测光学系统中的杂光大小变成了系统像质检测的重要内容之一。一般使用积分球测量光学系统的杂光系数,其装置如图 10 – 19 所示。

该装置要求准直管、被测相机、接收器等中心位于同一条光轴上,根据具体的要求调整误差量。调节平行光管出瞳的可变光阑,使得从平行光管出射的光束能够充满被测相机的入瞳。将被测相机光轴与平行光管光轴以及积分球入瞳的中心线三者重合,并且使得被测相机与平行光管之间的距离尽量的小,平行光管的出瞳正好与被测系统的入瞳重合。

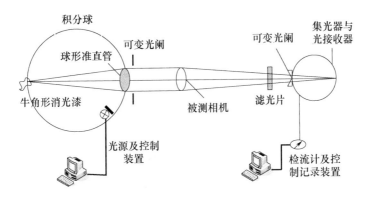

图 10 – 19　测量光学系统杂光系数的装置

在平行光管的焦平面处放置牛角形消光器,黑体面的成像位置应该在接收器的入瞳面上,调节接收器积分球入瞳面上的可变光阑的口径,使之约为黑体面像直径的 70%,这个量基本代表光学系统的消光能力,此时检流计的读数记为 m_1。将牛角形消光器换成白塞子,其他条件不变,此时检流计的读数记为 m_2。被测系统的轴向杂光系数为

$$\nu = \left(\frac{m_1}{m_2}\right) \times 100\% \qquad (10-51)$$

10.4.2 点源透射率

1. 点源透射率定义

光学系统对轴外点光源的杂光抑制能力通常用点源透过率(PST)来衡量,其定义为离轴角为 θ 的点光源经过光学系统在探测器上形成的辐照度 $E_d(\theta)$ 与光源在光学系统入瞳处的等效辐照度 $E_i(\theta)$ 之比,数学表达式为

$$\text{PST}(\theta) = \frac{E_d(\theta)}{E_i(\theta)} \qquad (10-52)$$

点源透过率是一个可测的能够表征光学系统消杂光水平的指标,它与点光源的辐射强度无关,与探测器和系统入瞳的尺寸也是无关的,而且结果是个无量纲的数值。通过测得离轴点源在系统入瞳和探测器上的辐照度,便可根据式 $(10-3)$ 计算得到点源透过率的值。

2. 点源透射率测量方法

根据 PST 定义可知,只要测得离轴角 θ 时点源在系统入瞳和探测器上的辐照度,便可得到该离轴角的 PST 值。因此可以通过两种方式获得 PST 的数值,一种是通过测量仪器测量入瞳和探测器上的辐照度,另一种是通过杂光分析软件分别计算入瞳和探测器上的辐照度。

图 10-20 所示为一个用激光功率计和光电倍增管搭建的 R-C 系统点源透过率的试验台,位于 R-C 系统入瞳处的激光功率计测得的激光入射光束的辐照度为

$$E_c = \frac{P_c}{\pi r^2} \qquad (10-53)$$

式中: P_c 为激光功率计测得的入射功率; r 为激光功率计灵敏元半径。位于系统入瞳处的光电倍增管测得的激光入射光束的辐照度为

$$E = \frac{P_c}{K\pi r^2 V_c} \qquad (10-54)$$

式中: K 为衰减片的衰减倍率; V_c 为光电倍增管的读数。R-C 系统入瞳处激光功率计读数换算成入射辐照度为

$$E_i = \frac{P_i}{\pi r^2} \qquad (10-55)$$

系统像面处的杂光辐照度 E_d 可表示为

$$E_d = \frac{V_d P_c}{K V_c \pi r^2} \qquad (10-56)$$

式中：V_d 为光电倍增管在系统像面处的读数。综上，则 R – C 光学系统的 PST 为

$$\text{PST} = \frac{E_d}{E_i} = \frac{V_d P_c}{K P_i V_c} \tag{10-57}$$

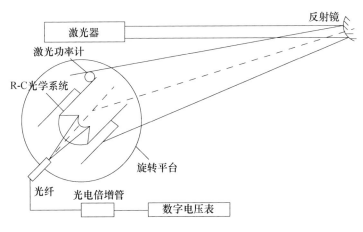

图 10 – 20　R – C 光学系统的 PST 测试装置

3. 几种点源透过率的衍生方法

（1）归一化点源辐射透过率。

归一化点源辐射透射率（Point Source Normalized Irradiance Transmittance，PSNIT）可以用来描述光学系统的离轴响应，它是离轴角 θ 的函数，也可以看作光学系统的辐射传导函数。PSNIT 的定义为探测器上的辐照度与光源在入口处的辐照度之比。为方便计算，一般将光源在入口处的辐照度归一化为 1W/mm^2，则探测器上的辐照度是系统的点源辐射透射率。根据定义，点源辐射透射率的计算公式为

$$\text{PSNIT}(\theta) = \frac{E_d}{E_e} \tag{10-58}$$

式中：E_d 为探测器上的辐照度；E_e 为入口处的辐照度。

有的学者也把归一化点源辐射透射率（PSNIT）称为归一化探测器辐照度（Normalized Detector Irradiance，NDI），因为从 PSNIT 的实际计算来讲一般是将光源在入口处的辐照度归一化为 1W/mm^2，则 PSNIT 的结果就是探测器上的辐照度。用这种评价函数来评价光学系统的杂光水平是比较适当的，因为它描述了一个辐射透过率，与探测器的大小是相对独立的。

（2）点源能量透过率。

点源能量透过率（Point Source Power Transmittance，PSPT），也称为系统衰减

比。PSPT 定义为探测器上的残余能量与以特定离轴角入射到系统中的能量之比,PSPT 将随着探测器大小的变化而变化。但是,有时很难定义一个合适的入口,所以分子的量就很难去定义。需要特别注意的是,该衰减量级通常是一个正数,而不是往往被误认为的负数。计算公式为

$$\text{PSPT}(\theta) = \frac{\Phi_e}{\Phi_d} \qquad (10-59)$$

式中:Φ_e 为进入系统的能量;Φ_d 为探测器上残余的能量。

(3)点源抑制比和离轴抑制比。

点源抑制比(Point Source Rejection Ratio,PSRR)定义为将离轴点源归一化到轴上点源后的探测器上的能量,它也是离轴角 θ 的函数。也有学者称这一概念为离轴抑制比(Off - Axis Rejection,OAR),定义是相同的。根据定义,点源抑制比的计算公式为

$$\text{PSRR}(\theta) = \frac{\Phi_d}{\Phi_e} = \frac{E_d A_d}{E_e A_e} = \frac{A_d}{A_e} \text{PSNIT}(\theta) \qquad (10-60)$$

式中:Φ_d 为探测器上的能量;Φ_e 为光源在入口处的归一化能量;E_d 为探测器上的辐照度;E_e 为光源在入口处的归一化辐照度;A_d 为探测器的面积;A_e 为入口的面积。从式(10 - 60)可知,PSRR 与 PSNIT 之间差了一个系数 A_d/A_e。

(4)衍射抑制比。

衍射抑制比(Diffraction Reduction Ratio,DRR)最初由 Noll 定义,为完善遮挡系统三次衍射后的衍射辐照度与入口孔径单次衍射后的衍射辐照度之比,即

$$\text{DRR} = \frac{E_t}{E_s} \qquad (10-61)$$

式中:E_t 为三次衍射后的衍射辐照度;E_s 为入口孔径单次衍射后的衍射辐照度。

这个定义适合于完善遮挡的光学系统,即那些采用了视场光阑和利奥光阑对的二次成像光学系统。计算衍射抑制比时的利奥光阑的参数如图 10 - 21 所示。

根据 Caldwell,DRR 的公式可以写为

$$\text{DRR}_c = \frac{2}{[\pi k r \delta (1 - \alpha)^2]^2} \qquad (10-62)$$

$$\alpha = \frac{c}{r} \qquad (10-63)$$

式中:k 为波数 $2\pi/\lambda$;r 为孔径光阑在利奥光阑平面上成的像的半径;δ 为视场光阑的角半径(弧度);α 为利奥光阑的相对孔径大小;c 为利奥光阑半径。此

外,α 也可以定义为

$$\alpha = 1 - \frac{a}{r} \qquad\qquad (10-64)$$

式中:a 为利奥光阑小于标准尺寸的大小。

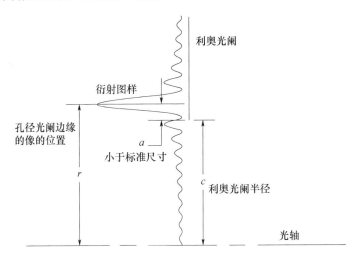

图 10-21　衍射抑制比中的利奥光阑参数

由于公式本身的近似性和只在焦平面中心才有效的条件,限制了式(10-64)估算探测器上的衍射辐照度。后来,约翰逊(Johnson)给出了一个衍射抑制比,该抑制比是探测器位置的函数,跟离轴角 β 有关。

从式(10-64)可以看出,衍射抑制比跟三个系统光阑的尺寸都有关系。增大孔径光阑和视场光阑,将减小衍射抑制比,也会减小焦平面上的衍射能量。减小利奥光阑,也可以减小衍射抑制比和焦平面上的衍射能量,但同时也减小了光学系统的光通量。从上述分析可知,衍射抑制比适用范围有限,仅能用来衡量光学系统的衍射能量抑制效果,做不到更广泛、更综合的杂光抑制水平评价,也不适合编制在通用的杂光分析软件中。

4. 改进的点源透过率

前面提到的各种衡量光学系统杂散辐射抑制水平的指标,主要存在以下几点不足:

(1)适用范围有限,比如杂光系数大多用于测量仪器测量实物光学系统的结果,衍射抑制比只能描述完善遮挡的光学系统的衍射抑制能力。

(2)参数量不方便确定,比如点源透射率要求计算光学系统入瞳处的辐照度,而对于有些光学系统来说,入瞳所在的位置是非球面镜面或没有实面,入瞳处的辐照度不方便计算,还有些指标需要计算入口处的参数量,而有的光学系统入口并不好定义。

(3)参数选择不太合理,比如点源能量透过率和点源抑制比都是把入口和像面上的能量作比较,能量受影响的因素较多,当系统其他条件不变而入口位置不同时,即使系统的杂光水平没有变化,计算的结果可能也会有差异。

基于上述考虑,在点源透过率(PST)的基础上提出改进的点源透过率评价指标,称为改进的点源透过率(Advanced Point Source Transmittance,APST),定义为离轴角为 θ 的光源经光学系统在像面(焦平面)上形成的辐照度 $E_f(\theta)$ 与光源在光学系统遮光罩入口处的等效辐照度 $E_e(\theta)$ 之比,如图 10-22 所示,数学表达式为

$$\mathrm{APST}(\theta) = \frac{E_f(\theta)}{E_e(\theta)} \tag{10-65}$$

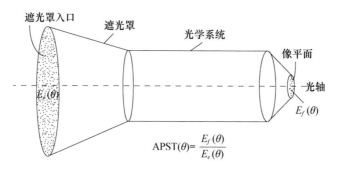

图 10-22　APST 计算示意图

根据目前大多数学者计算光学系统杂光水平实际采用的方法,该定义中的光源可以是点光源、grid 光源或者面光源等形式。入口明确定义为光学系统遮光罩入口面,如果系统没有遮光罩,入口则定义在距离光源最近的系统第一面处,计算的时候确保每一个离轴角下光源光束覆盖整个入口面,使得入口面处的辐照度形成均匀分布。如果光学系统是轴对称的,则 APST 只包含一个自由度天顶角 θ;如果是非轴对称的,则还需要考虑方位角 φ 的影响。定义中采用辐照度的比值,消除了入口面或者像面大小对计算结果的影响。

10.4.3　杂光系数与点源透过率的关系

如图 10-23 所示,将亮度均匀光屏上的每一个微小面元 dS 当作 PST 计算中的点光源,dS 是光屏上半径为 r 的环带上的面元,则有

$$\mathrm{d}S = r \cdot \mathrm{d}r \cdot \mathrm{d}\alpha \tag{10-66}$$

令该面元与光学系统入口中心连线和系统光轴的夹角为 θ,光学系统的透过率为 τ,则由 PST 的定义式(10 - 52),该面元在系统像面上引起的辐照度为

$$dE_d(\theta) = \tau \cdot PST(\theta) \cdot dE_i(\theta) \tag{10-67}$$

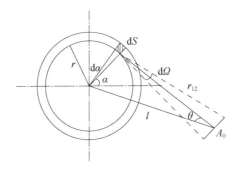

图 10 - 23　亮度均匀光屏在系统入口处的辐照度

由于光屏亮度均匀,因此可将光屏视为朗伯面,令垂直于该面元的光学系统入口对该面元所张的立体角为 $d\Omega$,面元 dS 的辐射亮度为 L,那么根据辐射度学,可以计算该面元在该立体角范围内发出的辐射通量为

$$d\Phi = L \cdot dS \cdot d\Omega \cdot \cos\theta \tag{10-68}$$

从图 10 - 23 可知

$$r_{12} = \frac{l}{\cos\theta} \tag{10-69}$$

$$r = l \cdot \tan\theta \tag{10-70}$$

$$dr = \frac{l}{\cos^2\theta}d\theta \tag{10-71}$$

将式(10 - 70)和式(10 - 71)代入式(10 - 66),得

$$dS = l^2\frac{\sin\theta}{\cos^3\theta}d\theta d\alpha \tag{10-72}$$

垂直于该面元的光学系统入口面积为 A_0,那么有

$$d\Omega = \frac{A_0}{r_{12}^2} \tag{10-73}$$

将上面相关公式代入式(10 - 68),得

$$d\Phi = L \cdot A_0 \cdot \sin\theta \cdot d\theta \cdot d\alpha \tag{10-74}$$

系统入口处的辐照度 $dE_i(\theta)$ 为

$$dE_i(\theta) = \frac{d\Phi}{A_0} = L \cdot \sin\theta \cdot d\theta \cdot d\alpha \tag{10-75}$$

将式(10-67)在整个环带上积分,可计算出离轴角为 θ 的入射光在像面上的照度为

$$E_d(\theta) = \int_0^{2\pi} \tau \cdot \mathrm{PST}(\theta) \cdot L \cdot \sin\theta \cdot \mathrm{d}\theta \cdot \mathrm{d}\alpha = 2\pi L \cdot \tau \cdot \mathrm{PST}(\theta) \cdot \sin\theta \cdot \mathrm{d}\theta$$

$$(10-76)$$

若光屏上黑斑对光学系统入口中心的角半径为 ω_0,那么此时光屏在像面上的照度为

$$E_B = \int_{\omega_0}^{\pi/2} E_d(\theta) \mathrm{d}\theta = 2\pi L\tau \int_{\omega_0}^{\pi/2} \mathrm{PST}(\theta) \cdot \sin\theta \cdot \mathrm{d}\theta \qquad (10-77)$$

式中: E_B 为光屏上有黑斑时像面上的辐照度。

在计算光屏上无黑斑时像面上的辐照度之前,假设被测光学系统的焦距为 f',相对孔径为 $1/F$,像方孔径角为 U',入瞳直径为 D,光屏的辐亮度为 L,根据辐射度学理论可以计算此时光学系统像面中心的辐照度为

$$E = \pi L\tau \cdot \sin^2 U' \qquad (10-78)$$

对于摄影物镜和望远物镜,相对孔径 $D/f \approx 2\sin U'$,所以无黑斑的光屏在像面上的辐照度为

$$E = \frac{\pi L\tau}{4F^2} \qquad (10-79)$$

根据定义,杂光系数 ν 可以写为

$$\nu = \frac{E_B}{E} = \frac{2\pi L\tau \int_{\omega_0}^{\pi/2} \mathrm{PST}(\theta) \cdot \sin\theta \cdot \mathrm{d}\theta}{\pi L\tau/4F^2} = 8F^2 \int_{\omega_0}^{\pi/2} \mathrm{PST}(\theta) \cdot \sin\theta \cdot \mathrm{d}\theta$$

$$(10-80)$$

式(10-80)给出了杂光系数 ν 与点源透过率 PST 之间的函数关系。

▶▶▶ 10.5　杂散辐射防护设计

　　杂散辐射的防护分析是研究造成系统对比度或成像质量降低的各种杂散辐射,包括它的来源、传输路径和像面上的分布。杂散辐射防护分析包括实验和理论研究等专业领域,这些领域包括:①光学设计;②机械设计,包括系统元件的形状和尺寸确定和优化;③每个表面在不同角度下的散射和反射特性;④对有些系统来说还要考虑热辐射特性;⑤还可能涉及光谱特性、空间分布、偏振等。每个领域只专注某一方面的研究,而杂散辐射分析则需要将各领域的问题集中考

虑,具有很大的难度。

探测器技术、光学设计软件、衍射极限的光学设计、制造技术和测试等方面的发展都要求传感器具有较低水平的杂散辐射。因此,提倡将满足这一要求的杂散辐射防护分析纳入到初期的方案设计中。在初始方案中所接受的决定,一般是经过努力论证的,往往不会轻易撤销,有益于系统性能的保障。在整个系统设计完成之后再额外考虑杂散辐射的防护措施是比较困难的,也不如在初期方案设计中就考虑杂散辐射的抑制效果。

10.5.1　关键表面和被照射表面

杂散辐射分析一般采用反向分析方法,即从探测器平面向前分析。从探测器平面向前看,能够"看到"的表面是探测器能量的贡献源,称这些表面为关键表面。因此,从另外一个角度来讲,杂散辐射防护就是尽量减少探测器视场内的关键表面数量。

1. 真实空间的关键表面

许多卡塞格林望远镜的次镜遮光罩都设计成锥形(图 10 – 24),然而,这种锥形次镜遮光罩的一部分可以被探测器直接"看到"。大部分的杂光能量可以从探测器"看到"它入射到次镜遮光罩上,即使给次镜遮光罩添加具有良好涂层的挡光环结构,对探测器的能量贡献仍然很大。如果将锥形变得更加接近于圆柱形,则形成关键表面的锥表面量将大幅减少,而且在探测器上的投影面积也会减小(图 10 – 25),也就达到了减小到达探测器杂光能量的目的。

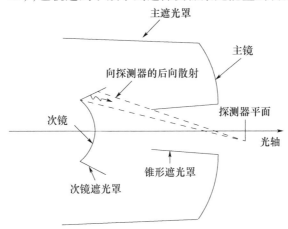

图 10 – 24　锥形次镜遮光罩向探测器的直接散射

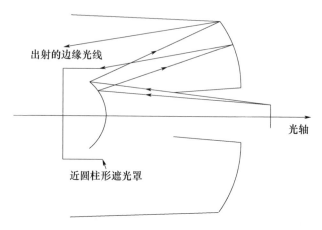

图 10－25　近似圆柱形次镜遮光罩减少关键表面量

次镜遮光罩不能制作成圆柱形,因为圆柱的外表面有可能会被探测器"看到"。探测器的大小是有限的,从主镜出射的扇形光束有可能再入射到望远镜的视场内。尽管圆柱形次镜遮光罩不能被从探测器上的轴上点"看到",但是轴外的点在一定角度内也有光束,因此一个圆柱形的次镜遮光罩可能会从某一离轴位置被探测器"看到"。

2. 被成像的关键表面

被成像的表面(表面的像如果能被探测器"看到",此表面就称为被成像的表面)通常也是关键表面,也可以被探测器"看到"。从图 10－26 可知,从次镜反射的是探测器和锥形遮光罩内壁的像,在有些系统中,锥形遮光罩的外壁也有可能在反射中被探测器"看到",这些都是被成像的关键表面。如果想去除这些像,可以通过在次镜上加中心遮拦,或者给锥形遮光罩加一个与像平面共心的球面镜等措施来消除这些影响。

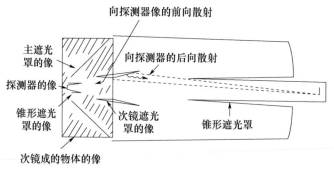

图 10－26　次镜遮光罩向探测器的反射散射

3. 被照射表面

在物空间从杂光源位置往系统里看,此时能够看到的表面是直接接收杂光能量的表面,称为被照射表面。如果被照射表面的部分区域可以被探测器"看到",那么就要首先考虑消除这些路径。因为这些路径是唯一只经过一次散射就能到达探测器的路径,与其他杂光路径相比通常是最严重的。图 10 - 27 给出了从杂光源到卡塞格林望远镜的锥形遮光罩内壁的一次散射路径,可以通过延伸主遮光罩镜筒、增加次镜遮光罩直径的遮挡比例,或者通过减小视场将次镜遮光罩和锥形遮光罩互相延伸等措施来减小这些路径的辐射,如图 10 - 28 所示。

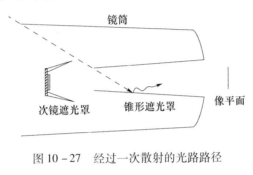

图 10 - 27　经过一次散射的光路路径

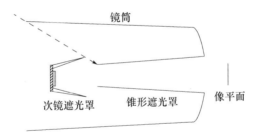

图 10 - 28　增加遮拦比阻挡直接进入锥形遮光罩内的光路

10.5.2　遮光罩和挡光环设计

光学系统形式不同,遮光罩也可以做成不同形状,如立方体形、立方锥形、圆锥或圆柱形等筒状结构。当涂料的消光能力不足时,就需设计带有挡光环结构的遮光罩装置。挡光环是安置在遮光罩内壁上的能够散射光的特殊结构,能够改善遮光罩内壁散射特性。遮光罩普遍安置在望远镜入口与第一个光学元件(受保护对象)之间,用来阻止视场外的光线直接入射到第一个光学元件上。当外光源的能量不是很强时,遮光罩的杂光抑制作用非常明显,通常系统的性能也是非常优良的。当杂光源具有非常巨大的能量时,比如太阳,从遮光罩内壁散射回来的杂光将变得可测。

1. 遮光罩设计

R–C望远镜具有大口径、无色差、反射波段宽的特点,同时解决了卡塞格林系统没有校正轴外像差的不足。由于消除了彗差,R–C望远镜的可用视场比其他形式的卡塞格林望远镜更大一些,并且像斑呈对称的椭圆形。如果采用弯曲底片,视场会更明显地增大,像斑则呈圆形。凭借各种优势,R–C望远镜已被广泛应用于空间光学遥感器系统中。

然而,R–C望远镜受外部杂散辐射的影响较大。对于R–C望远镜来说,系统的外部杂散辐射可能不经主、次镜而通过物空间直接进入像面,成为一次杂光,降低成像质量,严重时会将整个图像湮没。即使光线不会直接到达像面,通过镜筒内壁反射、散射引起的杂光也相当严重。为减少杂散辐射对R–C望远镜的影响,优良的遮光罩设计是非常必要的。由于R–C系统存在中心遮拦、一次杂光等问题,因此,R–C望远镜的遮光罩设计一般应遵循以下三条原则:尽量减小中心遮拦;消除一次杂光;尽量使到达像面的杂光经过多次衰减。

(1)内遮光罩设计。

由于外遮光罩的最小长度取决于内遮光罩的参数,因此遮光罩的计算应该先计算内遮光罩的各参数,然后根据内遮光罩的参数计算得到外遮光罩所需最短的长度。主镜和次镜上的内遮光罩通常成圆锥形,它们应能阻挡外遮光罩的反射光线和以任意角度直接入射的光线到达像平面。图10-29所示为通过光线追迹的方法得到内遮光罩的边缘点B_1、B_2的光路示意图。

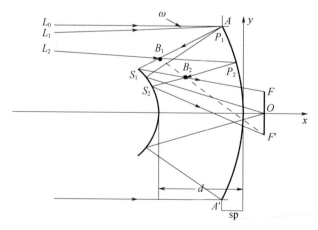

图10-29 望远镜中主要光线的路径

如图 10 - 29 所示, 入瞳 AA' 设置在主镜上, 系统视场角为 2ω, 主镜的曲率半径和偏心率分别是 R_1 和 e_1^2, 次镜的曲率半径和偏心率分别是 R_2 和 e_2^2。光线 L_0 以 $0°$ 视场角平行于光轴从入瞳边缘入射到主镜的边缘, 经过次镜反射到达像平面的中心点 O; L_1 以 ω 视场角从入瞳边缘入射到主镜边缘点 P_1, 由于 L_1 是视场边缘光线, 所以经主镜反射后到达次镜的上边缘点 S_1, 再经次镜反射到达像平面的上边缘点 F, 因此 L_1 确定了主镜、次镜和像平面的上边缘; L_2 是以 $-\omega$ 视场角入射, 经主镜、次镜反射后能到达像平面下边缘点 F' 的一条光线, 与 L_1 有两个交点, 分别是 B_1 和 B_2, 点 B_1, B_2 是次镜和主镜内遮光罩的边缘点。如果 B_1, B_2 和 F' 位于同一条直线上, 此时点 B_1, B_2 确定的内遮光罩尺寸和口径是最佳值。原因在于: 如果 B_1B_2 的延长线交于 FF' 中间一点, 则此时 B_1B_2 附近方向的杂光可以直接入射到像平面, 没有满足阻挡直接入射到像平面上的杂光的条件; 如果 B_1B_2 的延长线交于 FF' 延长线上, 此时虽然能阻挡直接入射到像平面上的杂光, 但是遮光罩设计得过大了, 不利于遥感器的轻量化要求。

根据上述分析, 在 xy 平面内利用二次曲面光路计算公式推导出遮光罩设计公式。入射光线 L 的方程为

$$y = \tan\alpha(x - x_0) + y_0 \qquad (10 - 81)$$

主镜横截面 AA' 方程为

$$y^2 = (e_1{}^2 - 1)x^2 + 2R_1 x \qquad (10 - 82)$$

L 在主镜上的投射点的坐标为 (s_1, h_1), 即

$$s_1 = \cfrac{(y_0 + \tan\alpha x_0)}{(R_1 + \tan\alpha y_0 + \tan^2\alpha x_0)\left[1 + \cfrac{\sqrt{R_1{}^2 + 2R_1\tan\alpha(y_0 + \tan\alpha x_0) + (e_1{}^2 - 1)(y_0 + \tan\alpha x_0)^2}}{|R_1 + \tan\alpha y_0 + \tan^2\alpha x_0|}\right]}$$

$$\qquad (10 - 83)$$

$$h_1 = \tan\alpha(s_1 - x_0) + y_0 \qquad (10 - 84)$$

主镜反射光线方程为

$$y = \tan\left(2\arctan\frac{h_1}{R_1 + (e_1{}^2 - 1)s_1} - \alpha\right)(x - s_1) + h_1 \qquad (10 - 85)$$

次镜方程为

$$y^2 = (e_2{}^2 - 1)(x - d)^2 + 2R_2(x - d) \qquad (10 - 86)$$

L 在次镜上的投射点的坐标为 (s_2, h_2), 即

$$s_2 = \cfrac{h_1 - k(d - s_1)}{(R_2 + kh_1 + k^2d - k^2s_1)\left[1 + \cfrac{\sqrt{R_2{}^2 + 2R_2k[y_1 + k(d - s_1)] + (e_2{}^2 - 1)[y_1 + k(d - s_1)]^2}}{|R_2 + kh_1 + k^2d - k^2s_1|}\right]}$$

$$(10-87)$$

$$h_2 = k(s_2 - s_1) + h_1 \qquad (10-88)$$

$$k = \tan\left(2\arctan\frac{h_1}{R_1 + (e_1{}^2 - 1)s_1} - \alpha\right) \qquad (10-89)$$

$$h_i = y_2 - (f_s + s_2)\tan\left\{2\left[\arctan\frac{h_1}{R_1 + (e_1{}^2 - 1)s_1} - \arctan\frac{h_2}{R_2 + (e_2{}^2 - 1)s_2}\right]\right\}$$

$$(10-90)$$

式（10-81）~ 式（10-90）就组成了 R-C 望远镜的光线追迹方程组，通过这个光线追迹方程组可以求得光线在主镜、次镜上投射点坐标 (s,h)，以及在像平面上的投射高 h_i。字符下脚标约定如下：第一个脚标 0——起始点，1——主镜，2——次镜；第二个脚标表示光线序号。因此，L_0 的起点 $x_{00} = 0$，$y_{00} = D/2$，$i = 0$，根据式（10-81）~ 式（10-90）可以方便地求得 L_0 在主镜、次镜上的投射点 (s_{10}, h_{10})、(s_{20}, h_{20})，以及在像面上的投射高 h_{i0}；L_1 的起点 $x_{01} = s_{10}$，$y_{01} = D/2$，$i = \omega$，根据式（10-81）~ 式（10-90）可以方便地求得 L_1 在主镜、次镜上的投射点 $P_1(s_{11}, h_{11})$、$S_1(s_{21}, h_{21})$，以及在像面上的投射高 h_{i1}；L_2 的起点 $x_{02} = s_{10}$，$y_{02} = d_1$，$i = -\omega$，根据式（10-81）~ 式（10-90）可以方便地求得 L_2 在主镜、次镜上的投射点 $P_2(s_{12}, h_{12})$、$S_2(s_{22}, h_{22})$，以及在像面上的投射高 h_{i2}，其中只有 d_1 未知。然后分别求直线 P_1S_1 与 L_2P_2 的交点 $B_1(X_1, Y_1)$ 以及 S_1F 与 S_2P_2 的交点 $B_2(X_2, Y_2)$。

根据内遮光罩尺寸和口径的最佳值限制条件，B_1，B_2，F' 应该在同一条直线上，即

$$\frac{Y_1 + h_{i2}}{X_1 - f_s + d} = \frac{Y_2 + h_{i2}}{X_2 - f_s + d} \qquad (10-91)$$

根据式（10-91）即可求出 d，此时点 $B_1(X_1, Y_1)$，$B_2(X_2, Y_2)$ 可以唯一确定，那么主镜遮光罩直径 $D_p = 2Y_2$，长度 $L_p = X_2$；次镜遮光罩直径 $Ds = 2Y_1$，长度 $Ls = X_1 - d$。

（2）外遮光罩设计。

从理论上来讲，外遮光罩愈长对杂散光防护愈有利，但是轻量化的航天遥感器对尺寸和重量的要求非常严格，因此外遮光罩不能无限地延长。为了阻止直接辐射到像面上的视场外的杂光源，目前在工程上一般要求外遮光罩的边缘

至少要与主镜、次镜内遮光罩上边缘点位于同一条直线上。在此基础上,可以在工程要求的范围内延长外遮光罩长度。

如图 10 – 30 可知,外部杂光源(太阳、月亮、地球)从外遮光罩边缘点 B_3 以小于或者大于虚线的入射角辐射,都将入射到主镜或次镜遮光罩的外壁;外部杂光源即使沿着直线 B_1B_2 辐射进入内遮光罩内部,由于内遮光罩的完善设计,也不能直接到达像面。

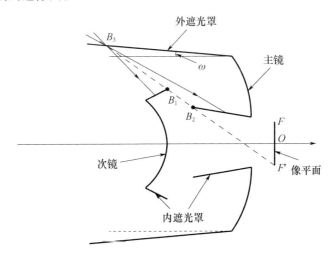

图 10 – 30　带锥角的外遮光罩长度计算

式(10 – 91)确定了点 B_1 和点 B_2 的坐标,因此直线 B_1B_2 的方程为

$$y = -\frac{y_2 - y_1}{x_2 - x_1}(x - x_1) + y_1 \qquad (10 - 92)$$

L_0 在主镜上的投射点 P_1 的坐标为 (s_{10}, h_{10}),因此直线 B_3P_1 的直线方程为

$$y = -\tan\omega(x - s_{10}) + h_{10} \qquad (10 - 93)$$

式(10 – 92)、式(10 – 93)联立,可求得直线 B_1B_2 与直线 B_3P_1 的交点 B_3 坐标为

$$x = \frac{\tan\omega s_{10} + h_{10} - y_1 - (y_2 - y_1)x_1/(x_2 - x_1)}{\tan\omega - (y_2 - y_1)/(x_2 - x_1)}$$

$$y = -\tan\omega\left[\frac{h_{10} - y_1 - (y_2 - y_1)(x_1 - s_{10})/x_2 - x_1}{\tan\omega - (y_2 - y_1)/x_2 - x_1}\right] + h_{10}$$

式中:(x, y) 为外遮光罩的边缘点 B_3 坐标。

2. 挡光环设计

挡光环的作用是使外部杂散辐射在到达主镜之前至少经过两次以上的反射,有利于在遮光罩和挡光环表面涂消光漆的前提下大大衰减到达主镜的杂散辐射能量。为了满足反射两次以上的条件,一种常用的挡光环设计方案如图 10-31 所示。

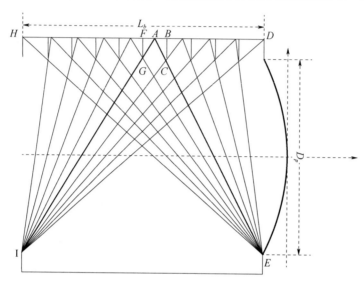

图 10-31　挡光环的设计方案

图 10-31 中 L_b 是遮光罩的长度,D_p 是主镜的口径,BC 是挡光环的高度,BF 是挡光环的间距。由于三角形 $\triangle ADE$ 和 $\triangle ABC$ 是相似三角形,因此有

$$\frac{AB}{AD} = \frac{BC}{BC + D_p} \tag{10-94}$$

同理可得

$$\frac{AF}{AH} = \frac{FG}{FG + D_p} \tag{10-95}$$

$$BC = FG \tag{10-96}$$

$$AD + AH = DH = L_b \tag{10-97}$$

根据式(10-94)~式(10-97)解得

$$BF = \frac{L_b \times BC}{BC + D_p} \tag{10-98}$$

式(10-98)就是挡光环间隔与挡光环高度、遮光罩长度和主镜口径的关系式。

我们在研究中发现,挡光环的结构形式对杂散光抑制效果也起关键作用。在分析挡光环旧的结构形式基础之上,设计了一种结构更加合理、对杂散光抑制能力更强的新型挡光环结构形式。图 10-32 为三种典型的旧结构形式挡光环。

用作图法,以上三种方案挡光环抑制杂散光的示意图如图 10-33 ~ 图 10-36所示,假设水平向右为镜筒内部的方向。

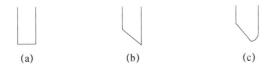

图 10 − 32　三种典型的挡光环结构形式

(a)直面型挡光环;(b)斜面型挡光环;(c)圆弧型挡光环。

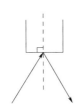

图 10 − 33　直面型挡
光环边缘处的光线

图 10 − 34　斜面型挡光环
边缘处的光线

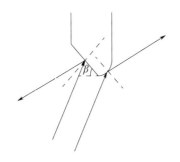

图 10 − 35　圆弧型挡
光环边缘处的光线

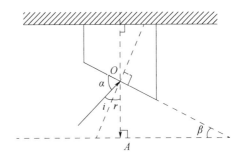

图 10 − 36　斜面型挡光环抑制
杂光的角度示意图

由图 10 − 33 ~ 图 10 − 35 可知,任何角度和方向的入射光线入射到挡光环边缘时,光线都会向镜筒内部方向反射。由图 10 − 36 可知,只有位于垂直于筒壁的垂线 OA 右侧的反射光线才指向镜筒的内部,即反射角大于 r 的反射光线有可能会经镜筒进入光学系统,并最终到达像面影响成像质量。很明显,图 10 − 36 中 α 角范围内入射的光线经挡光环斜面反射后,反射光线则指向镜筒的内部,即 α 角是挡光环斜面无法抑制的角度。根据图 10 − 36 可知

$$\alpha = 90° - i \qquad (10 - 99)$$

$$i = r \qquad (10 - 100)$$

$$r = \beta \qquad (10 - 101)$$

$$\alpha = 90° - \beta \tag{10-102}$$

因此,这种斜面型挡光环损失的杂散光抑制的角度范围为 $90° - \beta$,β 为挡光环斜面与镜筒壁之间的夹角。由图 10 - 35 可知,该圆弧型挡光环损失的杂散光抑制范围是圆弧区域和斜面处的 $90° - \beta$ 角度范围。

从挡光环旧设计方案的杂散光抑制示意图(图 10 - 33 ~ 图 10 - 36)可以看出,面型是影响挡光环抑制杂散光效果的重要因素,所以在新的设计中应找到一种面型使得入射到挡光环边缘的光线尽可能向镜筒外部反射。根据这一思想,提出球形曲面结构的挡光环。

由于经球心的入射光线都与球面的法线重合,所以只有经球面的入射光线,其反射方向才与入射方向不同。但是,球面的每一条法线都把球面平分,所以经球面的入射光线,其反射光线也一定交于球面,且与入射光线分别位于两个半球内,如图 10 - 37 所示。因此,只要保证挡光环内侧边缘与球体相切,形成的面型就满足反射光线指向镜筒外部的要求,最终形成符合要求的挡光环如图 10 - 38 所示。

图 10 - 37　球形曲面光线反射示意图　　　图 10 - 38　球面结构的挡光环示意图

下面将三种已有结构的挡光环和新结构的挡光环分别在 Tracepro 中建立对应的镜筒模型,来模拟实际的杂散光抑制效果。四个镜筒的大小和通光口径都相同,挡光环按照梯度形式布置,光线追迹初始条件为:光线数 4681 条;初始能量 46.81W;镜筒和挡光环所有表面的吸收率为 80%;透射率为 0;表面反射率为 20%。

根据四种镜筒模型的实际光线追迹结果(图 10 - 39 ~ 图 10 - 42)可知,带有球形曲面挡光环的镜筒抑制杂散光的能力最好,斜面型的次之,圆弧型的较次之,直面型的杂散光抑制能力最差。图 10 - 42 中镜筒出口处杂散光能量为 0W,这是因为要减少光线追迹的时间,在光线追迹初始条件中光线数量需要设置得比较少,如果把光线数量设置更多一些,出口处的杂散光能量则会大于

0W,但是在四种模型的初始条件设置一样的情况下对分析杂散光抑制能力的强弱是没有影响的,不会影响他们杂散光抑制能力的高低趋势。

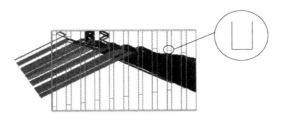

图 10 – 39　直面型挡光环的光线追迹结果

（镜筒出口处杂散光能量为 1.1573W）

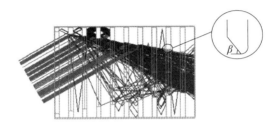

图 10 – 40　圆弧型挡光环的光线追迹结果

（镜筒出口处杂散光能量为 0.40455W）

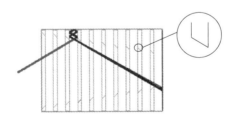

图 10 – 41　斜面型挡光环的光线追迹结果

（镜筒出口处杂散光能量为 0.0001056W）

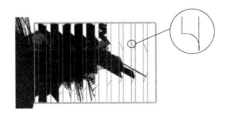

图 10 – 42　球形曲面挡光环的光线追迹结果

（镜筒出口处杂散光能量为 0W）

10.5.3　光阑的设计与使用

所有的光学系统都至少有一个孔径,称为孔径光阑。有的光学系统可能还有视场光阑和利奥(Lyot)光阑。每一种光阑类型在杂散辐射抑制方面的作用都是不一样的,其在光学系统中的不同位置也会明显影响系统的性能。用光阑的组合抑制杂散辐射,是杂散辐射防护问题首先应当考虑的措施。

(1)孔径光阑。

孔径光阑能够限制入射光束的大小,有时候光学设计人员会通过移动孔径光阑来平衡像差,在杂散辐射防护设计中孔径光阑也起到同样的重要作用。在光学系统中,除了光学元件、中心遮拦、视场渐晕的物体之外,孔径光阑前面空间中的所有非成像物体都不能被探测器"看到",而在孔径光阑到像面之间的各种表面对探测器是可见的,即孔径光阑限制了关键表面的数量。但是,有些情况下孔径光阑前面的表面可以被"看到",这超越了孔径光阑的能力。图 10-43 和图 10-44 分别是两镜反射系统和三镜折射系统,这两个系统的孔径光阑都放置在了第一面镜子上,并且为了满足视场光阑决定的视场容量都加大了第二面镜子的尺寸。由于加大第二面镜子尺寸的缘故,第一和第二面镜子间的主遮光罩部分会被"看到",于是就变成了关键表面。

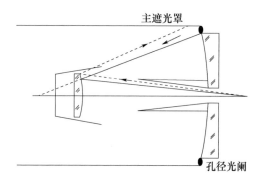

图 10-43　增大尺寸的次镜使得主遮光罩的部分成了关键表面

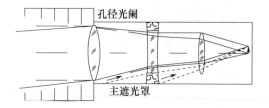

图 10-44　增大尺寸的第二面镜子使得主遮光罩的部分成了关键表面

如果沿着光路将孔径光阑向探测器平面移动,则光学系统的杂散辐射抑制能力将会增强。如果将孔径光阑移动到第二面镜子上,第一和第二面镜子间的镜筒变得不可见,就彻底将遮光罩从探测器的视场中消除掉了,使之变成非关键表面。通过移动孔径光阑可以降低系统的点源透过率 PST(如图 10 - 45 所示),在杂散辐射防护设计中有时也会考虑这种措施。

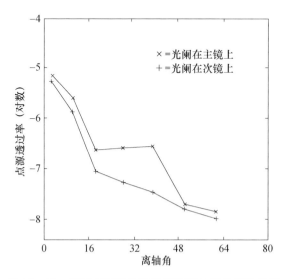

图 10 - 45　光阑在不同位置时的两镜系统的 PST 曲线

(2)视场光阑。

在光学系统中的中间像面处放置一个孔径可以起到限制视场的作用,这种孔径称为视场光阑。视场光阑可以阻止视场外的杂光直接在超出视场光阑孔径的系统上成像。与孔径光阑相反,视场光阑后的镜筒表面不能从视场外的物空间看到,即视场光阑限制了被照射表面的面积。视场光阑后面的光学元件超出视场外的关键部分可能通过视场光阑从像面区域"看到",必须用孔径光阑阻挡这样的光路,如图 10 - 46 所示。虽然对于某些设计,视场光阑由于系统像差的存在而不是 100% 有效的,但小尺寸的视场光阑将有效地减少杂光数量。视场光阑并没有减少关键表面,而是限制了被照射物体能量的传输。

(3)利奥光阑。

一个被安置在孔径光阑的像面位置的约束孔径,称为利奥光阑或消杂光光阑,与孔径光阑具有相同的作用。一般利奥光阑比孔径光阑的像略微小一些,这样利奥光阑可以阻挡从孔径光阑和视场光阑组合中通过的衍射能量,最终只有二阶和更高阶小的衍射能量到达像面,满足光学系统中的衍射能量限制条

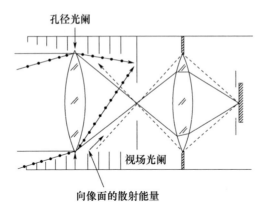

图 10 - 46　视场外的能量可能到达像面

件。利奥光阑限制了视场外的关键区段到达它后面空间的目标上,而且在光路上更加接近探测器,因此被接收器"看到"的关键表面数量进一步减少。在二次成像光学系统中,可以充分利用利奥光阑的特点来抑制杂散辐射。

第11章

空间自适应光学设计

▶▶▶ 11.1　自适应光学概述

寻求获得接近衍射极限水平的光波质量是人类长期追求的目标,但传统光学技术无法解决动态波前扰动对光波质量的影响问题。如在探知太空的天文观测活动中,地基天文望远镜的分辨率由于受到大气湍流的影响,即使口径增大,设计、加工水平提高,也无法获得衍射极限的水平。为解决该问题,光学设计者创立了一个光学新分支——自适应光学(Adaptive Optics,AO),目前世界上大型的望远镜系统都采用了自适应光学系统,自适应光学的出现为改善光学仪器成像质量、提高光波质量提供了新的研究方向。

经过近60年的发展,在传统自适应光学基础上,又涌现出了激光导星自适应光学(Laser Guide Star Adaptive Optics,LGSAO)、多层共轭自适应光学(Multi – Conjugate Adaptive Optics,MCAO)、激光层析自适应光学(Laser Tomography Adaptive Optics,LTAO)、近地层自适应光学(Ground Layer Adaptive Optics,GLAO)、超级自适应光学(Extreme Adaptive Optics,XAO)和多目标自适应光学(Multi – Object Adaptive Optics,MOAO)等专门技术,现已应用于天文学、军事及空间光学领域,例如:在天文学领域,用于克服大气湍流形成的波前动态扰动,提高光学仪器的分辨率及信噪比;在军事领域,用于侦察、识别、跟踪、指向,提高高能束到达靶标的能量密度;在空间光学领域,用于遥感、战略防御、通信等,克服设计、制造及热、结构变形等误差。

自适应光学在校正光学系统动态误差方面具有独特的优势。由于波前误差源的时频和空频特性各异,相应的自适应光学系统所采用的波前传感和校正

341

方法有所不同,校正器件亦是种类繁多。因此自适应光学需要集成光、机、电、热、计算机、控制等多门学科的专门知识,是一门以多学科为基础,以实际波前误差为根据,实时校正波前误差的学科。

国际上,通常把校正低频误差源的光学系统称为主动光学(Active Optics)系统,主动光学的研究内容与自适应光学极其相似,两者的主要区别是误差源、传感器和校正器不同。前者的误差源主要是系统内部误差、温度与重力变形、加工与安装误差等低频误差,频带通常低于 0.1 Hz,但是幅度可以远大于几个波长。二者的共同点是主要的,特别是在 0.1 Hz 附近的低频区,二者是重叠的,更难区分。在本章中所涉及的自适应光学理论与应用亦包括了主动光学的内容。

本章着重阐述自适应光学在空间对地遥感中的应用。空间对地遥感系统成像质量一方面取决于光学系统自身的设计、制造、装调,另一方面与系统热变形、力学变形、遥感器平台抖动等诸多影响因素有关。为了实现空间光学遥感器高分辨率成像的目标,必须对系统中误差源的特性及其对像质的影响进行详细分析,同时采取必要的措施将误差限制在可以接受的范围以内。当对系统的像质要求很高时,采用自适应光学系统(主动光学)校正波前误差是较为常用的解决办法,在有些情况下甚至是唯一可行的解决办法。北京理工大学在 2004—2008 年期间,开展了新型空间光学系统自适应光学理论与方法研究,填补了我国在大型空基光学系统自适应光学校正研究领域的空白;2008 年,利用相位差异法实现了空间光学遥感器大动态范围高精度波前传感的仿真研究及实验验证;2009 年,对高分辨率空间光学遥感器的宽视场自适应光学校正进行了初步的实验研究。从 2005 年至今,北京理工大学一直从事空间自适应光学系统的理论、方法研究及实验验证工作,在空间自适应光学领域获得了丰硕的成果。

随着自适应光学技术的发展,其应用于空间遥感领域亦受到愈来愈多的重视。空间对地遥感中的自适应光学主要用于在空间环境下实时探测和主动校正热变形、力学变形、分块镜共相位误差、光轴抖动等误差。它与应用于地基大型天文望远镜、主要校正大气扰动影响的自适应光学在主要误差源及应用环境方面显然不同,即使与同样用于空间环境的空间望远镜(如哈勃望远镜)的自适应光学相比,在视场要求、空间光学环境方面也有明显的区别。本章从自适应光学的基本原理着手,简述了自适应光学系统组成、误差源、性能评价标准,并介绍了自适应光学波前传感、校正与控制方法及相关器件,之后以自适应光学应用于大口径分块式主镜空间对地遥感系统为例,详述了空间自适应光学系统方案及关键技术。

11.2　自适应光学基本理论

11.2.1　自适应光学基本原理

自适应光学的核心内容是实时地校正光束的波前畸变,以提高光学系统的成像质量。其基本原理是相位共轭(Phase Conjugation),存在相位误差的光场可表示为

$$W_1 = |A| e^{i\varphi} \qquad (11-1)$$

式中:φ 为由扰动造成的光场相位起伏。自适应光学系统的作用是在系统中产生与入射光场共轭的调制,即

$$W_2 = |A| e^{-i\varphi} \qquad (11-2)$$

于是,上述两个光场叠加的结果使相位误差得以补偿输出近平面波光场。根据光学原理,一束无像差的平面波经理想光学系统后,可以得到达衍射极限分辨率的像。自适应光学通常只校正相位误差,对原始光场的振幅没有影响。在某些振幅误差也较大的场合,校正效果会受到影响,但对大多数应用而言,仅仅校正相位误差已经足够满足实际需要了。

根据相位共轭的工作原理,自适应光学系统可以分为校正式自适应光学系统、非线性光学式自适应光学系统和解卷积式自适应光学系统。目前校正式自适应光学系统已趋成熟,得到实际应用。校正式自适应光学系统又可分为相位共轭自适应光学系统、成像补偿自适应光学系统、高频振动自适应光学系统和像清晰化自适应光学系统。其中,相位共轭和高频振动自适应光学系统用于发射激光的系统,目的是使目标上的功率密度最大;而成像补偿和像清晰化自适应光学系统用于成像系统,目的是使影像最清晰。

11.2.2　自适应光学系统组成

以校正式自适应光学系统为例,它采用波前传感器实时测量入射光的位相,通过可以任意变形的光学元件产生可控的光学相移,实时补偿入射光的波前像差,使入射光经波前校正器后输出平面波/球面波。目前校正式自适应光学系统已趋于成熟,应用也最为广泛。典型的校正式自适应光学系统组成如图 11-1 所示。

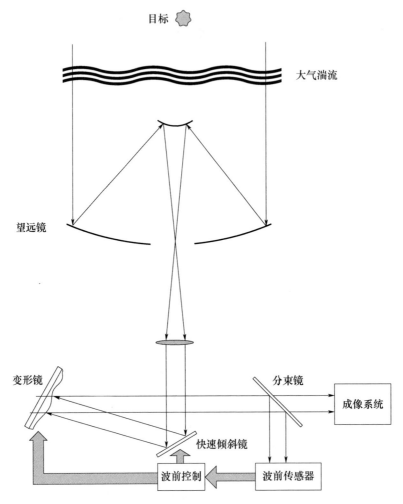

图 11 - 1　典型的用于天文观测的校正式自适应光学系统组成
（由波前传感器、波前校正器和控制单元三部分构成）

　　传统的校正式自适应光学系统主要由波前传感器（WaveFront Sensor, WFS）、波前校正器和控制单元（Control System）三部分构成。波前传感器用于测量波前误差，控制单元根据波前误差信息驱动变形镜施加校正。波前校正器又可分为变形镜（Deformable Mirror, DM）和快速倾斜镜（Tip - Tilt Mirror）。

11.2.3　自适应光学系统误差源

　　由于超薄超轻可展开式分块主动主镜的空间对地遥感系统工作于空间环

境,且采用分块式主镜,因此当光学系统在轨工作时,会受到大气湍流、热,力,光学设计、加工、装调、检测,卫星体扰动等诸多因素影响,因此本节以采用超薄超轻可展开式分块主动主镜的空间对地遥感系统为研究对象。

卫星上天前,遥感成像光学系统含有设计、加工、装调误差。上天后,一方面,由于发射过程的加速过载、冲击和振动,以及主镜展开,会使分块镜的位置误差增大;另一方面,卫星在轨工作时,热、力、卫星平台抖动等空间环境会对系统像质产生影响。此外,自适应光学系统对地观测时,由于大气湍流存在,大气扰动对系统分辨率亦会产生影响。综上,空间自适应光学系统误差源如图 11－2 所示,体现自适应光学系统功能要求的误差校正关系如图 11－3 所示。

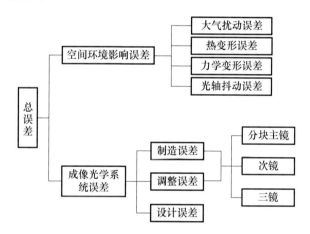

图 11－2　空间自适应光学系统主要误差源

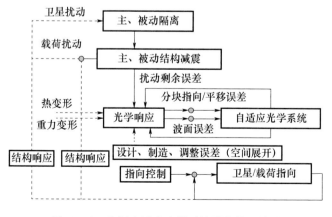

图 11－3　空间自适应光学系统误差校正关系

11.2.3.1 大气扰动误差

1. 基本理论

大气湍流是大气运动的重要形式之一,受到太阳辐射和人类活动等因素的影响,大气风速和大气密度会产生随机变化,最终导致大气层的折射率随着空间位置和时间的变化而变化,并对光波、声波、电磁波的传播产生一定的影响。因此,研究大气湍流对光波传输的影响十分重要。

1883 年,雷诺引入了雷诺数来表征流体的特性,即

$$Re = \frac{u^3/L}{\nu u^2/L^2} = uL/\nu \qquad (11-3)$$

式中:u 为流体特征速度;L 为流体特征尺度;ν 为流体运动黏滞系数;Re 为雷诺数。雷诺数表示湍流的动能与耗散能之比,表征黏性影响的程度。

当流体特征速度增加时,雷诺数增加,到达一定临界值后层流运动开始转化为湍流运动,并形成相同特征尺度的涡旋,这个特征尺度定义为大气湍流外尺度,记为 L_0。L_0 的取值一般在十几米到数百米的范围内。随着雷诺数继续增加,湍流继续演化,大涡漩内部流速会起伏变化。为方便描述,引入内雷诺数,即

$$Re = \frac{l\nu_1}{\nu} \qquad (11-4)$$

式中:l 为涡旋流动的特征尺度;ν_1 为与特征尺度相当的起伏速度。随着内雷诺数增加到一定临界,大涡漩会分裂为许多小涡旋,小涡旋继续分裂,能量随之扩散出去。雷诺数随着湍流尺度降低,降到某一数值后湍流运动区域稳定,动能全部转化为内能。此时涡旋的最小特征尺度,称为湍流的内尺度 l_0,一般在毫米级别。

(1)Kolmogorov 模型。

现代大气湍流理论基于 Kolmogorov 提出的局部均匀各向同性的湍流理论。Kolmogorov 假设,大气湍流整体上是非各向同性的,但在小尺度上可以近似地看作各向同性,并且在局部均匀各向同性的区域内,流体运动由摩擦力和惯性决定,当在大 Re 值时,该各向同性区域成为惯性子区域,其尺度在 $l_0 \leq r \leq L_0$ 内。同时,Kolmogorov 提出用结构函数的方法来描述大气湍流,即著名的“三分之二定律”,可表示为

$$D_n(r) = \langle [n(r_1) - n(r_1+r)^2] \rangle = C_n^2 r^{2/3} \qquad (11-5)$$

式中:D_n 为大气折射率结构函数;$n(\cdot)$ 为空间某点的折射率函数;r 为空间坐

标;$\langle\cdot\rangle$为随机信号的系统平均;C_n^2为大气折射率结构常数。在几何光学近似条件下,不考虑光波对振幅起伏以及光波在传输路径上受到的衍射效应的影响,沿着大气传输的路径对折射率起伏进行积分,得到接受孔径上的波前相位为

$$\phi(r) = \frac{2\pi}{\lambda} \int_0^L n(r,z)\mathrm{d}z \qquad (11-6)$$

式中:λ 为波长;L 为光波在大气中的传输距离。对应的相位结构函数为

$$D_n(r) = \langle [\phi(r_1+r) - \varphi(r_1)^2] \rangle \qquad (11-7)$$

(2)Von Karman 模型。

对于 Kolmogorov 湍流模型来说,其有效范围仅限于 $l_0 \le r \le L_0$。综合考虑大气内尺度以及外尺度的影响,对 Kolmogorov 模型归一化处理后得到 Kon Karman 模型。基于折射率起伏函数,Kon Karman 湍流模型的功率谱密度为

$$\varPhi_n(\kappa) = 0.033(2\pi)^{-2/3} C_n^2(h) \left[\kappa^2 + \left(\frac{1}{L_0}\right)^2 \right]^{-11/6} \exp\left(-\frac{\kappa^2}{\kappa_m^2} \right) \qquad (11-8)$$

式中:$C_n^2(h)$ 为大气折射率结构常数;L_0 为大气湍流外尺度;κ 为空间波矢;$\kappa_m = 5.92/l_0$。式(11-8)可以扩展到所有的 κ。对于天文观测来说,大气湍流的内尺度 l_0 一般可忽略,大气湍流的外尺度 L_0 对绝大多数观测有较大的影响。

2. 大气折射率结构常数

大气折射率结构常数 C_n^2 是大气光学的一个基本参数,它描述了大气折射率的起伏强度,表示湍流的强弱,其他重要的参数如大气相干长度 r_0、大气相干时间 τ_0、等晕角 θ_0 等都由 C_n^2 确定。不同地区的大气温度、气压、湿度以及风速变化都会影响到大气折射率结构常数,人们很难从理论上构建准确的折射率结构常数并阐明其性质,只能通过实验测量的数据来描述 $C_n^2(h)$。

大气折射率结构常数的大小与大气条件以及离地面的高度有关,随不同地区大气温度、气压和湿度及风速变化而变化。研究最早且沿用最多的是由 Hufnagel 等人建立的 $C_n^2(h)$ 随高度变化的模型。后来,人们根据外部环境条件变化,总结出了多种适合在不同条件下应用的大气折射率结构常数的模型,对应强湍流模型、弱湍流模型以及平均湍流模型。常见的几种湍流模型有以下两种:

(1)SLC-DAY 模型。该模型一般用于表征白天内陆的大气湍流情况,可表示为

$$C_n^2(h) = \begin{cases} 1.7 \times 10^{-14} & (0 \leqslant h \leqslant 18.5\mathrm{m}) \\ 3.13 \times 10^{-13}/h^{1.05} & (18.5 \leqslant h \leqslant 240\mathrm{m}) \\ 1.3 \times 10^{-15} & (240 \leqslant h \leqslant 880\mathrm{m}) \\ 8.87 \times 10^{-7}/h^3 & (880 \leqslant h \leqslant 7200\mathrm{m}) \\ 2 \times 10^{-16}/h^{1/2} & (7200 \leqslant h \leqslant 20000\mathrm{m}) \end{cases} \qquad (11-9)$$

该模型中没有涉及风速因素,因此适合湍流较弱的情况。

(2)Hufnagel – Valley 模型(H – V 模型)。该模型也是适用于内陆白天的大气湍流,而且考虑了风速以及近地面湍流强度等因素,是最常用的一种模型。

Hufnagel 提出的原始 $C_n^2(h)$ 模型为

$$C_n^2(h) = A\left[2.2 \times 10^{-53} h^{10}\left(\frac{w}{27}\right)^2 \exp\left(-\frac{h}{1000}\right) + 10^{-16}\exp\left(-\frac{h}{1500}\right)\right] \qquad (11-10)$$

$$w^2 = \left(\frac{1}{15000}\right)\int_{3000}^{24000} v^2(h)\,\mathrm{d}h \qquad (11-11)$$

式中:h 为海拔高度(m);$\nu(h)$ 为风速随高度 h 变化的函数(m/s);A 为系数,一般取 2.7。该模型基于大量观测数据模拟了 $3\sim24\mathrm{km}$ 高空的大气湍流情况。

受太阳辐射的影响,3km 以下的低空湍流变化剧烈,该模型无法满足要求。后来 Valley 提出增加一个边界项,变成了现在广泛应用的 Hufnagel – Valley 模型,即

$$C_n^2(h) = A\left[2.2 \times 10^{-53} h^{10}\left(\frac{w}{27}\right)^2 \exp\left(-\frac{h}{1000}\right) + 10^{-16}\exp\left(-\frac{h}{1500}\right)\right] + B\exp\left(-\frac{h}{100}\right) \qquad (11-12)$$

该模型可根据不同条件进行调整,适合白天和夜晚等情况。其中,B 为系数项,可根据观测数据求出。

(3)中国合肥地区大气折射率结构模型。它是以国际广泛应用的 Hufnagel – Valley 模型为基础加以大量探空数据拟合出的大气折射率结构常数模型。合肥地区四季 $C_n^2(h)$ 拟合为

春季 $C_n^2(h) = 8.0 \times 10^{-26} h^{13.5}\mathrm{e}^{-\frac{h}{0.88}} + 1.95 \times 10^{-15}\mathrm{e}^{-\frac{h}{0.11}} + 8.0 \times 10^{-17}\mathrm{e}^{-\frac{h}{7.5}}$

$$(11-13)$$

夏季 $C_n^2(h) = 2.8 \times 10^{-29} h^{17}\mathrm{e}^{-\frac{h}{0.7}} + 2.1 \times 10^{-15}\mathrm{e}^{-\frac{h}{0.10}} + 2.0 \times 10^{-17}\mathrm{e}^{-\frac{h}{4.8}}$

$$(11-14)$$

秋季 $C_n^2(h) = 3.0 \times 10^{-27} h^{14.9} e^{-\frac{h}{0.8}} + 5.5 \times 10^{-15} e^{-\frac{h}{0.01}} + 6.0 \times 10^{-17} e^{-\frac{h}{6.0}}$

$$(11-15)$$

冬季 $C_n^2(h) = 1.2 \times 10^{-26} h^{15.5} e^{-\frac{h}{0.7}} + 7.4 \times 10^{-15} e^{-\frac{h}{0.08}} + 6.0 \times 10^{-17} e^{-\frac{h}{6.0}}$

$$(11-16)$$

3. 大气湍流的表征参数

受到时间、温度、风速、湿度、地形等因素的影响,大气湍流具有十分复杂的统计特性,因此引入一些表征参数来描述大气湍流的特征,如相位结构函数、大气相干长度、大气相干时间、等晕角以及相位功率谱密度等。

(1)相位结构函数。

相位结构函数表示相位空间平面上两点间光程差的统计信息,是分析湍流波前相位的重要参数。它可表示为

$$D_\varepsilon(\boldsymbol{r},\boldsymbol{x}) = \left\langle [\varepsilon(\boldsymbol{x}+\boldsymbol{r}) - \varepsilon(\boldsymbol{x})]^2 \right\rangle \qquad (11-17)$$

对于符合 Kolmogorov 谱的湍流,Fried. D 推导的表达式具体为

$$D(r) = 2.91 k_0^2 r^{5/3} \int_0^L C_n^2(z) \mathrm{d}z = 6.88 \left(\frac{r}{r_0}\right)^{5/3} \qquad (11-18)$$

该表达式的有效范围是湍流尺度介于内尺度和外尺度之间,式中 r_0 表示大气相干长度,又称为 Fried 常数。

(2)大气相干长度。

对于平面波,大气相干长度可以表示为

$$r_0 = \left[0.423 \left(\frac{2\pi}{\lambda}\right)^2 \sec(\alpha) \int_0^H C_n^2(z) \mathrm{d}z \right]^{-3/5} \qquad (11-19)$$

式中:α 为积分路径对应的天顶角;λ 为波长;z 为高度;H 为湍流总高度;$C_n^2(z)$ 为大气折射率结构常数。

大气相干长度是反映大气湍流强度的另一个特征尺度,表征波前相位的空间相干尺度。r_0 定义为波前误差的均方根值为 1rad 时所对应的大气湍流长度。其物理意义是任何光学系统对经过大气湍流的光波成像,其分辨率不会超过口径为 r_0 的光学系统的衍射极限分辨率。通常情况下 r_0 的大小在几厘米至几十厘米。

(3)大气相干时间。

大气相干时间 τ_0 表示大气湍流相位扰动在时间上的相干尺度不会超过 τ_0,其主要取决于中高层大气折射率结构常数和风速,表示相位起伏的时间相干性,有

$$\tau_0 = \left[2.91 \sec(\alpha) \left(\frac{2\pi}{\lambda} \right)^2 \int_0^L C_n^2(z) \, |\, v(z) \,|^{5/3} \mathrm{d}z \right] \tag{11-20}$$

式中：$v(z)$ 为该高度上的风速；α、λ、z 同前述。

（4）等晕角。

等晕角指的是两个目标发出的光经过大气湍流同时到达接收孔径，不同路径引入的光波相位差均方根值小于 1 rad 时所对应的夹角。这时可以认为两束光波波前具有相干性，且该夹角对应的区域称为等晕区。

对于 Kolmogorov 湍流，等晕角表达式为

$$\theta_0 = \left[2.91 \left(\frac{2\pi}{\lambda} \right)^2 \int_0^H C_n^2(z) z^{5/3} \mathrm{d}z \right]^{-3/5} \tag{11-21}$$

式中，$C_n^2(z)$，z，H 同前述。

等晕角一般是一个很小的角度。对于可见光，在典型大气条件下等晕角只有几个 μrad。传统自适应光学望远镜的校正视场与大气等晕角大致相等，因而也只有 μrad 的量级。当用于观察稍微偏离轴的目标时，分辨率便明显下降，限制了其在军事、深空探测、光学遥感、目标跟踪等领域的应用。

（5）相位功率谱密度。

对于符合 Kolmogorov 谱的大气湍流，其相位功率谱可以表示为

$$\widetilde{\phi}(f) = \left(\frac{0.0229}{r_0^{5/3}} \right) |f|^{-11/3} \tag{11-22}$$

该模型中，Kolmogorov 谱在低频部分接近无限大，不符合实际情况。后来 von Karman 增加了内尺度和外尺度参数，对大气湍流高低频功率谱的估计更加准确。在自适应光学技术中，一般只关注较大影响的外尺度，忽略内尺度，所以 von Karman 谱可以表示为

$$\widetilde{\phi}(f) = \left(\frac{0.0229}{r_0^{5/3}} \right) \left(|f|^2 + L_0^{-2} \right)^{-11/3} \tag{11-23}$$

式（11-22）和式（11-23）中：r_0 为大气相干长度；L_0 为湍流外尺度；f 为空间频率。

上述各项参数中，大气相干长度 r_0 为大气湍流影响光学系统图像分辨率的主要参数。通过分析计算 r_0，可进一步计算到达角，可以得到在不同应用条件下，大气湍流对光学系统图像分辨率影响的定量研究结果。

4. 大气扰动对空间对地遥感系统成像质量的影响

对于空间对地遥感系统，考虑光波为球面波，对于一定的大气折射率结构常数 $C_n^2(z)$ 的高度分布，沿起始点 L_1 到终点 L_2 的路径，定义为

$$r_0 = \left[0.423k^2 \sec\psi \int_{L_1}^{L_2} C_n^2(z) \left(\frac{z}{L} \right)^{(5/3)} \mathrm{d}z \right]^{-3/5} \tag{11-24}$$

式中：$k = 2\pi/\lambda$；ψ 为天顶角；L 为观测系统与被观测目标的相对高度。此处大气相干长度的定义与光波为平面波时的大气相干长度定义（见式（11-19））明显不同，由式（11-24）可以看出，大气相干长度与参数 L 密切相关，通过大量的数值仿真可以得到，当 L 达到一定数值时，大气相关长度随着 L 的增加而线性增加。

通常研究大气扰动对空间对地遥感系统成像质量的影响可采用到达角方差和 Fried 方法，分述如下。

（1）到达角方差的方法。

通过获得 r_0，计算到达角方差，并根据光学系统的参数（焦距、高度、CCD 分辨率等），可以判断大气湍流对系统分辨力的影响。

下面以一个具体的空间对地遥感系统为例，研究强大气湍流对系统成像质量的影响。假设光学遥感系统位于 $H = 500\mathrm{km}$ 的高空，镜头焦距 $f = 35\mathrm{m}$，口径 $D = 4\mathrm{m}$，CCD 分辨率 $\delta_{ccd} = 7\mu\mathrm{m}$，$\lambda = 0.55\mu\mathrm{m}$，则该光学系统探测地面目标的理想分辨力 δ_g 为

$$\delta_g = H \cdot 1.22\lambda/D = 0.089\mathrm{m} \tag{11-25}$$

遥感系统到达角起伏的方差可表示为

$$\sigma_\alpha^2 = 2.914 D^{-1/3} H^{-5/3} \int_0^H z^{5/3} C_n^2(z) \mathrm{d}z = 2.914 \times D^{-1/3} r_0^{-5/3}/(0.423 \times k^2) \tag{11-26}$$

采用式（11-12）所示的强湍流模型（取 $A = 21$，$B = 1.7 \times 10^{-14}$），计算得到的 $r_0 = 12.30\mathrm{m}$，代入式（11-26）得到

$$\sigma_\alpha = 2.25 \times 10^{-8}\mathrm{rad}$$

此外，由大气扰动带来的高阶误差 σ_s，约为 σ_α 的 1/4。因此，由大气湍流引起的地面分辨误差 δ_a 为

$$\delta_a = H \cdot \sigma_a \cdot \frac{5}{4} = 500 \times 10^3 \times 2.25 \times 10^{-8} \times 1.25 \approx 0.014\mathrm{m} \tag{11-27}$$

可以看出，湍流引起的地面分辨率误差约为光学系统探测地面目标的理想分辨率的 1/6，因此大气湍流对空间光学遥感器分辨力的影响很小。

（2）Fried 方法。

1967 年，Fried 给出仅存在大气湍流时，由地面点目标、大气湍流和空间光学系统所构成的整个系统的 MTF 表达式，并通过计算系统 MTF，研究大气湍流对光学系统分辨力的影响方法，得到当存在大气湍流时，光学系统分辨力极限值为 4.6cm 的结论。由于 Fried 方法应用了较早发表的强大气折射率结构常数模型，此模型湍流强度高，而经多年后，该模型已经被修订，湍流强度减弱。利用 Fried 的理论，代入当前通用的式（11 – 12）所示的大气模型重新进行计算，仍旧以上述空间对地遥感系统为例，结果为：当考虑大气湍流扰动时，其所造成的光学系统地面分辨力极限为 0.01m，约为光学系统探测地面目标的理想分辨率的 1/9，此结论与到达角方法给出的结论相近。

综上所述，两种方法的研究结果均表明大气扰动对图像分辨率的影响很小。因此，在星载空间对地遥感系统中可认为大气湍流对空间光学遥感器的分辨率影响可以忽略。

11.2.3.2 热变形误差

热变形是影响空间遥感系统性能的最主要误差源之一。空间遥感系统的热环境主要由太阳和其他天体的热辐射及地球反射所决定。此外，还受卫星平台及卫星内其他仪器热源所产生的热扰动影响。这些热作用在望远镜内部产生温度变化和温度梯度，进而引起热应力，最终导致热变形。

热效应可分为两类，即热浸泡和热梯度。前者表示光学系统所在环境的整体温度变化；后者则描述系统中不同点的温度差。二者都可能对空间遥感系统产生严重影响，但一般来说，温度梯度更加难以控制。

在全反射光学系统中，热浸泡的影响可通过精确匹配反射镜与其支撑结构的热胀系数而消除。在两者膨胀系数不匹配的情况下，反射镜间距依表面曲率以不同速度变化。一般地，热浸泡只引入低空间频率的波前误差，但对于大反射镜基底，若各点的热胀系数变化，而工作温度与反射镜制造和检测时的温度不同，则随机面形误差和波绕均会产生。

热梯度又可以分为径向和轴向两类，径向梯度通常出现在边缘固定的元件中，热传导路径通过边缘固定结构进入元件，如果二者由不同材料制造，则导热率之差将引起径向热梯度而导致镜面畸变。如果反射镜和固定结构的热导率很好匹配，则径向梯度会大大减小，可以达到轴向梯度 10% 以下。就执行对地观测任务的空间遥感系统而言，其光轴始终指向地面，因而前表面不断接收来自地球的辐射能流，而反射镜的背面则不会直接受到该辐射的作用。反射镜前后表面本身温度不同,出现轴向温度梯度,从而导致波前误差,使系统的成像质量下降。

为了减小热变形影响,人们提出了多种被动热控和主动热控的方法。被动热控包括遮挡太阳的帆板和其他一些隔热装置;而主动热控则往往采用电子加热和恒温装置。但由于空间热环境的复杂性,即使采取了这些措施,控温精度也难以达到期望的程度,相应的变形仍不可忽略。

11.2.3.3　力学变形误差

空间遥感系统最主要的力学变形是由重力引起的。对高度为 500km 的低轨卫星,其在轨静重力与地面重力原本差别不大,但由于卫星做高速圆周运动,重力大部分用作向心力,使其相当于处于微重力状态。这样,在地面正常重力条件下调整好的光学系统在轨工作时其面形会发生变化,进而引起波面变化。

用于地面侦察的星载遥感系统,处于工作状态时其光轴与地心引力方向夹角很小,可不予考虑。但在地面调整时,则与反射镜放置的角度密切相关。对以任意角度放置的反射镜,可分解为光轴与引力平行的分量和光轴与引力垂直的分量。据文献[11]报道,前者与 R^4/h^3 成正比[11],后者则与 R^6/h^2 有关[12],其中 R 是反射镜半径,h 则是反射镜轴向厚度。由此可以看出,反射镜越大,轴向厚度越小,由重力引起的变形越大。

11.2.3.4　光轴抖动误差

光学系统的抖动会引起图像的扰动,从而造成成像质量的下降。引起抖动的原因是遥感器在空中运行过程中,由于机械部件的运动如反应轮的运转以及其他干扰因素引起的不规则抖动,其形式有线性、正弦和随机三种。随机抖动对成像的影响用 MTF 表示为

$$\mathrm{MTF}_{\mathrm{jitter}}(f_x) = \mathrm{e}^{-2(\pi\sigma f_x)^2} \tag{11-28}$$

式中:σ 为抖动角度的均方根值(mrad);f_x 为空间频率。如果对随机抖动不加自适应光学校正的措施下,$\mathrm{MTF}_{\mathrm{jitter}}$ 随归一化空间频率 σf_x 的关系如图 11-4 所示。

11.2.3.5　成像光学系统误差

成像光学系统误差是指光学系统的设计、制造、装调等引起的误差。将各类误差考虑为独立的随机量。若空间对地遥感系统采用拼接主镜方式,与单主镜系统相比,拼接主镜光学系统由于主镜的拼接误差会产生共相位误差,包括分块镜之间的平移误差(Piston Error)和倾斜误差(Tip-tilt Error)。制造误差

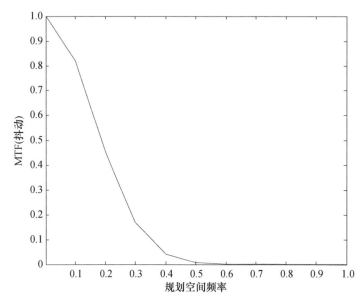

图 11 - 4　$MTF_{抖动}$与 σf_x 关系

又可分为两类:①由光学表面的研磨和抛光引起,大致分为低、中、高三个空间频率。其中,0~5 周/孔径的误差定义为低频误差,5~30 周/孔径的误差定义为中频误差,大于 30 周/孔径的误差定义为高频误差。②来源于制造过程中干涉仪检测面形时的不确定性。装调误差是指成像光学系统的主镜、次镜和三镜间的相互位置误差以及上述的主镜分块镜间的共相位误差。卫星上天后,若主镜为折叠展开机构,当其展开时,装调误差会大大增加。

11. 2. 3. 6　自适应光学系统误差

自适应光学系统是大型可展开式空间遥感系统的重要组成部分,其功能是校正成像光学系统入轨展开后的各项误差。这些误差可能来自初始制造和装调,更主要的则由发射过程和空间环境引起。自适应光学系统可将这些误差减小几个量级,使几乎无法形成完整图像的系统产生近衍射极限的像。

然而,自适应光学系统本身也会引进新的误差,并影响整个系统的成像质量。首先,其中的光学部件也会同成像光学系统一样存在制造装调误差及由温度、重力和振动等外界因素引起的误差。其次,波前传感器在探测波面畸变时会产生测量误差,控制系统使校正系统产生校正误差,作动器的误差则决定了分块镜被驱动到它们最终位置的精度。

自适应光学系统引进的误差是不可校正的。它与光学系统校正后的剩余误差最终构成整个系统的总误差,并决定系统的成像质量。

11.2.4　自适应光学系统性能评价标准

评价成像光学系统的最主要的指标是分辨力或灵敏度。有 4 种不同类型的分辨力:即时间分辨力;空间分辨力;光谱分辨力;灰度扫描分辨力。空间对地遥感系统感兴趣的主要是空间分辨力,它标志着系统可以识别目标最小细节的本领。若无特别说明,"分辨力"一词将专指空间分辨力。

对光学设计者而言,分辨力可表示为 Rayleigh 判据、Sparrow 判据、Airy 斑直径等;系统分析人员则更关心所谓极限分辨力。这些量均可基于点扩散函数(PSF)或光学传递函数(OTF)计算得到,因而 PSF 和 OTF 是成像光学系统最完全的度量。

PSF 测量点源像的光场分布,非点源像的光场分布则由物的光场分布与 PSF 的卷积决定。对于用 PSF 和预期景象的卷积模拟科学数据的采集,PSF 是有用的;然而,在光学系统的设计、制造、装调和检测期间,通常希望用更简单的参量。Strehl Ratio(SR)就是一个被广泛采用的量。其优点是与系统的波前误差(WFE)具有直接关系,简单方便;缺点则是不能反映 WFE 不同空间频率的影响,需与其他参量一起使用才能判断系统性能。OTF 是 PSF 的复傅里叶变换,即

$$\mathrm{OTF}(\alpha,\beta) \;=\; \iint P(\xi,\eta)\exp[-2\pi\mathrm{i}(\alpha\xi+\beta\eta)]\mathrm{d}\xi\mathrm{d}\eta \qquad (11-29)$$

它是测量光从物到像的传递过程中物体的正弦型空间频率分量的振幅调制和位相的改变。像面的光场分布由物面光场分布乘以光学系统的 OTF 得到。简单相乘的关系使 OTF 使用起来非常方便,而且可反映空间频率的影响。

OTF($O(\nu,\phi)$)可分为调制传递函数 MTF($T(\nu,\phi)$)和相位传递函数 PTF($P(\nu,\phi)$),本节主要讨论前者,它与 OTF 的关系为

$$T(\nu,\phi) \;=\; |O(\nu,\phi)| \qquad (11-30)$$

式中:ν 为正弦波空间频率;ϕ 为相角。光学系统在轨工作期间,便于实时探测和校正的是光学系统的波前误差 WFE,因而 WFE 是本节的重点研究内容之一。以下分别详述 SR,MTF 及 WFE。

11.2.4.1　SR

100 多年前由 K. Strehl 首先提出的斯特里尔比(Strehl Ratio,SR)[13] 的概念

已被广泛应用于光学系统的性能评价。美国 NASA 的 Pierre Bely 等于 1999 年建议[14]将 SR 作为空间分辨力的品质函数。

1. SR 的定义及计算

根据 K. Strehl 的定义, SR 是实际系统峰值光强与衍射极限系统峰值光强之比, 且可表示为

$$\text{SR} = \frac{1}{\pi} \left| \int_0^1 \int_0^{2\pi} e^{ik\phi(\rho,\theta)} \rho \mathrm{d}\rho \mathrm{d}\theta \right|^2 \qquad (11-31)$$

式中: $\phi(\rho,\theta)$ 为光学系统的像差函数; (ρ,θ) 为瞳面坐标。为了用式(11-31)计算 SR, 需要知道像差函数在瞳面坐标 (ρ,θ) 上的确切形式, 这一条件对工作过程中存在随机误差的光学系统而言是无法满足的。为此, 发展了一些近似式, 用波前误差的均方值 σ^2 表示。

首先, 将式(11-31)中的指数函数展开为 Maclaurin 级数, 从而得到 SR 的级数表达式为

$$\text{SR} = \frac{1}{\pi^2} \left| \int_0^1 \int_0^{2\pi} \left[1 + ik\phi(\rho,\theta) + \frac{1}{2}(ik\phi)^2 + K \right] \rho \mathrm{d}\rho \mathrm{d}\theta \right|^2 \qquad (11-32)$$

然后定义 WFE 在瞳上的"孔径平均值"为

$$\overline{\phi^n} = \frac{\int_0^1 \int_0^{2\pi} \phi^n(\rho,\theta) \rho \mathrm{d}\rho \mathrm{d}\theta}{\int_0^1 \int_0^{2\pi} \rho \mathrm{d}\rho \mathrm{d}\theta} = \frac{1}{\pi} \int_0^1 \int_0^{2\pi} \phi^n(\rho,\theta) \rho \mathrm{d}\rho \mathrm{d}\theta \qquad (11-33)$$

或

$$\int_0^1 \int_0^{2\pi} \phi^n(\rho,\theta) \rho \mathrm{d}\rho \mathrm{d}\theta = \pi \overline{\phi^n} \qquad (11-34)$$

代入式(11-32)得

$$\text{SR} = 1 - k^2 \left[\overline{\phi^2} - (\overline{\phi})^2 \right] + \frac{1}{4} k^4 (\overline{\phi^2})^2 + L$$

若令 $\Delta\phi^2 = \overline{\phi^2} - (\overline{\phi})^2$, 而以 $\sigma = k\Delta\phi$ 表示相位标准差, 则可将 SR 近似为

$$\text{SR} \approx e^{-\sigma^2} \quad (\sigma \text{ in rad}) \qquad (11-35)$$

或

$$\text{SR} \approx e^{-(2\pi\sigma)^2} \quad (\sigma \text{ in } \lambda)$$

注意到式(11-31)中的 SR 也是用 e 指数表示, 式(11-35)对计算 SR 应该有较高近似程度。或者说, 用式(11-35)近似 SR, 会允许 σ 有较大的值。例如 Hardy 认为, 允许的 σ 可达 2rad, 即相应于 $\frac{\lambda}{\pi}$, 或稍小于 $\frac{\lambda}{3}$。而第一部《自适

应光学》专著的作者 Tyson 也认为 σ 达到约等于 $\dfrac{\lambda}{6}$ 便足够小。

SR 还有其他一些近似表达式。在上述级数表达式中只保留前两项,得

$$SR \approx 1 - \sigma^2 \qquad (11-36)$$

此式近似成立的条件为 $\sigma < \dfrac{\lambda}{10}$。一个类似的表达式是 Marechal 于 1947 年导出的,即

$$SR \geqslant \left(1 - \frac{1}{2}\sigma^2\right)^2 \qquad (11-37)$$

当 SR $\geqslant$ 0.8 时适用,相应于波前误差 σ 达到约等于 $\dfrac{\lambda}{14}$。

若要用 SR 的上述两个近似式(式(11-36)和式(11-37)),则需注意使用条件:当某环节的 WFE 的 rms 值小于 40nm 时,可用其中任何一个计算 SR;超过 43nm 时,Marechal 公式就会带来较大误差;超过 60nm 时,两式皆不再适宜。

2. 分块的影响

望远镜主镜分块结构对其性能的影响主要包括块间间隙的影响、piston 的影响、tip-tilt 的影响及边缘形变的影响等。这些影响与分块数关系密切,而与分块镜形状关系不大。

(1)分块间隙的影响。

设分块对边之间的距离为 d',相邻分块中心之间的距离为 d,且 $d > d'$,则分块之间存在间隙 $d - d'$,或相对间隙 $\delta = 1 - \dfrac{d'}{d}$。该间隙引起的 SR 因子为

$$SR_\delta \approx (1 - \delta)^4 \qquad (11-38)$$

(2)Piston 的影响。

假定所有 Piston 误差独立且服从零均值高斯分布,则系统平均 SR 因子为

$$SR_p = \frac{1}{9}\left(1 + 6e^{-\sigma_p^2}\right) \qquad (11-39)$$

式中:σ_p 为 Piston 引起的波前误差均方根值。

(3)Tip-Tilt 的影响。

用 σ_t 表示 Tip-Tilt 所引起 WFE 的均方根值,当 σ_t 较小(如 $\sigma_t \leqslant \dfrac{\lambda}{20}$)时,相应的 SR 因子为

$$SR_t \approx 1 - \sigma_t^2 + 0.66\sigma_t^4 \qquad (11-40)$$

（4）边缘形变的影响。

边缘形变（上翘或下榻）是分块望远镜主要关心的光学质量问题之一。为描述边缘形变，常采用两个参数，即形变带的宽度 η 和深度 ε。而边缘型函数则有线型、二次型及指数型，这里针对最易出现的二次型进行讨论。

在实际情况中，η 和 ε 会随分块而异，但为简单，假定所有分块具有相同形状，则有

$$\mathrm{SR}(\eta,\varepsilon) \approx 1 - 4\left(\frac{2\eta}{d}\right)\left[1 - \sqrt{\frac{\pi}{2\varepsilon}}C(\sqrt{\varepsilon})\right] +$$

$$\left(\frac{2\eta}{d}\right)^2\left\{6 - 12\sqrt{\frac{\pi}{2\varepsilon}}C(\sqrt{\varepsilon}) - \frac{2}{\varepsilon}\left[C^2(\sqrt{\varepsilon}) + S^2(\sqrt{\varepsilon})\right]\right\}$$

$$(11-41)$$

式中：C 和 S 为 Fresnel 积分。

$$C(\sqrt{\varepsilon}) = \sqrt{\frac{2}{\pi}}\int_0^{\sqrt{\varepsilon}}\cos(t^2)\,\mathrm{d}t, S(\sqrt{\varepsilon}) = \sqrt{\frac{2}{\pi}}\int_0^{\sqrt{\varepsilon}}\sin(t^2)\,\mathrm{d}t \quad (11-42)$$

3. 其他因素的影响

（1）孔径遮挡。

假定孔径遮挡为中央圆形遮挡，遮挡直径比用 ε 表示，则当 $\varepsilon < 0.6$ 时，由遮挡引起的 SR 可写为

$$\mathrm{SR}_\varepsilon \approx \mathrm{e}^{-\varepsilon^2} \qquad (11-43)$$

对 ε 的一些更大的值，相应的 SR_ε 如表 11 - 1 所列。

表 11 - 1　具有直径比为 ε 的中央圆遮挡的 SR_ε

ε	0.65	0.70	0.75	0.80	0.85	0.90	0.95
SR_ε	0.5775	0.5100	0.4375	0.3600	0.2775	0.1900	0.0975

（2）图像运动。

图像运动是 WFE 倾斜随时间变化，也会影响成像质量。用 σ_{im} 表示线性运动的均方根值，则相应的 SR_{im} 可表示为

$$\mathrm{SR}_{im} = \left[1 + \frac{1}{2}\left(\pi\sigma_{im}\frac{D}{\lambda}\right)^2\right]^{-1} \qquad (11-44)$$

式中：D 为孔直径。

将式（11-35）、式（11-43）和式（11-44）相乘，得到存在中央圆遮挡及图像运动的情况下 SR 的表达式，即

$$SR = \left\{ e^{(\sigma^2 + \varepsilon^2)} \left[1 + \frac{1}{2} \left(\pi \sigma_{im} \frac{D}{\lambda} \right)^2 \right] \right\}^{-1} \qquad (11-45)$$

11.2.4.2　MTF

传统上,OTF 和 PSF 是用于像质评价的两个最完全的函数。OTF 中,通常更关心 MTF,其更适合物面辐射连续分布的情况,并且涉及系统空间频率的影响。

1. 光学系统的 MTF

应用线性系统理论,系统的 MTF 可表示为

$$MTF_{sys} = MTF_{optics} MTF_{motion} \qquad (11-46)$$

式(11-46)右边的每一项又可分为 3 项相乘,即

$$\begin{cases} MTF_{optics} \approx MTF_{diff} MTF_{aber} MTF_{def} \\ MTF_{motion} = MTF_{lin} MTF_{sin} MTF_{ran} \end{cases} \qquad (11-47)$$

其中,下角标的意义是自释的,下面对这些 MTF 分别加以讨论。

(1)圆瞳衍射极限 MTF 为

$$MTF_{diff} = \frac{2}{\pi} \left[\arccos f_n - f_n \sin(\arccos f_n) \right] \qquad (11-48)$$

式中:$f_n = \dfrac{f_x}{f_{oco}} \leqslant 1$;$f_{oco}$ 为光学截止频率,$f_{oco} = \dfrac{D_0}{\lambda}$;$D_0$ 为圆瞳直径。

当 $f_n \ll 1$ 时,有

$$MTF_{diff} \approx \frac{2}{\pi} \left\{ \left(\frac{\pi}{2} - f_n \right) - \left[f_n \left(1 - \frac{1}{2} f_n^2 \right) \right] \right\} \approx 1 - \frac{4}{\pi} f_n \qquad (11-49)$$

(2)WFE 引起的 MTF 可表示为

$$MTF_{aber} = \exp \left\{ - (2\pi\omega)^2 \left[1 - \Phi_{11}(f_x) \right] \right\} \qquad (11-50)$$

其中 $\Phi_{11}(f_x)$ 为波前的相关函数,往往可表示为

$$\Phi_{11}(\nu_n) = \exp(-2N_H^2 f_n^2) \qquad (11-51)$$

式中:N_H 为 Hufnagel 常数,对高质量大型空间望远镜其值常为 7 ~ 9。由式(11-51)可知,当 $f_n = N_H^{-1}$ 时,$\Phi_{11} \approx 0.135$,此后,随着 f_n 增大,Φ_{11} 增大,进而 MTF_ω 迅速下降。

(3)离焦引起的 MTF(离焦造成的波前误差较小时)可表示为级数求和的形式,即

$$MTF_{def} \approx \sum_{k=0}^{N} \frac{(-1)^k x^{2k}}{2^{2k} k! (k+1)!} \qquad (11-52)$$

$$x = 8\pi W_{pp} f_n (1 - f_n)$$

式中：W_{pp} 为离焦引起波前误差的峰峰值。当 $W_{pp} \leqslant 0.5\lambda$ 时，式（11-52）中的 n 取 4 即可。

2. 运动引起的 MTF

这里所说的运动包括 3 项，即：目标相对光学系统的线性运动；马达，涡轮的机械振动和安装结构可能的谐振（正弦运动）；高频随机运动（Jitter）。下面分别加以讨论。

（1）线性运动引起的 MTF 可表示为

$$MTF_{lin}(f_x) = \sum_{k=0}^{\infty} \frac{(-1)^k x^{2k}}{(2k+1)!} \qquad (11-53)$$

式中：$x = \pi a_{lin} f_x$ 且 $a_{lin} = \nu_{lin} t_{int}$。

（2）正弦运动引起的 MTF 可表示为

$$MTF_{sin}(f_x) = \sum_{k=0}^{\infty} \frac{(-1)^k x^{2k}}{2^{2k} (k!)^2} \qquad (11-54)$$

式中：$x = 2a_s \pi f_x$ 且 a_s 为正弦运动振幅。

（3）随机运动引起的 MTF 可表示为

$$MTF_{ran}(f_x) = e^{-2x^2} \qquad (11-55)$$

式中：$x = \pi \sigma_{ran} f_x$ 且 σ_{ran} 为随机运动均方根值。

有了以上结果，一方面，给定物理条件，可求出 MTF；另一方面，给定要求的 MTF，即可求出满足的相应的物理量。以线性运动为例，假定要求 $MTF_{lin} = 0.9$，则可解得 $x \approx 0.78$，探测积分时间不应超过 0.224ms；若 $t_{int} = 0.5$ms，则 $MTF \approx 0.56$。

3. 含探测器系统的 MTF

探测器是电光成像系统中必不可少的器件，考虑探测器的系统的 MTF 可表示为

$$MTF_{sys} = MTF_{optics} \cdot MTF_{motion} \cdot MTF_{detector} \qquad (11-56)$$

这里有两点值得注意：①由各独立子系统的 MTF 连乘给出 MTF_{sys} 的条件是系统为线性，但这一条件一般不被严格满足，因而式（11-56）近似成立。②实际计算中，通常对 MTF 分离变量，以避免含交叉项的复杂计算。但是，光学系统

的函数适合在极坐标中分离变量,即 $f(r,\theta)=f_1(r)f_2(\theta)$,而探测器则应在 Cartesican 坐标系中,而不宜在极坐标系中分离变量,即 $f(x,y)=f_1(x)f_2(y)$,结果是相乘后的 MTF_{sys} 在极坐标系和 Cartesican 坐标系中均不能严格分离变量。所幸的是,由此引起的误差比较小,故在理论分析中仍可使用分离变量近似。

11.2.4.3　WFE

在一定条件下,成像光学系统及其各子系统的性能可以用所导致的 WFE 表示(包含波前峰谷值 PV 和均方根值)。这种表示方法有两个优点:①多数情况下,光学系统探测与校正的是 WFE;②WFE 与 SR 有简单的关系。

11.3　自适应光学波前传感

波前传感器是自适应光学系统重要的组成部分,起着系统伺服回路波前误差传感的作用。它通常通过实时连续测定望远镜入瞳面上动态入射波前的相位畸变,为波前校正器实时提供控制信号,使光学系统达到或接近衍射受限的像质水平。

由于不同应用场合下光学系统误差源所造成的波前相位扰动的时间和空间带宽范围大,波前传感器必须具有足够高的时间和空间分辨率。对于用作星体与微弱目标观察的自适应望远镜系统,由于在一个子孔径和一次采样时间内所能利用的来自目标或人造信标的光能量极其有限(通常在光子计数的水平),因此波前传感器必须达到或接近光子噪声受限探测能力。

下面重点介绍目前空间自适应光学系统中应用较普遍的点目标夏克-哈特曼传感法(S-H 法)、扩展目标夏克-哈特曼波前法、相位恢复法(PR)、相位变更法(PD)等,着重阐述上述方法的基本原理。

11.3.1　自适应光学系统的信标

信标是为自适应光学系统提供光束传输路径上波前畸变的信息源,是实现波前误差探测和控制的前提。一般情况下,波前传感器所探测的光波波前需由"信标"产生,如果在传播途径中没有受到任何干扰,则传感器处的波前形状应该是已知的。因此,利用该已知波前作为基准,根据实际探测到的受干扰光波波前,便可得知干扰所引起的波前变形,作为波前校正的依据。

对于对空观测遥感器,通常用天空的自然星或人造激光导星作为信标,因为只有这种点光源性质的信标才能产生简单、确定的基准波前,如平面波或球面波,与之相应的波前传感及处理理论和方法已相当成熟。但是对于空间对地遥感器,由于在感兴趣的被观察地域范围(视场)内一般不存在点光源信标,这时获取符合自适应光学要求的信标将很困难。

考虑到空间对地遥感器具有对空和对地两个工作阶段,因此常用的信标可分为自然星信标和地物信标两种。

自然星信标是利用行星或者恒星测量星光经过传输途径及光学系统后的波前畸变。作为信标的自然星星等是可以根据探测信噪比 SNR 的要求和恒星在天空的密度进行确定的。如果选择的星等不足以符合所需要,则可通过适当增大曝光时间来改善 SNR。

地物信标是一种扩展信标。空间对地遥感器转入对地工作时,地物信标易于获取,在自适应光学实际应用中是一种较为可行的信标选择。采用地物扩展信标时,波前传感器的传感特性受地物信标特征的影响,如空间频率、结构特征等。

采用不同信标时,波前传感和处理方法也会随之不同。

11.3.2　直接波前传感方法

直接波前传感方法是指直接探测入瞳面被测波前的特征量,根据传感波前的方式可分为区域传感和模式传感两种。

区域传感是将波前在空间进行划分,探测出各个子区域的整体(平均)倾斜或整体(平均)曲率,继而根据各个子区域获得的波前特征量重构出整个波前分布。由于光波沿其传播方向的光强变化同光波波前的斜率和曲率相关,因此该类方法在数学模型上主要分为两类。一类是通过测量波前斜率获得波前相位信息,典型的有剪切干涉法、夏克—哈特曼(Shack - Hartmann, S - H)法、金字塔(Pyramid)波前传感法以及由这些方法派生出来的其他类似方法。另一类是通过测量波前曲率获得波前相位信息,典型的有波前曲率传感法。

模式传感方法是将整个光瞳面相位分布在模式上分解成各阶波前,设法探测出各阶模式系数,继而由各阶系数重构出整个波前分布,典型的有整体倾斜传感器、离焦传感器、光学全息传感器等。

本节仅介绍空间自适应光学系统普遍采用的点目标夏克—哈特曼传感法及扩展目标夏克—哈特曼波前法。

11. 3. 2. 1　点目标夏克—哈特曼波前传感方法

1. 基本原理

在光学测量中,德国的哈特曼于 1900 年提出根据几何光学原理测定物镜几何像差或反射镜面形误差的经典哈特曼法。在被检物镜(或反射镜)前放一块开有按一定规律排列的小孔的光阑,称为哈特曼光阑。光束通过此光阑后被分割成许多细光束,在被测物镜焦面前后两垂直光轴的截面上测出各细光束中心坐标,根据几何关系就可求得被检物镜的几何像差或被检反射镜的面形误差。该经典方法目前在大型天文望远镜主反射镜面形误差的检验中仍经常采用。

经典哈特曼法中焦面前后截得的光斑直径较大,光斑中心坐标的测量精度较低,且只利用了光阑上开孔部分的光线,光能损失较大。夏克(R. K. Shack)于 1971 年对此方法作了改进,把哈特曼光阑换成一阵列透镜,以提高光斑中心坐标的测量精度和光能利用率。这种改进后的哈特曼法称为夏克—哈特曼法,简称 S－H 法。根据 S－H 原理设计制造的波前传感器就称为夏克—哈特曼波前传感器,简称 S－H 波前传感器,如图 11－5 所示。通过在阵列透镜的焦面上测出畸变波前所成像斑的质心坐标与参考波前质心坐标之差,根据几何关系就可以求出畸变波前上被各阵列透镜分割的子孔径范围内波前的平均斜率,继而可求得全孔径波前的光程差或相位分布。

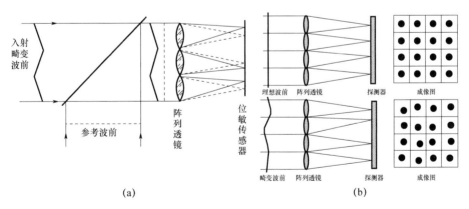

(a)　(b)

图 11－5　夏克—哈特曼波前传感器原理

(a)基本构成;(b)探测原理。

2. 像增强 CCD(ICCD)法探测光斑质心

在天文观测或航天目标侦察用的自适应望远镜中,由于可用的参考星或激光导星的光强很弱,所以波前传感器必须具有在极弱光条件下工作的能力,例如每个子孔径(约$\phi100\text{mm}$)每毫秒仅接收和处理几十到上百个光电子信息。如果采用光电倍增管或四象限探测器之类的光敏元件作为波前传感器的光敏元件,或由于子孔径数的不断增加而使结构变得愈来愈复杂,或由于灵敏度不能满足要求而难以实际应用。随着光子计数像增强器、高帧频低噪声面阵电荷耦合器件(CCD)和大容量高速数字信号处理电路的发展,建立在像增强 CCD 探测器基础上的 S – H 传感器技术日益得到广泛应用。

进入阵列透镜的光束在像增强器的阴极面上形成一阵列衍射光斑,荧光屏面上将得到一亮度增强了的阵列光斑,此阵列光斑再通过透镜或锥形光纤束耦合到高帧频面阵 CCD 上。根据光斑质心的定义可写出离散采样情况下光斑质心的计算公式为

$$\begin{cases} X_c = \sum_{i,j}^{L,M} x_i P_{i,j} \Big/ \sum_{i,j}^{L,M} P_{i,j} \\[4mm] Y_c = \sum_{i,j}^{L,M} y_i P_{i,j} \Big/ \sum_{i,j}^{L,M} P_{i,j} \end{cases} \qquad (11-57)$$

式中:x_i,y_i 分别为 CCD 各单元中心点的坐标;$P_{i,j}$ 为第(i,j)个 CCD 单元接收的光能量。如果把 CCD 各单元接收的光信号通过 A/D 变换后送入计算机,即可按式(11 – 57)求出各个子孔径光斑的质心坐标。

虽然 S – H 传感器技术可溯源于经典的哈特曼法,但由于它具有光能利用率高(几乎 100%)、测量动态范围大、不存在 2π 不定性问题、可用于白光波前探测等特点,已成为现有自适应光学系统中主要的波前传感方法。

随着高灵敏度、高量子效率、低噪声的新型阵列式光电探测器件(如像增强 CCD、光子计数雪崩光电二极管阵列等)的不断问世,夏克—哈特曼波前传感技术不断改进,在子孔径数很多和参考光很弱的自适应光学系统中,夏克—哈特曼波前传感器已成为使用最广泛的一种波前传感器。

11.3.2.2　扩展目标夏克—哈特曼波前传感方法

为解决自适应光学系统无法获取点光源作为信标的问题,可用扩展目标夏克—哈特曼波前传感方法。在太阳自适应光学望远镜中,采用的波前传感器主要是相关夏克—哈特曼波前传感器;在遥感成像中,对地观测时的波前传感器也主要采用相关夏克—哈特曼波前传感器。其与点目标夏克—哈特曼波前传感方法在结构、原理和特点上相似,不同之处是:在结构上,扩展目标夏克—哈特曼波前传感方法增加了视场光阑,以限制子图像尺寸;在原理上,波前局部斜率计算方法有较大差别。

由于扩展目标夏克—哈特曼波前传感器在波前处理方法上主要采用相关处理方法,因此,也称为相关夏克—哈特曼波前传感器。在此重点介绍扩展目标夏克—哈特曼波前传感器的构成和工作原理。

1. 波前传感器构成

如图 11-6 所示,扩展目标夏克—哈特曼波前传感器主要由视场光阑、中继透镜、阵列透镜和 CCD 图像探测器构成。工作中,被观测目标通过空间相机(或其他成像系统)成像在视场光阑处,再通过中继透镜和阵列透镜中的每一个子透镜成像在 CCD 图像探测器上,得到阵列图像,如图 11-7 所示。阵列图像中的每一个子图像与阵列透镜中的一个子透镜相对应,由于所有子透镜都对同一目标成像,故每个子图像内容相同。

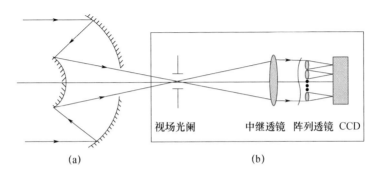

图 11-6　扩展目标夏克—哈特曼波前传感器原理

(a)空间相机;(b)夏克—哈特曼波前传感器。

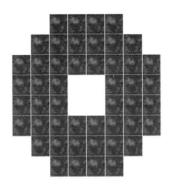

图 11-7　扩展目标下的阵列图像

与点目标夏克—哈特曼波前传感器相比,扩展目标夏克—哈特曼波前传感器在结构上增加了视场光阑,以限制子图像尺寸,避免子图像间的交叠。扩展目标夏克—哈特曼波前传感器也可以用于点目标情形。当被观测目标为点目标时,CCD 探测器上得到的是光斑阵列,如图 11-8 所示。这时的夏克—哈特曼波前传感器在功能上等同于点目标夏克—哈特曼波前传感器。

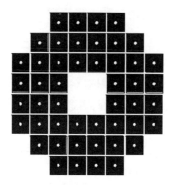

图 11-8　点目标下的阵列光斑

点可看作图像的一种特殊形式,因此,增加了视场光阑的夏克—哈特曼波前传感器既适用于点目标,也适用于扩展目标。

2. 波前传感原理

扩展目标夏克—哈特曼波前传感器相当于一个相机阵列,每一个相机与一个子透镜对应,所有相机对同一目标成像,它们共用一个 CCD 探测器,但分享 CCD 探测器的不同区域。

在光学设计上,阵列透镜通过中继透镜与光学系统出瞳共轭,这样阵列透镜处的波前就代表了光学系统出瞳处的波前。原理上,夏克—哈特曼波前传感器将畸变波前看作分块平面波的拼接,每一块平面波对应一个子孔径。当光学系统误差导致阵列透镜前的波前存在畸变时,一些子孔径处的波前斜率会发生变化,对应的子图像会有偏移。每一个子图像的偏移量与对应子孔径的波前平均斜率变化成正比。根据局部波前斜率,采用 Zernike 多项式拟合等方法即可重构出波前。

由于被测波前的变化来自于波前传感器前的成像系统,而视场光阑后的中继透镜、阵列透镜和 CCD 没有任何变化,因此,在 CCD 焦面上,视场光阑像不动,即每一个子图像的位置不动,但子图像的内容会有平移,一部分内容移出视场,另一部分内容移入视场。此与点目标情形有很大不同。点目标周围为黑背景,移入或移出部分相同,无关紧要。

在点目标夏克—哈特曼波前传感器中,光斑阵列中每个光斑位置的变化与相应子孔径波前斜率的变化成正比,光斑位置坐标通常采用计算光斑质心的方法进行计算,计算精度达亚像元水平,质心公式见式(11-57)。而扩展目标夏克—哈特曼波前传感器得到的是子图像阵列,波前变化时,每个子图像位置不动,而子图像内容发生平移,故没有可利用的图像中心,需采用相关处理方法计算每个子图像与参考子图像间的相对平移量。为达到亚像元精度,还需进行相关函数峰值位置的亚像元插值计算。

(1)参考子图像。

子图像的偏移是相对而言的。在扩展目标夏克—哈特曼波前传感器中,求子图像偏移量时,需要有参考子图像。参考子图像属扩展目标夏克—哈特曼波前传感器特有。

参考子图像的选取通常有两种方式。一种是以固定图像为参考,该方式仅适用于对固定目标进行成像的场合,如用于太阳望远镜的自适应光学系统。另一种是选取接近阵列图像中心位置的某一子图像为参考子图像,该方式既适于固定目标成像,也适于目标不断变化的情形。采用后一种工作方式时,倾斜是相对而言的,只有对固定参考的倾斜才有意义。由于参考子图像本身对应的倾斜量未知,故无法测量整体倾斜。

对于空间光学系统,由于卫星高速运动,观测目标不断变化,因此地物目标夏克—哈特曼波前传感器只能采用接近阵列图像中心位置的某一子图像为参考子图像。在波前处理中,假设参考子孔径的波前斜率为0,通过计算每一个子图像与参考子图像间的相对偏移,得到每一个子孔径处的波前斜率,然后通过Zernike 多项式拟合方法可重构出畸变波前。

(2)参考波前。

无论扩展目标夏克—哈特曼波前传感器还是点目标夏克—哈特曼波前传感器,由于各子透镜光轴位置不理想,都需要用参考波前对其进行零点标定。对于点目标夏克—哈特曼波前传感器,求取波前畸变引起的光斑偏移,需要知道在入射光波没有畸变时每个光斑的准确位置。类似地,对于扩展目标夏克—哈特曼波前传感器,求取波前畸变引起的子图像间的相对平移,需要知道在没有波前畸变时子图像间的相对位置差。该相对位置差需要引入参考平面波进行测定,或者在成像系统无像差(或像差很小)时拍摄一幅图像进行测定。

(3)子图像平移量到波前局部斜率的转化系数。

本质上,夏克—哈特曼波前传感器为波前斜率传感器。根据夏克—哈特曼波前传感器的原理,子图像 x 方向平移量 x_s(单位:像元)与阵列透镜处波前的 x 方向局部斜率 s_x 的关系为

$$s_x = \frac{x_s x_p}{f_H} \qquad (11-58)$$

式中：x_p 为 CCD 像元尺寸；f_H 为子透镜焦距。将式(11-58)改写为

$$s_x = c_{s0} x_s \qquad (11-59)$$

$$c_{s0} = \frac{x_p}{f_H} \qquad (11-60)$$

式中：c_{s0} 为子图像平移量(单位：像元)到波前斜率的转换系数。

在进行 Zernike 多项式拟合时，需将波前的坐标归一化到单位圆内。用 $w(x,y)$ 表示坐标归一化后的波前分布，其中 x、y 坐标无单位，w 的坐标为长度单位。用 w_x' 表示 x 方向波前斜率，则有

$$w_x' = \frac{x_s x_p}{f_H} r \qquad (11-61)$$

式中：r 为阵列透镜处光瞳半径。由于 xy 坐标为归一化单位，波前斜率为长度单位，故子图像平移量到波前斜率的转换系数为

$$c_s = \frac{x_p}{f_H} r \qquad (11-62)$$

(4)子图像平移量计算方法。

对于扩展目标夏克—哈特曼波前传感器，需计算每个子图像与参考子图像间的相对平移量，并减去波前无畸变时每个子图像与参考子图像间的相对平移量，再乘以斜率转换系数 c_s，最后得到波前局部斜率。因此，计算子图像与参考子图像间的相对平移量是扩展目标夏克—哈特曼波前传感器波前处理的关键步骤。

计算子图像与参考子图像间的相对平移量，通常采用互相关法。首先采用寻找互相关峰值(也称图像匹配)方法判断整像元平移量 x_n，然后采用相关函数亚像元插值方法计算平移量的小数部分 x^Δ。

如图 11-9 所示，求子图像 s_0 与参考子图像 r_0 间的整像元平移时，取子图像 s_0 的中间部分 s，与参考子图像 r_0 中具有相同尺寸的任意子区域 $r_{m,n}$(m,n 表示子区域左上角行列标号)进行互相关运算，通过求相关峰值，可得 r_0 中与 s 相似的部分 r(r 属 $r_{m,n}$ 中的一个)。在该步骤的互相关运算中，有

$$C(m,n) = \sum_{i,j} s(i,j) \cdot r_{m,n}(i,j) \qquad (11-63)$$

$$C(m,n) = \frac{\sum\limits_{i,j} s(i,j) \cdot r_{m,n}(i,j)}{\sqrt{\sum\limits_{i,j} \left[s(i,j) \right]^2 \cdot \sum\limits_{i,j} \left[r_{m,n}(i,j) \right]^2}} \quad (11-64)$$

式中：$s(i,j)$ 和 $r_{m,n}(i,j)$ 分别为有关像元的灰度；i,j 为子区域内部的行列标号。其中，式(11-64)对相关函数进行了归一化处理。

式(11-65)采用了新的相关函数归一化方法：减去灰度均值，并除以其平方和的开方。

$$C(m,n) = \frac{\sum\limits_{i,j} \left[s(i,j) - \bar{s} \right] \cdot \left[r_{m,n}(i,j) - \overline{r_{m,n}} \right]}{\sqrt{\sum\limits_{i,j} \left[s(i,j) - \bar{s} \right]^2 \cdot \sum\limits_{i,j} \left[r_{m,n}(i,j) - \overline{r_{m,n}} \right]^2}} \quad (11-65)$$

式中：$\bar{s}$ 和 $\overline{r_{m,n}}$ 分别为图像 s 和图像 $r_{m,n}$ 的灰度均值。采用式(11-65)的归一化相关函数计算公式，其计算结果将主要与图像灰度起伏的相似性有关，与图像均值和灰度起伏的峰谷差均无关。如果不作归一化处理，并且图 11-9 中 $r_{m,n}$ 的均值或灰度起伏高于 r，则极有可能 $r_{m,n}$ 与 s 的相关值大于 r 与 s 的相关值，引起误判。因此，归一化可大大提高算法的可靠性。

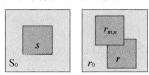

图 11-9　子图像间相对平移量计算方法

r_0 内部不同区域间亮度和对比度的不同是影响式(11-63)和式(11-64)适用性的主要原因。故两式适用于波前畸变量较小，图像 s 可以取接近 s_0 的尺寸的情形。由于 r 和 $r_{m,n}$ 与 s 尺寸相同，都接近 r_0 的尺寸，因此不同的 $r_{m,n}$ 与 r 在亮度和对比度上都不会有太大区别，即使不进行归一化处理也不会引起峰值误判。

子图像 s_0 与子图像 r_0 间亮度不同是常见的现象，主要是由于光波未充满边缘子孔径，或某些子孔径有遮挡造成的。两种情形会对计算结果有影响：子孔径面积利用过少，导致子图像信噪比太差；因点扩展函数横向尺寸过大，使子图像太模糊。除这两种情形之外，子图像间一定程度的亮度不同，不会对计算结果有影响。因为跟不同的 $r_{m,n}$ 进行互相关运算时 s 是不变的，s 的亮度不会对相关峰值判断有影响。故式(11-64)和式(11-65)可除以 $\sqrt{\sum\limits_{i,j} \left[r_{m,n}(i,j) \right]^2}$

或 $\sqrt{\sum\limits_{i,j}\left[r_{m,n}(i,j)-\overline{r_{m,n}}\right]^2}$，以减少计算量。

在找到整像元偏移后，采用下列公式计算图像 s 与 r 的互相关函数。

$$C(m,n) = \sum_{i,j} s(i,j)r(i+m,j+n) \tag{11-66}$$

$$\begin{cases} x = 0.5 \times \dfrac{C(0,1)-C(0,-1)}{2C(0,0)-C(0,1)-C(0,-1)} \\[4mm] y = 0.5 \times \dfrac{C(1,0)-C(-1,0)}{2C(0,0)-C(1,0)-C(-1,0)} \end{cases} \tag{11-67}$$

式中：m,i 分别为相关函数和图像的行序号，对应 y 方向；n,j 分别为相关函数和图像的列序号，对应 x 方向。

如图 11-10 和图 11-11 所示，采用亚像元插值的方法确定相关函数的亚像元峰值位置，通常采用抛物线插值法，见式(11-67)。在计算相关函数时，r 的移位可用循环移位方法或补 0 方法。如向右移位时，将右侧移出的部分填入左侧，或左侧补 0，其他方向移位可类推。在该步骤中，计算图像 s 和图像 r 的相关函数时，由于灰度均值和起伏基本不随 m 和 n 变化(尤其是循环移位法)，均值和起伏对相关函数的计算结果相当于整体加一常数和整体乘一系数，不影响峰值位置插值结果，无须进行归一化处理。

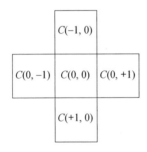

图 11-10　相关函数整像元
峰值及邻域位置示意图

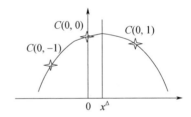

图 11-11　相关函数亚像元峰值
位置抛物线插值示意图

11.3.3　间接波前传感方法

间接波前传感方法是通过传感被测入瞳波前在后焦面上或附近的光强分布，来逆解出入瞳处的波前分布，例如：对入瞳处波前进行空间调制后测量后焦面光强分布继而重构出波前的波前调制法(Aperture Tagging)；对准单色的点光源测量其多对离焦面光强分布重构出波前的相位恢复法(Phase Retrieval，PR)；对准单色的扩展光源测量其焦面和一个离焦面光强分布重构出波前的相位变更法(Phase Diversity,PD)等。

1972 年,结契伯格—山克斯顿(Gerchberg – Saxton)提出从测得的光波波前的强度分布求得波前的相位分布,即由已知像平面和衍射平面(出射光瞳)上的强度分布,计算出两个平面上的相位分布,称为 GS 算法。1973 年,密塞尔(Misell)仿照 GS 算法,提出从两个离焦平面上的强度分布,计算出两个离焦平面上的相位分布,称为密塞尔算法,从而将离焦型相位变更应用于点光源(目标)的相位恢复波前传感中。1982 年,Gonsalves 提出相位变更(Phase Diversity)法[26],将其应用于扩展光源(目标)的相位恢复波前传感中,通过获得多个添加不同相位变更后的像面光强分布,可同时求解出被测波前和成像系统的物分布。本小节着重阐述相位恢复法和相位变更法。

11.3.3.1 相位恢复法

1. 相位恢复基本原理及数学模型

相位恢复(Phase Retrieval,PR)是一个光学求逆问题,它是通过获得光波传播到某截面上的光强分布,逆向求解出光波在前方某截面上的相位分布。根据光波的基本性质,其复振幅分布为

$$\widetilde{U}(x,y) = A(x,y) \cdot \exp[j \cdot \phi(x,y)] \tag{11-68}$$

式中:$A(x,y)$ 和 $\phi(x,y)$ 分别为光波的光强和相位。

考察单色点光源发出的相干波,平面 A 和 B 为其传播路径上的前后两个截面。光波在传播过程中遵循惠更斯 – 菲涅尔原理,传播到截面 A 上的光波各点均可视为子波源,则它们各自发出的子波会在后续光场的截面 B 上各点发生相干叠加,形成该面的复振幅分布。于是,截面 A 上的相位 $\phi_A(x,y)$ 就与截面 B 上的振幅 $A_B(x,y)$ 建立了内在的数学关系。

为了简洁、直观地描述相位和光强之间的数学关系,采用简单成像系统的入瞳面和焦面(两者满足傅里叶变换关系)来建立相位重构的数学模型。

如图 11 – 12 所示,透镜焦距为 f',入瞳面坐标系为 (x_0,y_0),焦面坐标系为 (x,y),紧贴透镜前的入射波复振幅分布为 $\widetilde{U}_1(x_0,y_0)$,紧贴透镜后的入射波复振幅分布为 $\widetilde{U}_2(x_0,y_0)$,焦平面上的复振幅分布为 $\widetilde{U}(x_0,y_0)$。

由傅里叶光学,可知

$$\widetilde{U}_2(x_0,y_0) = \widetilde{U}_1(x_0,y_0) \cdot t(x,y) = \widetilde{U}_1(x_0,y_0) \cdot \exp\left[-j \cdot \frac{k}{2f'}(x_0^2 + y_0^2) \right]$$

$$\tag{11-69}$$

式中:$t(x,y)$ 为透镜的相位变换因子。

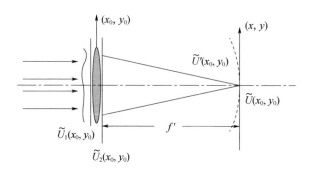

$$\text{图 } 11-12 \quad \text{简单的成像系统示意图}$$

遵循自由空间光传播理论,对紧贴透镜后的光场分布 $\tilde{U}_2(x_0,y_0)$ 做一次菲涅尔衍射积分,可得到达透镜后焦面的光场分布 $\tilde{U}(x_0,y_0)$ 为

$$
\begin{aligned}
\tilde{U}(x_0,y_0) &= \frac{\exp(j\lambda f')}{j\lambda f'} \cdot \iint\limits_{(-\infty,+\infty)} \tilde{U}_2(x_0,y_0) \cdot \\
&\quad \exp\left[jk \cdot \frac{(x-x_0)^2 + (y-y_0)^2}{2f'}\right] \cdot dx_0 dy_0 \\
&= \frac{\exp(j\lambda f')}{j\lambda f'} \cdot \exp\left[jk \cdot \frac{(x^2+y^2)}{2f'}\right] \cdot F\{\tilde{U}_1(x_0,y_0)\}\Big|_{\xi=\frac{x}{\lambda f'}, \eta=\frac{y}{\lambda f'}}
\end{aligned}
$$

$$(11-70)$$

令 $\tilde{U}_1(x_0,y_0) = a_1(x_0,y_0) \cdot \exp[j \cdot \phi_1(x_0,y_0)]$，$\tilde{U}(x_0,y_0) = a(x,y) \cdot \exp[j \cdot \phi(x,y)]$，式(11-70)变为

$$
\begin{aligned}
a(x,y) \cdot \exp[j \cdot \phi(x,y)] &= \frac{\exp(j\lambda f')}{j\lambda f'} \cdot \exp\left[jk \cdot \frac{(x^2+y^2)}{2f'}\right] \cdot F\Big\{a_1(x_0,y_0) \cdot \\
&\quad \exp[j \cdot \phi_1(x_0,y_0)]\Big\}\Big|_{\xi=\frac{x}{\lambda f'}, \eta=\frac{y}{\lambda f'}}
\end{aligned}
$$

$$(11-71)$$

式中：$F\{\cdot\}$ 为傅里叶变换。式(11-71)右边的第一项因式为复常数；第二项因式为表征 $\tilde{U}'(x,y,z)$ 抛物面(图11-12)与焦平面 $\tilde{U}(x,y)$ 之间由光程造成的相位因子；第三项因式为入瞳面 $\tilde{U}_1(x_0,y_0)$ 的傅里叶变换,且谱面要做坐标放缩,放大率 $M = \lambda f'$。

严格说,$\tilde{U}'(x,y,z)$ 与 $\tilde{U}_1(x_0,y_0)$ 是傅里叶变换对,即

$$
\begin{aligned}
\tilde{U}'(x,y,z) &= a'(x,y,z) \cdot \exp[j \cdot \phi'(x,y,z)] \\
&= \frac{\exp(j\lambda f')}{j\lambda f'} \cdot F\Big\{a_1(x_0,y_0) \cdot \\
&\quad \exp[j \cdot \phi_1(x_0,y_0)]\Big\}\Big|_{\xi=\frac{x}{\lambda f'}, \eta=\frac{y}{\lambda f'}}
\end{aligned}
$$

$$(11-72)$$

由于 $a'(x,y,z=c) = a(x,y)$，因此，只要测得 $a(x,y)$ 和 $a_1(x_0,y_0)$，根据式 (11-72)，即可能求出入瞳面上的相位 $\phi_1(x_0,y_0)$，式(11-72)为相位恢复 (Phase Retrieval, PR)中最普遍的一种数学模型。由于所研究的是恢复入瞳面上的单色相干光场分布，所以在自适应光学系统中仅用于准单色点光源的波前探测。

对于相位恢复问题，英国剑桥大学的两位学者 R. W. Gerchberg 和 W. O. Saxton 于 1972 年提出了经典的迭代傅里叶变换算法，称为 G-S 算法。

2. G-S 算法

1972 年，英国剑桥大学的 Gerchberg 和 Saxton 针对电子显微镜中的相位问题首次提出了利用入瞳面和焦面光强分布迭代重构入瞳相位的算法，简称为 G-S 算法。其算法框图如图 11-13 所示，利用入瞳和焦面间的傅里叶变换关系，首先假设一个在 $(-\pi,\pi)$ 内均匀随机分布的相位矩阵，并将其作为瞳面相位初值；然后将已测得的入瞳面光强作为入瞳振幅常数初值；接着进行傅里叶变换(FFT)，在得到的复振幅分布中，保留各点相位分布，而振幅常数分布则由测得的实际焦面光强分布替代；最后完成傅里叶逆变换(IFFT)，从复振幅中获得瞳面的相位分布，作为下次迭代的相位初值，至此完成了一次 G-S 迭代。如此反复地迭代下去，入瞳面的相位将会逐渐稳定下来，使得 FFT 后得到的焦面光强分布趋近测得的真实光强分布。从数学上看，G-S 算法实际上是一种几何投影方法，这种方法在凸集中会成功收敛，但在非凸集中，迭代会趋于多值而收敛停滞，最终导致失败。

3. 相位变更相位恢复法

对相位恢复来说，仅从一幅单独的焦面图像强度信息去估算入瞳面的相位，将无法得到唯一的解，这是因为入瞳面的相位与点扩散函数是多对一的关系，即光瞳处不同的相位有可能对应于相同的点扩散函数。因此，G-S 算法无法确保解的唯一性。为了消除这种不确定性，在随后的 20 年里，研究人员深入探讨了 G-S 算法的收敛性以及光瞳相位解的唯一性等问题，他们提出除了原始的焦面图像之外，可设法在焦面的图像上引入某种已知的附加像差，这一像差可以是球差、彗差、离焦等形式。由于这些已知的像差等价于在光瞳面引入已知的相位变更，从而通过测量一个或多个不引入和引入附加像差的图像强度，可以使光瞳面相位分布的不确定性得以消除。同时，由于增加了测量信息，也有利于提高波前传感精度。这就是相位变更(Phase Diverse)的基本思想，我们称其为相位变更相位恢复法(Phase Diverse Phase Retrieval, PDPR)。

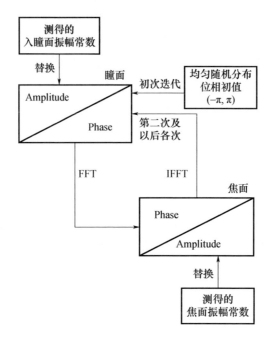

图 11 - 13　G - S 算法框图

　　基于上述理论,Misell 将 G - S 算法推广到具有不同离焦量的离焦像与瞳面之间的迭代以及各个结果之间的联合迭代,并详细讨论了计算中所遇到的各种问题。但是该算法没有利用瞳面和不同离焦面之间的准傅里叶关系,而是单纯利用两离焦面复振幅之间的卷积关系,其收敛性很难保证。后来,在美国下一代空间望远镜(Next Generation Space Telescope, NGST)的初期研制中,Jet Propulsion Lab 提出了一种鲁棒的、基于 G - S 的相位恢复算法。它引入多对满足傅里叶变换关系的光强分布参与迭代,每次迭代后再进行加权综合评估,较好地解决了迭代相位结果的唯一性问题,这就是 MGS(Modified G - S)算法,其原理如图 11 - 14 所示。

　　对于焦面 1 光强数据,其处理方法与 G - S 算法相同;对于离焦面 2 和离焦面 3 的多组 G - S 迭代,每次迭代傅里叶变换前都要加入离焦量,傅里叶逆变换后都要减去离焦量,且每完成一次迭代,三个迭代结果要按照某种评价标准进行加权综合,得出一个最佳的相位结果作为下次迭代相位初值赋给每组。该方法的核心思想就是利用了离焦面复振幅和入瞳面复振幅的准傅里叶关系,从而同时进行多组的 G - S 迭代,通过各个面的迭代结果对收敛趋势进行修正,从而使得结果能够唯一逼近真实的入瞳相位。从本质上说,就是在不增加变量维数的前提下,寻找到变量之间更多的已知条件,使相位唯一收敛。

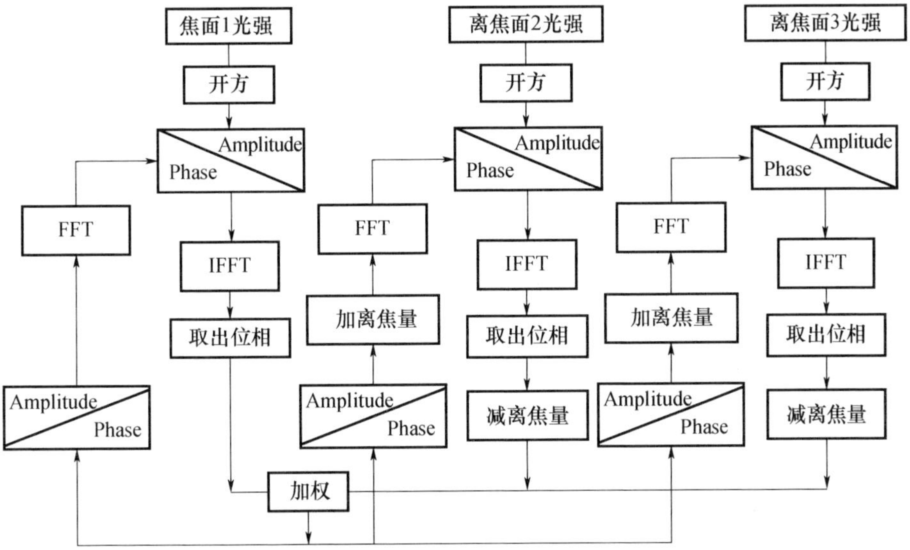

图 11 - 14　MGS 算法原理示意图

随后,Southwell,Gonsalves 和 Fienup 等将参数优化计算引入到迭代计算中,并将这种技术推广到多个离焦面的情况,但其波前传感依然是点目标。相位变更相位恢复方法已经在哈勃望远镜上得到了应用。

相位变更相位恢复法的传感系统相对简单,传感原理和相应算法比较复杂,目前难以用于快速变化波前的传感,但其空间分辨率高、空间频率范围大、精度高,相比于 S - H 波前传感的某些性能有明显的优势。因此,当波前传感对实时性要求不高时(在空间自适应光学中),它被认为是首选的波前传感方案。

11.3.3.2　相位变更法

相位恢复法波前传感要求目标为点目标,对于目标不是点目标而是扩展目标的相位恢复问题,Gonsalves 提出了相位变更法(Phase Diversity,PD)。其运用最优化计算方法,借鉴图像处理中的一些技术手段,在得到波前信息的同时,还可以得到目标的清晰的像。

PD 中使用的优化算法包括最速下降法、共轭梯度优化算法、神经网络优化方法、遗传算法、拟牛顿算法等。用于提高 PD 相位恢复速度的计算方法包括查表法和并行计算法等。其中,查表方式的 PD 方法在探测低阶误差时效果显著,但随着误差阶数的增加,其建表和查表时间会成倍增长,不利于实际应用;并行计算的 PD 方法对波前误差有很多限制,而且相位恢复结果仍会有 15% 的残余误差。

相位变更的提出是为了解决非点目标信标的相位恢复问题。Gonsalves 在 1982 年首先提出使用焦面和一个离焦面的相位变更波前探测方法,并进行了初步的计算机仿真,为后续的研究奠定了基础。之后,Paxman 和 Fienup 在 1988 年将这种方法应用于多子孔径相位传感问题中,1992 年又将这种方法推广到任意多个离焦面的情况,并且在统计学的理论框架下研究了最大似然估计的 PD 方法,而且首次讨论了存在噪声的 PD 方法。目前,PD 已经在太阳成像清晰化处理及分块镜 piston 检测等方面得到了应用,而且是未来波前传感方法的发展趋势之一。

PD 方法是基于傅里叶光学理论的,以线性系统理论为基础去分析各种光学问题。在一定的限制条件下,光波的传播、衍射、成像等现象都可以看作是线性的和空间不变的,所以可以用线性系统分析的典型方法,来简化问题的讨论,更清晰地揭示出这些现象的物理实质。

1. 离焦相位模型

图 11 − 15 所示为单透镜成像,令透镜前后的光场分布分别为 $H(u,v)$ 和 $U_0(u,v)$。当 $d = f + \Delta$ 时,用 $U_d(x,y)$ 表示离焦量为 Δ 的离焦面光场分布,有

$$U_d(x,y) = \frac{\exp(\mathrm{j}kd)}{\mathrm{j}\lambda d}\exp\left[\frac{\mathrm{j}k}{2d}(x^2 + y^2)\right] \times \iint_\infty H(x_0,y_0)\exp$$

$$\left[\frac{\mathrm{j}k}{2}(u^2 + v^2)\left(\frac{-\Delta}{f(f+\Delta)}\right)\right]\exp\left[-\mathrm{j}\frac{2\pi}{\lambda f}(ux + vy)\right]\mathrm{d}u\mathrm{d}v$$

$$(11 - 73)$$

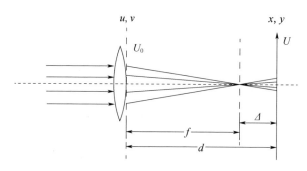

图 11 − 15　单透镜成像

当 $\Delta \ll f$ 时,有

$$U_d(x,y) = \frac{\exp(\mathrm{j}kd)}{\mathrm{j}\lambda d}\exp\left[\frac{\mathrm{j}k}{2d}(x^2 + y^2)\right] \times$$

$$\iint_\infty H(u,v)\exp\left[\frac{\mathrm{j}k}{2}(u^2 + v^2)\left(\frac{-\Delta}{f^2}\right)\right]\exp\left[-\mathrm{j}\frac{2\pi}{\lambda f}(ux + vy)\right]\mathrm{d}u\mathrm{d}v$$

$$= \frac{\exp(\mathrm{j}kd)}{\mathrm{j}\lambda d}\exp\left[\frac{\mathrm{j}k}{2d}(x^2+y^2)\right]F\left\{H(u,v)\exp\left[-\frac{\mathrm{j}k\Delta}{2f^2}(u^2+v^2)\right]\right\}_{f_u=\frac{x}{\lambda f},f_v=\frac{y}{\lambda f}}$$

$$(11-74)$$

式中：$F\{\cdot\}$ 为傅里叶变换。

这时，$U_d(x,y)$ 是 $H(u,v)\exp\left[-\dfrac{\mathrm{j}k\Delta}{2f^2}(u^2+v^2)\right]$ 的傅里叶变换。附加的相位差(以下简称为离焦相位)用 θ 表示为

$$\theta = -\frac{k\Delta}{2f^2}(u^2+v^2) \qquad (11-75)$$

将光瞳处的坐标用光瞳半径归一化，可得

$$\theta = -\frac{k\Delta}{2f^2}(u^2+v^2) = -\frac{k\Delta\left(\dfrac{D}{2}\right)^2}{2f^2}(\xi^2+\eta^2) = -\frac{k\Delta}{8F^2}(\xi^2+\eta^2) \qquad (11-76)$$

式中：D 为光瞳直径；$F=f/D$ 为系统 F 数；(ξ,η) 为光瞳处归一化坐标。

2. 相位变更法原理

相位变更法是基于线性空间平移不变系统的，且目标为非相干准单色光照明。相位变更法如图 11 - 16 所示，是一个典型的使用 PD 方法的成像系统。扩展目标经过会产生波前畸变的传播媒介，在系统的焦面和离焦面上成像。其中，离焦量的大小是已知的，两个通道成像的相位差异就是已知的，从而体现了相位变更。PD 方法就是根据各个通道的图像信息，以及已知的离焦相位信息，通过建立已知量与未知量之间的关系，进行优化计算最终得到波前畸变相位信息及目标清晰图像的强度分布。

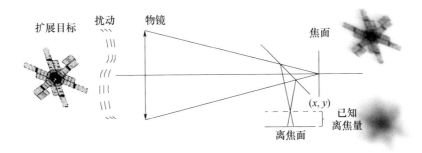

图 11 - 16　相位变更法示意图

一般成像系统模型如图 11 - 17 所示。不考虑中间黑箱中的细节，对于衍射受限系统，物面上任一点光源发出的发散球面波投射到黑箱的入瞳，被黑箱

变换为出瞳处的会聚球面波,这就是其脉冲响应性质。物面上的一个确定的物分布总可以分解成无数的 δ 函数的线性组合,其脉冲响应可由黑箱决定,然而,在像平面上将这些无数个脉冲响应合成的结果是和物面照明情况有关的,若这些脉冲是相干的,则这些脉冲在像平面上的响应便是相干叠加;若这些脉冲是非相干的,则这它们在像平面上的响应将是非相干叠加,即强度叠加。

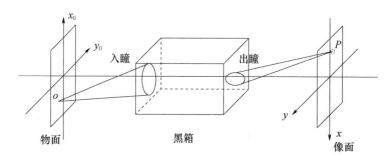

图 11 - 17 一般成像系统模型

根据上述分析及傅里叶光学理论,物面为非相干照明时,有

$$
\begin{aligned}
i_k(x,y) &= o(x,y) \otimes p_k(x,y) + n_k(x,y) \\
&= d_k(x,y) + n_k(x,y) \\
&= \sum_{x',y'} o(x',y') p_k(x-x',y-y') + n_k(x,y)
\end{aligned}
\tag{11-77}
$$

式中:$i_k(x,y)$ 为第 k 个成像通道含有噪声的畸变的图像强度分布;$d_k(x,y)$ 为不含噪声的畸变图像强度分布;$o(x,y)$ 为目标的几何光学理想成像强度分布(它与目标的光强分布仅存在空间缩放的差异);$n_k(x,y)$ 为噪声分布;$p_k(x,y)$ 为对应于 $i_k(x,y)$ 的点扩散函数。式(11 - 77)中,假设图像及点扩散函数的周期大小均为 $N \times N$。

点扩散函数 p_k 与振幅点扩散函数 h_k 满足关系,即

$$
p_k(x,y) = |h_k(x,y)|^2
\tag{11-78}
$$

振幅扩散函数是广义光瞳函数的傅里叶变换,有

$$
h_k(x,y) = \mathscr{F}[H_k]
\tag{11-79}
$$

$$
H_k = A\exp[j\phi_k]
\tag{11-80}
$$

式中:H_k 为广义光瞳函数;A 为 $0-1$ 分布的光瞳(轮廓)函数;ϕ_k 为第 k 个成像通道对应的光瞳处相位。需要说明的是,ϕ_k 由两部分组成:波前畸变 φ,不随成像面的不同而改变;离焦成像在光瞳处引入的已知相位变化,即相位变更 θ_k,随着成像面的不同而改变。故有

$$\phi_k = \varphi + \theta_k \tag{11-81}$$

波前畸变 φ 一般使用 Noll 提出的 Zernike 多项式的形式来描述,即

$$\varphi = \sum_{m=1}^{M} a_m z_m(\xi,\eta) \tag{11-82}$$

式中: $z_m(\xi,\eta)$ 为第 m 阶 Zernike 模式; a_m 为其对应的模式系数; M 为总的模式数; (ξ,η) 为光瞳面归一化坐标。

令

$$\boldsymbol{a} = [a_1, a_2, \cdots, a_M]^{\mathrm{T}} \tag{11-83}$$

所以,点扩散函数是关于相位 φ 的函数,而相位 φ 是关于参数向量 $\boldsymbol{a}$ 函数。因此,离焦相位 θ_k 可表示为

$$\theta_k = \frac{2\pi}{\lambda} \frac{(-\Delta_k)(\xi^2+\eta^2)}{8F^2} \tag{11-84}$$

式中: Δ_k 为不同通道的离焦距离; λ 为中心波长。

3. 相位变更法误差函数模型

PD 是通过非线性优化迭代计算实现相位恢复的,如何建立优化计算的误差函数,是实现相位变更波前传感的重要步骤。目前主要的误差函数模型有两种,一种是由 Gonsalves 提出的最小均方(Least - Square)误差模型,另一种是 Paxman 等提出的最大似然估计模型。

(1)最小均方模型。

当成像通道除焦面外只包含一个离焦面时,为简单起见,不考虑噪声的影响,成像关系为

$$\begin{cases} d_1(x,y) = o(x,y) \otimes p_1(x,y) \\ d_2(x,y) = o(x,y) \otimes p_2(x,y) \end{cases} \tag{11-85}$$

式中: $d_1(x,y)$ 和 $d_2(x,y)$ 分别为不含噪声的焦面和离焦面的图像; $p_1(x,y)$ 和 $p_2(x,y)$ 分别为其对应的点扩散函数。

对式(11-85)作傅里叶变换,可以得到其频域内的表达式,即

$$\begin{cases} D_1(u,v) = O(u,v)P_1(u,v) \\ D_2(u,v) = O(u,v)P_2(u,v) \end{cases} \tag{11-86}$$

式中: (u,v) 为对应于 (x,y) 的频域坐标 (f_x,f_y),关系为 $f_x = u/\lambda f, f_y = v/\lambda f$; D_1, D_2, O, P_1, P_2 分别为 d_1, d_2, o, p_1, p_2 的傅里叶变换; P_1, P_2 为焦面和离焦面的光学传递函数。

为了从观测得到的图像与已知离焦相位信息得到波前相位,Gonsalves 提出最小均方误差函数,即

$$E(o,\boldsymbol{a}) = \sum_{x,y} \left[\, | \, d_1 - \hat{p}_1(\boldsymbol{a}) \otimes \hat{o} \, |^2 + | \, d_2 - \hat{p}_2(\boldsymbol{a}) \otimes \hat{o} \, |^2 \, \right] \quad (11-87)$$

式中:"∧"为对应于真值的估计值。式(11 – 87)是很容易理解的,对估计结果的图像与实际测量得到的图像作比较,那么差别的大小就反映了估计结果的优劣。

根据 Parseval 定理和卷积理论,式(11 – 87)在频域内表示为

$$E(O,\boldsymbol{a}) = \frac{1}{N^2} \sum_{u,v} \left[\, | \, D_1 - \hat{P}_1(\boldsymbol{a})\hat{O} \, |^2 + | \, D_2 - \hat{P}_2(\boldsymbol{a})\hat{O} \, |^2 \, \right] \quad (11-88)$$

根据式(11 – 86),可得

$$\hat{O} = \frac{\boldsymbol{P}_1^* D_1 + \boldsymbol{P}_2^* D_2}{| \, \boldsymbol{P}_1 \, |^2 + | \, \boldsymbol{P}_2 \, |^2} \quad (11-89)$$

将式(11 – 89)代入式(11 – 88),可得

$$E(\boldsymbol{a}) = \sum_{u,v} \frac{| \, D_1 \boldsymbol{P}_2(\boldsymbol{a}) - D_2 \boldsymbol{P}_1(\boldsymbol{a}) \, |^2}{| \, \boldsymbol{P}_1(\boldsymbol{a}) \, |^2 + | \, \boldsymbol{P}_2(\boldsymbol{a}) \, |^2} \quad (11-90)$$

式中:误差函数只与 Zernike 多项式系数向量有关,与目标函数 $\hat{O}$ 没有关系。因此,波前相位恢复问题就转变为误差函数最小化求最佳值的问题。

式(11 – 90)存在分母为零的情况,所以在分母中加入一个正则化参数 γ,即实际计算用的误差函数形式为

$$E(\boldsymbol{a}) = \sum_{u,v} \frac{| \, D_1 \boldsymbol{P}_2(\boldsymbol{a}) - D_2 \boldsymbol{P}_1(\boldsymbol{a}) \, |^2}{| \, \boldsymbol{P}_1(\boldsymbol{a}) \, |^2 + | \, \boldsymbol{P}_2(\boldsymbol{a}) \, |^2 + \gamma} \quad (11-91)$$

对于图像频谱 $\hat{O}$ 的估计同样也存在分母为零的情况,所以,图像恢复中同样加入正则化参数 γ',表示为

$$\hat{O} = \frac{\boldsymbol{P}_1^* D_1 + \boldsymbol{P}_2^* D_2}{| \, \boldsymbol{P}_1 \, |^2 + | \, \boldsymbol{P}_2 \, |^2 + \gamma'} \quad (11-92)$$

(2)最大似然估计模型。

实际光学系统中,CCD 采集到的图像是含有噪声的,对目标和相位的估计可以看作是依赖于噪声分布的统计问题。CCD 成像噪声一般为高斯分布或泊松分布。本书着重讨论高斯分布模型。

当 CCD 噪声为均值为零,方差为 σ_n^2 的高斯分布,且共有 k 个成像通道时,各个像素点强度的概率分布为

$$P[i_k;o,\boldsymbol{a}] = \frac{1}{(2\pi\sigma_n^2)^{1/2}}\exp\left\{-\frac{[i_k - o\otimes p_k(\boldsymbol{a})]^2}{2\sigma_n^2}\right\} \tag{11-93}$$

式中:i_k 为含有噪声的图像,由式(11-77)给定。考虑到集合$\{i_k\}$是由各个焦面上的像素值所组成,假设各像素点间是独立互不影响的,对于像面上的所有点的集合,有

$$P[\{i_k\};o,\boldsymbol{a}] = \prod_{k=1}^{K}\prod_{x,y}\frac{1}{(2\pi\sigma_n^2)^{1/2}}\exp\left\{-\frac{[i_k - o\otimes p_k(\boldsymbol{a})]^2}{2\sigma_n^2}\right\} \tag{11-94}$$

对式(11-94)取对数,并且忽略一些常数和不影响结果的比例因子,可采用误差函数为

$$L[o,\boldsymbol{a}] = -\sum_{k=1}^{K}\sum_{x,y}(i_k - o\otimes p_k(\boldsymbol{a}))^2 \tag{11-95}$$

根据 Parseval 定理和卷积理论,也可取式(11-95)的傅里叶变换为误差函数,得到误差函数为

$$L(O,\boldsymbol{a}) = -\frac{1}{N^2}\sum_{k=1}^{K}\sum_{u,v}|I_k - OP_k(\boldsymbol{a})|^2 \tag{11-96}$$

式中:I_k,O,P_k 分别为i_k,o,p_k 的傅里叶变换。求式(11-96)最大值就得到图像强度的最大似然分布。而我们一般求解的问题是求最小值,所以我们的误差函数是对式(11-96)取负值。式中,O 和 P_k 均达到最佳时,误差函数达到最小值,即对于目标函数频谱 O,误差函数对其的偏导数为零,故有

$$\begin{cases} \dfrac{\partial L}{\partial O_r} = 0 \\[3mm] \dfrac{\partial L}{\partial O_i} = 0 \end{cases} \tag{11-97}$$

式中:O_r 和 O_i 分别为目标函数频谱的实部和虚部。因此,最终可以得到目标函数频谱表达式为

$$O = \begin{cases} \dfrac{\displaystyle\sum_{k=1}^{K}I_k P_k^{*}}{\displaystyle\sum_{l=1}^{K}|P_k(\boldsymbol{a})|^2} & \displaystyle\sum_{l=1}^{K}|P_k(\boldsymbol{a})|^2 \neq 0 \\[6mm] 0 & \displaystyle\sum_{l=1}^{K}|P_k(\boldsymbol{a})|^2 = 0 \end{cases} \tag{11-98}$$

将式(11-98)代入式(11-96),可以得到不含目标函数频谱 O 的误差函数形式,即

$$L(\boldsymbol{a}) = -\sum_{u,v \in \chi} \frac{\left| \sum\limits_{j=1}^{K} I_j P_j^*(\boldsymbol{a}) \right|^2}{\sum\limits_{l=1}^{K} \left| P_k(\boldsymbol{a}) \right|^2} + \sum_{u,v} \sum_{k=1}^{K} \left| I_k \right|^2 \qquad (11-99)$$

其中,求和域 χ 排除了分母为零的区域,有

$$\chi = \left\{ (u,v) \in \sum_{l=1}^{K} \left| P_k(\boldsymbol{a}) \right|^2 \neq 0 \right\} \qquad (11-100)$$

当 $K = 2$ 时,式(11-99)变为

$$L(\boldsymbol{a}) = -\sum_{u,v \in \chi} \frac{\left| I_1 P_1^*(\boldsymbol{a}) + I_2 P_2^*(\boldsymbol{a}) \right|^2}{\left| P_1(\boldsymbol{a}) \right|^2 + \left| P_1(\boldsymbol{a}) \right|^2} + \sum_{u,v} \left(\left| I_1 \right|^2 + \left| I_2 \right|^2 \right) \qquad (11-101)$$

这就是最大似然估计理论下的误差函数的形式,其同样与目标函数无关,只与 Zernike 多项式系数向量有关,可以用于优化计算。

式(11-101)与式(11-89)是一致的。它从另一个方面解决了分母可能为零的问题,两种误差函数形式在优化计算中的区别是非常小的。

(3)梯度解析式。

根据误差函数表达式得到梯度解析表达式,这对于非线性优化迭代是十分必要的。与有限差分求梯度方法相比,它可以有效减少计算时间,提高计算结果精度。

对于误差函数 $L(\boldsymbol{a})$,当参数向量 $\boldsymbol{a}$ 的维数为 M 时,其梯度表示为

$$L'(\boldsymbol{a}) = \left[\frac{\partial L(\boldsymbol{a})}{\partial a_1}, \cdots, \frac{\partial L(\boldsymbol{a})}{\partial a_m}, \cdots, \frac{\partial L(\boldsymbol{a})}{\partial a_M} \right]^{\mathrm{T}} \qquad (11-102)$$

对于某一给定的参数 a_m,根据式(11-99),其梯度分量为

$$\frac{\partial L(\boldsymbol{a})}{\partial a_m} = -\frac{\partial}{\partial a_m} \sum_{u,v \in \chi} \frac{\left| I_1 P_1^*(\boldsymbol{a}) + I_2 P_2^*(\boldsymbol{a}) \right|^2}{\left| P_1(\boldsymbol{a}) \right|^2 + \left| P_1(\boldsymbol{a}) \right|^2} \qquad (11-103)$$

其结果为

$$\frac{\partial}{\partial a_m} L(\boldsymbol{a}) = \sum_{u,v} \mathrm{Re} \left[\left(Q_1 P_1' + Q_2 P_2' \right) \right] \qquad (11-104)$$

$$Q_1 = \begin{cases} \dfrac{\left(\left| P_1 \right|^2 + \left| P_2 \right|^2 \right) \left(I_1 P_1^* + I_2 P_2^* \right) I_1^* - \left| I_1 P_1^* + I_2 P_2^* \right|^2 P_1^*}{\left(\left| P_1 \right|^2 + \left| P_2 \right|^2 \right)^2} & (u,v) \in \chi \\[4mm] 0 & (u,v) \notin \chi \end{cases}$$

$$\qquad (11-105)$$

$$Q_2 = \begin{cases} \dfrac{(|P_1|^2 + |P_2|^2)(I_1\hat{P}_1^* + I_2 P_2^*)I_2{}^* - |I_1 P_1^* + I_2 P_2^*|^2 I_2^*}{(|P_1|^2 + |P_2|^2)^2} & ((u,v) \in \chi) \\ 0 & ((u,v) \notin \chi) \end{cases}$$

$$\tag{11-106}$$

$$P_1' = F\{Re[[F(H_1)]^* \cdot F\{jH_1 \cdot z_m\}]\} \tag{11-107}$$

$$P_2' = F\{Re[[F(H_2)]^* \cdot F\{jH_2 \cdot z_m\}]\} \tag{11-108}$$

4. 相位变更法流程

相位变更波前传感可以分为以下几个步骤,其流程如图 11-18 所示。

(1)对相位参数向量 **a** 赋初值,根据式(11-82)求得相位 φ。根据式(11-80)求得广义光瞳函数,再由式(11-79)求得振幅点扩散函数,从而根据式(11-78)求得点扩散函数 p_1 和 p_2,傅里叶变换后求得光学传递函数 P_1 和 P_2。

(2)根据采集到的图像 i_1 和 i_2 求得图像频谱分布 I_1 和 I_2。

(3)使用非线性优化算法,根据误差函数及其一阶梯度式(11-103)~式(11-108)求得参数向量 **a** 的最佳值。

(4)得到最佳值后,便可以得到最佳相位估计 $\hat{\varphi}$,从而根据式(11-92),就可以得到目标的频谱分布估计 $\hat{O}$。

PD 方法可以直接使用扩展目标进行波前传感并可以传感非连续波前像差;与光路复杂的 Hartmann 传感器与剪切干涉仪等传感器相比,PD 方法的光路十分简单,特别对于空基系统,可以减少系统的复杂度,提高空间运作的可靠性;PD 方法可以同时实现相位恢复和图像重建,从而可以在不需波前校正的情况下得到高分辨率图像,这是其他波前传感方法无法实现的。尽管 PD 方法在许多方面优于其他波前传感技术方法,但也有其缺点与不足,主要有:

(1)由于 PD 方法是基于图像强度分布进行相位恢复,一方面数据的冗余度比较高,所需的存储空间比较大;另一方面,图像数据容易受到噪声等因素的干扰,这会影响相位恢复算法的稳定性和精确性。

(2)由于 PD 方法使用非线性优化算法,同时计算中用到多次的傅里叶变换,计算时间较长,不利于对快速变化波前的闭环控制。

(3)PD 方法探测波前的范围有限,存在 2π 不确定性问题,当波前的 PV 值比较大时,PD 算法往往会陷入局部极值,从而无法得到正确的波前相位信息。

(4)PD 原理上是基于单色光的波前传感技术,对成像波谱宽度有限制,使

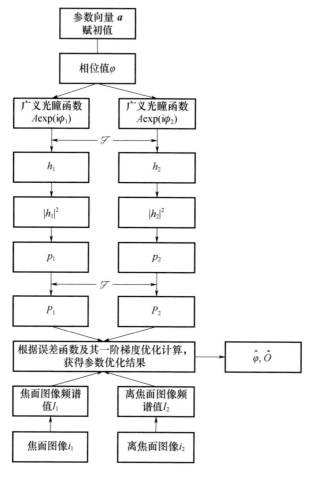

图 11 –18　PD 方法相位估计过程示意图

用白光探测波前仍需进一步研究。

11.4　自适应光学波前重构与校正

11.4.1　波前重构方法

波前重构是自适应光学的核心内容之一。它是指利用传感器所反馈的离散数据,恢复出连续波前形状的技术。目前最普遍的波前重构方法是模式法和区域法。

11.4.1.1　模式法

模式法的主体思想是将全孔径内的波前相位展开成不同的模式,然后利用全孔径内的测量数据对各模式的系数进行求解,再将所得结果代回波前展开式得到完整的波前表达式,以此实现波前的重构。

由于 Zernike 多项式具有正交性、反变换性和描述图像时具有最少信息冗余度的特点,并且其各阶模式与光学设计中的 Sedel 像差(如离焦、像散、慧差等)系数相对应,故 Zernike 多项式成为模式法波前相位展开的一种选择。

用 Zernike 多项式对波前进行展开,可得

$$\varphi(x,y) = \sum_{k=0}^{N} a_k Z_k(x,y) \tag{11-109}$$

式中:a_k 为第 k 项 Zernike 多项式的系数;Z_k 为第 k 项 Zernike 多项式。

对式(11-109)在 x 方向和 y 方向上分别求导,可得到波前在 x 方向和 y 方向上的斜率分别为

$$\begin{cases} g_x = \sum_{k=0}^{N} a_k \dfrac{\partial Z_k(x,y)}{\partial x} \\ g_y = \sum_{k=0}^{N} a_k \dfrac{\partial Z_k(x,y)}{\partial y} \end{cases} \tag{11-110}$$

因为传感器返回的数据多为子孔径内波前的平均斜率,所以,为求解展开式的系数 a_k,还需要将式(11-110)离散化,并转化为子孔径内波前平均斜率的表达式,即

$$\begin{cases} \overline{g_{x_i}} = \sum_{k=0}^{N} \dfrac{a_k}{S_i} \iint \dfrac{\partial Z_k(x,y)}{\partial x}\mathrm{d}x\mathrm{d}y = \sum_{k=0}^{N} a_k \cdot Z_{kx_i} \\ \overline{g_{y_i}} = \sum_{k=0}^{N} \dfrac{a_k}{S_i} \iint \dfrac{\partial Z_k(x,y)}{\partial y}\mathrm{d}x\mathrm{d}y = \sum_{k=0}^{N} a_k \cdot Z_{ky_i} \end{cases} \tag{11-111}$$

式中:S_i 为第 i 个子孔径的面积。

假设传感器反馈的每个方向上的数据数量为 M,则波前平均斜率与模式系数的关系用矩阵形式表示为

$$\begin{bmatrix} \overline{g_{x_1}} \\ \overline{g_{y_1}} \\ \overline{g_{x_2}} \\ \overline{g_{y_2}} \\ \vdots \\ \overline{g_{x_M}} \\ \overline{g_{y_M}} \end{bmatrix} = \begin{bmatrix} Z_{1x_1} & Z_{2x_1} & \cdots & Z_{Nx_1} \\ Z_{1y_1} & Z_{2y_1} & \cdots & Z_{Ny_1} \\ Z_{1x_2} & Z_{2x_2} & \cdots & Z_{Nx_2} \\ Z_{1y_2} & Z_{2y_2} & \cdots & Z_{Ny_2} \\ \vdots & \vdots & \ddots & \vdots \\ Z_{1x_M} & Z_{2x_M} & \cdots & Z_{Nx_M} \\ Z_{1y_M} & Z_{2y_M} & \cdots & Z_{Ny_M} \end{bmatrix} \cdot \begin{bmatrix} a_1 \\ a_2 \\ \vdots \\ a_N \end{bmatrix} \tag{11-112}$$

考虑到实际测量中噪声的影响,还需加入噪声项$[\varepsilon_1 \quad \varepsilon_2 \quad \cdots \quad \varepsilon_{2M}]^{\mathrm{T}}$,由此可将式(11-112)简记为

$$g = Z \cdot a + \varepsilon \tag{11-113}$$

式中:M 为子孔径数目;N 为选取的 Zernike 多项式的项数;Z 为畸变的波前相位所对应的斜率矩阵;a 为其 Zernike 多项式展开系数矩阵;ε 为噪声项。变换矩阵 Z 的元素为

$$Z_{kx_i} = \frac{1}{S_i} \iint \frac{\partial Z_k(x,y)}{\partial x} \mathrm{d}x\mathrm{d}y, Z_{ky_i} = \frac{1}{S_i} \iint \frac{\partial Z_k(x,y)}{\partial y} \mathrm{d}x\mathrm{d}y \tag{11-114}$$

以上两个积分的积分域为所选择的子孔径范围。

由此可见,模式法重构波前最后归结到底是线性方程组的求解。因为实际上所取的模的阶数不多,故有 $2M \gg N$,所以矩阵方程式(11-113)一般是一个超定方程,可采用最小二乘法求其最佳解。

11.4.1.2 区域法

一般而言,在自适应光学系统中,最常用的 Shack-Hartmann 传感器或者金字塔传感器反馈回来的波前信息是波前斜率。在已知某些点波前斜率信息的基础上,通过一定方法,可获得波前上其他点的相位信息,就是相位重构的区域法。

根据相位测量点和重构点相对位置的不同,有三种重要的重构模型,如图 11-19 所示。

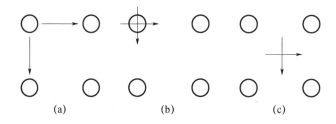

图 11-19 重构网点模型

(a)Hudgin 模型;(b)Southwell 模型;(c)Fried 模型。

1. Hudgin 模型

在 Hudgin 模型中,测量的数据为栅格点的位相差,重构点位于栅格点上,且假定栅格点的间距相同,如图 11-20 所示。

由图 11-20 可知,栅格点的相位差为

$$\begin{cases} \Delta\varphi_x = \varphi_{i+1,j} - \varphi_{i,j} \\ \Delta\varphi_y = \varphi_{i,j+1} - \varphi_{i,j} \end{cases} \tag{11-115}$$

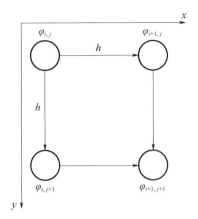

图 11 - 20　Hudgin 模型子区域示意图

故子区域波前斜率为

$$\begin{cases} g_x = \Delta \varphi_x / h \\ g_y = \Delta \varphi_y / h \end{cases} \qquad (11-116)$$

假设测量栅格个数为 $N \times N$，则栅格点数目为 $(N+1)^2$，根据子区域波前斜率表达式(11-116)可得

$$\begin{cases} g_{i,j}^x = \dfrac{\varphi_{i+1,j} - \varphi_{i,j}}{h} & (i=1,2,\cdots,N,j=1,2,\cdots,N+1) \\[3mm] g_{i,j}^y = \dfrac{\varphi_{i,j+1} - \varphi_{i,j}}{h} & (i=1,2,\cdots,N+1,j=1,2,\cdots,N) \end{cases} \qquad (11-117)$$

式(11-117)可用矩阵形式进行表达为

$$h \begin{bmatrix} g_{1,1}^x \\ \vdots \\ g_{1,N+1}^x \\ g_{2,1}^x \\ \vdots \\ g_{2,N+1}^x \\ \vdots \\ g_{N,N+1}^x \\ g_{1,1}^y \\ \vdots \\ g_{N+1,N}^y \end{bmatrix} = A \begin{bmatrix} \varphi_{1,1} \\ \vdots \\ \varphi_{N+1,1} \\ \varphi_{1,2} \\ \vdots \\ \varphi_{N+1,2} \\ \vdots \\ \varphi_{N+1,N+1} \end{bmatrix} \qquad (11-118)$$

式中:A 为 $2N(N+1) \times (N+1)^2$ 的矩阵,且矩阵中元素值只能取 0,-1 或 1。该线性方程组一般为超定方程,需要用最小二乘法进行求解。为保证最小二乘法可用,还需再加入一个限定条件,即 $\sum \varphi = 0$。

2. Southwell 模型

Southwell 模型中,测量的数据为栅格点的斜率,重构点位于栅格点,且假定栅格点的间距相同,如图 11-21 所示。

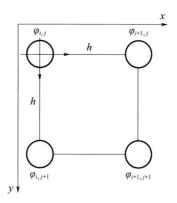

图 11-21　Southwell 模型子区域示意图

在 Southwell 模型中,子区域的波前斜率满足如下关系,即

$$\begin{cases} \dfrac{1}{2}(g_{i,j}^x + g_{i+1,j}^x) = \dfrac{\varphi_{i+1,j} - \varphi_{i,j}}{h} & (i=1,2,\cdots,N, j=1,2,\cdots,N+1) \\ \dfrac{1}{2}(g_{i,j}^y + g_{i+1,j}^y) = \dfrac{\varphi_{i,j+1} - \varphi_{i,j}}{h} & (i=1,2,\cdots,N+1, j=1,2,\cdots,N) \end{cases} \quad (11-119)$$

对式(11-119)做变量调整,可得

$$\begin{cases} \dfrac{1}{2}(g_{i-1,j}^x + g_{i,j}^x) = \dfrac{\varphi_{i,j} - \varphi_{i-1,j}}{h} & (i=2,3,\cdots,N+1, j=1,2,\cdots,N+1) \\ \dfrac{1}{2}(g_{i,j-1}^y + g_{i,j}^y) = \dfrac{\varphi_{i,j} - \varphi_{i,j-1}}{h} & (i=1,2,\cdots,N+1, j=2,3,\cdots,N+1) \end{cases} \quad (11-120)$$

对式(11-119)和式(11-120)求和,整理可得

$$c_{i,j}\varphi_{i,j} - (\varphi_{i+1,j} + \varphi_{i-1,j} + \varphi_{i,j+1} + \varphi_{i,j-1}) = b_{i,j} (i,j=1,2,\cdots,N+1) \quad (11-121)$$

$$b_{i,j} = \frac{h}{2}(g_{i-1,j}^x - g_{i+1,j}^x + g_{i,j-1}^y - g_{i,j+1}^y)$$

$$c_{i,j} = \begin{cases} 2 & (i,j = 1, N+1) \\ 3 & (j = 1, N+1, i = 2 \sim N \text{ 或者 } i = 1, N+1, j = 2 \sim N) \\ 4 & (i,j = 2 \sim N) \end{cases}$$

且令 $g_{0,j}^x = -g_{1,j}^x$, $g_{N+2,j}^x = -g_{N+1,j}^x$, $g_{i,0}^y = -g_{i,1}^y$, $g_{i,N+2}^y = -g_{i,N+1}^y$, $\varphi_{0,j} = \varphi_{i,0} = \varphi_{N+2,j} = \varphi_{i,N+2} = 0$, 将式(11 - 121)用矩阵进行表示,即

$$\begin{bmatrix} b_{1,1} \\ \vdots \\ b_{1,N+1} \\ b_{2,1} \\ \vdots \\ b_{2,N+1} \\ \vdots \\ b_{N+1,1} \\ \vdots \\ b_{N+1,N+1} \end{bmatrix} = A \begin{bmatrix} \varphi_{1,1} \\ \vdots \\ \varphi_{N+1,1} \\ \varphi_{1,2} \\ \vdots \\ \varphi_{N+1,2} \\ \vdots \\ \varphi_{N+1,N+1} \end{bmatrix} \qquad (11 - 122)$$

式中:A 为 $(N+1)^2 \times (N+1)^2$ 的方阵。该线性方程组为正定的方程组。

3. Fried 模型

Fried 模型中,测量的数据为栅格中央斜率,重构点位于栅格点,且假定栅格点的间距相同,如图 11 - 22 所示。

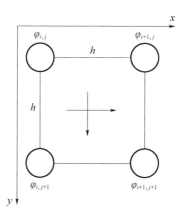

图 11 - 22　Fried 模型子区域示意图

Fried 模型中,子区域的波前斜率定义为

$$\begin{cases} g_{i,j}^x = \left[\dfrac{1}{2}(\varphi_{i+1,j+1} + \varphi_{i+1,j}) - \dfrac{1}{2}(\varphi_{i,j+1} + \varphi_{i,j}) \right]/h \\ g_{i,j}^y = \left[\dfrac{1}{2}(\varphi_{i+1,j+1} + \varphi_{i,j+1}) - \dfrac{1}{2}(\varphi_{i+1,j} + \varphi_{i,j}) \right]/h \end{cases} \quad (i,j = 1,2,\cdots,N)$$

$$(11 - 123)$$

将式(11 - 123)用矩阵形式表示为

$$h \begin{bmatrix} g_{1,1}^x \\ \vdots \\ g_{1,N}^x \\ g_{2,1}^x \\ \vdots \\ g_{2,N}^x \\ \vdots \\ g_{N,N}^x \\ g_{1,1}^y \\ \vdots \\ g_{N,N}^y \end{bmatrix} = \frac{1}{2} A \begin{bmatrix} \varphi_{1,1} \\ \vdots \\ \varphi_{N+1,1} \\ \varphi_{1,2} \\ \vdots \\ \varphi_{N+1,2} \\ \vdots \\ \varphi_{N+1,N+1} \end{bmatrix} \quad (11 - 124)$$

式中:A 为 $2N^2 \times (N+1)^2$ 的矩阵,且矩阵中元素值只能取 0、-1 或 1。该线性方程组一般为超定方程。

利用这三个模型,区域法重构波前最后也是线性方程组的求解。根据所得系数矩阵的不同,有不同的求解方法。常用的方法有直接求逆法、高斯 – 约旦法、朱列斯基法和 SVD 法。通过对线性方程组的求解,就可求得相关的相位分布信息,重构出完整波前。

11.4.2 波前校正

波前校正是指通过改变光波波前传输的光程或者改变传输介质折射率,改变入射光波波前相位结构,实现波面相位校正目的。对这类实现波前校正的器件,不仅要求有足够多的空间自由度,以更好地拟合所要校正的波像差,还需其响应速度远超过扰动波前的时间改变频率。波前校正器件主要有快速倾斜反射镜和变形镜,以下重点对这两种器件进行介绍。

11.4.2.1 快速倾斜反射镜

快速倾斜反射镜是一种平面反射镜,它一般安装在一个压电陶瓷驱动器上,压电陶瓷驱动器通过其两端驱动电压产生形变而使倾斜镜发生倾斜,该快速、小角度的倾斜会使光束发生偏转。相对于变形镜,倾斜镜主要用于宏观校正中,用以改变光束到达方向,校正波前的整体倾斜。校正效果对比如图 11 - 23 所示。

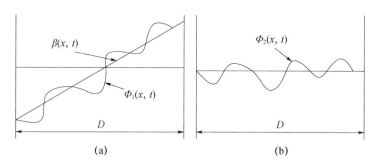

图 11 - 23 倾斜镜校正效果对比

(a)初始波前误差;(b)整体倾斜校正后的波前。

图 11 - 23 中,$\beta(x,t)$ 表示采样时波前扰动的总体倾斜相位,$\phi_1(x,t)$ 和 $\phi_2(x,t)$ 分别表示倾斜镜校正前的入射光波前相位和倾斜镜校正后的高阶波前相位,D 为望远镜直径。

当光束在大气中传输时,大气湍流对光束波前的干扰,会引入波前的整体倾斜误差,此时波前方差可表示为

$$\sigma_c^2 = 1.03 \, (D/r_0)^{5/3} \tag{11 - 125}$$

经过倾斜镜对整体倾斜的校正,波前方差则变为

$$\sigma_c^2 = 0.134 \, (D/r_0)^{5/3} \tag{11 - 126}$$

式中:r_0 为大气相干长度,D 为光学系统口径。

经过对式(11 - 125)和式(11 - 126)的分析对比可以发现,波前整体倾斜经过倾斜镜校正后,方差会降低到校正前的 13% 左右,可见倾斜镜对波面整体倾斜有很好的校正效果。所以,在自适应光学系统中,对波前误差进行校正时,一般先使用倾斜镜对波前误差整体倾斜进行校正,再使用变形镜进行相位补偿。

图 11 - 24 所示为斯巴鲁(Subaru)天文望远镜使用的快速倾斜镜,其镜面直径为 150mm,倾斜角度范围为 ±600μrad,响应频率为 610Hz。

图 11 – 24 斯巴鲁天文望远镜所用快速倾斜镜

11.4.2.2 变形镜

变形镜是用于自适应光学中波前校正的重要元件,它能利用镜面背面的致动器,产生校正波前所需的镜面形状。当波前到达镜面上时,由于不同位置的光波通过的光程不同,波面相位便获得不同程度的补偿,从而使得波前获得校正。由此可知,对镜面形状的控制,是变形镜的关键。因此,变形镜致动器是变形镜的技术核心,我们首先对变形镜的致动器进行介绍。

1. 致动器技术

(1)压电陶瓷致动器。

压电效应作为一种电—机械现象,可由以下方程组描述,即

$$D = dX + \varepsilon_x E \qquad (11-127)$$

$$x = S_E X + dE \qquad (11-128)$$

式中:D 为电位移张量;X 为应力张量;E 为电场强度;S_E 为电场方向的柔性系数张量;x 为应变;ε_x 为应变方向的介电常数;d 为压电常数。

对于圆盘形材料,如圆盘上下表面与材料的晶轴垂直,晶轴为 z 轴,施加的外电场沿 z 方向,则该方向的相对变形量为

$$\alpha_z = d_{33} E_z \qquad (11-129)$$

式中:d_{33} 为一纵向压电常数。如圆盘厚度为 t,z 方向的变形量 Δz 则为

$$\Delta z = \alpha_z t = d_{33} E_z t = d_{33} V \qquad (11-130)$$

式中:V 为施加在圆盘上下表面间的电压。

若采用压电陶瓷片堆积的叠层结构。设 t 为叠层厚度,N 为叠层数,l 为叠层长度,在无载条件下,变形量为

$$\Delta l = l d_{33} \frac{V}{t} \qquad (11-131)$$

（2）电致伸缩陶瓷致动器。

电致伸缩为应变与外电场强度的平方成正比的效应。电致伸缩效应可由以下方程组确定,即

$$D = mX + \varepsilon_x E \tag{11 - 132}$$

$$x = S_E X + mE^2 \tag{11 - 133}$$

式中:m 为电致伸缩常数;其他量的物理意义同式(11 - 127)和式(11 - 128)。

对叠层结构的电致伸缩致动器,其形变量为

$$\Delta l = lm \left(\frac{V}{t} \right)^2 \tag{11 - 134}$$

式中,各值含义同式(11 - 131)。

（3）磁致伸缩合金致动器。

磁致伸缩是铁磁材料的应变状态取决于外磁场强度和方向的一种效应。镧系元素基铁合金式在常温下具有很大磁致伸缩效应的材料,常被用于制作磁致伸缩合金致动器。

磁致伸缩效应可以由以下方程组描述,即

$$B = \lambda X + \mu_x H \tag{11 - 135}$$

$$x = S_H X + \lambda H \tag{11 - 136}$$

式中:λ 为磁致伸缩系数;B 为磁通密度;H 为磁场强度;S_H 为磁场方向的柔性系数;x 为应变;X 为应力张量。

对长度为 l 的磁致伸缩合金致动器,其形变在无载时为

$$\Delta l = l\lambda H \tag{11 - 137}$$

磁致伸缩合金致动器具有居里温度高、工作稳定范围宽、饱和应变高的优点,但也有热膨胀系数大、电流经线圈产生较大热损失的缺点。

2. 变形镜影响函数

变形镜是通过致动器改变镜面形状的方式补偿畸变波前的,故致动器的数量和位置是变形镜面形的一个重要影响因素。当变形镜受致动器作用而发生形变时,变形镜面形和致动器作用的关系可用影响函数来进行描述。

假设每一个致动器的作用是相互独立的,则镜子的面形可用影响函数的线性累加进行表示为

$$S(x,y) = \sum_{i=1}^{N} A_i Z_i(x,y) \tag{11 - 138}$$

式中:$S(x,y)$ 为镜面离基准面的高度;A_i 为第 i 个致动器的作用幅度;$Z_i(x,y)$ 为

第 i 个致动器的影响函数。有研究表明,当单一个致动器以力 W 作用在边缘不受约束的镜面上面积为 πd_0^2 的区域内时,如图 11－25 所示。

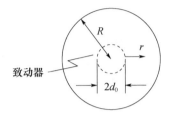

$$致动器$$

图 11－25 作用示意图

若该镜面的厚度为 t,产生的便宜量为 r,当 $d_0 < r < R$ 时,则其影响函数在极坐标下可表示为:

$$Z(r) = \gamma \left[\frac{(12m+4)(R^2 - r^2)}{m+1} - \frac{2(m-1)d_0^2(R^2 - r^2)}{(m+1)R^2} - (8 r^2 + 4 d_0^2) \ln \frac{R}{r} \right]$$

$$(11-139)$$

当 $r < d_0 < R$ 时,则 $Z(r)$ 可改写为

$$Z(r) = \gamma \left[\frac{8m(R^2 - r^2)}{m+1} - \frac{2(m-1)d_0^2(R^2 - r^2)}{(m+1)R^2} - (8 r^2 + 4 d_0^2) \ln \frac{R}{d_0} + 4 R^2 - 5 d_0^2 + \frac{r^4}{d_0^2} \right]$$

$$(11-140)$$

$$\gamma = \frac{3W(m^2 - 1)}{16\pi E m^2 t^3} \qquad (11-141)$$

式中:E 为弹性系数;m 为泊松比的倒数。

若镜面的边缘是受约束的,则影响函数具有全然不同的形式。当 $d_0 < r < R$ 时,有

$$Z(r) = \gamma \left[4 R^2 - (8 r^2 + 4 d_0^2) \ln \frac{R}{r} - \frac{2 r^2 d_0^2}{R^2} - 4 r^2 + 2 d_0^2 \right] \quad (11-142)$$

当 $r < d_0 < R$ 时,则有

$$Z(r) = \gamma \left[4 R^2 - (8 r^2 + 4 d_0^2) \ln \frac{R}{d_0} - \frac{2 r^2 d_0^2}{R^2} + \frac{r^4}{d_0^2} - 3 d_0^2 \right] \quad (11-143)$$

尽管上述表达式已经足够精确,但有些研究者依靠不同的分析方法去对模型进行了简化,一种在方域内满足笛卡尔对称的三次方影响函数被提出,即

$$Z(x,y) \propto (1 - 3 x^2 + 2 x^3)(1 - 3 y^2 + 2 y^3) \qquad (11-144)$$

还有人测量了铝、铜和铁镜的影响函数,最后发现:铝和铜的影响函数符合

高斯分布形式,即

$$Z(r) = \exp(-\beta_1 r^2) \tag{11-145}$$

而铁的影响函数符合超高斯分布形式,即

$$Z(r) = \exp(-\beta_2 r^{2.5}) \tag{11-146}$$

其中,$\beta_1 = 2.77$,$\beta_2 = 3.92$。

若使用线性叠加的模型,有这样的问题存在:当所有致动器以相同的力作用在镜面上时,镜子面形本该是一个平面,但该叠加模型的计算结果却显示出了波浪形。这种错误称为钉扎错误。

若致动器的刚度远高于镜面材料的刚度,就会存在耦合的问题。在靠近施力致动器的表面区域,镜面按施力方向形变,而在邻近致动器的区域,将按施力的反方向形变。存在耦合问题的影响函数经常使用 $\sin(r)/r$ 函数进行表示,即

$$Z(r) = \frac{\sin\left(\dfrac{\pi r}{r_s}\right)}{r} \tag{11-147}$$

式中:r_s 为致动器间距。

为了简单起见,影响函数的高斯形式可用其耦合系数 κ 表示,即

$$Z(r) = \exp\left[\frac{\ln(\kappa)}{r_s^2} r^2\right] \tag{11-148}$$

致动器可被放置成不同的几何形状,致动器数量一般符合以下规则,即

$$N = 1 + 6 \sum_{n=1}^{M} n \tag{11-149}$$

式中:M 为环绕六边形的层数。

3. 变形镜器件

(1)分离表面式压电变形镜。

分离表面式压电变形镜镜面由多个小的子镜拼接而成,每个子镜下面由 1 个(做沿光束传播方向的 Piston 运动)或 3 个致动器(包括 Piston 和 2D 的倾斜调整 tip/tilt)进行面形调整。显而易见,在对波前校正能力方面,每个子镜有 3 个致动器的校正器会好于只有 1 个致动器的情况。与连续镜面变形镜不同,拼接子镜变形镜的子镜之间有缝隙,一方面使光能的利用率降低,另一方面又加大了调整难度,因为只有相邻子镜的边缘共相位才能保证有连续的波前结构,所以在自适应光学系统中的实际应用很少。

图 11-26 为 20 世纪 90 年代初 Thermotrex 给美国军方研制的分离表面式变形镜,每个拼接子镜有 3 个压电陶瓷致动器,整个变形镜的通光口径为 22cm。

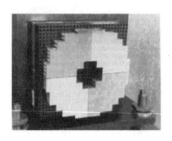

图 11 - 26　分离式压电变形镜

（2）连续表面式压电变形镜。

连续表面式压电变形镜主要由 3 个部件组成：基底、致动器和连续镜面薄片。薄片面形由致动器的推拉改变。基底的刚度远大于薄镜片的刚度，这样，致动器的推拉运动效果就会大部分地在薄镜片上面反映出来。

连续表面式压电变形镜具有适配误差小、光能损失小、空间分辨率高、工作带宽高、技术成熟、可靠性高的优点。中科院长春光机所自适应光学技术研究小组成功研制了 21、97 和 137 单元分离致动器连续镜面变形镜（图 11 - 27）。137 单元变形镜的相关参数如表 11 - 2 所列。

图 11 - 27　137 单元变形镜及其致动器排列示意图

表 11 - 2　137 单元变形镜相关参数

名称	参数
致动器材料	低压 PZT 压电陶瓷
致动器间距	7mm
最大变形量	±2.5μm
相邻致动器位置形变量	3μm
非线性迟滞	<5%
谐振频率	>12kHz
耦合系数	22%~26%
主动展平 RMS	优于 λ/50

（3）双压电变形镜。

双压电变形镜的工作原理为：压电材料的横向逆压电效应，在极化方向上施加一定电压就会引起材料沿垂直于极化方向伸展或收缩，如果两片压电材料的伸缩量不一致就会倒置结构的弯曲变形。因此，通过控制电压大小和施以特定的边界条件即可实现对面形的控制，如图 11 - 28 所示。

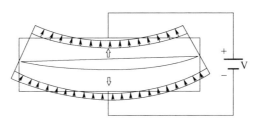

图 11 - 28　双压电变形原理

典型实例有 CILAS 公司生产的 188 单元双压电变形镜，如图 11 - 29 所示。

图 11 - 29　CILAS 公司生产的 188 单元双压电变形镜

（4）MEMS 变形镜。

MEMS 是指运用微制造技术在一块普通的硅片基体上制造出集机械零件、传感器执行元件及电子元件于一体的系统。MEMS 技术是近些年涌现出来的高新技术，具有诸多优点：体积小，重量轻、性能稳定；可批量生产，成本低，性能一致性好；功耗低，谐振频率高，响应时间短，综合集成度高。目前 MEMS 变形镜的主要制造单位有美国的 Boston 微机械公司和荷兰的 OKO 公司。MEMS 变形镜的典型产品有 Boston 微机械公司生产的 MiniDM、MultiDM 和 KiloDM，如图 11 - 30所示。其相关参数如表 11 - 3 所列。

图 11 - 30　Boston MEMS 变形镜(从左至右依次为 MiniDM、MultiDM 和 KiloDM)

表 11 - 3　Boston MEMS 变形镜参数

参数	MiniDM	MultiDM	KiloDM
通光口径	1.5 ~ 2.25mm	3.3 ~ 4.95mm	9.3mm
通道数	32	140	1020
动态范围	1.5 ~ 5.5μm	1.5 ~ 5.5μm	1.5μm

图 11 - 31 所示为 OKO 公司生产的一款 MEMS 变形镜。其相关参数如表 11 - 4所列。

表 11 - 4　OKO MEMS 变形镜参数实例

通道数	动态范围	通光口径	最大更新频率
96	19μm	25.4mm	2kHz

(5)薄膜变形镜。

薄膜变形镜的变形原理为:薄膜自身刚度很小,所以只需很小的力就能使其面形发生改变,一般用电致伸缩致动器来使薄膜发生形变。薄膜的周围需要固定支撑,并提供张力使薄膜形成平面。变形原理如图 11 - 32 所示。图 11 - 33 所示为日本 SUBARU 望远镜所采用的薄膜变形镜。

 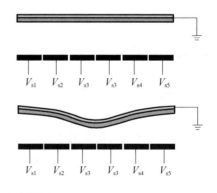

图 11 - 31　OKO MEMS 变形镜实例　　　图 11 - 32　薄膜变形镜变形原理

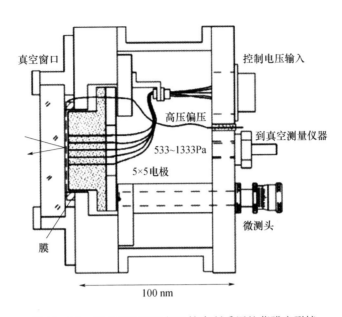

图 11 – 33　日本 SUBARU 望远镜中所采用的薄膜变形镜

（6）电磁驱动式变形镜。

电磁驱动式变形镜依靠磁力控制反射镜面形。反射镜背面粘贴许多磁片，每个磁片对应基底上的一个线圈，通过电流控制吸引或排斥力大小。电磁驱动型变形反射镜的突出优点是形变量大。其主要产品有法国 Mirao 52 – e，如图 11 –34所示。其相关参数如表 11 –5 所列。

图 11 –34　法国 Mirao 52 – e 电磁驱动式变形镜

表 11 - 5　法国 Mirao 52 - e 电磁驱动式变形镜参数

名称	参数
致动器数量	52
最大生成波前(PV)	$\pm 50 \mu m$
波前质量(rms)	10nm
倾斜修正能力	具有
空间频率修正能力	6 阶泽尼克项
有效直径	15mm
线性度	>95%
迟滞	<2%
致动器输入电压	$\pm 1V$
镀层	镀银层
功耗	50W
尺寸/重量	$64mm \times 64mm \times 23mm/490g$
接口	USB

（7）主动次镜。

主动次镜是利用次镜本身作为变形镜,这样做最大的好处是大大减少了反射或者透射面的数量,提高了望远镜的效率。图 11 - 35 所示的 MMT336 是首个实际应用的主动次镜。

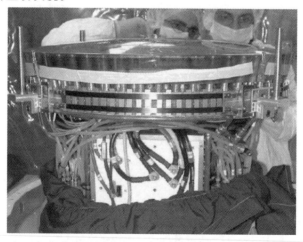

图 11 - 35　MMT336

它由六自由度平台、支撑架、制冷夹板、音圈促动器、参考背板和薄变形镜片组成。其中,六自由度平台用于实现对次镜整体的姿态调整;支撑架上有电控箱实现对镜面面形的控制;制冷夹板除了用于促动器的定位之外,还有水制冷管道用于对音圈电机及其驱动电路的制冷;参考背板用于给薄镜片提供稳定的参考面。与其他的变形镜面不同,这种次镜的变形依靠电磁力来实现,在薄镜面的背后共胶粘着 336 个永磁体,每个永磁体对应有一个线圈,构成一个音圈促动器,线圈和永磁体的距离为 0.2mm。当线圈中加上电流以后,就有力施加在薄镜面上,实现对面形的校正。

(8)液晶空间光调制器。

液晶空间光调制器是利用液晶光阀,通过加载控制信号来改变输入光信号的振幅、相位或偏振态等光参量,实现对光信号的空间分布进行调制的器件。

目前比较典型的产品有美国 Meadowlark optics 公司生产的 1920×1152 高分辨率液晶空间光调制器,如图 11 - 36 所示。这款空间光调制器是基于 LCOS(Liquid Crystal on Silicon)技术的反射型光调制器。LCOS 技术通过精确地控制电压信号控制液晶的旋转角度及旋转的速度,最终可以实现位相的精确调制。1920×1152 高分辨率液晶空间光调制器采用扭曲向列液晶材料,利用扭曲向列液晶的双折射效应,实现了对光束的波前调制。

图 11 - 36　1920×1152 高分辨率液晶空间光调制器

图 11 - 37 为 BNS - XY 面阵相位系列空间光调制器。其相关参数如表 11 - 6 所列。

图 11-37 XY 面阵相位系列空间光调制器

表 11-6 XY 面阵相位系列空间光调制器参数

名称	参数
工作区域大小/(mm×mm)	7.68×7.68
设计波长/nm	532、635、785、1064、1550
衍射效率	61.5%
占空比	接近100%
占空因素	83.4%
像素数	512×512
模式	反射
调制	可控反射率
像素尺寸/(μm×μm)	15×15
反射波前畸变	$\lambda/3 \sim \lambda/8$
反应时间/ms	33~100
空间分辨率/(lp/mm)	33
开关频率/Hz	10~30

11.5　自适应光学在大口径分块式主镜空间对地遥感系统中的应用

大口径分块式主镜空间对地遥感系统由于是从空间对地进行观测,且采用超薄超轻可展开式分块主动主镜,光学系统上天后,主镜边缘分块镜展开,由此会带来较大的分块镜位置误差,对系统像质产生严重影响。当光学系统在轨工作时,由于卫星内部设备发热和太阳辐照、空间微重力环境及卫星发射时的加速过载、冲击和振动,也会通过成像光学系统对像质产生重要影响。此外,遥感器在空中运行过程中,由于机械部件的运动以及其他干扰因素引起的不规则抖动,会造成光学系统的抖动,从而造成成像质量的下降。由此可见,若没有实时在轨测控,成像光学系统无法保证所需的像质要求。因此,在大口径分块式主镜空间对地遥感中,采用自适应光学系统对上述因素引起的波前误差进行校正,保证所需的像质要求是十分有必要的。

11.5.1　大口径分块式主镜空间对地遥感系统简介

空间对地遥感作为一种新兴技术,在农业、林业、地质、海洋、气象、水文、军事、环保等领域,发挥着越来越重要的作用。然而随着空间遥感技术的不断发展和空间探测精度的不断提升,人们对空间光学遥感器的分辨率要求也不断提高。

为了提高遥感系统精度,研究发现,光学系统的通光口径与系统的角分辨率之间是反比关系。因此,增大光学遥感器的口径成为提高遥感系统分辨率的一个重要手段。除此之外,光学系统的聚光能力与光学遥感器口径的平方成正比关系,所以增大口径对于遥感和暗弱目标的识别至关重要。因此,在满足运载火箭的承受能力和包络尺寸限制的前提下,反射镜口径的最大化是满足空间光学遥感器高分辨率与高信息收集能力的最佳技术路线。

但随着系统口径的增大,反射镜的重量将会以其口径三次方的比例递增,反射镜的加工制造也会变得十分困难,而且系统口径会受到运载火箭包络尺寸的限制。这就大大提高了空间对地遥感系统的制造和发射成本。

为了解决大口径空间对地遥感系统主镜制造和发射成本的问题,大口径分块式主镜的概念被提了出来。在大口径分块式主镜空间对地遥感系统中,主镜镜片不仅要减轻重量,而且和单块主镜相比,主镜是分块的,采用展开式结构设计。展开式主镜一般都采用多块六边形离轴抛物镜拼接成一块等效口径的主镜,利用铰链结构控制单元镜的收拢与张开。主镜在发射时被折叠为一个可接受的尺寸;发射后在轨道上按要求的方式展开、锁定,在自适应光学系统的控制下"拼接"成一个共相位主镜。

光学系统多采用偏场同轴三反消像散光学系统,它由非球面分块主镜、次镜、三镜组成,结构紧凑,具有较强的消像差能力。当其在轨工作时,由于受震动、冲撞、空间微重力环境以及热环境等各种因素的影响,系统成像质量下降,必须采取自适应光学技术进行在轨检测与校正。

大口径分块式主镜空间对地遥感系统的建立,将会极大推进我国高分辨率对地遥感系统的研究进程,提升我国的空间侦查与监视能力,显著提高我国的空间军事力量,为未来实现高轨高分辨率对地遥感体系的建立奠定基础。通过大口径分块式主镜空间对地遥感系统,可获得高分辨率的空间遥感图像资料,对于国家安全和生产活动都具有重要的意义。

11.5.2　大口径分块式主镜空间对地遥感自适应光学系统方案

11.5.2.1　国内外研究状况

如前所述,为确保大口径分块式主镜空间对地遥感系统在轨工作时的成像水平,自适应光学技术作为一种有效的技术途径,受到广泛重视。

据大量的文献调研,国内此类系统尚处于理论研究与原理实验阶段。而在国外,美国、俄罗斯等国家高度重视自适应光学在空间光学系统中的应用研究,对自适应光学基础理论及构成自适应光学的波前探测、处理和控制等主要部分进行了深入和系统的研究,并已成功应用于空间光学系统。

1990 年 4 月 24 日美国"哈勃"空间望远镜由"发现"号航天飞机送入轨道。光学系统采用卡塞格林式光学望远镜(反射式),主镜口径 2.4m,次镜 0.31m,系统焦距 57.6m,$F=24$。哈勃空间望远镜中装有精密制导传感器及波前传感器,探测光轴指向和波前的变化,由计算机控制通过校正指令传递给作动器。为了让主镜和次镜准确定位,并修正重力变形、发射过程中的力学变形和轨道工作的温度变形,主镜背后装有 24 个致动器,次镜背后装有 6 个作动器,通过作动器主动控制和校正镜面变形。

1992 年首发的 KH - 12 光学成像侦察卫星,采用了最先进的自适应光学技术,使地面分辨率达到 0.1m 近乎极限的水平。

为了巩固在空间科学技术和空间战略应用方面的霸主地位,以 NASA 和美国空军为主要研究单位,正不遗余力地发展大型空间光学系统。美国通过一个接一个的大型工程计划发展大型空间光学系统,对关键技术研究有清晰的发展脉络可循。例如:随着主镜直径的逐步增大,主镜方案由哈勃的单块主镜,发展为 LDR 的大型展开式反射镜、JWST 的折展式分块主镜及 AFRL(美国空军研究实验室计划)的稀疏合成孔径方案。

1993 年 9 月由 NASA 支持,美国天文研究大学协会指令哈勃空间望远镜及发展委员会研究接替哈勃空间望远镜继任者的科学研究计划,即下一代空间望远镜(NGST)计划(后改称 JWST 计划)。项目目标为建成工作波段优化区为 1~5μm,可观察能力扩展至全部可见光区及延至 30μm 的空间高分辨率成像望远镜,主镜为口径 6.5m 的分块折叠镜。该项目于 2003 年开始建设,将于 2021 年发射。

表 11-7 列出了近期国外典型的应用自适应光学的空间遥感系统。

11.5.2.2　大口径分块式主镜空间对地遥感自适应光学系统方案

以大口径、超薄超轻、可展开分块式主镜(中心镜固定)同轴三反空间对地光学遥感器为例,应用其上的自适应光学系统方案如图 11-38 所示。

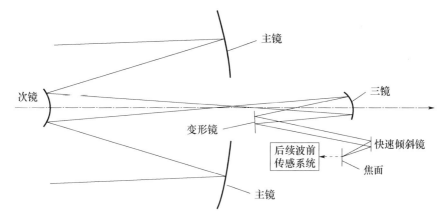

图 11-38　空间自适应光学系统示意图

引起空间对地遥感系统成像质量下降的主要因素有地面和空间的重力环境不同引起的镜面变形、卫星自身发热及天体的热辐射引起的镜面变形、对地观测时大气湍流引起的波前误差、卫星平台的抖动导致光学系统视轴的不稳定、光学系统各镜之间的相对位置误差、光学系统主镜拼接镜的共相位误差以及光学系统各镜面加工后的残余面形误差。

由此,空间自适应光学系统主要校正误差源为光学系统展开误差(主镜共相位误差、各个镜子间的位置误差)、镜面加工误差、镜面热变形及力学变形、光轴抖动等;而校正系统则包括主动主镜、主动次镜、变形镜及像稳定镜。主动主

表 11 - 7 国外典型的应用自适应光学的空间遥感系统

名称	工作波长	校正误差	主镜	次镜	变形镜	高速倾斜镜	波前传感器
HST(1990年4月)	可见光	自重变形；热变形	整块主镜,24个致动器	6个致动器			有
LDR(NASA,2001年)	30μm~1mm	热变形；材料老化	分块主镜,压电致动器校正倾斜平移				有
APRL计划(1996年1月)	战术成像空间激光武器	热变形；重力变形	分块主镜,校正倾斜平移		有	有	有
NGST(计划2005年发射)	可见光-远红外 30μm,2μm优化,GSFC方案TRW方案,1998年	热变形；重力变形	分块主镜,校正倾斜平移		有	有	有
NGST(计划2005年发射)	可见光-远红外,2μm优化,Lockhead - Martin方案,1998年	热变形；重力变形	分块主镜,后装有2000个作动器,校正倾斜、平移、面形			有	有
JWST(计划2018年发射)	可见光-远红外,2μm优化	热变形；重力变形	每个分块主镜后有6个位置致动器和一个面形(曲率)致动器	6个致动器		有	有

镜是在分块主镜背面布置面形和位置致动器,用于校正其面形误差和位置误差。主动次镜则是在次镜后放置六自由度调整装置,使其具有六自由度位置调整能力,用于实现整个光学系统的基准光轴调整。变形镜用于校正系统残余误差。快速倾斜镜用于校正像运动误差。

11.5.2.3　大口径分块式主镜空间对地遥感自适应光学系统工作模式

以图 11 - 38 所示的空间自适应光学系统为例,其工作模式分为两个阶段。

第一阶段,卫星上天后,捕获一个合适的自然星,以其为信标,完成基准光轴调整,分块镜扫描捕获、合像,分块镜共相位粗调整,分块镜面形调整,分块镜共相位精调整与全系统波前校正等自适应光学预校正任务。在上述校正过程中,一直伴随着光轴抖动校正。在系统上天后的预校正阶段,以自然星为信标,采用像运动传感器获取抖动信息,并控制快速倾斜镜实现光轴抖动校正。自适应光学预校正分为 6 个步骤。

(1)基准光轴调整。光学系统上天后,次镜相对主镜中心镜存在 X、Y、Z 三个方向的平移及倾斜误差。基准光轴调整就是以主镜中心分块镜和次镜、三镜构成的光学系统为对象,通过调整放置于次镜后的六自由度调整装置,实现中心分块主镜光轴、次镜光轴与后续光学系统光轴三者重合,并将三者的位置误差调整到一定的误差范围内,使中心成像光斑接近衍射极限。基准光轴调整以自然星为信标,可采用灵敏度矩阵反演法或随机平行梯度下降算法实现。

(2)分块镜扫描捕获、合像。主镜展开后,边缘分块镜存在较大的 Piston 和 tilt 误差,此时它们的像可能落在探测视场外,因此,必须设计适当的扫描函数,控制分块镜位置作动器对主镜边缘分块镜进行扫描捕获,使其进入视场。之后将分块镜逐一与中心固定镜合像,采用焦面阵列传感器进行探测,使各光斑强度叠加,piston 误差控制在分块镜的焦深内。

(3)分块镜共相位粗调整。当某边缘分块镜与中心固定镜合像后,采用边缘传感器探测两者的共相位误差,并控制位置致动器将分块镜 piston 误差调至一定范围内。之后将已经完成共相位粗调整的该边缘分块镜移开,进行下一块分块镜的合像及共相位粗调整工作。依次循环,完成所有分块镜共相位粗调整。

(4)边缘分块主镜面形校正。对已完成共相位粗调整的分块镜,采用相位恢复或夏克—哈特曼传感器获取分块镜面形误差信息,由分块镜面形致动器将分块镜面形剩余误差调整到一定范围内。逐块循环,完成所有边缘分块镜面形校正。

(5)分块镜共相位精调整。把已经完成共相位粗调整和面形校正的某一边缘分块镜移入视场,同中心分块镜合像并进行共相位精调整,共相位检测采用色散瑞利干涉法。校正由位置致动器执行,当校正完成后,该分块镜不再移出视场,而直接将下一块分块镜移入,进行共相位精调整。依此类推,完成所有分块镜的共相位精调整。

(6)全系统波前校正。完成上述五步调整后,以自然星为信标,以相位恢复或夏克—哈特曼为波前探测器,以变形镜为执行元件,进行全系统波前误差校正。

第二阶段,在完成第一阶段工作后,空间光学遥感器转入对地探测工作。此阶段中,自适应光学系统的信标与第一阶段不同,以地面扩展目标为信标。采用扩展目标相关夏克—哈特曼探测方法,以变形镜为执行元件,完成全系统波前校正。第二阶段工作中同样伴随光轴抖动校正,此时抖动校正的信标亦来自地物扩展信标,执行器仍采用快速倾斜镜。

综上所述,大口径分块式主镜空间对地遥感自适应光学系统具有自然星信标自适应光学预校正与地物扩展目标信标自适应光学校正两阶段、多步骤级联的校正工作模式。

11.5.3 大口径分块式主镜空间对地遥感自适应光学系统性能仿真

11.5.3.1 仿真研究的意义

如前所述,大口径分块式主镜空间对地遥感自适应光学系统是一个庞大、复杂的光、机、电、热、控制等分系统综合设计的系统工程,同时该系统应用于高空,实现成本也非常昂贵。为此需要运用多种专业学科的理论和方法进行交叉研究和技术集成,做到系统总体最优化设计。

众所周知,系统性能仿真是进行系统设计与分析的重要方式和方法,对于系统的技术改进和提升以及分析的准确性亦具有重要意义。因此采用计算机数字仿真的方法,仿真自适应光学系统工作流程,可集成验证大口径分块式主镜空间对地遥感自适应光学系统总体方案的可行性;可对大口径分块式主镜空间对地遥感自适应光学系统波前探测、算法、校正器件、控制系统及总体方案设计提供验证及优化;可促进新理论和新方法的发展,为最终实现大口径分块式主镜空间对地遥感器的目标奠定基础。

11.5.3.2 仿真系统构架

(1)仿真系统功能。

根据前述的大口径分块式主镜空间对地遥感自适应光学系统在轨校正要求及校正工作模式,仿真系统在功能上分成预校正与对地校正两个主要部分,如图 11 - 39 所示。自适应光学仿真系统依据探测与校正的流程进行分步操作,采用级联与反馈相结合的工作模式。

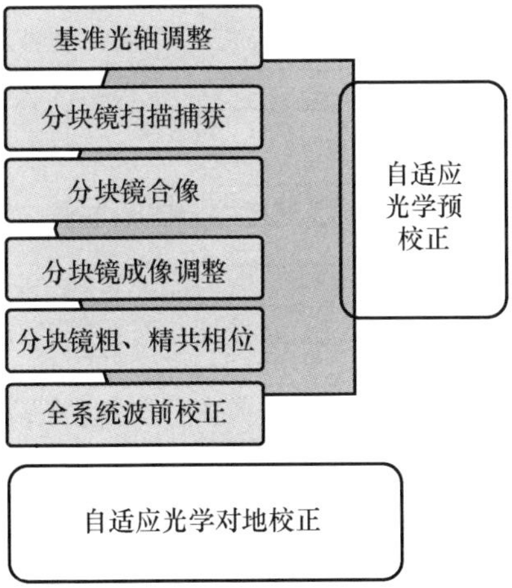

图 11 - 39　自适应光学仿真系统功能

(2)仿真系统整体设计。

整个仿真系统采用模块化设计,能够赋予仿真系统更大的灵活性和适应能力,可以方便地进行管理。传真系统在结构上分为两层,如图 11 - 40 所示。顶层为仿真流程模块,即大口径分块式主镜空间对地遥感自适应光学系统探测与校正流程(图 11 - 40 右)。底层为数据库(图 11 - 40 左)。数据库由硬件模型库、算法库、接口函数库构成,其中:硬件模型库包含光学系统设计、光学系统误差设定、环境系统、系统探测器件与校正器件;算法库主要包括自适应光学波前探测与控制的各类算法,如光强反演法(PR)、色散条纹法(DFS)、爬山法、扩展 S - H 法、直接伪逆法、预测控制法、计算机辅助装调法、随机并行梯度算法(SPGD)等,接口函数库是主程序与光学设计软件、有限元分析软件接口。系统运行时,仿真流程的各个步骤分别调用相应的硬件模型及算法,同时通过接口函数和光学设计软件(Zemax)或有限元分析软件(Ansys)进行交互。

仿真平台可建立在一台计算机上。也可采用局域网模式,以支持多专业学科的理论和方法交叉研究和技术集成。

11.5.3.3　仿真系统平台

北京理工大学自适应光学课题组于 2009 年在国内建立了第一个大口径分块式主镜空间对地遥感自适应光学仿真系统。仿真系统的界面用 Matlab 的图形用户界面(GUI)工具开发,包括一个主界面和多个参数设置界面,如图 11 - 41所示。

空间对地观测光学系统的设计理论与方法

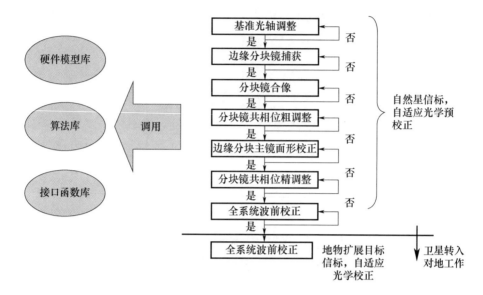

图 11-40　仿真系统设计

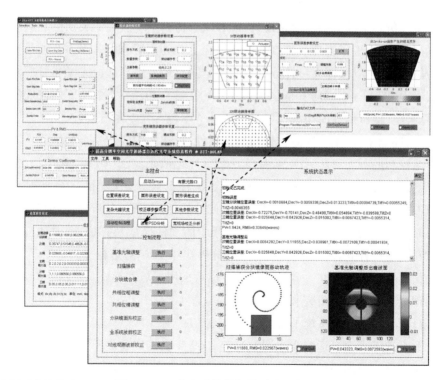

图 11-41　仿真系统的部分图形用户界面

　　运行仿真系统时,先从主界面中调出各个参数设置界面,设定仿真模型参数,包括:主镜的光瞳参数;各个镜面的初始位置误差和面形误差;面形致动器的数量、排布方式及耦合系数;波前传感的精度等。设置完成后在主界面上按照波前传感和控制流程依次执行完成一次仿真实验。仿真过程中每个步骤的中间结果的数值显示和图形显示也都在主界面中实现。

　　新型空间自适应光学系统是一个包含了光学、机械、控制和电子等多个分系统的复杂系统,各个分系统之间既有一定的独立性,同时又相互影响。对各个分系统的分析通常是借助专业的分析软件完成的,例如:光学系统分析一般采用光学设计软件如 Zemax、CodeV 等;机械结构分析一般采用有限元分析软件如 Ansys、NASTRAN/PATRAN 等;控制系统分析一般采用 Matlab 的 SIMULINK 软件包。因此,在新型空间自适应光学系统的仿真系统中还包括各个专业分析软件之间的数据转换接口。

　　应用上述仿真平台,可开展大量的仿真实验用于验证空间自适应光学系统性能,完善系统优化设计,提供可行性依据。

参考文献

［1］ Welford W. Aberrations of the Symmetrical Optical System［M］. New York：Academic，1974.

［2］ Jenkins F，H White. Fundamentals of Optics［M］. New York：McGraw－Hill，1976.

［3］ Kingslake R. Lens Design Fundamentals［M］. New York：Academic Press，1978.

［4］ Buralli Dake A. Optical design with diffractive lenses［R］. Sinclair Optics，1991.

［5］ Shannon R. Aspheric Surfaces［M］//R. Kingslake. Applied Optics and Optical Engineering. New York：Academic Press，1980.

［6］ Wetherell W. The Calculation of Image Quality［M］//Kingslake. Applied Optics and Optical Engineering. New York：Academic Press，1980.

［7］ Kingslake R. Lens Design Fundamentals［M］. New York：Academic Press，1983.

［8］ Kingslake R. Optical System Design［M］. New York：Academic，1983.

［9］ Williams C S. Introduction to the Optical Transfer Function［M］. New York：John Wiley & Sons，1989.

［10］ Smith Warren J. Modern Optical Engineering［M］. New York：McGraw－Hill，1990.

［11］ Lakin Milton. Lens Design［M］. New York：Marcel Dekker，1991.

［12］ Smith，Warren J. Modern Lens Design［M］. New York：McGraw－Hill，1992.

［13］ Walker B H. Optical Engineering Fundamentals［M］. New York：McGraw－Hill，1995.

［14］ Goodman D S. General Principles of Geometrical Optics［M］//Handbook of Optics. New York：McGraw－Hill，1995，1.

［15］ Born M，E Wolf. Principles of Optics［M］. Cambridge，England：Cambridge University Press，1997.

［16］ Design of Efficient Illumination Systems［C］. ORA，Pasadena，CA，1999.

［17］ Applied Photographic Optics Lenses and Optical Systems for Photography，Film，Video and Electronic Imaging［M］. 2nd ed. Focal Press，2002.

［18］ 母国光，战元龄. 光学［M］. 北京：人民教育出版社，1981.

［19］ 李林，黄一帆. 应用光学［M］. 北京：北京理工大学，2017.

［20］ 李林，安连生. 计算机辅助光学设计的理论与应用［M］. 北京：国防工业出版社，2002.

［21］ 李林，林家明，王平，等. 工程光学［M］. 北京：北京理工大学出版社，2003.

［22］ 李士贤，李林. 光学设计手册［M］. 北京：北京理工大学出版社，1996.

［23］ 李林. 现代仪器设计（现代光学设计篇）［M］. 北京：科学出版社，2003.

［24］ 赵达尊. 波动光学［M］. 北京：北京理工大学出版社，1979.

［25］布赖姆 E O. 快速傅立叶变换［M］. 柳群,译. 上海:上海科学技术出版社,1979.

［26］顾德门 J W. 傅立叶光学导论［M］. 詹达三,等译. 北京:科学出版社,1979.

［27］Rimmer M P,Bruegge T J,Kuper T G. MTF optimization in lens design［J］. SPIE,1990,1354:83 – 91.

［28］Gregory K. Hearn. Generalized Simulated Annealing Optimization Used in Conjunction with Damped Least Squares Techniques［J］. SPIE,1986,766:283 – 284.

［29］Ginsberg R H. Outline of tolerancing［J］. Optical Engineering,1981,(3):175 – 180.

［30］Chirkov V M,Tsesnek L S,Pozdnov S V. Use of Computers to Calculate Tolerances on the Parameters of Complex Optical Systems［J］. The optical society of America,1982,48(11):685 – 691.

［31］Skarma K D,Tha S. Tolerances on lens parameters:a study［J］. Applied Optics,1984,23(12)1917 – 1920.

［32］陶凤翔. 光学仪器的像质和公差的关系［J］. 光学技术,1986,(3):5 – 7.

［33］陶凤翔,裴云天. 统计试验法在确定光学仪器公差中的应用［J］. 应用光学,1986,4:3 – 7.

［34］徐钟济. 蒙特卡罗方法［M］. 上海:上海科学技术出版社,1985.

［35］林大键. 光学系统偏心公差的计算方法［J］. 光学学报,1982,2(1):18 – 27.

［36］Grey D S. Athermalization of Optical Systems［J］. Journal of Optical Society of American,1948,38(6):542 – 546.

［37］Baak T. Thermal Coefficient of Refractive Index of Optical Glasses［J］. Journal of Optical Society of American,1959,59(7):851 – 857.

［38］Rogers P J. A Comparison Between Optimized Spherical and Aspheric Optical System for the Thermal Infrared［J］. SPIE,1978,147:141 – 148.

［39］Straw K. Control of Thermal Focus Shift in Plastic – Glass Lenses［J］. SPIE,1980,70:237.

［40］Jamieson T H. Thermal Effects in Optical Systems［J］. Optical Engineering,1981,20(2):156 – 160.

［41］Povey V. Athermalisation Techniques in Infra Red Systems［J］. SPIE,1986,655:142 – 153.

［42］Philip M P,Madgwick P. A High Performance Athermalised Dual Field of View I. R. Telescope［J］. SPIE,1988,1013:92 – 99.

［43］Roberts M. Athermalisation of Infrared Optics:a review［J］. SPIE,1989,1049:72 – 81.

［44］Garcia – Nunez D S,Michika D. The Design of Athermal Infrared Optical Systems［J］. SPIE,1989,1049:82 – 85.

［45］Benham P,Kidger M. Optimization of Athermal Systems［J］. SPIE,1990,1:1354.

［46］李林,王炬. 环境温度对光学系统影响的研究及无热系统设计的现状与展望［J］. 光学技术,1997,(5):26 – 29.

［47］程正兴. 数据拟合［M］. 西安:西安交通大学出版社,1986.

［48］乔亚天. 梯度折射率光学［M］. 北京:科学出版社,1991.

［49］张思炯,傅瑞斯,王涌天. 梯度折射率介质的近轴光线追迹［J］. 云光技术,1996,28(3).

［50］Rodgers J M. Unobscured Mirror Designs［C］//Manhart P K,Sasián J M. Procedings of SPIE Vol. 4832,International Optical Design Conference 2002. Tucson:International Society for Optics and Photonics,2002:33 – 60.

［51］朱钧,吴晓飞,侯威,等. 自由曲面在离轴反射式空间光学成像系统中的应用［J］. 航天返回与遥

感,2016,37(3):1-8.

[52] Thompson K. Description of the Third - Order Optical Aberrations of Near - Circular Pupil Optical Systems without Symmetry[J]. Journal of the Optical Society of America A,2005,22(7):1389 - 1401.

[53] Thompson K P. Multinodal fifth - Order Optical Aberrations of Optical Systems without Rotational Symmetry:Spherical Aberration[J]. Journal of the Optical Society of America A,2009,26(5):1090 - 1100.

[54] Thompson K P. Multinodal fifth - Order Optical Aberrations of Optical Systems without Rotational Symmetry:the Comaticaberrations[J]. Journal of the Optical Society of America A,2010,27(6):1490 - 1504.

[55] Bottema M. Reflective Correctors for the Hubble Space Telescope Axial Instruments[J]. Applied Optics, 1993,32(10):1768 - 1774.

[56] Hubble's Instruments:COSTAR - Corrective Optics Space Telescope Axial Replacement [EB/OL]. [2017 - 10 - 10]. http://www. spacetelescope. org/about/general/instruments/costar/.

[57] Zhu J,Hou W,Zhang X,et al. Design of a Low F - Number Freeform off - Axis Three - Mirror System with Rectangular Field - of - view[J]. Journal of Optics,2014,17(1):015605.

[58] Zhang X,Zheng L,He X,et al. Design and Fabrication of Imaging Optical Systems with Freeform Surfaces [C]// Johnson R B,Mahajan V N. Procedings of SPIE Vol. 8486,Current Developments in Lens Design and Optical Engineering XIII. San Diego:International Society for Optics and Photonics,2012:848607 - 848607 - 10.

[59] Hou W,Zhu J,Yang T,et al. Construction Method through forward and Reverse Ray Tracing for a Design of Ultra - Wide Linear Field - of - View off - Axis Freeform Imaging Systems[J]. Journal of Optics,2015,17 (5):055603.

[60] Fischer R E,Tadic - Galeb B,Yoder P R. Optical System Design [M]. New York:SPIE, McGraw Hill,2008.

[61] 孙中章. 制冷器在光电器件中应用的发展概况[J]. 红外与激光工程,2000,29(3):63 - 67.

[62] Juergens R. Infrared Optical Systems[EB/OL]. [2017 - 02 - 23]. http://fp. optics. arizona. edu/optomech/references/421%20references/Infrared%20Optics. pdf.

[63] Fuerschbach K,Rolland J P,Thompson K P. A New Family of Optical Systems Employing φ - Polynomial Surfaces[J]. Optics Express,2011,19(22):21919 - 21928.

[64] Fuerschbach K,Davis G E,Thompson K P,et al. Assembly of a Freeform Off - Axis Optical System Employing Three φ - Polynomial Zernike Mirrors[J]. Optics Letters,2014,39(10):2896 - 2899.

[65] Jahn W,Ferrari M,Hugot E. Innovative Focal Plane Design for Large Space Telescope Using Freeform Mirrors[J]. Optica,2017,4(10):1188 - 1195.

[66] Reimers J,Bauer A,Thompson K P,et al. Freeform Spectrometer Enabling Increased Compactness[J]. Light:Science and Applications,2017,6(7).

[67] Yang T,Zhu J,Hou W,et al. Design Method of Freeform Off - Axis Reflective Imaging Systems with a Direct Construction Process[J]. Optics express,2014,22(8):9193 - 9205.

[68] Yang T,Zhu J,Wu X,et al. Direct Design of Freeform Surfaces and Freeform Imaging Systems with a Point by - Point Three - Dimensional Construction - Iteration Method[J]. Optics express,2015,23(8):10233 -

10246.

[69] M Bottema. Reflective Correctors for the Hubble Space Telescope Axial Instruments [J]. Applied Optics, 1993,32(10):1768 – 1774.

[70] W Jahn,M Ferrari,E Hugot. Innovative Focal Plane Design for Large Space Telescope Using Freeform Mirrors[J]. Optica,2017,4:1188 – 1195.

[71] 李林,黄一帆,王涌天. 现代光学设计方法[M]. 2 版. 北京:北京理工大学出版社,2015.

[72] ZHU J,HOU W,ZHANG X,et al. Design of a Low F – Number Freeform Off – axis Three – mirror System with Rectangular Field – of – view[J/OL]. Journal of Optics,2014,17(1):1 – 8. DOI:10. 1088/2040 – 8978/17/1/015605.

[73] 朱钧,吴晓飞,侯威,等. 自由曲面在离轴反射式空间光学成像系统中的应用[J]. 航天返回与遥感,2016,37(3):1 – 8.

[74] ZHANG X,ZHENG L,HE X,et al. Design and Fabrication of Imaging Optical Systems with Freeform Surfaces[C]//Proc SPIE 8486,Current Development in lens Design and Optical Engineering XIII. SPIE,2012,848607. DOI:10. 1117/12. 928387.

[75] Hou W,Zhu J,Yang T,et al. Construction Method through Forward and Reverse Ray Tracing for a Design of Ultra – Wide Linear Field – of – View off – Axis Freeform Imaging Systems[J]. Journal of Optics,2015,17(5).

[76] 郁道银,谈恒英. 工程光学[M]. 3 版. 北京:机械工业出版社,2011.

[77] YANG T,ZHU J,JIN G. Starting Configuration Design Method of Freeform Imaging and a Focal Systems with a Real Exit Pupil[J]. Applied Optics,2016,55(2):345 – 353.

[78] BEIER M,HARTUNG J,PESCHEL T,et al. Development,Fabrication,and Testing of an Anamorphic Imaging Snap – together Freeform Telescope[J]. Applied Optics,2015,54(12):3530 – 3542.

[79] FUERSCHBACH K,ROLLAND J P,THOMPSON K P. A New Family of Optical Systems Employing φ – Polynomial Surfaces[J]. Optics Express,2011,19(22):21919 – 21928.

[80] K FUERSCHBACH,DAVIS G E,THOMPSON K P,et al. Assembly of a Freeform Off – axis Optical System Employing Three φ – Polynomial Zernike Mirrors[J]. Optics Letters,2014,39(10):2896 – 2899.

[81] S Chang. Off – Axis Reflecting Telescope with Axially – Symmetric Optical Property and its Applications [C]//Proc. SPIE 6265,Space Telescopes and Instrumentation I:Optical,Infrared,and Millimeter,2006:626548. doi:10. 1117/12. 672695. http://dx. doi. org/10. 1117/12. 672695.

[82] 姜会林. 关于二级光谱问题的探讨[J]. 光学学报,1981,2(5):225 – 230.

[83] Fang Y C,Lin H C. Optical Design and Optimization of Zoom Optics with Diffractive Optical Element [C]//Proc. SPIE,2009,v7282:1 – 15.

[84] Walter E W. All – Reflective Zoom optical System for the Infrared[J]. Optical Engineering,1981,20(3):450 – 459.

[85] Seung Y R,Sang S L. Four – Spherical – Mirror Zoom Telescope Continuously Satisfying the Aplanatic Condition[J]. Optical Engineering,1989,28(9):1014 – 1018.

[86] Johnson R B,Hadaway J B,Burleson T,et al. All – Reflective Four – Element Zoom Telescope:Design and

Analysis[C]//Proc. SPIE,1990,1354:669 – 675.

[87] Thomas H J. Zoom Optics with off – Set Cassegrain and Reflective Relay[C]//Proc. SPIE,1995,V2539: 226 – 234.

[88] Johnson R B. Unobscured Reflective Zoom Systems[C]//Proc. SPIE,1995,V2539:218 – 225.

[89] Johnson R B,Mann A. Evolution of a Compact,Wide Field – of – View,Unobscured,All – Reflective Zoom Optical System[C]//Proc. SPIE,1997,3061:370 – 376.

[90] Berge T. All – Reflective Zoom Optical Imaging System:America,6333811[P]. 2001 – 12 – 25.

[91] Tsunefumi T. Reflecting Type of Zoom Lens:America,6639729[P]. 2002 – 10 – 28.

[92] Seidl K,Knobbe J,Gruger H. Design of an All – Reflective Unobscured Optical – Power Zoom Objective[J]. Applied Optics,2009,48(21):4097 – 102.

[93] 梁来顺. 变焦距系统设计的快速求解[J]. 应用光学,2004,25(1):17 – 20.

[94] 李林,王涌天,张丽琴,等. 变焦距物镜高斯光学参数的求解[J]. 北京理工大学学报,2003,23(4): 424 – 422.

[95] 张波. 变焦距镜头高斯光学[D]. 北京:北京理工大学,2001.

[96] 张庭成,王涌天,常军,等. 三反变焦距系统设计[J]. 光学学报,2010,30(10):3034 – 3032.

[97] 闫佩佩. 反射变焦光学系统研究[D]. 西安:西安光学精密机械研究所,2011.

[98] 丛杉珊. 大视场、长焦距、反射式空间光学系统设计[D]. 长春:长春理工大学,2008.

[99] Sasian J M. Flat – Field,Anastigmatic,Four – Mirror Optical Syatem for Large Telescopes[J]. Optical Engineering,1987,26(12):1197 – 1199.

[100] Chung H B,Lee S S. Aplanatic Four Spherical Mirror System[J]. Optical Engineering,1985,24(2): 317 – 321.

[101] Lee J U,Lee S S. All – Spherical Four – Mirror Telescopes Corrected for Three Seidel Aberrarions[J]. Optical Engineering,1988,27(6):491 – 492.

[102] 梁敏勇,廖宁放,冯洁,等. 三反射式柱面光学系统设计及优化[J]. 光学学报,2008,V28(7): 1359 – 1362.

[103] 杨新军,王肇圻,母国光,等. 偏心和倾斜光学系统的像差特性[J]. 光子学报,2005,34(11): 1658 – 1662.

[104] Thompson K. Aberration Fields In Tilted and Decentered Optical Systems[D]. Arizona:University of Arizona,1980.

[105] Geary J M. Introduction to Lens Design:with Practical Zemax Examples[M]. California:Willmann – Bell, 2002:80.

[106] Turner J,Theodore S. Vector Aberration Theory on a Spreadsheet:Analysis of Tilted and Decentered Systems[J]. SPIE,1992,1762:184 – 195.

[107] 林志立. 左手性介质透镜系统的赛德尔像差特性研究[J]. 物理学报,2007,56(10):5758 – 5765.

[108] 潘君骅. 光学非球面的设计、加工和检测[M]. 苏州:苏州大学出版社,2004.

[109] 范斌,等. "资源三号"卫星多光谱相机技术[J]. 航天返回与遥感,2012,33(3).

[110] 李景镇. 光学手册[M]. 西安:陕西科学技术出版社,2010.

[111] 周仁忠. 自适应光学[M]. 北京:国防工业出版社,1996.

[112] Jason C Y Chin,Peter Wizinowich,Ed Wetherell,et al. Keck Ⅱ Laser Guide Star AO System and Performance with the TOPTICA/MPBC Laser[C]//Proc. SPIE 9909,Adaptive Optics Systems Ⅴ,2016:99090S.

[113] Francois J Rigaut,Brent L Ellerbroek,Ralf Flicker. Principles,Limitations,and Performance of Multiconjugate Adaptive Optics[C]// Proc. SPIE 4007,Adaptive Optical Systems Technology,2000.

[114] R Conan,F Bennet,A H Bouchez,et al. The Giant Magellan Telescope Laser Tomography Adaptive Optics System[C]//Proc. SPIE 8447,Adaptive Optics Systems Ⅲ,2012:84473P.

[115] Travouillon T,Lawrence J S,Jolissaint L. Ground – Layer Adaptive Optics Performance in Antarctica [C]//SPIE Astronomical Telescopes + Instrumentation. International Society for Optics and Photonics, 2004:934 – 942.

[116] Cyril Petit,Jean – Francois Sauvage,Thierry Fusco,et al. SAXO:the Extreme Adaptive Optics System of SPHERE(Ⅰ) system overview and global laboratory performance [J]. J. Ast. Inst. Sys. ,2016,2 (2):025003.

[117] S Mark Ammons,Luke Johnson,Edward A Laag,et al. Gavel Laboratory Demonstrations of Multi – Object Adaptive Optics in the Visible on a 10 Meter Telescope[C]// Proc. SPIE 7015,Adaptive Optics Systems,2008:70150C .

[118] 宋杰. 太阳多层共轭自适应光学系统性能仿真研究[D]. 北京:北京理工大学,2015.

[119] 张晓芳. 多层共轭自适应光学的理论和应用研究[D]. 北京:北京理工大学,2004.

[120] Zhang Xiaofang,YuXin,Yan Jixiang. Influences of Atmospheric Turbulence on Image Resolution of Airborne and Space – Borne Optical Remote System[J]. Journal of Beijing Institute of Technology,2006,15 (4):457 – 461.

[121] 张志伟. 自适应光学空间遥感器上的应用研究[D]. 北京:北京理工大学,1999.

[122] Gerhard S. Optical Effect of Flexure in Vertically Mounted Precision Mirrors[J]. JOSA,1954,44(5): 417 – 424.

[123] Bely P Y,Perrygo R Burg. NGST "Yardstick" Mission[C]// NGST Monograph No. 1,Next Generation Space Telescope Project Study Office,GSFC,NASA,1999.

[124] Hardy J W. Adaptive Optics for Astronomical Telescopes[M]. New York Oxford:Oxford University Press, Inc. ,1998.

[125] Tyson R K. Introduction to Adaptive Optics[M]. Bellingham:SPIE Press,2000.

[126] O'Neill E L. Transfer Function for an Annular Aperture[J]. J. Opt. Soc. Am. 1956,46:285,1096.

[127] Lightsey P A,Barto A A,Contreras J. Optical Performance for the James Webb Space Telescope[C]// SPIE 5487,2004:825 – 832.

[128] Holst G C. Electro – Optical Imaging System Performance[M]. Bellingham:SPIE Press,2003.

[129] Chamot S R,Dainty C,Esposito S. Adaptive optics for ophthalmic applications using a pyramid wavefront sensor[J]. Optics Express,2006,14(2):518.

[130] Roddier F. Curvature Sensing and Compensation:a New Concept in Adaptive Optics[J]. Applied Optics. 1988,27(7):1223.

[131] Dussan L C,Ghebremichael F,Chen K. Holographic Wavefront Sensor[C]// Proceedings of SPIE – The International Society for Optical Engineering. 2005,48(8):589400.

[132] 胡新奇. 地物目标哈特曼—夏克波前传感方法研究[D]. 北京:北京理工大学,2007.

[133] R W Gerchberg,W O Saxton. A Practical Algorithm for the Determination of Phase from Image and Diffraction Plane Pictures[J]. Optik,1972,35:237－246.

[134] R A Gonsalves. Phase Retrieval and Diversity in Adaptive Optics[J]. Opt. Eng. 1982,21:829－832.

[135] D L Misell. A Method for the Solution of the Phase Problem in Electron Microscopy[J]. J. Phys. D:Appl. Phys. 1973,6:L6－L9.

[136] 毛珩. 基于相位恢复的自适应光学波前传感方法研究[D]. 北京:北京理工大学,2008.

[137] 王欣. 相位变更法波前传感技术研究[D]. 北京:北京理工大学,2010.

[138] Huang Yifan, Lin Lin, CaoYinhua. Computer－Aided Alignment for Space Telescope Optical System[C]//SPIE,2006,6149:61490P.

[139] 韩杏子,俞信,董冰. 随机并行梯度下降算法用于次镜校准的仿真研究[J]. 激光与光电子学进展,2010,47(4):042201.

[140] 王姗姗. 基于色散瑞利干涉原理的 piston 误差检测方法研究[D]. 北京:北京理工大学,2009.

[141] 董冰. 高分辨率空间光学遥感若干关键技术研究[D]. 北京:北京理工大学,2009.